DIE VERLORENE GLEICHUNG

Marc Petit

| DIE VERLORENE GLEICHUNG |

Auf den Spuren von
Wolfgang und Alfred Döblin

Aus dem Französischen übersetzt
von Antoinette Gittinger

Eichborn

Bildnachweis:
© Akademie der Wissenschaften, Paris / Foto Marc Petit

1 2 3 4 06 05

Originaltitel: L'équation de Kolmogoroff

Umschlagfoto: Alexanderplatz, ca. 1925
© AKG, Berlin
Umschlaggestaltung: Christina Hucke
Lektorat: Tina Kröckel
Gesamtherstellung: Fuldaer Verlagsanstalt, Fulda
ISBN 3-8218-5749-8

Verlagsverzeichnis schickt gern:
Eichborn Verlag, Kaiserstraße 66, 60329 Frankfurt am Main
www.eichborn.de

| KAPITEL 1 |

Am 18. Juni 1940 schlägt die Kompanie Renard ihre letzte Schlacht. Am nächsten Morgen vergräbt Major Berck die Fahne des 291. Infanterieregiments im Wald von Glonville. Was von den eingesetzten Truppenteilen übrig ist, versammelt sich am 20. Juni auf dem Pass bei La Chipotte. Eine Armee auf der Flucht. Die Übergabe der Truppen im Osten wird erst am 22. Juni um drei Uhr nachmittags erfolgen. Fünfhunderttausend Mann werden gefangen genommen und in verschiedene Lager nach Deutschland geschickt.

Mitten in der Nacht bei strömendem Regen verlässt Wolfgang sein Quartier. Er meidet die Straßen und bewegt sich mit Hilfe des Kompasses durch den Wald von Rambervillers nach Südwesten. Ein Weg führt ihn nach Housseras. Das Dorf ist von Artilleristen besetzt. Bereit, sich zu ergeben, haben sie ihre Kanonen vergraben. Um halb sieben kommen weitere tausend Mann des 82. Regiments nach Housseras. Niemand besitzt eine Karte dieser Gegend, nicht einmal der Bataillonskommandant. Die Soldaten schlafen, wo sie können. Gegen Viertel vor neun kommen deutsche Radfahrer aus Richtung Rambervillers ins Dorf. Um ein Massaker unter der Zivilbevölkerung zu vermeiden, beschließt der Oberst, sich mit seinem Regiment zu ergeben.

Wolfgang hat sich in einer Scheune versteckt. Sie gehört zum Gehöft der Familie Triboulot in der Rue des Hauts-Prés. Als er mitbekommt, dass die Deutschen eingetroffen sind, verlässt er seinen Zufluchtsort, schlüpft rasch ins Haus, um im Küchenherd seine Papiere zu verbrennen. Danach kehrt er leise in sein Versteck zurück.

Marguerite Cordonnier, eine Nachbarin der Triboulots, hält sich mit ihrer Tochter vor dem Scheunentor auf. Plötzlich hört sie hinter sich eine Detonation. Da sie glaubt, die Kämpfe seien erneut ausgebrochen, läuft sie rasch nach Hause. Ein französischer Soldat erzählt ihr, dass einer ihrer Leute sich das Leben genommen habe. Madame Cordonnier geht zurück. Ganz hinten rechts in der Scheune entdeckt sie auf einem Haufen Stroh den Körper eines Mannes. Er hatte sich eine Kugel in den Kopf gejagt und war auf der Stelle tot.

In Ermangelung eines Leichentuchs wird er in eine Decke gewickelt. Sein Soldatenmantel verhüllt sein entstelltes Gesicht. Am Nachmittag des 21. Juni wird er neben den in den letzten Schlachten gefallenen französischen und deutschen Soldaten in einer Grube begraben, die man neben der Apsis der Kirche ausgehoben hatte. Da niemand nach seiner Erkennungsmarke gesucht hat, wird für den am 21. Juni in Joseph Triboulots Scheune tot aufgefundenen Mann am 30. Dezember 1940 vom Bürgermeister von Housseras die Sterbeurkunde mit dem Vermerk »Nr. 13, Tod eines unbekannten Soldaten« ausgestellt. Die Dorfbewohnerin Madame Gorette, die sich später darüber aufregt, dass der »unbekannte Soldat« fast heimlich in aller Eile und ohne kirchliche Zeremonie begraben worden sei, bekommt vom Pfarrer zur Antwort, dass man nichts anderes habe tun können, da man weder die Identität noch die Konfession des Verstorbenen kannte.

Am 26. Mai trennen sich Alfred und Erna nach der telefonischen Warnung durch ihren Freund Robert Minder, dass die Gefahr unmittelbar bevorstehe: Die Panzerdivisionen rücken so schnell vor, dass die Hauptstadt bald evakuiert werden muss. Überstürzt zieht die Familie aus; noch am selben Abend steigen Erna und ihr jüngster Sohn Stefan in den Zug nach Le Puy, wo sie am nächsten Morgen ankommen und sich bis zum 21. Juni im Hause einer Freundin, der Deutschlehrerin Marthe Schmidt, aufhalten werden.

Alfred bleibt noch einige Tage in Paris – er arbeitet wie die mit ihm befreundeten Germanisten Robert Minder und Edmond Vermeil für das Informationsministerium. Die Angestellten des Ministeriums bekommen den Evakuierungsbefehl am 9. Juni. Am 10. verlässt ein Zug voller Beamter um zwei Uhr nachmittags den Güterbahnhof von Port d'Ivry in Richtung Tours, wo er allerdings erst gegen Mitternacht eintrifft.

In den darauf folgenden Tagen überschwemmt der Flüchtlingsstrom dieses Exodus die Stadt. Erneut gilt es, vor den unaufhaltsam vorrückenden deutschen Truppen zu fliehen. Dieses Mal mit dem Lastwagen bis Moulins. Es ist der 14. Juni. Verwirrt sieht Alfred zu, wie Archivmaterial des Ministeriums verbrannt wird. Es ist das Vorspiel zur allgemeinen Auflösung. »Sie haben doch wohl Ihre Familie in Le Puy, nicht wahr?«, fragt ihn der Chef des Konvois. »Es ist viel richtiger, viel natürlicher, glauben Sie mir, daß Sie jetzt zu Ihrer Familie gehen, als daß Sie sich weiter hier zwecklos herumtreiben [...].«[1]

Am 16. Juni tritt Ministerpräsident Paul Reynaud zurück. Marschall Pétain, der ihm im Amt folgt, bietet schon am nächsten Morgen den Waffenstillstand an. Um sieben Uhr desselben Tages setzen sich Alfred und seine Kameraden in einen für Viehtransporte bestimmten Güterwaggon. Drei Tage und drei Nächte lang kommt der Zug nur sehr langsam voran. Aber er fährt nach Südwesten und nicht nach Le Puy.

Einen Tag braucht er, um Arvant zu erreichen, einen weiteren für Capdenac. Die Deutschen haben Nevers und Avallon eingenommen. Das Wort »Kapitulation« wird ausgesprochen. Am 19. Juni hält der Zug schließlich in Cahors. Alle steigen aus. Wie gelangte man von Cahors nach Le Puy? Über Rodez und dann über Séverac-le-Château. Das Gepäck ist zu schwer, besonders das Manuskript des zweiten Teils von *November 1918*, das Alfred, um die Hände frei zu haben, Minder anvertraut, der nach Toulouse will.

Von nun an wird er allein weiterreisen. Um nach Rodez zu gelangen, muss er noch einmal durch Capdenac, wo wegen seines fremden Aussehens und Akzents seine Personalien überprüft werden. Am Abend des 20. Juni landet er in Rodez, mitten in der Kirmes. Karussells, Musik, junge Männer und junge Mädchen Arm in

Arm. Es ist ein schöner Sommerabend. Die Hotels sind belegt, aber man hat Baracken eingerichtet, um die Flüchtlinge aufzunehmen.

Am nächsten Morgen gelingt es Alfred, einen Bus nach Séverac zu bekommen. Dort wartet er in dem kleinen Bahnhof auf einen Zug nach Le Puy. Niemand kann ihm sagen, ob es einen solchen Zug überhaupt gibt. An diesem 21. Juni sind die Deutschen in Clermont-Ferrand. Es regnet. Der Tag verstreicht. Als die Nacht hereinbricht, schließt der Bahnhofsvorsteher die Türen. Alfred steht auf; mit seinem Koffer in der Hand geht er aufs Geratewohl einen Weg entlang, von dem er nicht weiß, wohin er führt. Da er nichts sehen kann (sogar unter normalen Umständen vermag er sich wegen seiner Kurzsichtigkeit in einer fremden Stadt nicht zurechtzufinden) und obendrein bis auf die Knochen durchnässt ist, geht er denselben Weg zurück und findet außerhalb des Bahnhofs Schutz unter einem Vordach.

Als Erna am Morgen des 21. Juni erfährt, dass die deutschen Truppen auf Clermont vorrücken, verlässt sie Le Puy in Richtung Rodez in einem Dienstwagen, den ihre Freundin ausfindig gemacht hat und in dem noch zwei Plätze frei sind. Sie wird mit Stefan in derselben Barackensiedlung schlafen, in der ihr Mann die Nacht zuvor verbracht hat, als er in entgegengesetzter Richtung nach ihnen suchte.

Was soll man von diesem Zusammentreffen oder vielmehr dem Nicht-Zusammentreffen der Ereignisse halten, das durch kein endgültiges Gesamtbild aufgeklärt wird? Dort, wo die Zeit stehen bleibt und den Verlauf des Geschehens in der Schwebe hält, lauert uns das auf, was man »Ironie des Schicksals« nennt: die zweifelhafte Maske der Ewigkeit.

| KAPITEL 2 |

In Paris gibt es einen unauffälligen Ort, der vor den Blicken der Menge geschützt ist. Touristen besuchen ihn niemals, und nur wenige Bewohner der Stadt ahnen, dass es ihn überhaupt gibt. Um seinen Zauber zu entdecken, muss man zunächst seinen Ausweis an einem Schalter abgeben und zwei gepflasterte Innenhöfe durchqueren, bevor man sich einem hohen, von wildem Wein bewachsenen Gebäude nähert, in dessen oberste Etage man mit einem langsamen, surrenden altehrwürdigen Aufzug gelangt.

Die Tür öffnet sich. Gegenüber dem Aufzug lädt ein Stilsessel den Besucher ein, über die erste Merkwürdigkeit nachzudenken: Wie kommt es, dass er sich in der sechsten Etage eines Gebäudes befindet, das von außen betrachtet nur vier Stockwerke hat? Man möchte meinen, dass Le Vau, Lambert und d'Orbay, die unter Ludwig XIV. das Collège des Quatre-Nations bauten, mit dieser unmöglichen Architektur die unglücklichen Schüler von Anfang an gleich richtig einweihen wollten: *Lasciate ogni speranza, voi ch'entrate** …

Man kam nicht zum Vergnügen hierher. Die Gaukler aus Molières Theatertruppe, die sich in der Rue Guénégaud niedergelassen hatten, mussten auf der Stelle umziehen: Die Patres fürchteten, dass die Schüler sich von den Komödiantinnen ablenken lassen würden. Der gute Doktor Guillotin und der Maler David hielten sich hier auf. Hier tagte der Wohlfahrtsausschuss, während die Kuppel, die als *Coupole* bald Unsterblichkeit erlangen sollte, ein Zucker-

* Dante

depot beherbergte. Nachdem es als Gefängnis, École Centrale und Kunstmuseum gedient hatte, erfuhr das ehemalige Collège seine bedeutendste Förderung durch Napoléon, der 1805 das *Institut de France* dort unterbrachte, das zehn Jahre zuvor die alten Akademien abgelöst hatte. Diese nahmen, wie es häufig einige Jahre später geschieht, ihre alten Namen wieder an, und so nistete sich die 1666 von Colbert gegründete Akademie der Wissenschaften, zusammen mit den vier anderen, wie ein Einsiedlerkrebs scheinbar endgültig in dem nutzlosen und prunkvollen Gehäuse des ehemaligen *Collège des Quatre-Nations* am Quai de Conti 23 ein.

Von der gegenüberliegenden Brücke Pont des Arts oder von den Ufern der Seine aus bewundern seither die Passanten die harmonisch gestaltete, vollkommen symmetrische, um nicht zu sagen langweilige Fassade des Instituts. Die Methode von Descartes und die majestätische Eloquenz von Bossuet scheinen hier auf die natürlichste Weise ihren Ausdruck in der Sprache der Steine gefunden zu haben. Können sich diese arglosen Spaziergänger vorstellen, was für fragwürdige Schätze, was für spitzfindige Geistesgifte sich vor den Augen des Uneingeweihten verbergen, hier in der sechsten Etage des Gebäudes, im hinteren Teil des zweiten rechten Innenhofes, hinter der Tür, durch die unser Besucher schreitet, nachdem er sich endlich entschlossen hat, aus seinem Sessel aufzustehen?

Der Lesesaal des Archivs der Akademie der Wissenschaften ist klein; die Leute, die hier arbeiten, sind ungewöhnlich höflich, wenn auch nicht sehr gesprächig. Durch das Mansardenfenster sieht man im Haus gegenüber, in der Rue Mazarine, eine Frau, die ihre Geranien gießt. Eine junge Asiatin beugt sich über einen Band von Condorcet; ein bärtiger Mann, der, vielleicht schon seit Jahren, in das Studium des letzten Lehrsatzes von Fermat vertieft ist, grüßt den Unbekannten schweigend und ohne den Blick von seinem Buch zu heben.

Alles wirkt plüschig, altmodisch, antiquiert. Manuskripte werden nicht fotokopiert, hier wird noch mit der Hand geschrieben. Madame Unterbibliothekarin spricht Sie mit Ihrem Namen an. Und wenn Sie sich an einen der großen Tische gesetzt haben, kommt sie wie die Hausdame eines guten Hotels persönlich zu Ihnen, um Ihre Bestellung aufzunehmen, und sie ist es auch, die Ihnen nach einer gewissen Zeit den gewünschten kostbaren Umschlag überreicht.

Die Schachteln, in denen die Akten aufbewahrt werden, sind grün wie die Ornate der Mitglieder der Académie française, mit einer goldenen Borte und einem Messinggriff verziert; man kann sie von weitem in einem an den Lesesaal grenzenden Raum sehen, aufgestapelt in einer Reihe von Regalen, die bis zur Decke reichen. Die meisten Schachteln enthalten Dokumente, die dem Institut von Persönlichkeiten aus der Welt der Wissenschaft oder von deren Rechtsnachfolgern vermacht wurden. Andere (und für eine davon interessiert sich unser Besucher, der die Zahl 11.668 auf einen Anforderungsschein schreibt, kaum dass er Platz genommen hat) dienen zur Aufbewahrung versiegelter Umschläge, die der Akademie nach einem vom Anfang des 18. Jahrhunderts stammenden Verfahren überbracht werden.

Ein versiegelter Umschlag – oder ein »Kuvert«, wie man früher sagte – wird im Archiv der Akademie der Wissenschaften hinterlegt, um registriert zu sein. Das Eingangsdatum beweist, welche Entdeckungen in den jeweiligen Umschlägen als Erste gemacht worden sind. Der Verfasser eines Umschlags kann ihn zurückziehen oder um Herausgabe bitten, damit Wissenschaftler den Inhalt beurteilen können. Tut er das nicht, darf vor Ablauf von einhundert Jahren kein anderer den Umschlag öffnen, es sei denn, es geschieht auf ausdrücklichen Wunsch seiner Erben. Man kann sich vorstellen, dass die meisten Umschläge, auf die niemand Anspruch erhebt, nur noch von historischem Interesse sind, wenn sie nach hundert Jahren geöffnet werden, weil der Fortschritt von Wissenschaft und Technik den so lange unerkannt gebliebenen Entdeckungen jeden Reiz genommen hat. Es steckt ein Hauch Poesie von Jules Verne in diesen überholten Utopien, in diesen Erfindungen, die mit der Zeit absurd oder gar lächerlich wurden, in diesen veralteten Erneuerungen. Wozu könnte die »elektromagnetische Maschine« von Léon Belot noch dienen, wenn man sie am heutigen Tag im Juli 1979

Archivsaal der Akademie der Wissenschaften, Paris.

entdeckte, einhundertvierzig Jahre, nachdem ihr Erfinder sie entwickelt hat? Zugegebenermaßen könnte man vielleicht noch einen guten Geigenbogen aus dem »Sortiment gedrehter Seidenfäden für Musikinstrumente« machen, das der Bürger Baud am 18. Vendemiaire im Jahre VIII hinterlegte und das einhundertneunundsiebzig Jahre später aus seinem kostbaren Umschlag geholt wurde, aber wie steht es um den »Velopter«, also das fliegende Fahrrad (1891), um die Maschine, die Genähtes wieder auftrennt, um den Scheibenwischer für Brillenträger oder die Sonnenblumenuhr?

Zu allen Zeiten hat es wirklichkeitsfremde Schwärmer gegeben, die glaubten, sie hätten den Schlüssel zur Quadratur des Kreises gefunden; vorsichtshalber hat man darum festgelegt, dass die Akademie maximal zwei Zusendungen pro Jahr vom selben Verfasser registriert. Dennoch sollte man die Fantasten nicht schlecht machen. Es gibt unter ihnen auch Genies wie den großartigen Dichter Charles Cros, den nur wenige Zeitgenossen ernst genommen zu haben scheinen, als er am 30. April 1877 (Umschlag Nr. 3.109) seine Erfindung des Phonographen hinterlegte, gut dreißig Jahre, nachdem Monsieur Despierres seine »Maschine zur Imitation der menschlichen Stimme« erfunden hatte.

In seiner *Kritik der reinen Vernunft* macht Immanuel Kant sich über Menschen lustig, die aus reinem Vergnügen Wörter miteinander verbinden und damit Begriffe wie zum Beispiel »Marinechronometer« bilden, die keinen Sinn ergeben. Dabei ist es genau so ein Gegenstand, den der Uhrmacher Berthoud einige Jahre später im letzten versiegelten Umschlag beschrieb, den die königliche Akademie 1792 bekam. Woran man sieht, dass es manchmal höchst töricht ist, sich über Verrückte zu mokieren. Das Unwahrscheinliche ist der Nährboden für eine virtuelle Modernität, die nichts mit der Mode zu tun hat.

Um der Wahrheit die Ehre zu geben, muss man erwähnen, dass Colbert, der Gründer der Akademie, nicht nur ihre wissenschaftliche, sondern auch ihre daraus resultierende ökonomische und politische Bestimmung im Sinn hatte. Die Untersuchung der von seiner Genehmigung abhängigen Maschinen ermöglichte es dem

Staat, als Gegenleistung für das dem Erfinder gewährte Nutzungsprivileg die gewerblichen Innovationen im ganzen Königreich zu fördern und vor der Konkurrenz zu schützen.

Jeder misstraute jedem, und man kannte die Natur des Menschen, wenn es darum ging, den Erfindern ihr geistiges Eigentum zu sichern. »Da ich fürchte, dass der Arbeiter, der an meinen Maschinen baut, weitersagen könnte, was ich vorhabe [...]«, heißt es gleich zu Beginn im allerersten versiegelten Umschlag, handgeschrieben von Herrn André Audibert, Bürger der Stadt Aix ...

Das gilt für die Industrie, der es ums Gewinnmachen geht, die reine Forschung ist vor solcher Schäbigkeit sicher, mögen Sie vielleicht denken! ... Bilden Sie sich Ihr eigenes Urteil: Am Dienstag, dem 1. Februar 1701, »schickte Herr Bernoulli aus Groningen ein versiegeltes Kuvert mit isoperimetrischen Problemen an die Akademie, das so lange aufbewahrt werden sollte, bis sein Bruder, Herr Bernoulli aus Basel, die Lösung derselben Probleme veröffentlichen würde [...].«

Die Historiker vermuten, dass der fragliche (Johann) Bernoulli auf diese Weise (Jakob) Bernoulli herausfordern wollte, eine Aufgabe besser zu lösen als er, eine Aufgabe jedoch, die der Letztere eigens erfunden hatte, um den Ersteren zu ärgern. Hätte man nicht logischerweise damit rechnen können, dass Jakob, der Ältere (der unter anderem die *Ars conjectandi* geschrieben und den Lehrsatz von Bernoulli entwickelt hat, einen Klassiker der Wahrscheinlichkeitsrechung, der auch als »Gesetz der großen Zahl« bekannt ist), bei der Akademie einen versiegelten Umschlag mit der Lösung des Problems hinterlegen würde?

Genau deswegen, wird sich der Jüngere gesagt haben, muss er seinem Bruder zuvorkommen und die Rollen vertauschen. Aber inzwischen hatte Jakob in Leipzig den ersten Teil seiner Beweisführung in einer wissenschaftlichen Zeitschrift veröffentlicht. War es möglich, dass Johann ihn nicht gelesen hatte? Sehr unwahrscheinlich. Nehmen wir also an, dass er den Artikel kannte und sich davon inspirieren lassen wollte. Um dem Vorwurf des Plagiats zu entgehen, konnte er nur noch so tun, als wüsste er nichts von der

Vorgehensweise seines Bruders. Diese Lüge war so lächerlich und kindisch, dass niemand es wagen würde – dachte Johann –, sie für eine Lüge zu halten. Man würde die Hypothese für glaubwürdig halten, nach der der Jüngere die Wahrheit sagte und aus reiner Zerstreutheit tatsächlich nicht wusste, dass der Ältere ihm ein gutes Stück voraus war.

Man hatte nicht mit Jakobs teuflischer Raffiniertheit gerechnet, in der Leipziger Zeitschrift nur die Hälfte der Lösung zu veröffentlichen, damit sein Bruder sich die Blöße geben musste und nur noch wählen konnte, als Lügner oder als Trottel dazustehen.

Was sollte Johann tun? Zugeben, dass er gar keine Lösung gefunden hatte, und sein Gesicht verlieren? Unser Mann (der im Grunde seinen Bruder vielleicht sogar rechts überholt hat, auf der Ziellinie wie der Sportler den Hasen, mit dem er trainiert) spielte das Spiel bis zum Ende. Er entschied nicht nur, dass der Umschlag nie geöffnet werden dürfe, sondern auch, zu seinen Lebzeiten nichts mehr zu veröffentlichen, was die Vermutung zugelassen hätte, er ließe sich von den primitiven Verlockungen des Ruhmes verführen. Sein Hauptwerk über die Differenzialrechnung erschien in zwei Lieferungen, der zweite Teil erst kurz vor seinem Tod – ein halbes Jahrhundert, nachdem er ihn geschrieben hatte – und der erste Teil erst 1924.

Der Besucher fängt bei der Betrachtung des Registers an zu träumen. All diese Namen sagen niemandem mehr etwas, diese Namen von weisen oder verrückten Menschen, von ernsthaften Wissenschaftlern oder von Scherzbolden, die sich mit einfach allem beschäftigen, von unerbittlich verkannten Genies, beängstigenden Monomanen, Mechanikern und raffinierten, hoffnungslos erfinderischen Handwerkern. Die einen hätten verlorene Kriege gewonnen, hätte man sie gewähren lassen, die anderen, die Gürteltiere, hätten Innovationspreise erhalten, wenn die Höhle, die sie sich gegraben hatten, nicht in einer Sackgasse geendet hätte. Das Verzeichnis ähnelt einem Friedhof: Manchmal entdeckt man auf einem Seitenweg einen berühmten Namen: Pasteur, Becquerel oder

Poincaré, deren Einsendungen entsprechend den Bestimmungen noch immer darauf warten, exhumiert zu werden. Wer wird jemals die Umschläge der Unbekannten öffnen? Wer aber wird sie lesen? Eine traurige Melancholie liegt über den langen Kolonnen des großen Buches; die im Archiv gestapelten grünen Schachteln erinnern an einen Urnenfriedhof.

Unter dem Datum des 26. Februar 1940 stehen sieben Namen mit den Zahlen 11.665 bis 11.669: Charles Lange und Pierre Chavasse, Xavier Séjourné, Richard Fosse und Jacques Gaiddon, Wolfgang Dœblin, Jean-Alphonse Grégoire. Der Erstgenannte war Direktor der Telefongesellschaft, der Zweite leitender Ingenieur des Nachrichtenministeriums. Ihre Entdeckung war sicherlich von militärischem Interesse, wie sehr viele bei der Akademie hinterlegte Arbeiten zu jener Zeit. So ruhten während des ganzen Krieges einige der am besten gehüteten Geheimnisse der Kernforschung auf dem Boden einer grünen Schachtel. Frédéric Joliot-Curie und seine Mitarbeiter Hans von Halban und Lew Kowarski hatten in den Jahren 1939 und 1940 eine Reihe von Umschlägen hinterlegt – Ergebnisse ihrer Arbeiten zu Kettenreaktionen und das Konzept eines mit Uran und schwerem Wasser betriebenen Kernreaktors. Es schaudert einen bei der Vorstellung, die Nazis hätten diese Papiere in die Finger bekommen, die sehr weit fortgeschrittene Forschungsergebnisse dokumentierten (Joliot hatte als Erster den physikalischen Beweis für die Kernspaltung erbracht, für die zwei deutsche Wissenschaftler, Hahn und Straßmann, 1938 die theoretische Grundlage formuliert hatten). Hätten die Nazis sie entdeckt, wäre vielleicht der Krieg anders verlaufen und das Schicksal dieser Welt wäre ein anderes gewesen. Würde es uns noch geben, um diese Geschichte zu erzählen oder sie zu lesen?

Inzwischen hat die Dame in der Rue Mazarine, die ihre Geranien goss, das Fenster geschlossen. Eine seiltänzerisch begabte Katze bewegt sich sicher den Dachfirst entlang. Die Bibliothekarin nähert sich wie die Trägerin der Opfergaben anlässlich der Panathenäen mit ausgestreckten Armen dem Besucher und legt einen Umschlag mit zerrissenen Ecken vor ihn hin. Durch kreuzförmiges Fal-

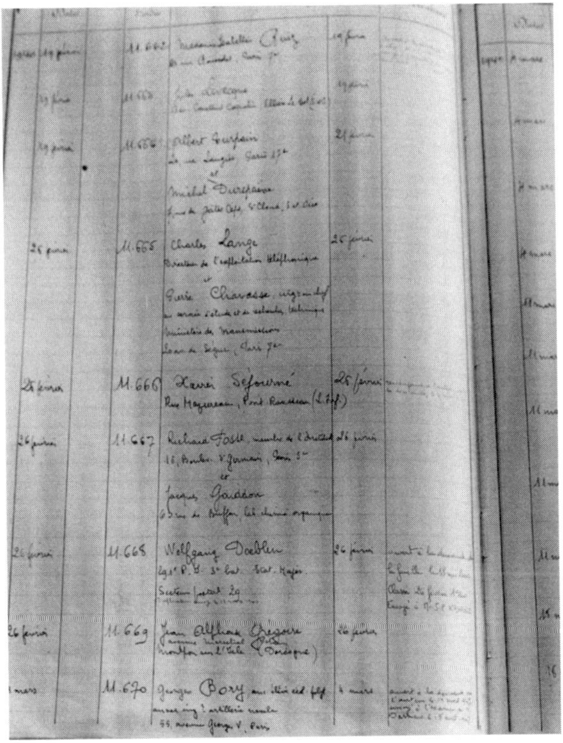

Register der versiegelten Umschläge.

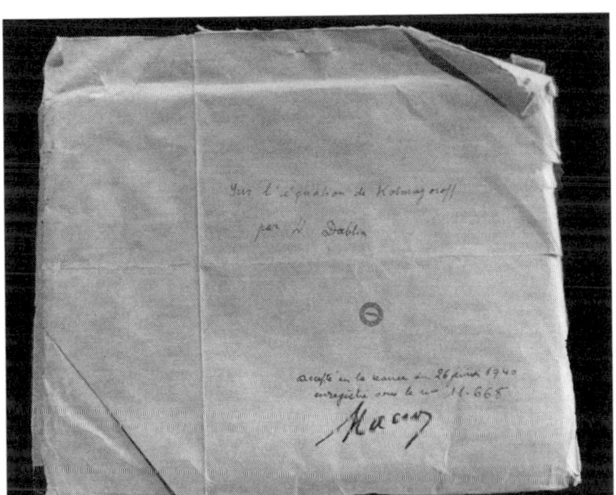

Der Umschlag 11.668

zen ist er in vier symmetrische Abschnitte geteilt. Rechts oben, in einem der großen Rechtecke, sind mit schwarzblauer Tinte diese Worte geschrieben:

»Sur l'équation de Kolmogoroff, par W. Dœblin«.

| KAPITEL 3 |

»Er hat sich im Alter von fünfundzwanzig Jahren am 21. Juni 1940 das Leben genommen, als er sah, daß sein Bataillon von der Wehrmacht eingekesselt war. Er wollte nicht in die Hände der Nazis fallen, vor denen seine Familie einige Jahre zuvor geflohen war, um sich in Frankreich niederzulassen. Aber Vincent Doblin, mit wirklichem Namen Wolfgang Dœblin*, Sohn des großen Schriftstellers Alfred Döblin, hatte damit seinem Schicksal noch kein Ende gesetzt [...].«

Mit diesen Worten kündigte eine Meldung von AFP an, dass in den Berichten der Akademie der Wissenschaften die Abhandlung veröffentlicht sei, die der Besucher des Archivs in dem Moment zu lesen begann, als die Katze von Madame Vandekerbroucke hinter dem Schornstein an der Ecke des Daches verschwand.

»In dieser Woche«, heißt es in der Meldung weiter, »veröffentlicht die Akademie der Wissenschaften seine mathematischen Forschungen, die er während dieses ›unheimlichen Krieges‹ in den Ardennen unter sehr schwierigen Umständen und ohne jeden wissenschaftlichen Kontakt verfaßt und dann dafür gesorgt hatte, daß sie im Februar 1940 in einem versiegelten Umschlag am Quai de Conti hinterlegt wurden.«

Unter dem Titel *Sur l'équation de Kolmogoroff* werde auf etwa hundert Seiten eine echte Brücke geschlagen zwischen den analytischen Forschungen, wie sie vor dem Zweiten Weltkrieg angestellt wurden, und den mehr auf der Wahrscheinlichkeitsrechnung basierenden Theorien, wie sie nach 1944 von dem Japaner Kiyosi Itô

* Erklärung zur Schreibweise des Nachnamens siehe S. 37.

entwickelt wurden, erklärte Marc Yor der AFP. Yor ist Professor an der Universität Pierre et Marie Curie und Autor des wissenschaftlichen Kommentars, der die Publikationen begleitet.

Die Akademie hat es dem Bruder Claude, Tapezierer und Raumausstatter in Nizza, zu verdanken, dass sie am 18. Mai 2000 den versiegelten Umschlag öffnen durfte, »nur« sechzig Jahre nachdem er ihr von dem einfachen Grenadier des 291. Infanterieregiments zugestellt worden war ...

Die Arbeit von Wolfgang Dœblin, auf den man bereits vor dem Krieg nach seiner Staatsexamensarbeit, die er im März 1938 im Alter von dreiundzwanzig Jahren vorgelegt hatte, als »aufgehenden Stern« am Himmel der Wahrscheinlichkeitstheorie aufmerksam geworden war, ist abgesehen von den unglaublichen geschichtlichen Umständen, unter denen das Werk in einem Schulheft niedergeschrieben wurde, aus wissenschaftlicher Sicht besonders kostbar: Sie ist das fehlende Glied in der Kette und zeigt, dass bereits vier Jahre vor Einführung der mathematischen Stochastik durch Itô – gestützt auf die Studie der aleatorischen Bewegungen – sehr gründliche Vorarbeit geleistet worden war. Die mathematische Stochastik schlug wie eine Bombe ein, auch wenn sie erst fünfundzwanzig Jahre später anerkannt wurde, gilt sie noch heute als geniales Werk der mathematischen Forschung, unterstreicht Marc Yor.

»So wird der lückenlose Zusammenhang der Wissenschaftsgeschichte deutlich, seit der Botaniker Robert Brown die Theorie der ›Brownschen Bewegung‹ entwickelte, die sich auf seine 1827 gemachte Entdeckung stützt, daß Moleküle sich bewegen. Diese Entdeckung löste weitreichende Forschungsaktivitäten aus, nicht nur in der theoretischen Physik und der reinen Mathematik, sondern auch im Bereich der Anwendungen. Für die neuen Finanzmärkte wurde eine Spielregel entwickelt, die sich auf die berühmte Formel der Amerikaner Black und Scholes aus dem Jahr 1973 stützt. Bereits 1900 hatte ein gewisser Bachelier eine These über die Börsenschwankungen veröffentlicht, indem er die Brownsche Bewegung anwandte, eine Arbeit, die erst fünfundsiebzig Jahre später wirklich anerkannt wurde [...].«

Die Meldung wurde in zwei Morgenzeitungen verbreitet. Unter dem Titel »DER SOLDAT VON 1940 HATTE DEN SCHLÜSSEL ZUR MODERNEN MATHEMATIK« erschien sie in der einen, während die andere einen einmaligen Sinn für Knappheit bewies: »KRIEG UND MATHE«.

Einen der Artikel illustrieren drei Porträtfotos. Man könnte meinen, dass alle denselben Menschen zu verschiedenen Zeiten seines Lebens zeigen: jung (etwa zwanzig Jahre?), nicht viel älter (fünfundzwanzig vielleicht?) und dann – nach einem Sprung von einem halben Jahrhundert oder mehr – als gealterten Mann, den man dennoch wiederzuerkennen glaubt: der Archetyp des intellektuellen Juden aus Mitteleuropa, der die Sintflut überlebt hat.

Diese drei – oder eher zwei und ein – Gesichter, durch den Abgrund der Zeit voneinander getrennt, zeigen unterschiedliche Abwehrhaltungen gegenüber der Kamera. Der alte Mann schaut den Fotografen nicht direkt, sondern ein wenig von der Seite an, mit derselben Ironie, die seine Lippen umspielt, eingebettet in eine tiefe, halb bittere, halb lächelnde Falte in Form einer umgekehrten Lyra. Der junge Mann hat vollere, fast kindliche, leicht schmollende, eher spöttische Lippen, die ein distanziertes und belustigtes Lächeln andeuten, das auch etwas Melancholisches hat, aber nichts Trauriges, das geprägt ist von dieser entrückten Sanftheit, die manchmal das Ergebnis einer frühen überdurchschnittlichen Klugheit ist, das Kennzeichen einer frühreifen Intelligenz im Widerspruch zum Rest der Welt.

Der junge Mann schaut den nicht an, der ihn anschaut. Im Schutz seiner Brille (kleine, runde, in Metall gefasste Gläser, die wie Bullaugen aussehen und mit deren Hilfe man 1944 seinen Leichnam identifizieren wird) kann er sich in aller Ruhe mit anderen Dingen beschäftigen als mit denen, die seine Augen sehen. Sehen diese Augen überhaupt etwas? Man könnte meinen, ihr Blick verliere sich in der Leere oder in der Ferne. So sehen die Augen aus von jemandem, der Musik hört, der an etwas anderes denkt, der seinen Gedanken nachhängt oder vielmehr diesen Gedanken folgt, wohin auch immer sie schweifen mögen.

Wolfgang Dœblin in den dreißiger Jahren.

Das dritte Foto, das kleinste, zeigt denselben Menschen im Profil, den Kopf nach vorn geneigt. Er trägt eine Militäruniform, ein Käppi auf dem Kopf, und von einem Riemen zusammengehaltene Kopfhörer verdecken die Ohren. Eine Hand – nicht seine – zeigt mit dem Zeigefinger auf seine Nase; die Hand gehört einer anderen Person, die stolz und breitbeinig ebenfalls in Uniform hinter ihm steht, ihren Gürtel zwischen Daumen und Fingern der rechten Hand geklemmt, damit diese optische Täuschung entsteht.

Wenn dieses Bild nicht verstümmelt worden wäre, könnte man sehen, wie Wolfgang (alias Vincent) Do(e)blin als Funker des 291. Infanterieregiments ein Funkgerät bedient. Das Foto wurde im Herbst 1939 gemacht, sehr wahrscheinlich in der Nähe von Givet, im Frontabschnitt der Ardennen. Man weiß weder, wen Wolfgang anfunkt, noch kennt man den Wortlaut der Meldung. Was hofft der alte Mann – sein Bruder Claude –, der die Ohren zu spitzen scheint, sechzig Jahre später am anderen Ende der Leitung zu hören, die von der Zeit unterbrochen wurde? Und was soll er antworten?

Als der Besucher des Archivs die Artikel in den Tageszeitungen ein zweites Mal liest, kann er nicht umhin, eine gewisse Erregung zu spüren. Es war, als ob die Journalisten zwischen den Zeilen eine andere Geschichte geschrieben hätten, denn die, die sie erzählen – oder soll ich sagen erzählen wollen –, stimmt in mindestens zwei Punkten nicht mit der historischen Wahrheit überein.

Erstens das Datum, an dem der versiegelte Umschlag abgeschickt wurde. Tatsache ist, dass Wolfgang ihn am 19. Februar an die Akademie der Wissenschaften schickt, die ihn am 26. ins Register einträgt. Vier Monate später, am 21. Juni, setzt er seinem Leben ein Ende. Das hindert weder die erste Zeitung daran, zu schreiben: »Der Soldat Wolfgang Dœblin, ein junger brillanter Forscher, hatte seine Arbeiten über die Kolmogoroffsche Gleichung *vor seinem Selbstmord* an die Akademie der Wissenschaften geschickt«, noch den Verfasser des zweiten Artikels, den Leser erst recht zu verblüffen: »Am 21. Juni 1940 wartet Vincent Doblin, Grenadier in den Ar-

Der Funker Vincent Doblin, Herbst 1939.

dennen* nicht, bis die Wehrmacht sein Bataillon umzingelt und ihn gefangen nimmt. Er ist Jude, hieß in einem anderen Leben Wolfgang Döblin und lebte in Deutschland. Er ist fünfundzwanzig Jahre alt, er hat Angst** und weigert sich hartnäckig, in die Hände der Nazis zu fallen. Deshalb nimmt sich Vincent Doblin das Leben. Bevor er sich umbringt, verbrennt er einige Papiere. Nicht alle ...«, woraus man schließen könnte, dass das kostbare Manuskript Teil der »geretteten« Papiere sei. Dem ist aber nicht so. Man weiß nämlich aus sicherer Quelle[1], dass Wolfgang (alias Vincent) vor seinem Selbstmord in der Scheune von Joseph Triboulot in Housseras *alle seine Papiere* im Küchenofen verbrannt habe.

Die andere Erfindung bezieht sich auf den unerhörten, erschütternden (für die Geschichte der Wissenschaften) Charakter des Inhalts des versiegelten Briefs: »Seit sechzig Jahren«, kann man im selben Artikel lesen, »bis zu seiner Freigabe im Mai 2000, fasziniert und verspottet dieser Umschlag die Forscher gleichermaßen, denn sie dürfen ihn nicht öffnen. Sie wissen, daß er wahre Schätze enthalten muß, und sie fürchten, sie könnten sterben, bevor sie ihrer habhaft werden. Die endlich enthüllte Wahrheit erfüllt ihre kühnsten Hoffnungen ...«

»Freigabe«, »enthüllte Wahrheit«, »Hoffnungen« ... Nach der langen dunklen Nacht des Wartens kommt endlich die Erfüllung. Die in diesem Umschlag enthaltene Botschaft hat etwas Mystisches: Wolfgangs Bild reicht wie das des Che in La Higuera an das Bild Jesu.

Doch was sagten die in der Meldung von AFP zitierten Historiker? Vier Jahre Vorsprung vor Itôs Entdeckungen. Das ist gewiss erstaunlich, ja sogar fantastisch, aber letzten Endes nicht mystisch. Das »fehlende Glied« macht die Kette erst zu einer solchen, wenn es entdeckt ist. Es gibt keinen Bruch. Der Fortschritt der Wissen-

* Eigentlich in den Vogesen, wohin das 291. Infanterieregiment in den letzten zwei Wochen des Januar 1940 verlegt worden war.

** Der Begriff ist schlecht gewahlt. Wolfgang hat sich in den vorangehenden Schlachten sehr mutig verhalten, weswegen er am 19. Mai ehrenvoll erwähnt und mit dem Kriegsverdienstkreuz ausgezeichnet wurde.

schaften ist in sich zusammenhängend, auch wenn er sich ruckweise auf scheinbar zufallsbedingte Art vollzieht (was uns übrigens zum Gegenstand von Wolfgangs Forschungsarbeit zurückbringt). *A posteriori* hat der beschriebene Weg nichts Abwegiges; er scheint rückblickend sogar (zweifellos zu Unrecht) vorhersehbar zu sein.

Übrig bleibt die andere Geschichte, die man erzählen möchte. Die Geschichte des jungen genialen Mathematikers Wolfgang Dœblin, Sohn von Alfred Döblin, dem großen Schriftsteller. Geboren in Berlin, obendrein als Jude, 1933 nach Frankreich geflüchtet, am 21. Juni 1940 in der Uniform der französischen Armee in Housseras (Département Vosges) gestorben. Von deutschen Truppen umzingelt, beschließt er, sich eine Kugel in den Kopf zu jagen, statt sich zu ergeben und gefangen genommen zu werden. Er verbrennt seine Papiere im Küchenofen des Bauernhauses, in dem er sich versteckt hat. Er verbrennt alles, nur nicht den berühmten Umschlag »Über die Kolmogoroffsche Gleichung«, den er (per Brieftaube?) zum Quai de Conti Nr. 23, zweiter Innenhof rechts, sechste Etage schickt. Das hat zur Folge, dass sechzig Jahre später dieser Umschlag unter noch zu klärenden Umständen geöffnet wird und nun vor Ihnen auf dem Tisch liegt, vorsichtig aus seiner Schutzhülle gezogen, strahlende Funken sprühend wie der Kohinoor.

Es ist ein Schulheft der Serie *Villes et Paysages de France* (*Städte und Landschaften Frankreichs*). Das Deckblatt ist grau, die Rückenverstärkung ebenso dunkelblau wie der Titel und der Hinweis auf den Hersteller. Der oben auf das Deckblatt gedruckte, unterstrichene Titel besteht aus Kursivbuchstaben im Art-déco-Stil und geht über zwei Zeilen. Unter der zweiten Zeile in Höhe des Y von »Paysages« erinnert eine ornamentierte Schlussvignette an einen stilisierten Feldblumenstrauß. Unten auf der Seite steht hinter der Seriennummer »n° 3308«, ein bisschen zerkratzt, in Großbuchstaben »Docks ardennais«. Den ganzen Mittelteil füllt ein lilafarbenes Bild aus, das quer (von Hand, wie man an der Ungleichmäßigkeit und den Blasen sehen kann) aufgeklebt und mit einem doppelten dunkelblauen Streifen eingerahmt wurde. Es zeigt den *Felsen von Bonnevie* im Département Cantal: Ein dunkelvioletter, an den Rändern eingebeulter Haufen, überragt von zwei nur schwer identifizierbaren Spitzen. Links davon ein weiterer Haufen, ein Hügel, der vom ersten durch eine Lücke getrennt ist, die ein Tal bildet, durch das sich eine von mehreren Gebäuden gesäumte Straße zieht. Rechts unten erblickt man ein Dorf; im blasseren, hellvioletten, fast grauen Hintergrund könnte man das Meer vermuten, wenn das Motiv nicht durch die Bildunterschrift am Rand des Drucks erkennbar wäre.

Auf dem hinteren Deckblatt ist mitten auf der Seite eine zweite Vignette gedruckt, auch sie ist dunkelblau. Sie zeigt eine grob stilisierte Landschaft mit zwei Heuschobern, die wie Kreisel aussehen, mit Feldern und einem Weiler in der Ferne. In die obere linke Ecke ist ein Preis gestempelt: 1 F 30. Spuren von Klebstoff formen ein Y. Etwas Flüssigkeit muss auf das Blatt gekommen sein, als der Umschlag versiegelt wurde. Beim Öffnen musste man den Umschlag vom Deckblatt lösen, wobei die beiden Kratzer auf der Rückseite entstanden.

Wolfgang muss das Heft von »Docks ardennais« im November 1939 im Kolonialwarengeschäft von Sécheval in der Nähe von Givet gekauft haben. Dort war die Befehlsstelle seines Bataillons stationiert. 1936 war er in Frankreich eingebürgert worden, und er wollte keinerlei Sonderbehandlung genießen, nicht einmal den Dienstgrad eines Offiziers der Reserve, der ihm als Doktor der Wissenschaften zugestanden hätte. Also wird er bei Kriegsausbruch als Grenadier in das 291. Infanterieregiment einberufen. Seinen Fachkenntnissen verdankt er seinen Einsatz als Funker. Ihm bleibt maximal eine Stunde täglich, um an seinen Forschungen zu arbeiten; wenn er in eiskalten Nächten in der Funkkabine Wache hält, findet er sozusagen die nötige Muße, seine auf Schmierpapier gekritzelten Beweisführungen in das Heft mit dem Felsen von Bonnevie ins Reine zu schreiben. Anfangs denkt er nach, um geistig aktiv zu bleiben, und nicht aus Begeisterung für die Aufgabe, doch im Winter, als es Stein und Bein friert und jeder Ausgang gestrichen wird, nimmt seine Arbeit echte Form an. Indessen muss der Generalstab am 11. Janu-

Das Heft, in das das Manuskript der Abhandlung Sur l'équation de Kolmogoroff *(Über die Kolmogoroffsche Gleichung) geschrieben wurde.*

ar nach der »Belgien-Offensive« seine Pläne ändern. Dœblins Kompanie verlässt am 25. Januar die Ardennen in Richtung Lothringen. Als sie in dem Dorf Athienville Quartier bezieht, beendet Wolfgang die Arbeit. Es ist jedoch klar, dass es sich um ein unvollendetes Werk handelt. Zahlreiche Passagen, manchmal sogar ganze Beweisführungen, wurden gestrichen. Hinter die Seite 33 ist ein nicht nummeriertes loses Blatt eingefügt, und das Manuskript, dessen letzte Seiten 76 und 77 ebenfalls gestrichen sind, endet auf zwei fliegenden Blättern voller unredigierter Berechnungen, die aus einem Schmierheft gerissen wurden, das dem Schulheft von Docks ähnelt.

Im Brief vom 12. März 1940 an Professor Maurice Fréchet, einen seiner beiden Mentoren (der andere war Paul Lévy), schreibt Wolfgang Dœblin: »Meine Arbeit über die Kolmogoroffsche Gleichung habe ich vor etwa einem Monat beendet, vielmehr habe ich einfach irgendwann aufgehört, daran zu arbeiten, weil ich es satt hatte, mich mit dieser Gleichung zu beschäftigen.« Die erarbeiteten Ergebnisse scheinen ihm dennoch wichtig genug, um sich zum wiederholten Male um das Schicksal seines Manuskripts zu kümmern. Nachdem er den versiegelten Umschlag verpackt hat, schickt er die erste Niederschrift seiner Arbeit an sich selbst zurück und am 13. März ein Duplikat an die Akademie. In einem vorangestellten Schreiben bringt er seine Sorge zum Ausdruck, dass die erste Sendung vom 19. Februar verloren gegangen sein könnte. »Seine seelische Verfassung ist immer noch gut«[2], stellt Bernard Bru fest. Mit der dem versiegelten Umschlag beigelegten Notiz erweckt er dennoch den Eindruck, der Autor rechne damit, das Heft nicht selbst wieder abholen und sich deshalb nicht dafür entschuldigen zu können, sein Werk nicht zu Ende gebracht zu haben: »Das beiliegende Manuskript wurde von November 1939 bis Februar 1940 im Militärquartier geschrieben. Es ist nicht ganz fertig und läßt die technischen Unzulänglichkeiten erkennen, unter denen es geschrieben wurde.« Und doch ist es entgegen anders lautenden Gerüchten wahr, dass »Über die Kolmogoroffsche Gleichung« nicht der letzte bekannte Text ist, den Wolfgang Dœblin vor seinem tragischen Ende geschrieben hat. Nachdem er den Umschlag abgeschickt hatte, entwarf er noch drei weitere Niederschriften über die »gemischten Bewegungen« und die Chapman-Gleichung, wovon nur die erste durch Fréchets Bemühungen noch zu seinen Lebzeiten veröffentlicht wird. Die beiden anderen folgen erst im Jahre 1993.

Von der ganzen Denkschrift scheint nur der erste Satz für Laien verständlich zu sein: »Betrachten wir ein bewegliches Teilchen, das sich zufallsbedingt auf der rechten Seite (oder auf einem rechten Abschnitt) bewegt.« Diese Einleitung hat für den Nichtmathematiker etwas Beruhigendes. Ihr konkreter Charakter ist nicht bloß ein rhetorischer Griff. Dœblins Abhandlung bezieht sich auf die Besonderheiten der Brownschen Bewegung, von der man eine Vorstellung bekommt, wenn man im Sommer Mückenschwärme oder die Bewegung von Staubpartikeln in einem Sonnenstrahl beobachtet. Dank einer genialen Eingebung hatte schon der römische Dichter Lukrez die Betriebsamkeit der Teilchen damit erklärt, dass alle Materie aus Atomen besteht, die unaufhörlich Erschütterungen ausgesetzt sind: »Beobachten Sie, was passiert, wenn in einem Haus Sonnenstrahlen in ein dunkles Zimmer fallen. Sie sehen, wie sich Unmengen von kleinen Teilchen in dem erleuchteten Bereich in einem ständigen Gemenge in alle Richtungen bewegen und sich reihenweise in schnell aufeinanderfolgenden Zweikämpfen aufeinanderstürzen. Danach kann man sich besser vorstellen, wie Atome in der unendlichen Leere ständig gegeneinander geschleudert werden ... Die kleinen Teilchen werden durch die kontinuierlichen unsichtbaren Erschütterungen der Atome bewegt und bombardieren ihrerseits größere Staubpartikel. So pflanzt sich die Bewegung von den Atomen immer weiter fort und wird für unsere Sinne durch diese bewegten unsichtbar kollidierenden Körper wahrnehmbar ...«[3]

Robert Brown (1773–1858) gab diesen lukrezischen Bewegungen seinen Namen. Ihre Entdeckung war nicht unbedingt sein Verdienst, da er als Schotte ständig im Nebel lebte. Er übte außerdem den Beruf eines Botanikers aus, aber es heißt, dass er einen Tropfen Wasser unter dem Mikroskop betrachtete, als er die Eingebung des römischen Dichters zu neuem Leben erweckte, indem er sich auf die neue Molekulartheorie von Avogadro stützte.

1905 gelang es Einstein, dieses Phänomen in ein Modell zu bringen. In den zwanziger Jahren entwickelte Norbert Wiener, der Erfinder der Kybernetik, ein Wahrscheinlichkeitsgesetz, das (ich zitiere) »dem Zufallsprinzip der nicht lokalisierbaren Flugstrecke eines Teilchens, das der ständigen Erschütterung der unendlich vielen Atome ausgesetzt ist, einen genauen mathematischen Inhalt gibt«.

Während dieser Zeit erlebte die russische und dann sowjetische Schule der Wahrscheinlichkeitsmathematiker einen Aufschwung. Markow gibt seinen Namen einer Art von Prozess (von kontinuierlichen Bewegungen) ohne Gedächtnis, das heißt »jede weitere Entwicklung des Prozesses hängt nur von dessen aktuellem Wert und nicht auch von den Vorgängerwerten ab«. Nach ihm veröffentlicht Andrej Nikolajewitsch Kolmogoroff (1903–1987) – die Schreibweise mit zwei f sieht aus, als wäre sie einer von Hoffmanns Erzählungen entsprungen – im Jahre 1931 den Artikel, auf den Wolfgang sich bezieht. Er zeigt, dass die Markowschen Ketten von zwei Koeffizienten abhängen, von denen einer die Zufallskomponente und der andere die Zeitkomponente der (nicht zufälligen) »Ablenkung« ist, der das Teilchen unterworfen ist. Diese beiden Koeffizienten bestimmen das Wahrscheinlichkeitsgesetz der Bewegung mittels einer Gleichung mit partiellen Ableitungen, auch »Kolmogoroffsche Gleichung« genannt, die es zu lösen gilt.

Gegeben ist ein Teilchen, das der kontinuierlichen Einwirkung des Zufalls und einer bestimmten Ableitung unterworfen ist. Aus mathematischer Sicht kann die Bewegung dieses Teilchens durch die beiden oben genannten Koeffizienten beschrieben werden. Die von Kolmogoroff angewandte analytische Methode besteht darin, eine bestimmte Gleichung durch die Wahrscheinlichkeit der beteiligten Zufallsereignisse zu lösen. Dœblins Ansatz ist ein ganz anderer. Er ist »trajektoriell« und nimmt damit die modernen Prozesstheorien vorweg. Dœblin zeigt, dass die Bewegung in zwei Teile zerfällt. Der eine ist ein Martingal und folgt der Trajektorie oder dem Pfad einer Brownschen Bewegung in Abhängigkeit von einer bestimmten Zeit. Seine innovative Methode wird erst zwanzig Jahre später verstanden werden, wenn der Beweis erbracht ist, dass »jedes kontinuierliche Martingal eine Brownsche Bewegung relativ zur Zeit ist«.

Nun also sind wir aufgeklärt.

Es ist nur gut, dass die Mathematik nicht umhin kann, wenn sie Gleichungen miteinander verbindet, Abhandlungen zu verfassen, die (im Unterschied zur rein mathematischen Sprache) sich ganz alltäglicher Wörter bedienen, deren Sinn aber verändern. Es ist also klar, dass Begriffe wie »Martingal« und »Zeit« in diesem Kontext eine eigene Bedeutung haben, die uns entgeht. Auf den Uneingeweihten wirkt eine solche Abhandlung höchst poetisch wie die Sprache der Barocklyriker, deren Wörter, die wir wiedererkennen, ohne sie ganz zu verstehen, in unserer Vorstellung ungewöhnliche Bilder hervorrufen. Und was soll man zu dieser Vision des Kommentators des Umschlags sagen, in dessen Augen »die regelmäßigen Bewegungen Dœblins explodieren [...], aber niemals sterben«? »Nach einer Explosion«, fügt er hinzu, »richten sie sich auf der Erde sofort in unendlich großer Geschwindigkeit und ohne Unterbrechung wieder auf. Sie haben darum mehrere unabhängige, durch Explosionen und mehr oder weniger dicht aufeinander folgende Urknalle voneinander getrennte Leben [...].«[4]

Ich weiß nicht, ob solche Passagen intuitiv verstanden werden können oder ob nicht auch sie Prozesse in einer alltäglichen Sprache zu beschreiben versuchen, die in Wirklichkeit nicht vorstellbar sind – wie die Krümmung des Raumes, eigenartige Anziehungskräfte, der große Urknall selbst und nicht zu vergessen der Schmetterlingseffekt und das fossile Licht. Damit wird nur die Neugier kleiner Jungen und Mädchen für die Wissenschaften geweckt, und zwar in der Gegenrichtung zum platonischen Gedankenflug in die Welt der Ideen.

Mein eigener Blick richtet sich auf Wolfgangs Manuskript, auf diese schwarzblauen Kritzeleien, die aussehen, als wären sie mit einer Stahlfeder in das gelbe Papier des Schulhefts geritzt worden. Die

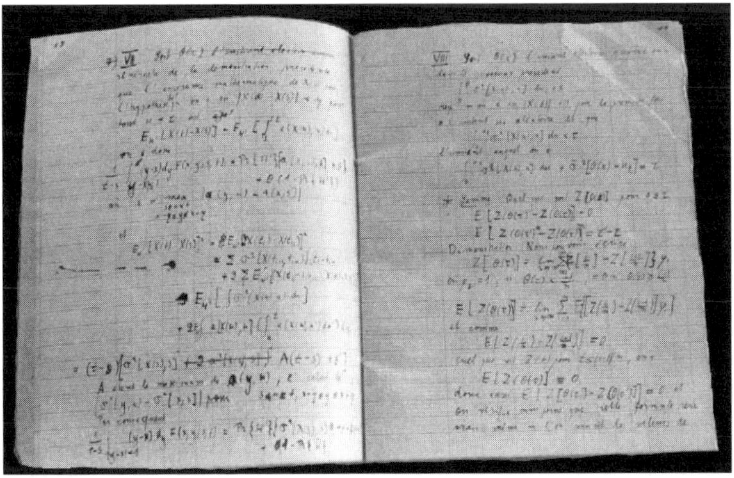

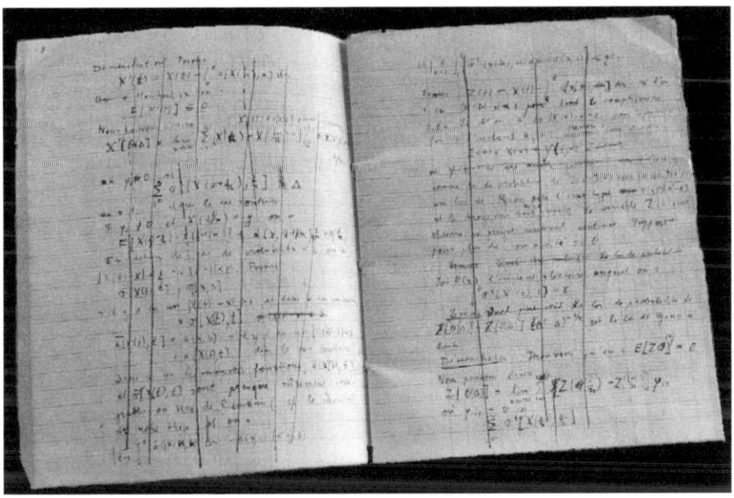

Manuskriptseiten aus dem versiegelten Umschlag.

unleserlichen Gleichungen haben eine große Ähnlichkeit mit Noten einer Partitur, mit Bass- und Violinschlüsseln, mit Sechzehntel- und Zweiunddreißigstelnotenhälsen, mit Pausen- und Erhöhungszeichen, mit Erniedrigungs- oder Auflösungszeichen. Alle haben sich auf den rätselhaften Absperrungen der Notenlinien versammelt. Ich bedaure es zutiefst, weder diese Vogelsprache verstehen noch die in diesem Zauberbuch eingeschlossene Musik hören zu können! Ich bin dieser behinderte Analphabet, der nicht weiter sieht, als die Nasenspitze reicht. Es wird behauptet, dass ich von der Geschichte, die ich erzähle, nichts gesehen und noch weniger verstanden habe. Ich habe höchstens die schwarze Robe und den Dreispitz des chaldäischen Weisen Kolmogoroff, den Schuss in der Scheune und die Stille danach in Erinnerung behalten.

| KAPITEL 4 |

Je tiefer man in die Quellen eintaucht, umso Spannenderes erfährt man über Zeiten, Orte und Menschen, umso mehr Mittel bekommt man in die Hand, einen Mann und seine Zeit lebendig werden zu lassen; aber die klaren Linien verschwimmen dabei und zurück bleiben nebulöse Zusammenhänge. Es fehlt der einheitliche Blickwinkel, eine Art spontaner natürlicher Synthese, die der Augenzeugenbericht hervorbringt, wie der von Sebastian Haffner[1] (*Geschichte eines Deutschen*) zum Beispiel über die Zeit von 1914 bis 1933 oder die *Tagebücher* von Victor Klemperer[2] über die Zeit danach ...

Wolfgang wurde am 17. März 1915 in Berlin geboren, das heißt, er wäre heute, während ich diese Zeilen schreibe, älter als 86 Jahre. Es ist eine eigenartige Vorstellung, wenn man sich die letzten Fotos von ihm anschaut, Fotos eines Jungen, der mit fünfundzwanzig Jahren sterben wird, als ein junger Mann, in dem man eher einen Bruder oder Sohn, aber ganz bestimmt keinen Vater sehen kann.

Fast alle Menschen, die ihn kannten, seine Lehrer, seine Studienkollegen und seine Freunde, sind tot, und die wenigen Überlebenden kann man an den Fingern einer Hand abzählen. Feldheim und Pospíšil starben 1944 als Opfer der Nazis; Hostinský, drangsaliert von der stalinistischen Bürokratie, starb 1951. In den sechziger und siebziger Jahren verschwinden nacheinander Georges Darmois, Jacques Hadamard, Paul Lévy, Maurice Fréchet, Arnaud Denjoy, die Lehrer, die seine ersten Schritte begleitet und seine Fortschritte beobachtet haben. André Magnier, der erst kürzlich verstarb, hatte all seine Notizhefte aufgehoben und erinnerte sich sehr gut an seinen

Schüler Wolfgang Dœblin, wusste aber nicht, dass dieser sich einen Namen gemacht hatte. Von all seinen Kommilitonen und Kollegen kann uns keiner mehr aus dem Stegreif seinen ersten Eindruck – vor dem man sich hüten sollte, weil er der richtige ist – schildern oder gar das letzte Bild, das er sich von diesem aufgehenden Stern bewahren konnte: Feller nicht, Loève, Fortet und Jean Ville nicht – nicht einmal Kolmogoroff. Selbst Marie-Antoinette Tonnelat, die als einziges weibliches Wesen inmitten dieser tonsurierten Kleriker wie verloren wirkt, ist tot, genauso wie Robert Minder, Alfreds Vertrauter, oder der gute Pater Renard, Hauptmann der dritten Kompanie des 291. Infanterieregiments.

Von den 1915 geborenen Größen der Mathematik leben heute, während ich diese Zeilen schreibe (Mai 2001), nur noch André Blanc-Lapierre, Gustave Choquet und Laurent Schwartz; aber keiner von ihnen scheint Wolfgang Dœblins Weg gekreuzt zu haben (was zumindest bei Laurent Schwartz verwundert, dessen Schwägerin Denise mit Wolfgang befreundet war). Allerdings besuchten die Studenten der *École normale* wirklich nicht dieselben Vorlesungen wie die anderen. Die zumeist jüdischen Immigranten aus Deutschland und Mitteleuropa trafen sich häufiger, und da sie keine Aussicht auf ein öffentliches Amt hatten, wählten viele als Studienfach die Wahrscheinlichkeitsrechnung, um als Wirtschaftsmathematiker Karriere machen zu können.

Von den wenigen Mathematikern, die mit Wolfgang in Verbindung standen oder mit ihm korrespondierten, scheinen nur noch der Amerikaner Joseph L. Doob und der Bulgare Assène Datzeff am Leben zu sein. Beide sind heute über neunzig Jahre alt. Zweifelsohne hat sich der Chinese Kai Lai Chung (zusammen mit Doob) am meisten von Dœblins Ideen inspirieren lassen, obwohl er bei dessen Tod erst ein unbekannter Student an der Universität Kunming war. Die Fäden einer unergründlichen Sprache und einer Schrift aus Hieroglyphen verknüpfen diese imaginäre kosmopolitische Gemeinschaft inmitten weltgeschichtlicher Turbulenzen vereinzelt und vage miteinander ... Hat nicht Maurice Fréchet sogar einen Teil seines Werkes direkt in Esperanto veröffentlicht? Diese Internationale aus Mathematikern, diese Insel der Menschlichkeit inmitten des Ozeans der Barbarei in den dreißiger und vierziger Jahren hat etwas Utopisches. Über Wolfgang zu schreiben ist ein wenig wie die Suche nach Atlantis oder der Versuch, Teile eines Meteoriten zusammenzusetzen, um beweisen zu können, dass neben diesem lärmenden und wütenden Chaos eine andere Welt existiert und andere, genauso wahre Geschichten zu erzählen sind als immer nur die allerschlimmsten ...

Ich flog nach Nizza, um dort Claude Doblin, den ältesten der überlebenden Brüder, aufzusuchen.

Zwei Jahre jünger als Wolf (in der Familie gebrauchter Name), hat Claude wie seine beiden Brüder Wolfgang und Stefan seinen Familiennamen französisiert, indem er den Umlaut über Bord warf, den man westlich des Rheins nicht lesen kann. Döblin wurde bei Klaus, der sich Claude nannte, zu »Doblin« (französisch ausgesprochen), während Wolfgang – zu Vincent latinisiert – seine Artikel mit »Dœblin« unterschrieb, was er für die elsässische Version hielt. Aber wie soll man das aussprechen? Das spricht man nicht, das schreibt man nur, lässt Georges Perec in seinem Roman *Das Leben. Gebrauchsanweisung* einen gewissen Cinoc antworten, der sich nicht für eine der unendlich vielen Möglichkeiten entscheiden kann, seinen Namen auszusprechen, der obendrein nach vielen fehlerhaften Transkriptionen falsch geschrieben wird. Beim Militär versuchte der zu Vincent gewordene Wolf erneut als Elsässer durchzugehen, um seinen Akzent erklären zu können. Ein »deutscher« Name klebt einem auf der Haut, besonders wenn man Jude ist und umgekehrt. Ob Vincent-Wolfgang wenigstens wusste, dass man auf Elsässisch *barabli* und nicht *Regenschirm* sagte? Mit diesem Test hat man in Frankreich in den letzten drei Kriegen Spione des gegnerischen Lagers enttarnt, so wie die Leute von Galaad *schibboleth* aussprechen ließen, um ihre Staatsangehörigen von denen aus Ephraim zu unterscheiden.

Claude Doblin wohnt, nicht weit vom *Negresco* entfernt, in einem Gebäude aus den fünfziger Jahren in einer rechtwinkligen

Nebenstraße zur Promenade des Anglais. Sie gehört nicht zum prunkvollen Nizza mit dem zu breiten Boulevard und seinen Häusern in Kastenbauweise entlang endlosen steinigen Stränden, an denen sich amerikanisch-australische Pensionsberechtigte die Haut in der Sonne gerben lassen, auch nicht zu dem eher italienischen als französischen, wohlriechenden und staubigen Teil der Stadt, in dem die einfache Bevölkerung wohnt, sondern sie verbindet sozusagen hinter dem Hauptschauplatz diese beiden Teile miteinander.

Ich klingele. Eine Stimme antwortet mir. Die Haustür springt auf. Ein Aufzug, der ebenfalls noch aus den fünfziger Jahren stammt, trägt mich fast genauso würdevoll nach oben wie der im Institut es getan hatte.

Claude Doblin fängt sofort an, mir von seiner Reise zu erzählen, die er vor kurzem nach Berlin unternommen hat, um auf die Fragen von Journalisten zu antworten. Erst vor wenigen Tagen ist er mit Stephan* in Nancy gewesen, wo ein Universitätshörsaal eingeweiht wurde, der den Namen Wolfgang Dœblin tragen soll. Diese Reisen und Ortsveränderungen sind eine willkommene Abwechslung für ihn, der unlängst seine Frau verloren hat und sich jetzt freut, zum Andenken an seinen so lange verkannten Bruder beitragen zu können.

Er hatte gerade in Housseras, dem Dorf in den Vogesen, in dem neben Wolfgang auch Alfred und Erna Döblin begraben sind, an einer Gedächtnisfeier zum sechzigsten Todestag seines Bruders teilgenommen. Er zeigt mir die Fotos der Scheune, in der Wolf seinem Leben ein Ende gesetzt hat, der beiden Gräber, deren Geschichte er mir in allen Einzelheiten erzählt, und von diversen lokalen bzw. nationalen Persönlichkeiten und solchen aus dem Universitätsleben, die an der Feier teilgenommen haben, um die beiden großen Männer der Familie zu ehren, den Romancier und den Mathematiker. Man sieht auch Feuerwehrleute in Uniform mit ihren Helmen. Zu meinem Bedauern habe ich die Feierlichkeiten um nur wenige Tage verpasst, aber ich will mich lieber zu-

* Schreibweise seit dem Exil in Amerika (1940)

erst mit einem Augenzeugen unterhalten, mit der Person, die Wolfgang zu seinen Lebzeiten am besten gekannt hat, denn die beiden Brüder teilten sich in Paris dasselbe Zimmer, denselben Arbeitstisch und dasselbe Radio.

Ich stelle Claude Fragen über die Jahre in Berlin, über die Emigration seines Vaters am Tag nach dem Reichstagsbrand am 28. Februar 1933, über das Leben in Paris in den darauf folgenden Jahren und über die Verbindungen der Familie zu deutschen Emigrantenkreisen in Frankreich sowie deren politische Ansichten. Während ich diesem »Bericht aus erster Hand« lausche, fällt mir auf, dass manche Geschichten nicht mit derselben Klarheit in den kritischen Werken nachzulesen sind: Alfred Döblins Vereinsamung im Exil, seine Liebe zu Berlin, sein mangelndes Interesse an der jüdischen Religion, seine Vorliebe für Widerreden. In der bei Rowohlt erschienenen, am weitesten verbreiteten Döblin-Biografie von Klaus Schröter[3] konnte ich nachlesen, wie tief der Graben zwischen dem Schriftsteller und der ansässigen Literatenwelt war, entstanden durch fehlendes Verständnis für Alfreds Exil und seine Rückkehr nach Baden-Baden in der Uniform eines Obersten der französischen Armee im Jahre 1945. Die Tatsache, dass der Autor von *Berlin Alexanderplatz* im »Tross des Auslands« nach Deutschland zurückkehrte – er arbeitete für die französische Militärregierung als Kulturoffizier für Volkserziehung –, schien vielen nichts als reine Provokation; Wolfgang jedoch, der in der Uniform eines einfachen Soldaten sogar »für Frankreich starb«, wird mit keiner Silbe erwähnt ...

Claude bestätigt mir, dass Wolfgangs Tod, von dem die Familie erst am 20. März 1945 durch einen Brief von Marie-Antoinette Tonnelat (sie spielte eine wichtige Rolle in Wolfgangs Leben, und wir werden noch auf sie zu sprechen kommen) erfuhr, den sie jedoch wegen ausbleibender Lebenszeichen seit 1940 bereits befürchtet hatte, bei seinen Eltern unheilbare Wunden hinterließ. Die letzten Jahre waren die traurigsten ihres Lebens: Der an Parkinsonscher Krankheit leidende und schließlich gänzlich gelähmte Alfred existierte nur noch für Bertolt Brecht, Hans Henny Jahnn, Günter Grass und Arno Schmidt, vier Leser, die so viel wert waren wie vierhunderttausend – sein letzter Roman *Hamlet oder Die lange Nacht nimmt ein Ende* wird von *allen* westdeutschen Verlagen abgelehnt und erst 1956 »von den Kommunisten« herausgebracht; die untröstliche Erna sammelte (welch ein Glück für uns) alle Schriften Wolfgangs, die in alle vier Winde verstreut waren, und obwohl sie wie ihr Mann eine »gute Katholikin« geworden war, ahmte sie wenige Monate nach Alfreds Tod den Selbstmord ihres Sohnes nach …

Das Schicksal dieser Familie hat etwas Tragisches; sie trägt eine Bürde, die nicht nur von den schweren Zeiten im Exil, der Trauer und der Undankbarkeit der Menschen herrührt. Ein Bruch durchzieht alles wie ein unerträgliches Geheimnis oder wie alte Geschichten, die man nie ans Licht bringen will oder kann. Ein bürgerlicher Roman ganz im Gegensatz zu *Berlin Alexanderplatz* und seinem zur Schau gestellten Modernismus. Wir befinden uns mitten im 19. Jahrhundert, irgendwo zwischen Balzac und Flaubert, nicht weit entfernt von Fontane, in der Welt von *Madame Bovary* und von *Effi Briest*. Liegt es daran, an diesem penetrant muffigen Geruch alter Schränke, dass Alfred Döblin einen Thomas Mann nicht ausstehen konnte, der in seinen Augen den bürgerlichen Romanschriftsteller des 20. Jahrhunderts verkörperte?

Ein verführtes Mädchen, ein uneheliches Kind (manche meinen zwei); eine Heirat, nicht ganz standesgemäß oder passend und dennoch keine reine »Liebesheirat«, wie man früher zu sagen pflegte; ein etwas sonderbares Paar, das nicht wirklich zusammenpasst (wie alle Paare?), er verbringt einen Großteil seiner Zeit in Straßencafés, während sie zu Hause ist, und beide voller Bedauern, Berlin, die für sie einzige bewohnbare Stadt, verlassen zu haben. Es bereitet nicht besonders viel Mühe, sich vorzustellen, wie er den Frauen nachläuft (wie alle Männer?) und sie mit Händen und Füßen um ihr Überleben als Paar kämpft und ihre ganze Liebe auf ihre Söhne überträgt (wie alle Mütter?), eine umso besitzergreifendere Liebe, als es für sie darum geht, ihren Lebensraum abzustecken …

Auch Claude hat sein Geheimnis. Er ist Hüter zweier Tempel, vor allem Verteidiger der Familienehre. Ach, dieses ewige Unverständnis aller Rechteinhaber, Witwen, Nachkommen und fernen Verwandten, die den indiskreten Machenschaften skrupelloser Geschichtsschreiber die Stirn bieten. Wohlanständigkeit und Suche nach der Wahrheit lassen sich nicht immer vereinbaren. Was immer man im Grunde von der Angelegenheit denken mag, Claude musste einen gewissen Mut aufbringen, um gegen Robert Minder, einen der besten Germanisten seiner Zeit, Professor am Collège de France, vor allem aber Freund und privilegierter Vertrauter Alfred Döblins, eine Verleumdungsklage einzureichen. Minder starb vor dem Ausgang des Prozesses, der in Deutschland verhandelt wurde. Man wird nie erfahren, wie das Gericht letzten Endes entschieden hätte. Gegenstand der Verhandlung: die berühmten Familiengeheimnisse, die mit der »Untreue« des Vaters und seinem Doppelleben zu tun hatten, aber auch die Umstände von Wolfgangs Tod – laut offizieller Version starb er »bei einem Patrouillengang«, obwohl seine Eltern seit 1945 die Wahrheit kannten …

Mit der Zeit hat sich die Kontroverse gelegt, und die fromme Legende schrumpfte wie ein Chagrinleder zusammen. Bodo Kunke, den leiblichen Sohn von Alfred und Frieda, einer jungen Krankenschwester, die er als Assistenzarzt in der psychiatrischen Anstalt von Buch kennen gelernt hatte, gibt es tatsächlich; er ist sogar der älteste Sohn, da er bereits 1911, ein Jahr vor Peter, dem ersten Sohn von Alfred und Erna, geboren wurde. Und niemand bestreitet heute mehr, dass Wolfgang nicht in der Schlacht, sondern durch Selbstmord gestorben ist, indem er sich in der Scheune von Housseras in dem Moment eine Kugel in den Kopf schoss, in dem er gefangen genommen werden sollte. Was übrigens genauso heldenhaft ist und heutzutage als solches anerkannt wird. Was bleibt noch von der vergoldeten Legende einer geschichtslosen Familie? Woran klammert sich Claude in seinem hohen Alter, an welchen Traum vom verlorenen Glück gesegneter Tage, die es vielleicht nur in seiner Erinnerung gegeben hat? – Kann er sich dermaßen irren, wenn er glaubt, einmal glücklich gewesen zu sein?

Angenommen, Alfred und Erna haben sich geliebt. Sicher auch entzweit. Und zweifellos gehasst, mehr als wir es uns vorstellen können. Und von neuem geliebt. Versöhnt durch das Opfer des Sohnes und Märtyrers und im selben Grab vereint.

Claude vertraut mir sein kostbarstes Geheimnis an: Wolf und er haben sich immer auf die Seite der Mutter gestellt. Während der schlimmsten Krise, als Alfred ein lange währendes, nur schlecht geheim gehaltenes Verhältnis mit der Fotografin Yolla Niclas hatte, ergriffen die beiden Brüder offen Ernas Partei.

Wer war Wolf? »Er hatte seinen eigenen Kopf«, sagt Claude. Er war eher verschlossen und beschützte seine geistige Welt. Er war ein Junge mit sehr klaren Vorstellungen. Zum Beispiel sein Atheismus. Als Einziger in der Familie weigerte er sich, im Königstädtischen Reformrealgymnasium in Berlin am (evangelischen) Religionsunterricht teilzunehmen. Seine politische Einstellung war extrem links, der kommunistischen Partei nahe. Wie Alfred, der einst »von Ultraviolett nach Rot« und dann nach Hellrosa wechselte (aber im Herzen stand er immer den Spartakisten Karl Liebknecht und Rosa Luxemburg nah, den Helden seines späten Romans *November 1918*, und immer war er ganz entschieden antibürgerlich: ein verfluchtes Pfarrkind).

Wolfgang lehnte den Geist des Münchner Abkommens ab.

War gleichgültig gegenüber dem Judentum.

Er liebte die große Musik und Bergwanderungen.

Er nahm aktiv an der Jugendherbergsbewegung teil.

Er hatte wenige Freunde und noch weniger Freundinnen.

Aber wer war dann dieser *zu perfekte* Junge, über den es fast keine Anekdote gibt, von dem man kein Laster kennt, keine Liebschaft, der in einem Anfall tiefsten »Trübsinns« am 19. November 1939 an Fréchet schreibt: »Da ich keinen Alkohol mag, habe ich nicht wie andere die Möglichkeit, mich zu betrinken«[4], und mit diesem seltsamen, in zweifacher Hinsicht schwermütigen Geständnis seine Entscheidung begründet, die Arbeit an der Kolmogoroffschen Gleichung wieder aufzunehmen?

Psychologie eines Engels.

Claude ist mit seinem Bruder aufgewachsen, hat mit ihm gegessen, gelacht, gesprochen, Streiche gespielt und die Alpen durchstreift. Aber es ist klar, dass er nie in seine Welt vorgedrungen ist. Das hat offensichtlich niemand geschafft. Und nie hat Wolf jemanden dazu eingeladen. Allerdings hat er auch nie jemanden davon abhalten müssen, der es versucht hätte. Selbst sein Mentor Fréchet gab zu, dass Wolfgang dort, wohin er sich vorwagte, seine Sache nur allein vorantreiben konnte. Und Paul Lévy, selbst ein Genie unter den Mathematikern, bemerkte: »Es zeigte sich schon sehr bald, dass er zu denen gehörte, die keine Lehrmeister brauchen.«[5]

Ich wundere mich darüber, dass Claude so lange gewartet hat, bis er die Erlaubnis gab, den versiegelten Umschlag zu öffnen. Weder die Familie noch die Mathematiker wussten von seiner Existenz, bis Bernard Bru beim Lesen der Korrespondenz von Fréchet, die ebenfalls in der Akademie aufbewahrt wird, darauf stieß. Dennoch sind noch gut zehn Jahre vergangen, bis die Anweisung kam, das Siegel, die Garantie, dass das Geheimnis nicht vor dem Jahr 2040 gelüftet werden würde, zu brechen (beziehungsweise den Umschlag zu öffnen). Warum, fragt sich Claude, hat Wolfgang diesen Weg beschritten, statt das Heft an seinen in Philadelphia lebenden Bruder Peter zu schicken, wie er es im September 1939 mit dem bis heute noch nicht geklärten letzten Lehrsatz von Givet über »die Menge der Potenzen« getan hatte? »Er wird seine Gründe gehabt haben«, sagt er im selben Tonfall wie zuvor. »Er hatte seinen eigenen Kopf.« Ein Jahrhundert lang eingekellert, wie man es mit manchen Weinen tut (»Eisweine« nennt man sie, glaube ich, diese allerfeinsten spät gelesenen, im Winter verarbeiteten), die sich erst nach unserem Tod voll entfalten. »Er wird seine Gründe gehabt haben«, wiederholt Claude. Wer konnte das besser beurteilen als er? »Der Wille eines Toten ist heilig ...«

| KAPITEL 5 |

»Sie werden Schwierigkeiten haben, ein ganzes Buch über Wolfgang zu schreiben«, warnt mich Stephan. »Das wird allenfalls eine Novelle. Nehmen Sie doch Einstein: Wie viele neue Entwicklungen zeichneten sich in seinem Leben ab! Wie viele Geschichten gibt es über ihn zu berichten! Während Wolfgang ... Sie werden erfinderisch sein müssen ...«

Die Szene spielt sich im Garten des Cercle Interallié, Rue du Faubourg Saint-Honoré ab. Es ist ein Schloss, halb so groß wie Versailles und doppelt so groß wie das Trianon. Ganz zu schweigen von dem traumhaften, luxuriösen, ruhigen und üppigen Garten, eine Oase der Ruhe, mitten in Paris, wenige Schritte von der Place Concorde entfernt. Der jüngste »Doblin«-Bruder hat sich hier mit mir verabredet, vielmehr mich zum Essen eingeladen. Im Restaurant ist er bekannt wie ein bunter Hund. Die bloße Erwähnung seines Namens bringt die strenge Miene des Haushofmeisters zum Strahlen.

Stephan Doblin wurde 1926 geboren, sieht aber viel jünger aus. Er ist lebhaft, liebenswürdig, hat eine rasche Auffassungsgabe, ist flexibel, intelligent und gewandt. Alles an ihm weist ihn als einen Mann aus, der in fast allen Bereichen des Lebens, besonders in geschäftlichen Dingen, Erfolg verbuchen kann. Neben ihm sitzt seine Frau Nathalie, mit der ich bereits am Telefon gesprochen hatte. Sie ist so gesprächig und aufgeschlossen wie Steve (wie ihn seine Vertrauten nennen) kurz, bündig und objektiv ist. Nathalie verleiht dem Bericht von den Irrfahrten der Familie Döblin, deren Einzelteile ich nach und nach zusammenfüge, eine ungestüme, witzige und manchmal sogar sarkastische Note.

Claude hatte mich gewarnt: Als Wolf starb, war sein jüngerer Bruder erst fünfzehn und gehörte zum »Clan des Vaters« (mit Peter, wie es scheint). Was kann er über einen älteren Bruder sagen, der als verschlossen und schweigsam gilt, aus seiner Arbeit ein Geheimnis machte und wenig Neigung zeigte, sich durch die wilden Späße des Jüngsten ablenken zu lassen.

Das Bild der Mutter zeichnet sich immer deutlicher ab, zweideutig, wenn nicht gar beunruhigend, denn sie ist fürsorglich und grausam zugleich. »Du musst«, lautete Ernas Devise. Im Haus kümmerte sie sich um alles, sogar um die Verträge, während Alfred die Zeit totschlug, indem er in Cafés herumsaß, den Unterhaltungen fremder Menschen lauschte, das Kommen und Gehen auf der Straße (vor allem der Mädchen?) beobachtete und möglicherweise auf Anraten seines Vorwortschreibers Mac Orlan versuchte, im Angesicht der Place Clichy oder der Brasserien des Bahnhofs Montparnasse den zu jener Zeit bereits halb zerstörten Alexanderplatz in irgendeiner Form aufleben zu lassen ...

Auch sie war Berlinerin mit der Seele, was ihre Ansicht über die »unzähligen Dummköpfe« im übrigen Deutschland verrät. Die Münchner zählen dazu. Ganz zu schweigen von den Österreichern. Aber was hat die »hässlichste Stadt Europas«, dass sie so viel Anhänglichkeit hervorruft?

Alfred hat den höchsten Ruhm genossen, zu Beginn der dreißiger Jahre, dank des Erfolgs seines Romans *Berlin Alexanderplatz*. Die Erinnerung an den einstigen Wohlstand. Das Exil ist der Auftakt für die sieben mageren Jahre (1933–1940), auf die weitere folgen, und das bis zum Ende (1957), abgesehen von der etwas verrückten Episode um 1946, mit der Rückkehr in der Uniform eines Offiziers der französischen Armee, der Gründung der Zeitschrift *Das Goldene Tor* und drei Jahre später der Mainzer Akademie. Zwischen 1940 und 1945 war die Familie nach Amerika ausgewandert und hatte die Unsicherheit über das Schicksal von Wolfgang, *missing in action*, und das von Claude, dessen Verbleib nach seiner Demobilisierung unbekannt war, mitgenommen. Er fühlte sich verlassen, sagt Nathalie über Claude, denn Erna und Alfred haben bei ihrer Abreise in die Vereinigten Staaten nicht auf ihn gewartet. Auf den Eltern lasten Schuldgefühle, die ihr Alter vergiften – was im *Hamlet* thematisiert wird …

Erna litt unter der Tatsache, dass Wolf nicht, wie man sie glauben lassen wollte, im Kampf gefallen, sondern unter noch tragischeren Umständen ums Leben gekommen war. Wann hat sie die Wahrheit erfahren? Wohl im November 1945, während ihrer Pilgerfahrt nach Housseras, wo Wolfgang/Vincent begraben war – inmitten deutscher Soldaten, erklärt Stephan, genau wie Claude (und diese Vorstellung ist ein Gräuel für die Familie), inmitten deutscher Soldatengräber, die nur mit Helmen geschmückt sind, ist er im Tod, in der ewigen Ruhe, ausgerechnet von jenen umgeben, denen er hatte entfliehen wollen. Madame Siram, eine allzu geschwätzige Nachbarin, hat, wenn man der braven Madame Gorette glaubt, die Erna in ihrem Leid immer getröstet hat, alles erzählt. Ein Brief Alfreds von Ende November[1] an seine Frau beweist, dass die fromme Lüge vom »Tod während einer Aufklärungsmission« für keinen von beiden mehr Geltung hatte: Sie waren es gewohnt, etwas vorzutäuschen, aber nun mussten sie sich endgültig der ungeschminkten Wahrheit stellen und akzeptieren, von ihr auf die Probe gestellt zu werden, denn allzu lange hatten sie sich an die Täuschung gewöhnt …

Hatte Erna Selbstmord begangen? Oder war es ein Unfall, ein Selbstmordversuch (das heißt eine Erpressung), der ein böses Ende nahm? Sie redete unaufhörlich davon, Wolf wiederzufinden. Er war ihr Idol; genau genommen hat sie nur ihn wirklich geliebt.

Ich denke nach. Es ist entschieden unmöglich, in die Familiengeheimnisse einzudringen, ohne dabei auf Doktor Freud zu stoßen, der sich bereits in einen Winkel des Hauses eingenistet hat. Stephans Realitätssinn, seine objektive Denkweise bewegen ihn dazu, die Motivationen für das Verhalten seines Bruders emotionslos zu betrachten, auch wenn man sich insgeheim wünschte, Wolfgangs Antriebskräfte wären Heldentum und Selbstlosigkeit gewesen.

Wolfgang war kein reiner Geist, versichert er mir, was mich letztlich beruhigt, da ich insgeheim befürchtete, dass ich ihn als Engel beschreiben müsste, wodurch sich mein Buch in Nichts auflösen würde. Nein, Wolf war kein Seraph, sondern ein Mensch, der Angst hatte, dass man ihm seine Entdeckungen stehlen könnte. Nicht nur die Nazis, sondern auch die anderen Mathematiker, seine Kollegen. Er war ein ungewöhnlich misstrauischer Mensch. Sicher war das der Grund für den versiegelten Umschlag. Im Juli 1938 hatte er ihn bereits zweimal benutzt, bevor er in den Jura und die Alpen losmarschierte. Am 28. September, kurz vor dem Münchner Abkommen, ging Wolfgang ins Institut, um seine Umschläge abzuholen. Wäre es nicht logischer gewesen, er hätte sie dort liegen gelassen, da er der Begehrlichkeit des Feindes misstraute und den Krieg für unvermeidlich hielt?

Ich stelle auch Stephan die Frage, welche Beziehung die Döblins zum Judentum hatten. Und erneut erkenne ich, wie dreist, beinahe unpassend diese Frage an jemanden ist, der als »deutscher Jude« geboren wurde und seit langem weder das eine noch das andere ist: Er trat von der evangelischen Kirche zum Katholizismus über, wurde von einem Berliner zu einem Pariser, von einem Deutschen zu einem Franzosen (gleichzeitig auch zur Hälfte Amerikaner), nachdem er die Brücken hinter sich zerstört hatte und durch das Zusammenspiel dessen, was Kolmogoroff den »Diffusionskoeffizienten« und den »Ableitungskoeffizienten« nennt, nicht nur mit der Religion seiner Väter gebrochen, sondern auch seine Muttersprache abgelegt hatte, sodass er selbst Alfred Döblins Bücher nur noch in der Übersetzung las ...

Für seine Eltern, erklärt mir Steve (und ich bin davon überzeugt, dass er übertreibt, zumindest was Alfred betrifft), stellte sich die Frage nach ihrem Judentum nicht. Aber die Menschen, die ins Haus kamen und die sie besuchten, waren größtenteils Juden.

Er erinnerte sich auch daran, dass er und seine Brüder in den Vorkriegsjahren häufig gleichzeitig »Jud« und »Boches« genannt wurden.

In den Jahren bis 1937, fährt er fort, kämpfte sein Vater aktiv in der »territorialistischen« Bewegung, die Palästina zu klein fand und deshalb davon träumte, die Juden nach Angola oder vielleicht nach

Peru zu verpflanzen, da es ihr nicht gelang, in Galizien-Podolien einen eigenen Staat zu gründen.

Der Berliner Alfred, erzählt er, lernte Jiddisch. Er brachte häufig Leckereien mit nach Hause, die er bei einem jüdischen Krämer gekauft hatte, dessen Laden in einer kleinen Straße gegenüber der Kirche Saint-Pierre du Petit-Montrouge, in der Nähe der Metrostation Alésia lag.

Meine Großeltern wohnten nicht weit weg, in der Avenue du Maine; die Döblins am Square Henri Delormel 5, in der Nähe der Place Denfert-Rochereau. Ich muss meine Mutter fragen, ob sie sich an den Krämer erinnert. Vielleicht hat mein Großvater Alfred in seinem Laden gesehen? Er wurde in Wladimir Wolinski, in der Ukraine, geboren, nach dem Atlas von Schrader und Gallouédec gute zehn Zentimeter rechts von Berlin.

Mochte Wolfgang Mohnkuchen? Das ist sehr wahrscheinlich. Meine Mutter ist ihm vielleicht auf der Avenue d'Orléans oder in den Alleen des Parc Montsouris begegnet. Es ist nicht unmöglich, dass sie die Gelegenheit hatten, ein paar Worte miteinander zu wechseln. Aber es ist auszuschließen, dass Alfred mit meinem Großvater im *Café du Lion* Billard gespielt hat, denn er spielte kein Billard.

Nathalie reagiert allergisch auf die Wahrscheinlichkeitsrechnung. In einer endlichen Welt, sagt sie, kann eine solche Denkweise ihre Anwendung finden, aber nicht in einer unendlichen, in der alles möglich ist. A priori stimme ich ihr zu. Wenn man die Kunst und die Künstler liebt, argumentiert man nicht mit Begriffen aus der Statistik. Jedes Werk, jedes Gedicht und jedes Wort scheint ein Anfang zu sein, ein unvorhersehbares Ereignis, eine *Schöpfung*. Doch das Bild der Flöhe auf dem Schachbrett, das David Ruelle in seinem Buch *Zufall und Chaos*[2] benutzt, entzündet nicht umsonst die Fantasie. Das Schachbrett ist ein endliches, abgeschlossenes Universum. Die echten Flöhe, die frei lebenden Flöhe, kennen keine Grenzen. Aber eingepfercht in ihrem Gehege, sich selbst überlassen, werden sie ihre ursprünglichen Plätze nie wiedererlangen, im Gegensatz zum einsamen Floh, der seine Markierung wiederfinden wird. Dagegen kann ein Reisender, der sich aufs Geratewohl auf einer Linie (zum Beispiel einer Landstraße) oder auf einer zweidimensionalen Oberfläche (in der Wüste) fortbewegt, sicher sein, dass er jeden Punkt auf dieser Linie oder dieser Fläche erreichen wird, sofern er Geduld dafür aufbringt – die es ohne Ende erfordert. Gelangt man jedoch in eine dreidimensionale Welt, wird es unwahrscheinlich, ungeachtet der Zahl der Würfeldrehungen und der Größe des Würfelbechers.

Folglich ist vielleicht nicht die endliche oder unendliche Eigenschaft des Universums wichtig, wenn man in Begriffen der Wahrscheinlichkeit denkt, sondern die Zahl der Dimensionen dieser Welt und die Zahl der Akteure, die sich darin bewegen, wobei jeder davon überzeugt ist, frei zu sein, während sie alle gefangen sind. Kann die Hand, die schreibt, von der Vernunft her hoffen, eines Tages die verlorene Zeit aufzuholen? Oder hat sich die Hand eines Tages verirrt und sucht jetzt ihren Weg in der Wüste, weit entfernt von der vergehenden Zeit unter dem Himmel des Lebens, den sie nie erreichen wird?

| KAPITEL 6 |

Weit und breit nichts als Sandflächen, gesäumt von Seen, Wäldern und Sumpfgebieten. Der letzte Ort zur Errichtung einer Stadt. Wie viele Städte wurden auf höchst ungeeignetem Boden gebaut, an Orten, die auf den ersten Blick kein »Bauland« zu liefern scheinen? Mexiko-Stadt und Amsterdam liegen auf dem Wasser, genauso wie Venedig. Paris wurde über Gipsbrüchen errichtet und Berlin auf Sand erbaut. Man könnte meinen, die Bauern hätten die fruchtbare Erde für sich behalten, und die Bürger mussten sich mit Brachland und Torfmoor begnügen. Aber nein, ganz Preußen ruht auf solchem Boden. Diese allgemeine Traurigkeit, diese Rauheit, diese Unfruchtbarkeit des Bodens und der Kohlgeruch schlagen auf die Stimmung. Kann man vom Leben etwas anderes erwarten als den Trost der Wohlanständigkeit, wenn die Natur keinerlei Versuchung bietet? »Der gestirnte Himmel über mir und das moralische Gesetz in mir.«* Dunkle Kittel, lange schwarze Kleider, Tücher und Hauben – hier sind die Frauen körperlos: Der Puritanismus ist eher der Weg des geringsten Widerstandes als ein Zwang. Goethe, der weder an Gott noch an den Teufel glaubte, obwohl er ihnen im Prolog zum *Faust*, seinem berühmten Stück für Marionetten, eine kleine Rolle zusprach, bezeichnete sich beharrlich als Protestanten, da er, wie er eines Tages eingestand, gern protestierte. Wenn man sich dagegen hier als Protestant bezeichnet, bedeutet es, dass man auf seine Individualität verzichtet. Es gehört nicht viel dazu, diese Wahl zu treffen, denn es gibt kaum Alternativen. Und die Seligkeit, die

* Immanuel Kant.

wie eine fahle Sonne über einem Kiefernwald das Leben und seine Staubkörner erleuchtet, verspricht einen langen langweiligen Sonntag, der mit Schweigen, Chorgesang und Kegeln mit den Gerechten in einem Gasthof am Ufer des Grunewaldsees verbracht wird.

Die Fotos des Zeichners Heinrich Zille[1], die um 1890 entstanden, vermitteln eine Vorstellung von Berlin vor seiner Verwandlung in eine moderne Metropole. Überall kommt der Sand zum Vorschein, auf unbebautem Gelände, unter den Pflastersteinen der Straßen, man braucht nicht zu graben, um ihn zu finden, er lauert an jeder Ecke. Menschen, die man von hinten sieht, Männer und Frauen, ziehen Karren wie Lasttiere, die Räder versinken im Sand. Gab es im kaiserlichen Berlin so viele Handkarren, oder war der für das Elend des Volkes empfängliche Zille von diesem Bild besessen? Man stellt ihn sich vor, wie er versteckt hinter einer Tür im magisch verwitterten Krögel-Viertel darauf lauert, dass ein Schatten auf der Mauer erscheint, der das Dekor à la Zola in eine expressionistische Vision verwandelt. Oder er steht in einer Ecke des düsteren Ateliers, in dem Künstler versammelt sind, um zu feiern, wobei sie sich so lächerlich flegelhaft verhalten wie Verbindungsstudenten bei einem »obligatorischen abendlichen Zechgelage«, während aus dem Schatten in einem Winkel des Raumes ein brünettes Mädchen (Jüdin? Zigeunerin?) auftaucht, strahlend und nackt, eine unberührbare Schönheit, die nur für die Engel posiert, weshalb keiner der angetrunkenen Farbenkleckser sie gesehen zu haben scheint ... Man kann sich nicht vorstellen, wie Berlin in Farbe aussah. Die Stadt zu Beginn des Jahrhunderts ist schwarz-weiß wie auf den Fotos. Das trifft – den Impressionisten sei Dank – auf Paris keineswegs zu. Es gibt auch deutsche Impressionisten: Corinth, Liebermann – die Unseligen, die Monet in Grau, Braun und Schwarz nachahmen ... Bei den Expressionisten findet man lebhafte Farben, Blutrot und Lilatöne färben den Himmel und das Grün die Gesichter, aber nicht wie bei Matisse, um einen Nasenrücken geschickt ins rechte Licht zu rücken, sondern so grün wie in Wirklichkeit. Kurzum: Da es keinem Maler gelungen ist, uns Berlin in seinen ursprünglichen Farben zu zeigen – nicht einmal Menzel, der alles zeichnete, was er sah, von Moltkes Feldstecher bis zu den Spuren, die dessen Schuhe im Dreck hinterließen –, sieht alles so aus, als hätte Berlin immer nur aus Pflicht, aber nie aus sich selbst heraus existiert, weil es dafür nicht narzisstisch genug war. Es erfüllte ohne einen Hauch von Fantasie in aller Nüchternheit seine Funktionen als Hauptstadt. »Für den preußischen König arbeiten«, heißt es auf Französisch, wenn eine Bemühung keinerlei Nutzen bringt. Das bedeutet, wenig Aufhebens zu machen von der Befriedigung der erfüllten Aufgabe und dem guten Gefühl des moralischen Gewissens.

Offensichtlich ist diese Strenge und diese angeordnete Geschmacklosigkeit nur die Fassade, hinter der schlaue und arglose Menschen ihre Fäden spinnen. Die Gauner, die Kinder und die Narren haben ihr eigenes Berlin. Ihnen ist der Tiergarten wichtiger als das Brandenburger Tor, die Serpentinenstraße bedeutender als die Prachtstraße Unter den Linden. Für den Spaziergänger nach Baudelairescher Manier ist alles Vorwand zum Träumen und zur Abschweifung; das Kind hat bald eine Stelle gefunden, an der es seine eigene Stadt erbaut, mit ihren Straßen und Gässchen, ihren Gärten, ihren Geheimgängen, und dabei die geheimen Botschaften der Reklametafeln und Schilder entschlüsselt. Ist Wolfgang auf den Spuren von Walter Benjamin gewandelt, der in seinem Werk *Berliner Kindheit um Neunzehnhundert*[2] einige der Spaziergänge und Blendungen zu Beginn seiner Berufung als Schriftsteller nacherfunden hat? Es gibt eine Insektenart, die unter der Rinde, unsichtbar von außen, ein ganzes Netz von Geheimgalerien anlegt. Je glatter und nüchterner die Oberfläche ist, desto einfallsreicher und geheimnisvoller der unterirdische Verlauf. Das Kind hat keine Ahnung von den Absichten der Erwachsenen. Es interessiert sich nur für die Lage des Ortes und die Abenteuer, die es hier erleben kann.

Wann entstanden in Berlin die Straßenbahnen, wann wurde über den Köpfen ein riesiges Spinnennetz aus elektrischen Drähten angelegt? Falls der Anblick des Sternenhimmels die Passanten dazu angeregt hat, ernsthaft die Hypothese vom freien Willen in Betracht zu ziehen: So eingequetscht zwischen Schienen und Kabeln, zwischen Stadtplan und kategorischem Imperativ, hatte der Berliner keinen Grund mehr, von einem Bummel zu träumen – zwischen Fabrik und Büro und der »Mietskaserne«, zu der er zum Schlafen zurückkehrte. Für diese klassische Vision stellt Berlin eine Art Archetypus der wirtschaftlich geordneten Ameisenstadt dar. Aus der Ferne sieht es aus wie ein unbestimmtes Gewimmel; jedes Individuum legt, um von einem Punkt zum anderen zu kommen, einen offensichtlich ungeraden Weg zurück, dessen ruckartige Wendungen aus dem Reflex entstehen, unvorhersehbare Zusammenstöße zu vermeiden. Aber tatsächlich ist die gesamte Länge aller Wege die kürzeste unter allen möglichen Kombinationen. Wenn man davon ausgeht, dass weder alle Einwohner in der gleichen Mietskaserne untergebracht noch in der gleichen Fabrik beschäftigt noch mit derselben Straßenbahn zur selben Zeit von einem Ort zum anderen transportiert werden können.

Berlin besitzt ein eigenes Paradoxon: Man fühlt sich dort frei, viel freier als in irgendeiner anderen deutschen Stadt, sofern man Ausländer ist. In den sechziger und siebziger Jahren, in den Zeiten der Mauer, fand sich dort alles, was Europa an Intellektuellen aufzuweisen hatte, die auf die beiden herrschenden Ideologien allergisch reagierten. Einige, darunter eine Person, die ich gut kannte, hatten beschlossen, der Stadt den Rücken zu kehren, bereit, die Wachtürme in Alarmbereitschaft zu versetzen, um Tag und Nacht die weiten verlassenen Wälder, die im Westen die Berliner Insel wie ein Niemandsland einschlossen, zu erforschen. Der Herbst in Brandenburg ist einmalig. In Glienicke leuchten die Bäume in allen Farben von Gelb bis Purpurrot. Die Pfaueninsel erinnert an die Cythère, wie Watteau sie gesehen hat. Zur Zeit der Mauer gab es in den Berliner Wäldern viele Wildschweine, beschützt von den Vopos, die entschlossen waren, auf jeden Jäger zu schießen, der sich der Grenze nähern würde. Die Sandgruben, die wilden Tiere, der Herzynische Wald, das war das Germanien des Tacitus, nur ein paar Kabellängen vom berühmten »Schaufenster des Westens« entfernt, mit dem veralteten Kurfürstendamm, der vom kariösen Zahn einer Kirchenruine dominiert wurde.

In den zwanziger Jahren waren die Badeseen und die Wälder der Umgebung beliebte Ziele für Sonntagsausflüge. Auf einem Prospekt der Berliner Straßenbahnen von 1928 sieht man gut gekleidete junge Männer und junge Mädchen (die Jungs mit Krawatte), die in den Anblick eines Sees versunken sind. Ihr Gesichtsausdruck ist heiter, Dank sei den Herren Stresemann und dem wunderbaren Doktor Schacht*. Ein junges Paar hat sich auf dem Gras ausgestreckt. Es wird nichts Schlimmes geschehen: Wenn der junge Mann lange genug den See betrachtet hat, wird er sich wieder in seine Lektüre versenken, mit der rechten Hand hält er noch die Seite fest. Woran mag wohl das junge Mädchen denken?

Alfred Döblin hasste das Landleben. (Ist das vielleicht der Grund, weshalb Wolfgang so gern Spaziergänge machte?) »Ich pfiff zu allen Zeiten auf die grünen Wiesen der Ausflügler, auf die sentimentale Stille der Natur –, ich kenne auch eine Natur, sie ist aber anders als die der Sonntagsausflügler [...].«[3]

In seinem Vorwort zu einem Fotoband von Mario von Bucovich schreibt er: »Berlin ist eine unpoetische, sehr wenig bunte, aber sehr wahre Stadt. Wenn die großen Autobusse mit den Fremden vom Zoologischen Garten, Potsdamer Platz, von den Linden abfahren, so können Sie sicher sein, der Chauffeur und der Erklärer führen die Wagen unter einer poetischen falschen Illusion. Ich sehe es den beiden schon von weitem an, sie werden die Wagen falsch fahren, nämlich durch – Paris, aber nicht durch Berlin. [...] Berlin besteht erstens aus dem Nachlaß einer Anzahl Verstorbener und zweitens aus dem, was die heutigen Leute tun. [...] Mit andern Worten: Berlin ist größtenteils unsichtbar. [...] Will man nun wissen, wie diese neue Stadt nun aussieht, so braucht man nur durch eine einzige östliche, nördliche oder südliche Straße zu gehen, man braucht auch nur eine einzige Straße zu photographieren, Berlin hat es dem Photographen bequem gemacht: 95 Prozent aller andern Straßen sehen ebenso aus. Es ist ein Haus wie das andere, die riesigen Straßenzüge entlang ein Nutzbau, eine Miets-

* S. Kap. 12.

kaserne ohne Gesicht neben der andern ohne Gesicht. Aber dennoch! Das Ganze hat ein Gesicht!

[...] Demnach, Du hast deinen Autobus zu verlassen, verehrter Fremder, stecke deine Hände in die Taschen, laß den Blick von den Bauten, es ist daran nichts zu sehen. Aber, halt still, horch auf, sieh dich um, atme, bewege dich, hier geht etwas vor, es ist eine moderne, junge, zukunftsreiche Riesensiedlung! Plötzlich wird auch Dich die Monotonie ihrer Häuser erschüttern, und Du wirst die Energie, Lebendigkeit und Tapferkeit dieses Menschenschlages hier erkennen, die Vielgestaltigkeit seiner Typen, Du siehst, hier wohnen sie, hier arbeiten und bauen sie, hier lagert es, ganz ohne Unruhe, auf dem Sandboden, das große ernste Massenwesen Berlin.«[4]

Diese beeindruckende Eloquenz einer einmütig linken Ansicht könnte man belächeln, aber man täte Unrecht, ihre Aufrichtigkeit anzuzweifeln. Doktor Döblin, Neurologe, Psychiater und Internist, ein Fremder im »alten Westen«, hat sich 1919 mit seiner Familie (seiner Frau Erna und seinen drei Kindern Peter, Wolfgang und Klaus) im Osten der Stadt, in einem modernen Arbeiterviertel in der Frankfurter Allee 340 niedergelassen. Als Kassenarzt der Sozialversicherung hat er kaum Privatpatienten und kennt aus Erfahrung (wie der Jurist Franz Kafka) die Lebensbedingungen der unteren Bevölkerungsschichten, vor allem der Arbeiter und kleinen Angestellten. In Alfred Döblins Lebenslauf fallen der Eintritt in die reale Welt und in die der Literatur zusammen. Und nach wie vor bietet Berlin den Stoff und den Lageplan für diese reale Welt, bis in ihre subjektivsten Verzweigungen (zum Beispiel was im Kopf einer Person vor sich geht, der »innere Monolog«, wie Alfred Döblin es im Anschluss an Joyce in Worte fasste): »[...] Um von dem Charakter meiner Arbeiten etwas zu sagen: Mein Denken und Arbeiten geistiger Art gehört, ob ausgesprochen oder nicht ausgesprochen zu Berlin. [...] Diese Mietskasernen und Fabriken sind durch Jahrzehnte mein Anschauungs- und Denkmaterial gewesen, und ob ich von China, Indien und Grönland sprach, ich habe immer von Berlin gesprochen [...].«

»Das Ganze hat mächtig inspiratorisch belebende Kraft [...] diese Erregung der Straßen, Läden, Wagen ist die Hitze, die ich in mich schlagen lassen muß, wenn ich arbeite, das heißt: eigentlich immer. Das ist der [sic!] Benzin, mit dem mein Motor läuft. Und nun Berlin. Das Chaos von Städten. Im Begriff, ein London von Internationalität zu werden; Volksgemisch erst, jetzt ein Völkergemisch. Vierunddreißig Jahre laufe ich hier herum, immer neugierig, beobachtend, wie sich das bewegt, und wie es sich ruckartig entwickelte. Das zuckte durch alle, man konnte nicht still dabei bleiben, man mußte daran teilnehmen. [...] Und das rebelliert, konspiriert, brütet rechts, brütet links, demonstriert, Mieter, Hausbesitzer, Juden, Antisemiten, Arme, Proletarier, Klassenkämpfer, Schieber, abgerissene Intellektuelle, kleine Mädchen, Demimonde, Oberlehrer, Elternbeiräte, Gewerkschaften, zweitausend Organisationen, zehntausend Zeitungen, zwanzigtausend Berichte, fünf Wahrheiten. Es glänzt und spritzt. [...]«[5]

»Ich will nicht vergessen: ich stamme von jüdischen Eltern«[6], schreibt Alfred unter seinen Lebenslauf, den er im Februar 1928 an die Akademie der Künste in Berlin schickt. Das ist so selbstverständlich, dass man keine Lust verspürt, ihn alle naselang daran zu erinnern: »Wir haben nicht von dem zu sprechen, was wir sind, sondern zu sein. [...] *Ein anderer mag uns benennen.*«[7] (An Viktor Zuckerkandl, 30. Oktober 1936).

Noch schnell zwei Worte über Berlin als Postskriptum. Denn natürlich muss es ein fehlendes Glied zwischen dem Dorf an der Spree, der Hauptstadt von Brandenburg, später von Preußen, anschließend des Deutschen Reichs und dieser kosmopolitischen Supermegalopolis geben, in der sich der Zeitgeist (nicht mehr zu Pferde, sondern in einem Hispano-Suiza Cabriolet oder notfalls in einem Ford T) in den letzten Jahren der Weimarer Republik voll entfaltete. Zwei Worte oder drei? Sagen wir also: zwei! Deshalb bleiben wir dabei für heute, das Übrige wollen wir später besprechen. Für den Augenblick diese Zeilen zum Abschied, die uns (wenn der Berliner – vor allem jener, der nicht sagt, dass er einer ist, weil er es für selbstverständlich hält – nicht ausgerechnet für seine trockene Scharfzüngigkeit berühmt war) eine kleine Träne in die Augen treiben würden: »Gott, wenn ich mich so hinsetze und Ihnen schreibe, – da fällt mir (wie weit ist das, wie unendlich ist das entfernt) Berlin ein, ich sehe mich vom Bahnhof Bellevue zu Ihnen gehen, im Dunkeln, ein junger Mann, ich glaub er hieß Meyer, ein Musiker, begleitete mich. Sie wohnten da oben so überaus behaglich und in vieler Beschaulichkeit, einmal saß auch Wassermann da im Hinterzimmer, mein Gott, wo ist das alles hin, und ich war in Berlin zuhause, die Straßen trugen mich, wenn ich so meine täglichen kleinen und großen Spaziergänge machte ([...] was kümmerte mich die Debatte um Juden und Jüdisches, ich fühlte ihre Realität, aber ging doch auf ganz anderen Wegen; was ich war, war ich; was hat es für einen Sinn darüber nachzudenken) und auch mit diesem Berlin fühlte ich gar keine Veranlassung mich auseinanderzusetzen und seine ›Politik‹ zu erörtern, ich war eben mit etwas davon, von Berlin, und so lebte man, es war das Beste, und so hätte es ruhig weitergehen können.«[8]

| KAPITEL 7 |

Was gibt es über Max zu berichten? Max ist der Großvater von Wolfgang, der Vater von Alfred. Er wurde am 26. Februar 1846 in Posen, Poznań (damals als Provinz Posen zu Preußen, ab 1918 Grenzmark Posen-Westpreußen, heute zu Polen) geboren und starb am 22. April 1921 in Hamburg. Warum stellt sich diese Frage? Im Allgemeinen fangen die Biografien von Alfred Döblin mit der Erinnerung an Max an, mit Ausnahme jener, die sich lieber auf Simon berufen, den Vater von Max, Schneider von Beruf. Er wurde 1812 ebenfalls in Posen geboren und starb am 12. Februar 1881 in Stettin alias Szczecin (Pommern). Ja, könnte man sagen, aber warum auf halbem Weg stehen bleiben? Weil bis auf weiteres Simon der erste bekannte Vorfahre Wolfgangs väterlicherseits ist. Und seitens der Mutter Alfreds Sophie Freudenheim?

Eine Biografie hat folgendes Postulat: Im Leben eines Menschen hat jedes Ereignis eine oder mehrere Ursachen, die ihm logischerweise vorausgehen. Auch seine Werke sind das Ergebnis bestimmter Ursachen und in erster Linie Ereignisse, die der Verfasser erlebt hat. Was die Urgründe anbetrifft, von denen sich alles ableitet, so ist jener, der es wagen sollte, für sich in Anspruch zu nehmen, sie ergründet zu haben, mehr als dreist. Obwohl sie uns nicht klar sind – ist das kein Grund anzunehmen, dass sie nicht existieren, oder so zu tun, als wüssten wir gar nichts von ihnen. Wie Pierre-Simon Laplace in seinem Werk *Philosophischer Versuch über die Wahrscheinlichkeit* schrieb: »Eine Intelligenz, die für einen gegebenen Augenblick alle in der Natur wirkenden Kräfte sowie die gegenseitige Lage der sie zusammensetzenden Elemente kennte, und überdies umfassend genug wäre, um die gegebenen Größen der Analysis zu unterwerfen, werde in derselben Formel die Bewegungen der größten Weltkörper wie des leichtesten Atoms umschließen; nichts wäre für sie ungewiß, und Zukunft wie Vergangenheit würden ihr offen vor Augen liegen.«[1]

Monsieur Taine, der gewiss keine derartige Intelligenz besaß, entwickelte zu seiner Zeit ein System, das die Vielfalt der Talente erklären wollte. Es ging um Rassen, Klima, Milieu und Augenblick – schlichte Parameter aus der Epoche der Dampflokomotiven und der kolonialen Eroberungen. Heutzutage würde sich niemand mehr trauen, eine derart kurzatmige Mechanik auf Schienen zu präsentieren. Die Freudsche Methode zum Beispiel hütet sich, wenn sie nach Ursachen forscht, im Sinne des Zeitablaufs von der Ursache zur Wirkung vorzugehen. Sie geht von der Gegenwart aus, und wenn sie in die Vergangenheit einzutauchen vermag, entdeckt sie sie nur dadurch, dass sie sie erneut vorübergehend Gegenwart sein lässt. Genauso verfuhr Proust, der seine Memoiren verkehrt herum schrieb, wie wenn man auf dem Rücken schwimmt. Doch die meisten Biografen tun weiterhin so, als wäre es möglich, eine Lebensgeschichte von A bis Z zu erzählen, von der Geburt bis zum Tod oder noch besser von den ersten Liebschaften des Urgroßvaters bis zur Einweihung des Monuments, das die sterbliche Hülle bergen soll, wobei künftige Unglücksfälle der Nachkommen, die auf natürlichem Wege oder durch künstliche Befruchtung entstanden, noch nicht berücksichtigt sind. Aus der Sicht Gottes und der der traditionellen Romanschriftsteller. Dagegen wehren sich nicht nur Lukrez und Kolmogoroff, sondern auch der gesunde Menschenverstand. Jeder von uns hat jederzeit den Eindruck, nicht nur wie gewohnt seinen Weg zu gehen, sondern auf die Einschläge kleiner unvorhersehbarer Ereignisse zu reagieren, die ständig den normalen Ablauf verändern. Aber sicherlich strebt man nicht danach, die Folge eines Prinzips zu sein, der Beweis eines Gesetzes, die Wirkung einer Ursache, auch nicht Gegenstand einer Bekanntmachung der Vorsehung. Das scheint unserem spontanen Gefühl zu widersprechen.

Ich wiederhole die Frage: Was gibt es über Max in einer desorientierten Welt zu berichten?

Genau diese Frage hat sich Max sein Leben lang gestellt – während seines Brownschen Umherirrens zwischen Stettin, New York, Berlin und Hamburg, zwischen seiner Ehefrau und seiner Geliebten, seinem Schneideratelier und den verschiedenen geselligen Künsten, in denen er sich, ja wirklich, einen Namen hätte machen können, wenn er sich dafür entschieden und sein Talent geschult hätte.

Der Vater von Max, Simon (den wir in Ermangelung von Informationen über seine natürlichen Eltern sicherlich etwas willkürlich im aristotelischen Sinn des Wortes als »erste treibende Kraft« der Döblinschen Galaxie ansehen), übte, ich glaube, ich erwähnte es bereits, in der Mitte des 19. Jahrhunderts in der Stadt Posen den Beruf des Schneiders aus. Emilie Jessel, die erste (»weibliche«) treibende Kraft, die er heiratet und mit der er sich 1855 in Stettin niederlässt, schenkt ihm zwei Kinder. Eines ist der berühmte Max. Aus der Tatsache, dass ein anderes Mitglied der Familie Jessel, nämlich Léon, Operetten geschrieben hat (sein bekanntestes Werk heißt *Die Parade der Zinnsoldaten*), schließen einige – darunter Alfred –, dass Emilies Gene auf Gedeih und Verderb für die Neigung zu den Künsten verantwortlich sind, die Max und sein Sohn verspürten. Tatsächlich komponiert Max, während er Stoffreste abmisst, was übrigens ein guter Vorwand war, mit dem weiblichen Personal der Werkstatt zu schäkern. »Er spielt Violine, Klavier, ohne Unterricht gehabt zu haben. Wir selbst hatten bei ihm ja die ersten Musikstunden. Das Klavier, weiß ich noch, war eine Zeitlang ein Kasten ohne Beine; oben auf der Platte wurde bei Tag meist zugeschnitten. Es fiel Staub zwischen die Tasten von den Stoffen, man mußte einen Blasebalg nehmen, um ihn zu entfernen. Der Mann komponierte. Ein Stück von ihm setzte sogar der Musiklehrer unserer Schule, des Friedrich-Wilhelmstädtischen Realgymnasiums, für Orgel. Er saß über Büchern auf Kompositionslehre. Er sang, und nicht schlecht. Er schrieb Gelegenheitsgedichte, war ein fixer Zeichner. Er war geschickt im Entwerfen von Kostümen. Eigentlich ein unheimlich talentierter Knabe; lauter künstlerische Dinge. [...] Aber bei meinem Vater gedieh nichts recht.«[2]

Luftikus, diese amüsante Latinisierung von Luftmensch, verwendet Alfred, um seinen Vater zu charakterisieren: Er ist nicht unbedingt ein labiler Mensch, auch kein Don Quichotte oder Hitzkopf, sondern von allem ein bisschen – eine jüdisch-pommersche Variante des Harlekins.

Alle jüdischen Familien Mitteleuropas kannten diesen Menschentyp, das Unglück der Ehefrauen, die Verzweiflung der Mütter, aber ein Segen für die Jungs, die Briefmarken sammelten und für jene, die verrückte Geschichten liebten. Sie sind flatterhaft, inkonsequent, egoistisch, verantwortungslos, haben überall auf der Welt Kinder, lassen ihre Frauen vor Kummer sterben, verleiten ihre Geliebten zur Prostitution, sodass sich ihre armen Eltern vor Scham im Grab umdrehen. Wenn sie im Roulette gewinnen, verlieren sie alles wieder beim Bakkarat. Verzweifelt beschließen sie, ihrem Leben ein Ende zu setzen, und stürzen sich in Monaco vom Selbstmordfelsen, landen aber meist auf dem Deck eines Bootes, das eine amerikanische Milliardärin fährt. Manchmal, nachdem sie viele verwaiste Mädchen aufgelesen und getröstet haben, enden sie auch im Lichte der Heiligkeit, in einem Ashram der Gegend von Pondichéry. Allerdings wäre es im Interesse der Familien besser, wenn es sie gar nicht gäbe. Andrerseits kann man ihnen nicht böse sein, denn sie wissen nicht, was sie tun, und ignorieren augenscheinlich den Beitrag, den sie durch die Diaspora ihrer Sprösslinge, die sie überall auf der Welt hinterlassen, zur Wiederherstellung des demografischen Gleichgewichts des jüdischen Volks, das durch die Pogrome und den Inzest stark minimiert wurde, geleistet haben.

Max, von dem hier die Rede ist, hatte ausgerechnet die Frau ordnungsgemäß geheiratet, die am wenigsten dazu geeignet war, das Leben eines Luftikus zu teilen: Sophie Freudenheim, eine schöne Erbin, eine nüchterne Realistin, Tochter eines reichen Kaufmanns, der aus Samter (Sżamotuly), dreißig Kilometer nördlich von Posen, stammte.

Auch dieser Menschentyp ist wohlbekannt: Schrecken der Harlekine, die Verzweiflung der unwürdigen Väter, aber ein Segen für die Buben, sofern sie kluge, ausgezeichnete Schüler sind, die keine

Romane schreiben (noch weniger Autobiografien, in denen man das Familiengeheimnis verrät) und nicht mit Schicksen verkehren, d. h. mit christlichen jungen Mädchen, während sie eine reiche (wahlweise auch schöne) Erbin suchen, die sich als Ehefrau eignet, also die Tochter eines Bankiers, Kaufmanns, Anwalts, Arztes oder Psychoanalytikers, aber unter keinen Umständen die eines Luftikus wie ihr Vater …

Sophie Freudenheim war im Gegensatz zu dem, was ihr Name vermuten lässt, weder eine Intellektuelle noch eine besonders heitere Hausherrin. Voller bürgerlicher Vorurteile verachtete sie ihren Luftikus-Ehemann, den sie als »gebildeten Hausknecht« bezeichnete. Sie hatte wenig Verständnis dafür, dass ihr Sohn Alfred, der in einem guten Beruf, nämlich als Arzt, arbeitete und zudem mit der Enkelin eines Bankiers und Tochter eines Schuhfabrikanten verheiratet war, seine Zeit damit vergeudete, Bücher zu schreiben, die nur wenige Leser finden und die folglich dem Autor wenig Geld einbringen würden.

Max war mehr als ein Luftikus, er war auch Gelehrter, genauer gesagt, eine Art Insektenkundler. Voller Leidenschaft widmete er sich dem Studium der Bewohner von Stettin, mit Ausnahme der Männer, und von der übrigen Bevölkerung interessierten ihn Personen über dreißig nicht oder solche, die einen körperlichen Schaden aufwiesen. »Die Entdeckerfreude ließ ihm keine Ruhe«, schreibt sein Sohn. »So gehen berühmte Gelehrte noch nachts in ihre Laboratorien, blicken in ihre Mikroskope oder rechnen oder stellen noch einmal ihre Apparate zusammen, fangen mitten in der Nacht an zu destillieren, den Schmelzpunkt zu bestimmen. Schließlich: ist die Entdeckung eines Menschen, einer Menschensorte nicht ebenso merkwürdig und beunruhigend und aufregend, wenigstens für den, der sie macht? Und andererseits: ist die Entdeckung eines neuen Elements oder einer chemischen Verbindung seelisch anders, beglückt sie anders, erregt, entflammt sie anders als die eines neuen Menschen? So hängt die Liebe mit der Entdeckerfreude zusammen. Mein Vater muß viel gesucht und viel entdeckt haben. Er betrieb die Wissenschaft gründlich und mit Ausdauer, und es hätten sich ihm da große Perspektiven eröffnet, wenn diese Wissenschaft staatlich anerkannt gewesen wäre.«[3]

Mit vierzig beschloss unser Mann sich festzulegen. Offensichtlich war die Glückliche nicht die Mutter seiner Kinder, denn, schreibt Alfred, indem er auf die Wahrscheinlichkeitsrechnung anspielt: »[...] es gibt notorisch Millionen Frauen auf der Welt; warum soll ein Mann grade seine eigene Frau lieben? Das wäre doch ein höchst merkwürdiges Zusammentreffen!«[4] Sie hieß Henriette, war jung und hübsch und arbeitete aufgrund eines nicht weniger ungewöhnlichen Zufalls in der Schneiderwerkstatt von Max Döblin als Näherin. Dieser verkündete eines schönen (für Sophie allerdings traurigen) Tages im Juli 1888, dass er nach Mainz reisen würde. Aufgrund des Zusammentreffens unglücklicher Umstände stieg er in den falschen Zug, landete in Hamburg, dann auf dem Deck eines Schiffes und schließlich in New York, von wo aus er seiner Familie folgende Nachricht zukommen ließ: »Goldene Berge werde ich euch bieten.« Neun Monate später kehrte Max, der keinen Pfennig mehr in der Tasche hatte, nach Hamburg zurück. Er ließ sich hier mit seiner Schönen nieder und lebte für den Rest seiner Tage von Liebe und frischem Wasser, obwohl er ein paar Versuche unternahm, nach Berlin zu ziehen, wo sich seine Ehefrau inzwischen häuslich niedergelassen hatte. Diese jedoch verjagte ihn und drosch mit dem Regenschirm auf ihn ein wie in guten alten Zeiten.

Die Kinder stellten sich auf die Seite ihrer Mutter, die hart arbeitete, um die Schulden ihres Gatten abzutragen und die große Familie zu ernähren. Somit behielt sie natürlich ihre bürgerliche Ehrbarkeit, fühlte sich aber gedemütigt, weil sie in Wirklichkeit ihrem ältesten Sohn Ludwig, einem gewieften Händler, auf der Tasche lag. Es tut weh, die von Alfred empfundene Scham zu sehen, wenn er an der Hand seiner Mutter die Linden hinunterging und glaubte, alle Blicke seien auf ihn gerichtet. Später, als er ebenfalls ein Luftikus geworden war, änderte er seine Auffassung, und ohne so weit zu gehen, posthum die Partei von Max zu ergreifen, porträtierte er ihn voller ironischer Zärtlichkeit, was in den bereits zitierten Abschnitten zu erkennen ist. Er verfasste drei verschiedene Porträts, als ob es unmöglich wäre, nicht nur die Wahrheit über seine Eltern zu enthüllen, sondern sogar über die Art von Gefühl, die man für sie hegt – Nebeneinanderstellung oder eher ein Tausendblatt von Empfindungen und widersprüchlichen Urteilen, unter denen man nicht wählen darf, bis zu dem Tag, an dem man sich bewusst wird, dass man es nicht verstanden hat, besser zu leben als sie, und ihnen verzeiht, wie man sich wünschte, dass sie einem selbst verzeihen würden, wenn sie noch lebten ...

Die Erwähnung von Max kommt gelegen. Sie ermöglicht es, über Alfred zu reden, ohne jemanden in Verlegenheit zu bringen. Denn weshalb zum Teufel hätten wir so getan, als zollten wir dem Determinismus Tribut, wenn es nicht genügend erstaunliche Analogien zwischen den beiden Paaren Max und Sophie und Alfred und Erna gäbe, obwohl ihre Geschichten ganz verschieden sind?

Im Anschluss an Freud und Kafka spricht Louis Huguet in Bezug auf Alfred Döblin von einem »Zwang zur Wiederholung«[4], dieser gewissermaßen unbesiegbaren Kraft, die die Kinder dazu treibt, die (affektive, erotische und gesellschaftliche ...) Konstellation, in der die Eltern häufig vor ihren Augen lebten, auf Gedeih und Verderb wiederherzustellen, obwohl sie der Logik folgend davon abgeschreckt sein müssten, statt sie nachzuahmen. Kann ein solcher Zwang die Zeitalter überdauern? Wolf ist viel zu jung gestorben, als dass man wissen könnte, wie er als Nachfahre zweier Generationen von Künstlern, die mit nüchternen Frauen verheiratet waren, sein Boot gelenkt – oder ob er andere ans Steuer gesetzt – hätte. Hätten nicht die Anhänglichkeit, die er gegenüber seiner Mutter bekundete, und die Uneinigkeit mit dem Vater lediglich einen Abschnitt auf seinem Lebensweg gekennzeichnet? Oder hätte er als Erster seines Geschlechts gewagt, den Fluch des Luftikus zu brechen, auf die Gefahr hin, lebenslänglich gebannt zu sein, fasziniert vom Schlangenauge der Mutter, erstickt durch ihre Liebe?

Vielleicht klären uns die Mathematiker auf. Hat Wolfgang auf der Suche nach der Formel, die zwischen den Brownschen Bewegungen und den Halb-Martingalen eine Brücke schlug, nicht versucht, ohne sein Wissen Max und Alfred, den beispiellos unproduktiven Luftikus und seinen Sohn, den Schriftsteller, zu versöhnen? Versucht man nicht, indem man die Gesetze findet, die das beherrschen, was keinem Gesetz gehorcht, die unerträgliche Unordnung des Lebens und die schuldhafte Leichtigkeit der Lebenden zu begreifen? Ist Beschreiben nicht bereits Verzeihung? Dem Unförmigen Form geben? Eingestehen, dass das, was war, vorbei ist, und die Unordnung beherrschen?

| KAPITEL 8 |

Über Wolfgangs Kindheit weiß man nicht viel. Er war ein Kind ohne Geschichte, das nie von sich sprach. In all den Jahren hat er den Kokon (oder das Wespennest) der Familie nicht verlassen. Offensichtlich hatte er unter seinen Kameraden in der Grundschule und später auf dem Gymnasium keine Freunde – auf jeden Fall gab es niemanden, mit dem er zur Zeit des Exils Kontakt gepflegt hätte.

Es gibt von Wolf ein besonders rührendes Foto[1], das Yolla Niclas, Alfreds Herzensfreundin, 1928 aufgenommen hatte. Darauf ist Wolf dreizehn Jahre alt. Gemäß der jüdischen Tradition, mit der die Familie Döblin gebrochen hatte, wird man in diesem Alter zum Mann. Und auf dem Foto sieht man tatsächlich einen kleinen Mann. Er trägt eine Tweedmütze und bereits sein Markenzeichen, die runde Brille eines Mondbewohners. Eine viel zu weite Jacke mit hohem Kragen, die zu jener Zeit – wie die riesige Mütze à la Charles Bovary, eine Art umgestürzter Napfkuchen – das Nonplusultra männlicher Eleganz gewesen sein muss, hängt über seinen Schultern mit dem gewissen Etwas einer Verstellung, die an Verkleidung, an ein Theaterkostüm erinnert. Oder entsteht der Eindruck der Fremdartigkeit eher durch die uneinheitliche Art dieses Aufzugs, bei der die Urbanität der Kopfbedeckung mit dem fast militärischen Aussehen der Jacke kontrastiert, ohne dem Wesen der Person zu entsprechen, die gedankenverloren wirkt: ein zukünftiger Nobelpreisträger, so wie einige junge Mädchen bereits die Frau erkennen lassen, die sie einmal sein werden, auch wenn ihre Blüte im Augenblick noch nicht gänzlich entfaltet ist? Der Junge legt den Kopf zur Seite – für uns ist es die linke –, seine zusammengekniffenen Augen blicken in die andere Richtung, als ob sie etwas betrachteten, aber in Wirklichkeit tut er nur so – aus Höflichkeit oder aus Liebenswürdigkeit. Sein Mund mit den vollen Lippen deutet ein Lächeln an, das keck aussehen soll, in Wahrheit aber tiefe Melancholie vermittelt. War er bereits ernüchtert? Mit dreizehn? War er sich dunkel der Macht des Schicksals bewusst? Oder war er einfach verärgert, weil er stillhalten musste und nicht wusste, wohin er blicken sollte – aus Schüchternheit oder wegen der Kurzsichtigkeit?

Ich merke, dass ich die Nase vergessen habe. Mitten im Gesicht ist sie ein weiteres Kennzeichen für ihn, wie seine Brille in der Form von Bullaugen. Die Döblin-Söhne erinnern an eine Eulenbrut, wenn sie alle zusammen gesehen werden. Wie die Brontë-Schwestern: drei Eulen, die auf einem Baum sitzen. Alfred jedoch erinnerte eher an eine Elster. Warum nannte man unseren »Lausbub« Wolf? Dieser Vorname wurde mit Hilfe von Herwarth Walden, dem Herausgeber der expressionistischen Zeitschrift *Der Sturm*, gewählt. Alfred hätte ein Mädchen vorgezogen, Ursel, Ursula, »Kleine Bärin«, ein weiteres germanisches Totemtier. 1915 ist Alfred Döblin Kriegshetzer und Chauvinist. »hurrah die russen in der tinte – herzlich doeblin«, schreibt er am 22. Februar[2], einen Monat vor der Geburt des jungen Wolfs, in einem Telegramm an Walden. Vergebliche Liebesmüh, denn die deutschen Juden konnten sich keine Anerkennung verschaffen, indem sie mit den Wölfen heulten. Einziges greifbares Ergebnis dieser Deutschtümelei auf Bestellung: 1935, mit den Nürnberger Gesetzen, wird Siegfried anfangs in die Liste jüdischer Vornamen eingetragen. Wolfgang aber nicht. Ansonsten sind Goethe und Mozart keineswegs böse Wölfe. Doch französischen Ohren jagt der Name Angst ein. Daher die Umbenennung in »Vincent«, was viel barmherziger klingt.

Bleiben das Gesicht und die Nase mitten im Gesicht.

Plötzlich begreife ich die Verwirrung, die ich empfand, als ich das Bild zum ersten Mal sah.

Diese Mütze, dieses sanfte Gesicht mit dem halb ironischen, halb melancholischen Lächeln, diese Jacke eines Beamten der Eisenbahnlinie von Galizien-Lodomerien haben wir unzählige Male ge-

Wolfgang Döblin, 1928.
(Foto Nr. 13 des Katalogs der Marbacher Ausstellung)

sehen: an Straßenecken in einem dieser Marktflecken mit flüchtiger Identität, Szczebzeszyn, Jedrzejów, Krzemieniec, Wloszczowa, in Geisterstädten, Schatten einer längst vergangenen Welt. Doch die Illusion löst sich auf, der Stern am Revers von Wolfgangs Jacke zerfällt. Es war nur ein Traum, das warnende Zeichen eines Déjà-vu, zweifellos die Wirkung der unglaublichen magischen Mütze von Charles Bovary auf die Fantasie, die die Epochen vermischt.

Eine weitere Fotografie[3], ebenfalls aus dem Jahre 1928 (wurde sie in Alfreds Bibliothek aufgenommen?), zeigt Wolf, wie er zärtlich den Arm um seine Mutter legt, seine Wange an ihre schmiegt. Die Verwirrung, die man beim Anblick dieses Bildes empfindet, ist anderer Art. Dass ein Junge von dreizehn Jahren bereit ist, für diese perfekte Demonstration archaischer Mutter-Sohn-Liebe zu posieren, hat etwas Erstaunliches. Dieses Spiel zu spielen, setzt für jeden der beiden Protagonisten ein unglaubliches Maß an Naivität voraus, oder es handelt sich bei der Mutter, wenn es keine Unüberlegtheit ist (Erna hat Medizin studiert, und ihr Gatte, der sich für Psychoanalyse begeisterte, kannte Freud wie seine Westentasche), um einen Hauch von Perversität. Beider Mienen verraten nichts. Ernas Blick ist leer, Wolf hält die Augen fast geschlossen. Die Haltung des Jungen, der sich anscheinend ganz hingebungsvoll über seine Mutter beugt, hat, wenn man genau hinsieht, nichts Spontanes: Er musste sich vermutlich schräg auf die Armlehne des Sessels setzen, und diese Lage war wohl alles andere als bequem. Stützt er die linke Hand auf die Schulter der Mutter oder versucht er die Berührung zu erleichtern? Wäre diese intime Szene natürlich gewesen, wäre niemand dabei gewesen, um sie zu fotografieren. Hätte es sich um einen Schnappschuss gehandelt, wären die Züge verwackelt, wie jene von Klaus auf den Knien von Alfred (Foto Nr. 160 des Katalogs der Marbacher Ausstellung, das Gegenstück von Foto Nr. 161). Alles deutet darauf hin, dass wir es hier nicht mit einem realen Bild, sondern einer Art »lebendem Tableau« zu tun haben. *Mutter und Sohn oder Das absolute Glück.* Die Art, wie die Schauspieler ihre Figuren darstellen, ist keineswegs bedeutungslos. Sogar die scheinbare Ausdruckslosigkeit ihrer Gesichter hat Bedeutung. Die-

Wolfgang und Erna Döblin, 1928.
(Foto Nr. 161 des Katalogs der Marbacher Ausstellung)

se entrückte, geistesabwesende Miene des einen wie des anderen vermittelt ihre Unfähigkeit zur Verschmelzung – Rückblende, Rückeroberung des verlorenen Paradieses der Unterschiedslosigkeit. Vom Ozean bleibt nur Sehnsucht übrig; die unechte Umarmung ist ein Abschied, der nicht enden kann, da er weder zur Vereinigung noch zur Trennung führt, sondern lediglich zur Illusion, dieses Tête-à-Tête endlos zu verlängern, mit dem Risiko zu erleben, wie es sich in ein Schrecken erregendes Gegenüber verwandelt. Wie kann man auf Dauer diese unmögliche Situation ertragen – fliehen ohne zu fliehen, auszubrechen ohne etwas zu zerbrechen und Schmerzen zu bereiten? Auf dem Foto erkennt man, wie spitzfindig sich Wolfgang seiner Kurzsichtigkeit und seiner kleinen runden Brillengläser in der Form von Bullaugen bedient. Sie gestatten ihm zu sehen, ohne gesehen zu werden, gesehen zu werden, ohne zu sehen, den Austausch von Blicken zu vermeiden, indem er den Gorgonenblick, der auf ihn gerichtet ist, abwendet. Und wie sein Großvater Max in die Ferne schweift, bis nach Amerika, ohne sich tatsächlich aus dem Familienkreis zu entfernen. *Mein Feld ist die Welt*, lautete die Devise der Hamburg-Amerika-Linie. War für ihn die Mathematik wie für Alfred die Literatur das Zauberschiff, das ihm gestatten sollte, die Welt zu erforschen – alle Welten, die realen und die irrealen –, ohne sein Zimmer zu verlassen? Eine Möglichkeit, dem Gedächtnis zu entfliehen – auf den Schwingen des Augenblicks, allen unerwarteten Zufällen der Reise überlassen, in der Illusion der Freiheit?

Claude zufolge hatte sich Wolfgang etwa mit zwölf Jahren* entschieden, Mathematiker zu werden. Eine frühe Berufung, die jedoch von Kolmogoroff übertroffen wird, dessen erste Entdeckung[4] mit fünf Jahren erfolgte:

$1 = 1^2$

$1 + 3 = 2^2$

$1 + 3 + 5 = 3^2$

$1 + 3 + 5 + 7 = 4^2$

* Strittige Behauptung, s. Kapitel 14.

Interessant ist die Tatsache, dass Alfred Mathematik hasste. »Ich persönlich habe ein Problem mit der Mathematik«, schreibt er 1926 auf einen Antwortbogen des *Berliner Tageblatts*. »In den oberen Klassen war ich in Mathematik völlig ungenügend und habe ihretwegen zwei Jahre verloren. Zur selben Zeit aber, als meine mathematische Unfähigkeit derart eklatant war, schrieb ich meinen ersten Roman, und las Spinoza, Kant und Schopenhauer ohne jede Schwierigkeit.«[5]

In seiner seltsamen Abhandlung der kosmischen Philosophie *Das Ich über der Natur* (1928) macht er sich über die Arroganz der Gelehrten lustig, die behaupten, den Stein des Weisen zu besitzen: »Man fragt: Was ist das Leben, die Welt, und bekommt die Antwort:

$$\sum_{ik} \frac{\delta}{\delta \times k} (\sqrt{-D}\ \sigma\ e\ i\ \Theta_{ik}) - \frac{1}{2} \sum_{ik} \sqrt{-D}\ \frac{\delta \sigma ik}{\delta \times e}\ \Theta_{ik} = 0.^{\star}$$

Der wirklich schauende Anblick eines vertrockneten Blattes ist mehr wert als eine Bibliothek babylonischer Formeln.«[6]

Das führt zu dem Schluss, dass Wolfgangs Entscheidung, Mathematik zu studieren, aus Opposition zu seinem Vater entstand. Obwohl es an Indizien dafür fehlt, liegt es nahe, zumal diese Hypothese aus psychologischer Sicht hinreichend plausibel erscheint.

Die Mauer aus bürgerlicher Achtbarkeit und zum Teil geheuchelter Biederkeit, mit der die Döblins ihr Familienleben umgeben hatten – und vor allem ihr Leben als Ehepaar, weniger um es vor indiskreten Blicken zu schützen als aus Sorge, das Irreparable aussprechen zu müssen –, verhindert festzustellen, welcher Art die Gefühle tatsächlich waren, die Vater und Sohn füreinander hegten. Man zweifelt daran, dass sie sehr herzlich waren, da Wolf immer auf der Seite seiner Mutter stand, die ihn verhätschelte. Als sie von seinem Tod erfuhr, begann sie sogar, ihn abgöttisch zu verehren, und untersagte, dass man auf einen Selbstmord anspielte, dessen Umstände sie jedoch kannte.

Zur gleichen Zeit schildert Alfred, der sich an die Vergangen-

⋆ Eine offensichtlich fantastische Formel.

heit erinnert, die Beziehung zwischen ihm und seinem Sohn in düsteren Farben: »Habe schon lange nicht an meinem Roman geschrieben – der arme arme Wolfer schwebt mir vor; ich war früher so hart gegen ihn; ich höre noch, wie er einmal als Kind sagte: ›Papa haßt mich furchtbar.‹ Um so mehr war er mit E[rna] verbunden. Der Gedanke tut mir wohl.«[7]

»In den letzten Jahren«, hatte er einige Tage zuvor an seine Frau geschrieben , »näherte er sich mir langsam, er hing ja eigentlich nur an Dir, aber ging mir nicht mehr so wie früher aus dem Weg, und ich hoffte, wir werden noch ganz gut werden [...].«[8]

Zwingt das Schuldgefühl, das er dem Sohn gegenüber empfindet, Alfred, das Bild in düsteren Farben zu malen? Hat er von all den Jahren nur die Zerwürfnisse im Gedächtnis behalten, die verpassten Gelegenheiten, Frieden zu schließen, die Worte, die Unheil anrichten?

Vater und Sohn lautet der Titel einer Rundfunksendung der Berliner Funkstunde. Am 26. Februar 1929 hatten Alfred und Wolfgang die Gelegenheit, hier miteinander zu reden, wenige Tage, bevor Wolfgang seinen vierzehnten Geburtstag feiern sollte.

Sicherlich weiß niemand genau, was sich die beiden an jenem Tag gesagt haben, obwohl die Sendung von Tausenden, ja vielleicht Zigtausenden von Menschen gehört wurde. Es war die Zeit, in der sich die Worte verflüchtigten, und meistens dachte niemand daran, sie festzuhalten. Briefe sind langlebiger. Sie machen weniger Effekt, prägen sich aber stärker ins Gedächtnis ein. Ihr Wahrheitsgehalt gleicht irgendwie jenem der Kunst, die sammelt, stilisiert und die Vorstellung davon bewahrt, was die Verheißung von Glück hätte sein können: »Wolf, der unnahbare, der in den Wolken schwebt, schreibt seine meilenlange Doktorarbeit in [Hie]roglyphen, welche wahrscheinlich im ägyptischen Museum einen ersten Platz finden werden. Hebräisch ist garnichts dagegen. Er geht aber nicht zu einer anderen Schrift über. Da ist nichts zu machen. Es ist eben Mathematik.«[9]

| KAPITEL 9 |

Obwohl ich Schriftsteller bin, habe ich keine Lust, »Geschichten zu erfinden«, um meinen Bericht auszuschmücken. Wolfgangs Leben scheint ganz und gar das eines reinen Geistes zu sein. Es ist erstaunlich, dass sowohl seine Eltern, Brüder und Mitschüler als auch diejenigen, die sich für seine Person und nicht nur für sein Werk interessieren, so wenige Anekdoten über ihn zusammengetragen haben. Verstellte er sich oder war er wirklich das vorbildliche Kind ohne Ecken und Kanten und Leidenschaften, abgesehen natürlich von seiner Vorliebe für Mathematik – das Gegenteil seines Vaters (hätte Erna gesagt), die lebendige Widerlegung des »Döblinismus«?

Den meisten Berichten von Schriftstellern über ihre Kindheit haftet etwas Trügerisches an, vermutlich bereits der Erinnerung selbst. Sie ist eine schöne oder im Gegenteil eine hässliche Lüge, mit der wir, um uns zu entlasten, unseren Eltern die Schuld daran geben, abgesehen von einigen Büchern, nichts Großartiges aus unserem Leben gemacht zu haben. Wäre nicht Schweigen die bessere, passendere Art, das Bild von dem Kind, das man gewesen ist, in Erinnerung zu behalten? Anstatt diesen Unbekannten, der uns ein Leben lang beherrscht, mit Worten, mit einer Flut von Geschwätz zu überschütten, damit er uns in Ruhe lässt. Nein, ich sage nichts über das, was ich nicht weiß. Mir scheint, dass ich mich dem, dessen Leben ich hier wiedergebe, näher fühle, wenn ich mich der Worte enthalte, statt sie zu erfinden. Selbst auf die Gefahr hin, große Lebensabschnitte unerwähnt zu lassen. »Hic sunt leones«, schrieb man einst auf jene Stellen der Weltkarten, an denen sich unbekannte Länder befanden. Das 20. Jahrhundert hat die Perspektive umgekehrt. Die Bestien haben Geschichte geschrieben. Das, was der Tragödie vorausging, scheint von unwirklicher Transparenz wie die Bilder eines verblassten Traums.

Vielleicht ein solches Bild: ein runzliger gelber kleiner Kopf unter einem riesigen blanken Kürassierhelm. Die Szene spielt sich Unter den Linden* ab, aber in Stettin, vor 1888. Der kleine Mann ist kein anderer als Fürst Bismarck, und der Erzähler ist, da es heißt, dass Wolfgang Schweigen bewahren wird, kein anderer als Alfred, sein Vater. Der Text trägt den Titel »Doktor Döblin, Selbstbiographie«. Verfasst gegen Ende 1917, Anfang 1918, wurde er erst 1970, lange nach seinem Tod, veröffentlicht. Was für eine bizarre Idee, die fehlenden Erinnerungen des Sohnes durch die des Vaters zu ersetzen! Es ist wegen Bismarck, wegen des kleinen gelben Kopfs unter der Pickelhaube. Die Art, in der Alfred seine Kindheit aufleben lässt, ist unvergleichlich. Er ist nicht gerührt, klagt nicht an, kommentiert nicht, er beschreibt lediglich das Schweigen und die Verblüffung, mit der das Kind die Dinge aufnimmt und die Ereignisse sieht. Um auf Bismarck zurückzukommen: Das Missverhältnis, schreibt er, zwischen diesem Kopf, der an einen kleinen Apfel erinnert, und dem riesigen Helm, »dieser Zug verwunderte ihn mehr, als er ihm imponierte«.[1] »Der alte Kaiser starb; das wurde ihm in der Schule, dem Friedrich-Wilhelm-Realgymnasium[,] gesagt, wo er Sextaner war und schlecht, sehr schlecht Latein und Rechnen kapierte. Nach der Todesnachricht ging er mit dem Taschentuch [in] der Hand nach Hause; er schien sich dann und wann eine Träne zu trocknen; er glaubte, das gehöre sich so, – er war aber gar nicht traurig, sondern nur unklar, wie er sich nach den wehmütigen großartigen Redewendungen des Klassenlehrers benehmen sollte. Nicht viel später wehten zum zweiten Male die Fahnen halbmast beim Tode des Sohnes jenes Kaisers; er sah sich aus dem Eckfenster oft diese Fahnen an; er konnte mit dem Ereignis nichts anfangen und ging viel auf die Straße, um zu sehen, was die anderen, die Erwachsenen[,] machten.«[2]

* Genauer: in der Lindenstraße.

Ich glaube, etwas gefunden zu haben, das Vater und Sohn, Worte und Schweigen, Erinnerungen und Vergessen, das ihnen gleicht, das sie versöhnen kann: Es ist dieselbe *Idiotie*, dasselbe Gefühl der Fremdheit gegenüber dem Leben, das den einen in die Arme der Literatur und den anderen in die der Mathematik trieb. Doch es war keine Zuflucht, sondern im Gegenteil eine verängstigte Flucht, die so weit wie möglich von dem, was »sich von selbst versteht«, wegführte. Der eine (Alfred) war bis zur Verblendung vom Realen fasziniert, wobei er aus Sorge, am abgehackten, »cinematografischen« Rhythmus des Stadtlebens kleben zu bleiben, den Naturalismus auflöste; der andere (der Sohn) wählte aus allen Mathematikzweigen den sonderbarsten, weil er zugleich der Intuition am unzugänglichsten und aus Sicht der Vernunft der widersinnigste war: Was für einen Sinn hat die Idee, die Berechnung auf das Unvorhersehbare anzuwenden? Kann es eine Wissenschaft des Ungewissen geben?

In Biografien berichtet man uns für gewöhnlich, wie die Person, deren Leben man schildert, das Erwachen der Sinne erlebt hat. Wie verhielt sich Wolfgang gegenüber Frauen? Hat er überhaupt welche gekannt? »*Lascie le donne et studie la matematica*«, sagt die schöne venezianische Kurtisane Zulietta zu Jean-Jacques Rousseau und gibt damit zu verstehen, dass die Liebe zu den Frauen und die zu den Zahlen sich ausschließen oder zumindest selten auf einen Nenner zu bringen sind. Im hohen Alter widmete sich Casanova der Mathematik; seine fixe Idee war die Verdopplung des Würfels, aber erst zu einer Zeit, da er aufgehört hatte, Frauen zu verführen, wenn nicht gar seine wahre Leidenschaft von jeher den Zahlen gegolten hatte, vielleicht wegen der tausendunddrei spanischen Eroberungen von Don Juan, dessen Rekord er schlagen wollte? »Wir waren immer zusammen, und wenn Wolfgang irgendwelche amourösen Abenteuer erlebt hätte, hätte ich es gewusst«, sagte Claude Doblin, als ich ihn zu diesem Thema befragte. Auch sein Bruder Stephan ist der gleichen Meinung. In den dreißiger Jahren waren die Verhältnisse zwischen jungen Männern und jungen Mädchen (wie man damals sagte) anders als die nach dem Krieg oder erst recht in den sechziger oder siebziger Jahren. Sie waren meist platonischer Natur.

Marc Yor, der – gemeinsam mit Bernard Bru – Wolfgang Dœblins Werk besser kennt als jeder andere, versichert mir, dass es schwer vorstellbar ist, wie ein junger Mann in knapp vier Jahren eine Doktorarbeit, dreizehn Abhandlungen und genauso viele Berichte für die Akademie der Wissenschaften verfasst – höchst anspruchsvolle Arbeiten, von denen mehrere in der Wahrscheinlichkeitstheorie einen entscheidenden Schritt nach vorn bedeuten –, nicht zu vergessen den Inhalt des versiegelten Umschlags und viele noch unveröffentlichte Notizen, ohne seine ganze körperliche und geistige Kraft dafür aufzuwenden, in einem Kampf, der keine Pause und keine Ablenkung duldet. Er vertraute mir an, dass die mathematische Forschung etwas Mönchisches, gewissermaßen Mystisches an sich habe, das die Forderung nach Entsagung einschließt. Soll man Zulietta Recht geben und aus Wolf einen einsamen Wolf machen, der sich ausschließlich mit Berechnungen abgibt und keine anderen körperlichen Freuden kennt als die strengen der Gymnastik und der Wanderungen im Hochgebirge? Oder ist es denkbar, dass er wie jeder normale Mensch die Begierde kannte, den Wunsch nach Abwechslung, nach Vergnügungen für das Fleisch, das Herz und den Geist, immer bereit, sich vom rechten Weg abbringen zu lassen, wenn sich die Gelegenheit bietet?

Das Bild des jungen Mozart verzerrt die Vorstellung, die man sich von Wunderkindern macht, und obwohl einen der Gedanke an den allzu frühen Tod betrübt, ist man glücklich und geradezu beruhigt, dass Évariste Galois so töricht war, sich im Duell wegen einer Frau töten zu lassen. Aber Wolfgang trägt von seinem Wesen her keineswegs die Züge eines romantischen Helden. Nur weil er sich in einer Scheune eine Kugel in den Kopf gejagt hat, braucht man ihn nicht wie Évariste Galois oder Niels Henrik Abel, der mit siebenundzwanzig Jahren im Elend starb, als eine Art *poète maudit* der Mathematik zu betrachten. Im Übrigen ist sein Stil in der Sache überragend. Seine Schreibweise ist nicht nur intuitiv, »künstlerisch« wie die seines Kollegen Sergej Natanowitsch Bernstein. Wolf ist auch ein fleißiger Arbeiter, ein Perfektionist, dessen Argumentation von großer technischer Virtuosität zeugt. Jene, die imstande sind, seine Überlegungen zu begreifen, sagen, dass seine Form der Beweisführung eine Art elliptischer Eleganz bekundet. Sein barocker Stil auf einigen Seiten des versiegelten Briefs ist auf die Hast zurückzuführen – in der Eile hat der Autor nicht die Zeit gehabt, seinem Text die prägnante und klare Form zu geben, die seine mathematischen Schriften auszeichnet, die so ausgefeilt sind, dass sie veröffentlicht werden können.

Ich glaube, man muss sich der Tatsache beugen: Die Sinnlichkeit hat weder im Werk noch im Leben Wolfgang Dœblins, dieses mathematischen Genies, eine große Rolle gespielt. In dem Augenblick, da ich die Jahre seiner Kindheit und Jugend in Erinnerung rufe, ist es mir letzten Endes nicht unliebsam, den Menschen aus Fleisch und Blut, der er zweifellos trotzdem gewesen sein muss, nicht konkreter darstellen zu können, wie es jeder Erzähler gern tun würde. Welch ein Unterschied im Vergleich zu dem Interesse, das der Vater für sexuelle Dinge bekundete, am Knotenpunkt eines ganzen Bündels von Gründen: seine Eigenschaft als Arzt, seine Bewunderung für das Werk, das Gedankengut und die Kühnheit von Sigmund Freud, sein Anspruch auf das Erbe des Naturalismus, das Gefallen, das er an der erotischen Magie der Großstadt mit ihrer Fauna an Prostituierten, Zuhältern, Handlangern und Schiebern aller Art fand, mal ganz abgesehen von der Faszination, die die Gestalt des Proletariers und noch mehr die des armen jungen Mädchens auf die bürgerliche Fantasie ausübt. (O Max, deine Leidenschaft für die Näherinnen! Und was ist mit den jungen Krankenschwestern?) ... Aber an erster Stelle steht ein quälendes Verlangen nach Wahrheit – nach der ganzen Wahrheit, nicht nur nach ihrer sichtbaren Oberfläche, sondern auch nach ihren tiefsten Tiefen. Niemand hat das Recht, die Wirklichkeit zu sortieren. Das Erhabene hat nur dann einen Wert, wenn es so fest im Körper verankert ist, wie die weiße Seerose im Schlamm. Und über all das herrscht der gemeinsame Wille aller avantgardistischen Kunstrichtungen – Jugendstil, Expressionismus,

Kubismus, Futurismus, Dadaismus und Surrealismus –, die Wertvorstellungen des Eros und ihre revolutionäre Gewalt den abgekühlten Fiktionen des Idealismus, dem Deckmantel für die Nacktheit der industriellen Unterdrückung, das »eherne Gesetz der Lohnarbeit«, die Ausbeutung der Arbeitskraft, entgegenzusetzen ...

Doktor Döblin gibt uns jedoch eine ganz andere Darstellung vom Erwachen der Sinne, als man es aus seiner zuweilen aus Trotz oder Naivität übertrieben zynischen Feder erwarten würde: »Dunkel präludierten geschlechtliche Dinge, zwischen dem neunten und zehnten Jahre. Er bemerkte öfter mit Erstaunen den wechselnden Füllungszustand seiner Geschlechtsorgane, aus dem Bad aussteigend sagte er einmal einem seiner anwesenden Brüder, wie lästig das doch eigentlich sei; er schämte sich weder des Vorgangs noch daß einer ihn in dieser Verfassung sah; er wußte nicht, was das war; es war nicht mehr als eine ärgerliche Sache. Ein andermal aber lag er mit mehreren andern Kindern, – sie waren erst zwischen acht und neun Jahren, – auf einer Kellertreppe; was sie da wollten und warum man ihn dahingezogen hatte, wußte er nicht. Da lag ein etwa gleichaltriges, vielleicht noch jüngeres Mädchen; sie berührten es, – es lag auf dem Gesicht, – an den heimlichen Stellen; er auch, ohne daß er etwas anderes als ein unklares Gefühl von etwas Unanständigem hatte, worüber man nichts sagen darf. Es übte keinerlei Einfluß auf ihn aus, noch lange lange Jahre später hatte er keine Vorstellung von den weiblichen organischen Besonderheiten und ihrer Funktion. Ja, als er das erste Semester Medizin studierte in seinem dreiundzwanzigsten Jahr, wußte er noch nichts Genaues und wunderte sich bei seinem ersten Gang durch die Anatomiesäle in Berlin über die weiblichen Leichen, die offenbar einen Schnitt in der Mitte unterhalb des Schambogens hatten; er wollte immer einen der Arbeitskameraden danach interpellieren, tat es nicht aus Schamgefühl – er hätte sich unsterblich blamiert. Denn es hieß so tun, als wäre man mit allen Wassern gewaschen, – damals und schon viel früher; es hieß so tun.«[3]

Ein ungewöhnliches Geständnis, das die Vorstellung vom Körper – nicht nur von dem des anderen, sondern auch vom eigenen

– mit dem Bild von Bismarcks Kopf und der ganzen Fantasmagorie der Welt der Erwachsenen zu ein und derselben Unlesbarkeit verbindet. Und wenn die Kraft des Schriftstellers nicht darin besteht, etwas auszudrücken, sondern darin, dass es ihm gelingt, die Worte umzudrehen, die Sprache zu verschließen mit dem Geheimnis, das sie verbirgt? Um uns ein wenig die Verblüffung zu vermitteln, die den Geist umfängt wie ein staunendes Küken, das aus dem Ei schlüpft und verschwommen sieht, was wir sind und gleichzeitig nicht sind: das Gehäuse einer Seele? Alles Bewusstsein jedoch ist Körperbewusstsein. Die Natur spiegelt sich in uns wider. Woraus entsteht also dieser Eindruck der Fremdheit, als ob der Körper neben sich stehe, schwerfällig und störend, eine Notwendigkeit aus dem Bereich des Pflichtenhefts, der Geist jedoch sich anderswo befinde, im Mittelpunkt der Welt, aber bereit, mit ihm völlig übereinzustimmen, ihn zu erobern, zu *begreifen*, unendlich frei und losgelöst von jeglicher irdischer Bindung: der leichteste der Heißluftballons?

Die Döblins, Vater und Sohn, entstammen derselben Linie wie Franz Kafka: Sie sind *Hungerkünstler*, und es ist absolut nicht erforderlich zu fasten, um zur Bruderschaft zu gehören; es genügt, die normale Ernährung nicht zu mögen und sich nach einer anderen, unbekannten umzusehen: vielleicht der Musik? Wie Gregor Samsa, der Held von *Die Verwandlung*, der sich in einen Käfer verwandelt und mit dem ihm verbliebenen Gehör den Klängen der Violine lauscht.

Im März 1926 machte in Berlin einer dieser Künstler, ein gewisser Jolly, von sich reden, indem er einen neuen Fastenrekord aufstellte: Er verbrachte 44 Tage in einem Glassarg, ohne Nahrung zu sich zu nehmen. Dabei gab er sich anderen, weniger gesunden Freuden hin: Es hieß, er rauchte ununterbrochen, allerdings berichtet die Chronik nicht, ob er auch trank und in welchem Ausmaß. Im Lokal *Hackepeter* war er die Hauptattraktion, was den anderen Gästen keineswegs den Appetit verschlug. Sie gingen an dem Sarg vorüber, in dem Jolly in Unterwäsche zu besichtigen war, ermutigten ihn oder bedachten ihn mit Spott. Die Prostituierten waren in höchstem Maße von dieser heroischen Gestalt begeistert, die Tag und Nacht von zwei Sargträgern bewacht wurde, um die mitleidsvollen Seelen daran zu hindern, dem Armen zu Hilfe zu eilen. Ein Zwerg verkündete jede Stunde den neuen Rekord, der mit einem lautstarken Konzert aus Messern und Gabeln, die gegen den Rand von Bierseideln schlugen, gefeiert wurde. Am 44. Tag beschloss die Wirtin Lotte Schulz das gefährlich werdende Experiment zu beenden. Sie entließ den Zwerg und die beiden Sargträger, und nachdem sie Jolly zum Fastenmeister in allen Kategorien ernannt hatte, lud sie die Honoratioren von Berlin zu einem großen Bankett ein, um das Ereignis zu feiern. Doch der Hungerkünstler war inzwischen verschwunden. Eine Rockefeller-Erbin hatte sich in Jolly verliebt, ihn gekidnappt und war mit ihm nach Monte Carlo entflohen, dem Traumziel aristokratischer und kosmopolitischer Flitterwochen.[4]

Das soll weder heißen, dass Kunst zu nichts nütze ist, noch dass jene, die fasten, zwangsläufig Masochisten oder gar Selbstmörder sind. Sind das Schreiben und die Mathematik bei jenen, die sich über alle Vernunft hinaus darin verlieren, nicht auch eine subtile Art, ihren Genuss zu intensivieren, wie es manche Wollüstige tun, indem sie ihn ins Unendliche hinausschieben?

| KAPITEL 10 |

Ein Porträt Alfreds als junger Arzt[1]; ein sardonisches Lächeln betont den vollen Schnurrbart, der zusammen mit dem Spitzbart dem Gesicht die Form einer umgedrehten Birne verleiht und homothetisch in einem Verhältnis von fünf zu eins zur Nase steht. Man weiß nicht, ob man den Gesichtsausdruck als spaßig oder als teuflisch einschätzen soll. Eine dunkle, üppige, leicht gewellte Haarmähne, etwas abstehende Ohren, ein Lorgnon, dessen übertrieben gerundete Sprungfeder alle Mühe hat, Gläser, die so dick wie Lupen sind, festzuhalten, unterstreichen den Eindruck des Bizarren und des Unbehagens, den man beim Anblick dieser Gestalt empfindet, die einem expressionistischen Film zu entstammen scheint. Dem *Kabinett des Doktor Caligari* zum Beispiel. Oder einer tschechischen oder jiddischen Verfilmung, auf jeden Fall einem Stummfilm, wenn man das Erscheinungsdatum (1915) des *Golem* von Gustav Meyrink berücksichtigt: Alfred Döblin in der Rolle des Arztes, der die Augen der unglücklichen Patienten sammelt und weiterverkauft, die er unter dem Vorwand operiert hatte, sie vom grauen Star zu befreien. Was bedeutet dieser Kittel mit den zweimal sechs Knöpfen, durch deren Öffnungen unser Mann wie einst Napoleon Hände, die vielleicht Orlac gehören, hineinzieht, Hände eines Würgers, die geheimnisvoll an die verstümmelten Arme eines Pianisten verpflanzt wurden? Eine Zwangsjacke, glauben Sie? Eine Kochuniform, der nur die Mütze fehlt? Oder befinden wir uns eher in einer Posse, in der Komik und Fantastik vermischt werden in der Art des Regisseurs George Méliès? Auf der anderen Fotografie[2] hat sich die undurchsichtige Person einen Mantel umgehängt, ohne in die Ärmel zu schlüpfen, und einen Zigeunerhut aufgesetzt.

Spielt der Mann mit seinen gefesselten Händen – anscheinend trägt er Handschellen – die Rolle eines Mörders, irgendeines Irren, der aus der Nervenheilanstalt entflohen und dessen Kittel an der Seite zugeknöpft ist? Entdeckt man unter seinem Mantel sogar noch eine Pyjamajacke?

Ist es der gleiche Mann, der uns jetzt mit einigen Seiten Abstand im Album[3] starr anblickt, im Soldatenmantel, mit Mütze, die Hände in den Taschen vergraben, ein ironisches Lächeln um die Mundwinkel? Ein Jahr später (»Militärarzt Döblin, 1916«[4]) sah er in seinem Mantel, den er mit einem einzigen Knopf am Hals zugeknöpft hatte, wie ein Priester im Überrock aus. Eine Zigarette ersetzt das Lächeln, aber die Mütze ist dieselbe, hoch und martialisch, wenn auch verbeult, über dem Schirm in der Mitte mit der doppelten Kokarde eines Druckknopfs verziert. Die Mütze, die runde Brille, der Schnurrbart, all das wirkt irgendwie sonderbar: Der Mann macht den Eindruck eines Künstlers, der etwas vortäuscht, um für einen Kriegsmann gehalten zu werden – woran gemahnt dieses Bild? Etwa an Leib, alias Lew Dawidowitsch, genannt Léo*, den berühmten Billardspieler des *Café du Lion*? Unser Mann bemüht sich also, alle Gesichter dessen zu verkörpern, was im kollektiven Gedächtnis des Deutschtums und des Westens im Allgemeinen den Bürgern Angst einjagt. Wie ist es möglich, so genau dem Bild zu entsprechen, das sich die Antisemiten von einem »perversen intellektuellen Juden« machen?

Steckbrief: »Er ist 160 Zentimeter groß. Nacktgewicht 114 Pfund; Brustumfang, Einatmung: 92 cm, Ausatmung: 86 cm; Kopfmaße: Umfang 58,5 cm, Längsdurchmesser 22 cm, Querdurchmesser 16 cm. Er ist hereditär stark kurzsichtig und astigmatisch.

Gesichtsfarbe meist blaß, sichtbare Schleimhäute mäßig durchblutet, die Muskulatur schwach entwickelt, kaum Fettansatz. Die Reflexe an den Pupillen auf Lichteinfall und Naheinstellung sind

* Trotzki.

regelrecht, die Reflexe der Kniesehnen und Achillessehnen deutlich gesteigert. Händedruck beiderseits gut, keine Auffälligkeiten der motorischen Kraft. Kein Schwanken beim Augenschluß, kein Zittern der Hände. Normale Stich- und Berührungsempfindlichkeit der Hautdecke. Rachenreflex vorhanden. Die Brust- und Bauchorgane sind ohne Befund.

Das Gesicht ist schmal, die Haare dunkelbraun, gut vorhanden, mit grauen untermischt, die Augenfarbe ist graublau. Am Mund fällt der Überbiß auf, angeblich in der Familie erblich, ebenso wie die Kurzsichtigkeit. Der Gaumen ist hoch. Im Gebiß fehlen: Eckzahn links oben, I. Backenzahn rechts oben, Weisheitszahn links unten und rechts oben.

Der Knochenbau ist grazil. Der Untersuchte gehört im ganzen mehr dem mageren beweglichen Typ an, den Kretschmer in die schizoide Reihe stellt.

Die Nase ist charakteristisch stark, auch lang, liegt im Profil in einer Linie mit der zurückfliehenden Stirn. Sie ist, vorn abgebogen, die eines Juden. Ethnologisch ist er kein reiner Typus, es liegen nordische Akklimatisierungseinflüsse vor, erkenntlich an dem Langschädel, der graublauen Augenfarbe und der Farbe der Kopfhaare, die angeblich in der Jugend flachsblond war und erst später nachdunkelte. Mehrere Kinder des Untersuchten zeigen den nordischen Anpassungstypus noch deutlicher.«[5]

Dieses Selbstporträt (von 1928) ist eines der eigenartigsten, das je ein Schriftsteller für seine Leser erstellt hat. Zehn Jahre zuvor hatte »Doktor Döblin« für den Eigengebrauch eine ähnliche Skizze im selben Tenor, aber voller Bewegung entworfen: »Dieser ziemlich kleine bewegliche Mann von deutlich jüdischem Gesichtsschnitt mit langem Hinterkopf, die grauen Augen hinter einem sehr scharfen goldenen Kneifer, der Unterkiefer auffällig zurückweichend, beim Lächeln die vorstehenden Oberzähne entblößend, ein schmales langes, meist mageres, farbloses Gesicht, scharflinig, auf einem schmächtigen, unruhigen Körper, – dieser Mensch hat kein bewegtes äußeres Leben geführt, dessen Beschreibung abenteuerliche oder originelle Situationen aufzeigen könnte.«[6]

Ein »äußeres« Leben, schrieb er und gab damit zu verstehen, dass anderswo – nicht in der Innerlichkeit, sondern im Boxring, in dem die Person und die Welt sich schlagen – das, was die Ärzte Habitus nennen (die physisch erkennbare Art eines Individuums zu existieren), Substanz gewinnt. Am Berührungspunkt – eher einer Oberfläche, einer eingebeulten Schnittstelle – zweier Ungeheuerlichkeiten, die einander gegenüberstehen: das Erbgut mit seinem Teil von Anomalien (die »Belastungen«, eine quälende Angst des postdarwinschen 20. Jahrhunderts) und eine Gesellschaft, die erblich unendlich schwerer belastet war als die Individuen, die sie bilden, eine engstirnige, brutale, unerträglich repressive, kannibalistische Gesellschaft. Nehmen Sie in der »Vertreibung aus dem Paradies«, mit der Alfred die Entwurzelung der Familie beschreibt, den Begriff »Paradies« ernst, denn die Vertreibung lässt ein goldenes Zeitalter vermuten. Hat das Glück je existiert? Wenn das der Fall war, müsste man sich den Garten Eden wie Stettin vorstellen. Doch wir sehen nichts von der Stadt an der Oder, weder die Fassaden des Bollwerks noch die große, von Gespannen überfüllte Brücke, noch die Dampfschiffe, die Kurs auf New York, Frankreich, Spanien und die Mittelmeerhäfen nehmen, weit über die nahe liegende Ostsee und die Nordsee hinaus. »Stettin, eine trübe verkommende Provinzstadt nach seiner Erinnerung, mit einem grellen Jahrmarkt auf dem Paradeplatz, Spielplätzen auf den Treppenabsätzen eines tief herabsteigenden Rathauses, hatte er als zehnjähriger Junge mit seiner Familie unter schlimmen Umständen verlassen: Sein Vater hatte das vermocht.«[7]

Da sind wir wieder bei Max und seinem transatlantischen Hin und Her eines patenten Luftikus; doch hinter den Eskapaden dieses unentschlossenen Individuums spielt sich ein anderes Schicksal ab, das einer ganzen Gemeinde, die aus ihren Traditionen gerissen wurde, weil sie dem Trugbild einer problematischen Assimilation folgte. Seiner Orientierungspunkte beraubt, vergeudet eine anziehende Persönlichkeit wie Max ihre Talente; der Vielfalt an Begabungen fehlt es an Beständigkeit, der Ehrgeiz und die Freude am Spiel werden Donjuanismus. »[…] die Ehrfurcht vor dem Buch, die

Ehrfurcht vor dem Geist. Mein Vater hatte solche verschütteten Gaben mit sich getragen. Er war – ethnologisch das Opfer der Umsiedlung. Alle seine Werte waren umgewertet und entwertet.«[8] Eine geistige Verwirrung, die ihre Entsprechung auf anderer Ebene bei der Mutter findet, die sich ausschließlich um die Wirtschaftlichkeit der Dinge kümmert, was man ihr in Anbetracht der prekären Lage und der Bürde der Familie kaum vorwerfen kann: »Als ich schon Arzt war und ein Buch von mir erschien«, erzählt Alfred, »fragte meine Mutter: ›Wozu machst du das? Du hast doch dein Geschäft.‹ Sie meinte die ärztliche Praxis. Um sie zu beruhigen, mußte ich ihr sagen, daß ich etwas damit verdiene. Es war nicht wahr [...]. Es war ihr eine Spielerei, das Schreiben, eine Zeitvergeudung, unwürdig eines ernsten Menschen.«[9]

Die ersten Berliner Jahre waren schwierig. »Die Wohnung war klein. Man war in recht ärmliche Verhältnisse geraten. Der Vater schickte nichts, die Mutter besaß kaum etwas, ihre Brüder hielten alles über Wasser [...].«[10]

Bis zum vierzehnten Lebensjahr schläft Alfred in einem Zimmer ohne Fenster und teilt sich das Bett mit seinem jüngsten Bruder Kurt. Das Viertel im Osten der Stadt, in dem Sophie und ihre Kinder leben, zwischen Blumenstraße und Spittelmarkt, dessen Mittelpunkt die Jannowitzbrücke bildet, die sich über die Spree spannt, ist beliebt. Es grenzt ans Judenviertel und an den Alexanderplatz. Später, wenige Monate vor der Flucht aus Deutschland am Tag nach dem Reichstagsbrand, erinnert sich der Schriftsteller mit der Distanz, die die Bilder der Kindheit poetisiert, an die Eindrücke des Schülers, der in das Universum der Großstadt eintauchte: »In der Wallstraße bin ich zur Schule gegangen, das Köllnische Gymnasium habe ich vorige Woche, nach einunddreißig Jahren zum erstenmal wieder betreten, und habe auch gegenüber die Buchhandlung wieder getroffen, die früher (lang ist es her) den Namen ›Bohne‹ trug. [...] Die Waisenbrücke habe ich noch als Holzbrücke zum Aufziehen gekannt, und wenn wir in der Schule manchmal zu spät kamen, konnten wir schwindeln: ›Die Brücke war hoch‹. An der Waisenbrücke Ecke Stralauer Straße stand das

Waisenhaus, da konnte man nicht vorbeigehen, ohne daß man von Frisörlehrlingen verfolgt wurde, – sie wollten einem gratis die Haare schneiden. Denn da war die Frisörschule. Jetzt steht da ein Steinkasten, ich weiß nicht, was er ist, die Brücke ist aus Stein, und auf dem hügligen Park an der Wallstraße haben sie das Märkische Museum errichtet, mit Recht hier, denn hier ist sehr altes und echtes Berlin, – täglich durch Jahrzehnte habe ich mich hier getummelt, jeder Fleck ist mit Erinnerungen beladen, und wenn ich von Berlin träume, wovon kann ich träumen, wenn nicht von der Wallstraße, von der Stralauer Brücke, von der Jannowitzbrücke.

Ja, die Jannowitzbrücke (genannt Brünowitz Jacke) ist jetzt im Begriff ein tolles modernes Bauwerk zu werden, ein fantastischer Kran steht darüber, durch Holzgänge muß man sich unten durchwinden, Bettler, Bettler, Zettelverteiler, dann zieht sich die Brückenstraße, die ehemals sehr feine, gutbürgerliche Brückenstraße, nach der Neanderstraße hin, auch einstmals ein guter Wohnsitz (das führt über die Prinzenstraße zum Moritzplatz, ach wieviel Erinnerungen, wie ein Schwamm ist solche Stadt, oder bin ich solch Schwamm?). Gehen Sie durch die Brückenstraße bis zur Köpenicker, sehen Sie sich die alten grauen Häuser an, – da in einem wohnte als Junge der jetzige Professor Gotthold Weil, der nun Ordinarius der vorderasiatischen Sprachen in Frankfurt ist, – er hat sich einmal vergeblich bemüht, mir die hebräischen Anfangsgründe beizubringen, aber ich bin und war und werde sein fremdsprachen-blind. Gehen Sie noch durch die Rungestraße am Köllnischen Park vorbei durch die Inselstraße (ich schlage ein Kreuz, mein Herz krampft sich zusammen, einunddreißig Jahre sind um, aber dies ist noch immer das Köllnische Gymnasium), gehen Sie über die Fischerbrücke. Hier ist, Sie wissen es, ältestes Berlin. Den Mühlendamm muß man zu seiner richtigen Zeit gekannt haben, mit den Trödelläden da, wo jetzt die Sparkasse ist. Zwei Kurfürsten stehen sehr gut am Ausgang der Brücke, vom geschäftswilden Spittelmarkt flutet hier das Leben nach dem Alexanderplatz, vorbei an dem Hygienischen Institut der Stadt (das ist das Eckgebäude neben Bernward Leineweber) über den alten vertrauten Molkenmarkt. An einem Eckhaus sehen Sie da Elefanten- oder von wem sonst Zähne oder Rippen hängen; die hat man hier ausgegraben, – wir sind jetzt zahmer, wenn wir wollen, aber wir wollen nicht immer. Gehen Sie hin und her durch diese Straßen, gehen Sie in ein paar von den kleinen Kneipen, zu den Kahnschiffern an der Fischerstraße, in die Breitestraße (das ist die Grenze dieses Bezirks). Es gibt zu sehen, zu hören, zu riechen.«[11]

»Mein Herz krampft sich zusammen«, schreibt Döblin, als er das Gymnasium wiedersieht, das er vom September 1891 bis 1900 besucht hat. Er beendet seine Schulzeit mit dem Abitur im respektablen Alter von 22 Jahren, nicht ohne sich in einem letzten Gefecht den Zorn der Prüfer zuzuziehen. Seine höhere Schulbildung fängt nicht gut an; nach drei verlorenen Jahren (Rückversetzung in die Gemeindeschule der Armen) wird Alfred endlich als Stipendiat ins Gymnasium aufgenommen, muss aber in die Sexta eintreten, die er drei Jahre zuvor auf der Stettiner Schule abgeschlossen hatte. »Ich – träume von der Schule wie ein anderer nach einem Unfall!«[12], schreibt er 1928. Und später: »Eine Zeit des Schauderns und Widerwillens – die Strafe zu 10jährigem Zuchthaus.«[13] In einem in der *Weltbühne*[14] erschienenen Artikel, dann in der autobiografischen Skizze mit dem Titel »Erster Rückblick« findet der fünfzigjährige Mann harte, ätzende Worte, um das preußische Erziehungssystem anzuprangern, diese »Bastille«, diese Schule der Unterwerfung mit ihrem degenerierten »Humanismus«: »Wir beteten evangelisch, dann zogen wir, mehr oder weniger jüdisch, katholisch oder gar nichts, in den entsprechenden allein seligmachenden Spezial-Religionsunterricht. Dann kam Deutsch. Wir lasen Tasso, Iphigenie und da waren wir neuheidnisch. Dadurch in keiner Weise befleckt und entwürdigt, stürzten wir uns in die Physikstunde. Da saß nun auf dem Katheder ein Mann, der nicht einmal den Begriff ›Kraft‹ duldete, weil das an überirdische Mächte erinnere. Es kamen Häckelsche Gedanken(stuhl)gänge, – Turnen zwischendurch: das allein seligmachende Preußentum, die Monarchie und Zollern über alles, Wotan im Hintergrund. Gesangstunde, Chorstunde; frisch nach Häckel die ›Schöpfung‹ von Haydn, oder Gesänge, die ›bloß schön‹ waren.

Wir waren aber jung, unverdorben und merkten gar nichts [...], da wir 10 Jahre vollauf beschäftigt waren mit dem Versetztwerden und dem heroischen Rebellen- und Makkabäerkampf gegen die Machthaber auf dem Katheder. [...] Mein Haß gegen sie wird unauslöschlich sein! Wenn ich einmal dazu komme, mir meine Biographie vom Leibe zu schreiben, werde ich ihre Gesichter zeichnen: die ›Simultanschule‹ in Preußen, die Schule in der Hand der ›Fachlehrer‹, der ›neutralen Pädagogen‹, ein Ministerium auf jedem Katheder, das Zarentum der Subalternen.«[15]

Insbesondere die Mathematik erweckt den Hass des Pennälers (Hat Wolfgang die folgenden Zeilen gelesen? Und was hätte er darüber gedacht?): »Eine lächerliche Sache überhaupt, diese Mathematik auf den Schulen. Für die meisten wertlos, ein abseitiges Gedankenspiel, eine Qual, weil ohne Anschauung, ohne Ziel, ohne Bindung mit einem Leben. Man soll diese Art Abstraktion verbieten oder in die Akademien schicken. Übrigens nur diese Art Mathematik, die Mathematik von heute. Früher war es eine großartige Sache, das Geheimnis von der Zahl, eine Religion.«[16]

Man stelle sich nach dem Vorbild von August Strindbergs *Gespenstersonate* eine Art Dialog in der Hölle vor oder eher einen langen Monolog, in dem der Schriftsteller im Namen des jungen Mannes, der er einst war, gegenüber den Schatten seiner Verfolger folgende Anklage hält: »Herr Professor Bräuel, haben Sie einmal über Ihren Mathematikunterricht nachgedacht? Da steht so ein Ich, ein armes uninteressiertes Ich, und Sie fangen an, mit mehr oder weniger Hohn, mit Selbstüberschätzung, mit Überschätzung Ihres Fachs – oh, Sie waren alle Päpste –, fangen an, auf das Ich einzuhämmern, Lehrsatz nach Lehrsatz, Beweis nach Beweis, Formeln auf Formeln.«[17]

»Sie wollten mich, dieses Ich, mit Haut und Haaren zu Ihrer Sache machen. [...] Aber [...] das ist keine Erziehung. Ich war Ihnen zur Bildung übergeben, ich war Ihnen nicht verkauft.«[18]

»Ihr ganzes System hat uns nicht angehört. [...] Sie wollten das Wort ›Ich‹ nicht hören. Ich pfeife auch auf das Ich. Aber bei Ihnen hat einer das Ich ausgesprochen. Ein einziger. Der Staat! Was sich

›Staat‹ nannte! Und nicht bloß ›Ich‹, sondern gleich herausfordernd ›Wir‹ im Plural der Majestät. Wir, das waren die Hohenzollern, der Hohenzollernstaat, für den ich mein Ich aufgeben sollte.«[19]

»Es war für mich Götzendienst. Sie waren seine Beauftragten, bezahlten Funktionäre, mehr nicht, ich hatte das durchschaut. Ich nicht allein. Da waren noch andere auf der Schule. Denen stand es nicht so auf der Stirn wie mir. Ich duckte mich oft, trieb Mimikry, aber man durchschaute mich. Ich war und blieb ›Opposition‹. Ohne daß ich etwas tat, zog es mir von rechts und links bei Ihnen Abneigung, ja Widerwillen und Haß zu. ›Übler Patron, schlechtes Element‹ nannte mich öfter der Turnlehrer. Die Herren brauchten sich ja nicht zu beherrschen; ihnen hatte Gott den Mund und die üble Laune gegeben, uns die Ohren und die Parole: stillgestanden. Ich hatte, scheint es, etwas in mir, das Sie aufreizte. Sie merkten: ich und noch andere hatten nicht nur Ohren. Wider die göttliche Ordnung. Von Klasse zu Klasse wurde das durchgesagt. Es war wie ein Steckbrief.«[20]

Was Alfred nicht sagt, gibt er mehrere Male verschlüsselt zu verstehen: Bei der Feindseligkeit, die seine Person erregt, spielt die Nase keine unerhebliche Rolle. Eine undurchsichtige Diebstahlsgeschichte, in die er verwickelt zu sein scheint und die im März 1895 dazu führt, dass sein Mitschüler Iwan Cahn von der Schule verwiesen wird, veranlassen den Turnlehrer Döring und Direktor Meusel zu folgenden aufschlussreichen Überlegungen: »Döblin macht einen Eindruck, der keinerlei Vertrauen erweckt, bereits sein Äußeres ist so unsympathisch, daß man, meiner Meinung nach, ihm nur mißtrauen kann.«[21]

Ähnliche Szenen wiederholen sich. Als er 1905 nach Stettin zurückkehrt, in der Hoffnung, am städtischen Krankenhaus angestellt zu werden, wird er abgewiesen. Seine »Nase« (s. oben) habe nicht gefallen, schreibt der Bewerber, der diese Gelegenheit nutzt, um endgültig mit seiner Heimatstadt abzurechnen: »Ich stellte fest, dass ich in dieser Seestadt geboren bin, möchte es aber ebenso wie die Stadt dabei bewenden lassen.«[22] In einem Brief an seinen Freund Herwarth Walden, den künftigen Herausgeber der Zeitschrift *Der*

Sturm, formuliert er es noch klarer: »[...] ich bin kein Arier; bin neugierig, was aus meiner Beamtung wird. Es ist kein Vergnügen, andauernd ›die Treppen der Fremde‹ zu steigen, totalement solo*.«[23]

Das Bild von den Treppen ist nicht zufällig gewählt. Als Alfred am 13. September 1900, das Abiturzeugnis in der Tasche, zum letzten Mal durch das große Tor des Köllnischen Gymnasiums ging, »[...] spie ich auf der letzten Stufe der Schulfreitreppe aus, so ekelhaft war mir die Schule«.[24] Die Szene blieb ihm so lebhaft in Erinnerung, dass er sie immer wieder erzählte. Schreiben oder spucken, kommt es nicht auf dasselbe heraus, Hauptsache, man bannt die Geister?

* Im Original auf Französisch

| KAPITEL 11 |

»Ich habe die Gabe des Dichters – zu schweigen! Von Haus aus. Sie werden selten von mir das Wort ›Dichter‹ hören, jetzt zwingen Sie mich es auszusprechen. Allem Singen geht ein Schweigen voraus. In mir schwieg es eben lange, furchtbar lange. Was ich sprach, war alles schief und falsch. Verzerrt. Es war nicht ich.

[...] Ich konnte nicht sprechen, weil ich das leichte oberflächliche Tun und die dünne Sprache nicht annahm. Ich kannte schon eine andere, mit einer anderen Syntax und Grammatik. Und wie bin ich dann später an die Objekte herangewachsen, nein, aus ihnen herausgewachsen. Die Namen, die andere den Dingen geben, habe ich abgelehnt; ich stand schon in einem andern, natürlichen Duzverhältnis zu den Dingen. Versuchen Sie dann zu plaudern. Ich habe es später gelernt, und wissen Sie wie? Als mir aufging, daß diese leichte Sprache und diese Interessen enger und weiter doch zusammenhingen mit dem großen Ding, in dem ich mich tief und blind verwurzelt fand und das aus mir schwieg. So habe ich die Menschensprache von hinten herum gelernt. Und nun wissen Sie, warum ich schwieg und was das ist, dieses Schweigen.«[1]

In welchem Alter fasste Alfred den Entschluss zu schreiben? Und Wolfgang, sich der Mathematik zu widmen? Jeder Schriftsteller ist zuerst Leser. Und der Mathematiker? Spielen Bauklötze eine ähnliche Rolle beim Rechnenlernen wie das Lesen beim Schreiben?

»Ich erinnere mich aus meiner ganz frühen Kindheit, daß ich oft nicht zum Spielen gegangen bin, sondern friedlich zu Hause herumgesessen habe. Mit acht, neun Jahren las ich schon lieber als ich Kreisel spielte [...].«[2]

Bald danach, erzählt er weiter, verschlang er Feuilletons mit sonderbaren Geschichten und schaurigen Morden; das Ergebnis sehen wir in *Berlin Alexanderplatz*. »Ich habe schon als Quartaner gedacht und geschrieben«[3], macht er deutlich. »Kleist und Hölderlin wurden die Götter meiner Jugend. [...] Den *Hyperion* von Hölderlin trug ich zwischen 1898 und 1900 mit mir herum, in einem zuletzt völlig aufgelösten Reklambändchen. [...] Diese beiden, Kleist und Hölderlin, wurden meine geistigen Paten. Ich stand mit ihnen gegen das Ruhende, das Bürgerliche, Gesättigte und Mäßige.«[4]

Noch weitere Namen sind in diesem Zusammenhang zu nennen: Spinoza, Schopenhauer und Nietzsche (außer *Zarathustra*: »aufgeblasen«, »Mischung von Kunst und Philosophie«, »philosophische Wagnerei«[5] schreibt er; die Treffsicherheit seines Urteils ist erstaunlich). Nicht zu vergessen ist *Der Idiot* von Dostojewski. Eher wegen des Klangs als wegen des Sinns, wenn man Alfred glauben darf. Damit meint er, dass ein Buch auch dann Spuren in uns hinterlassen kann, wenn wir es nicht ausgelesen haben. Der Geist ist eine Gazelle und keine Schnecke, die einen Strohhalm hinter sich herschleppt. Das Genie folgt keiner bestimmten Ordnung, sondern handelt intuitiv und erfindet etwas Neues. So entdeckte das Kind Pascal sozusagen spielerisch die zweiunddreißig Sätze des Euklid neu, indem es munter von einem zum anderen sprang, sagt Paul Lévy, was weder Vater Pascal noch René Descartes als Vertreter des methodischen Vorgehens je zugegeben hätten. Eine Kunst beherrschten Wolfgang und Alfred gleichermaßen gut: die Kunst des Bockspringens. Weder die treibende Kraft zu einem Roman noch die zu einer mathematischen Erfindung ist von Disziplin abhängig, beide brauchen nur eins: die Macht über eine schöpferische Vision.

Diese Vision aus der Feder von Alfred Döblin nimmt um 1903 Gestalt an, als der junge Schriftsteller seinen zweiten Roman *Worte und Zufälle* schreibt, der erst 1912 unter dem Titel *Der schwarze Vorhang* erscheint. Nach seinen ersten Versuchen im neuromantischen Stil – seinen ersten Roman *Jagende Rosse* schreibt er in der Oberprima und widmet ihn den »Manen Hölderlins« – findet Alfred als Student der Medizin und später als Psychiater sehr schnell seinen

Weg in die Welt der Literatur. Die Untersuchung eines Falles von kriminellem Wahnsinn – die Hassliebe eines Mannes für eine Frau endet mit einem Mord und einem Selbstmord im Feuer – zeigt ihm, dass dieser Wahnsinn keine Folge von Täuschung und »geistiger Umnachtung« ist, wie man für gewöhnlich annimmt, sondern im Gegenteil ein Ausdruck der Wahrheit: die Dramatisierung eines inneren Konflikts und ihre Umsetzung in die Tat.

Seine in den Jahren 1904 bis 1910 geschriebenen und 1912 unter dem Titel *Die Ermordung einer Butterblume* veröffentlichten Erzählungen sind das dichterische Ergebnis dieser Suche nach der Wahrheit. Gegenstände bewegen sich, Landschaften ziehen vorbei, als würden sie von einem bewegungslosen Reisenden durch das Fenster eines fahrenden Zuges betrachtet. Die Vision ist alles; es kommt nicht darauf an, ob die Prosa künstlerisch ist oder nicht, das Ziel ist nicht die Kunst, das Geschriebene ist nur ein Hilfsmittel auf der Suche nach der Wahrheit. Auf diesem Weg geht Döblin an manchen Stellen sogar Georg Trakl voran, dem genialen Dichter von »Traum und Umnachtung« und »Offenbarung und Untergang«. Er kündigt den Expressionismus nicht an, er erfindet ihn, ohne sich dessen bewusst zu sein. Die »Ismen« sind das Geschäft der Nachfolgenden, der Epigonen. Es ist ein schönes Paradoxon, das nicht nur den widersprüchlichen Geist, sondern alles zusammenfasst, was die Leistungsfähigkeit der Avantgardisten des 20. Jahrhunderts ausmacht: Der literarische Expressionismus stammt aus der Feder eines Psychiaters, genau genommen des Verfassers einer Aufsehen erregenden Arbeit über Gedächtnisstörungen bei der Korsakoff-Psychose, der aber Vertrauten gegenüber ohne Hemmungen zugab, sich auf der Seite der Verrückten wohler zu fühlen als auf der der »Normalen« ...

»Ich bin auch Mediziner, und ich bin es nicht im Nebenberuf«, gesteht er 1927 in einem Text unter der Überschrift »Arzt und Dichter. Merkwürdiger Lebenslauf eines Autors«. »So habe ich auch studiert, Medizin, – Medizin darum, weil ich schon auf der Schule schrieb, aber die Literatur und noch mehr ihre Hersteller verachtete. Auch von meinem eigenen Schreiben hielt ich etwa so viel, wie ein Mensch, der an einem chronischen Schnupfen leidet, von dem Schnupfen etwas hält. Als ich fertig war mit dem Medizinstudieren, war ich Mitte zwanzig und hatte nichts so eilig, als mich dem Kampf um das sogenannte Dasein zu entziehen. Ich ging als Assistent in mehrere Irrenanstalten. Unter diesen Kranken war mir immer sehr wohl. Damals bemerkte ich, daß ich nur zwei Kategorien Menschen ertragen kann neben Pflanzen, Tieren und Steinen: nämlich Kinder und Irre. Diese liebte ich immer wirklich. Und wenn man mich fragt, zu welcher Nation ich gehöre, so werde ich sagen: weder zu den Deutschen noch zu den Juden, sondern zu den Kindern und den Irren.«[6]

»Kinder und Narren sagen die Wahrheit«, lehrt ein deutsches Sprichwort; was mit anderen Worten bedeutet, die Lügner sind die Erwachsenen und die geistig Gesunden. Das Falsche zu fälschen, die Lüge zu belügen, um die herrschende Scheinheiligkeit anzuprangern, darin sah das Theater seine Aufgabe, für das Doktor Döblin die Groteske in einem Akt *Lydia und Mäxchen* schrieb. Sein Freund Walden inszenierte dieses Stück im Dezember 1905 in Berlin. Die Handlung ist unwichtig, sie ist nur Vorwand für wirres Gerede, wie es später das Theater von Apollinaire und Alfred Jarry ausmacht. Die Hauptakteure verschwinden, die Worte entziehen sich zunehmend der Kontrolle des Autors, überschwemmen die Bühne und entwickeln ihr Eigenleben, dann mischen sich Gegenstände wie Stühle, Kronleuchter oder Tische ein, alle sterben, und in der allgemeinen Verwirrung beschimpft der Dichter zum Schluss das Publikum: »Ah die Lumpen im Parkett. Das war ein Fraß für sie: Geilheit, Grausamkeit und Geschrei.«

Werden sich die Berliner Dadaisten Raoul Hausmann und Johannes Baader an dieses kleine makabre Bühnenstück erinnern, wenn sie von 1918 bis 1923 ihr Programm der »psychiatrischen Provokation« verwirklichen? Döblin selbst wird sich in seiner Kunst auf den literarischen Realismus zu bewegen. Für den Augenblick wollen wir ihn uns jedoch so vorstellen, wie er auf den Fotos jener Zeit aussah: schelmisch und beängstigend, bissig und parodistisch, ein diabolischer Spieler, ständig in Bewegung, dem die satirischen und ulkigen Einfälle nie ausgehen. Seinen Kollegen ging er oft auf die Nerven, und er war ihnen sogar unsympathisch, doch auf Frauen muss er eine unheimliche Anziehungskraft ausgeübt haben. Da er sich selbst für hässlich hielt, verließ er sich bei seinen Verführungskünsten allein auf seinen Witz und seinen Humor. Darum ist es kein Zufall, dass die Liebe unter dem gemeinsamen Vorzeichen der Psychiatrie und des Theaters in sein Leben trat. Als Theaterdirektor in einer Irrenanstalt muss Alfred einfach unwiderstehlich gewesen sein: ganz er selbst.

Die Begegnung fand im Oktober 1907 in der Irrenanstalt von Buch in der Nähe von Berlin statt, wohin Doktor Döblin ein Jahr zuvor als Assistenzarzt berufen worden war. Zur Einweihung des Festsaals wurde gemeinsam vom Personal und den Patienten eine kleine Theatervorstellung inszeniert. Unter den Mitgliedern dieser ehrenamtlichen Truppe fiel dem Regisseur bald die sechzehnjährige Krankenschwester Frieda Kunke auf, in die er sich verliebte. Damit begann eine schöne und düstere Geschichte wie von Schnitzler oder Stefan Zweig, die zweimal traurig enden sollte: durch die Trennung in dem Jahr, in dem Alfred sich mit Erna verlobt und sein unehelicher Sohn Bodo geboren wird, und dann durch Friedas Tod, die siebenundzwanzigjährig an Tuberkulose starb.

Es gibt zwei Fotos von Frieda. Das eine[7] aus dem Jahr 1912 ist ein Foto, das sie in ihrer Krankenschwesteruniform zeigt (man könnte sie für eine Nonne halten), in einem weißen Kleid mit Faltenrock, langen Ärmeln, weißer Haube und einem dicken Schlüsselbund am Gürtel. Sie hat die linke Hand auf einen kleinen dreibeinigen Tisch gestützt, auf dem mehrere Phiolen in unterschiedlichen Formen stehen, dahinter eine Säule, die sich nach oben in einem Wolkenhimmel oder einer Art Laubwerk verliert. Daran sieht man, dass das Foto nicht im Krankenhaus, sondern in einem Fotoatelier mit einem damals üblichen Dekor gemacht wurde und dass Frieda absichtlich posierte.

Das andere Foto[8] stammt aus dem Jahr 1916. War Frieda damals schon krank (sie starb 1918)? Wusste sie, dass sie zum Tod verurteilt war? Oder ist die Melancholie, die sie ausstrahlt, das Ergebnis ihres grausamen Schicksals als Frau – und junge Mutter –, die ungerechterweise verlassen wurde? Ein mitfühlendes Herz ist unweigerlich gerührt von der Schönheit und der ergreifenden Sanftheit dieses klassisch ebenmäßigen, makellosen, fast ernsten Gesichts mit zwei großen dunklen strahlenden Augen und einem fast unmerklichen Lächeln um einen Mund mit wunderschönen Konturen und vollen Lippen. Der zurückhaltende, heitere und beherrschte Ausdruck ihres griechischen Profils, einer attischen Stele würdig, unterstreicht die Schicksalhaftigkeit, die im diametralen Gegensatz zum damals herrschenden expressionistischen Pathos steht. Frieda Luise Kunke, eine proletarische Diotima, die sich wie alle Schönheit auf Erden in der Epoche geirrt hat. Alfred hat sie geliebt. Dann verstoßen, um eine andere zu heiraten, und das in vollem Bewusstsein, einen unverzeihlichen Fehler zu begehen. (Sein Sohn Bodo Kunke wurde am 14. Oktober 1911 geboren und wuchs in Deutschland auf, bei seiner Großmutter in Schleswig-Holstein. Er besuchte die Polizeischule, von der er jedoch bei Hitlers Machtergreifung als Halbjude verwiesen wurde. Seine Mutter war zwar arisch und evangelisch, aber Alfred hatte ihn im April 1912 als sein Kind anerkannt. 1945 wurde er wieder aufgenommen und beendete seine berufliche Laufbahn als Polizeidirektor. Trotz seiner ›bedenklichen‹ Abstammung wurde er eingezogen. Zwei Jahre lang trug er die deutsche Uniform und hätte im Juni 1940 sehr wohl auf der anderen Seite der Front stehen und auf »Vincent« zielen können ... Es scheint jedoch, dass keiner von Alfreds ehelichen Söhnen von der Existenz dieses Halbbruders wusste; Alfred liebte Bodo sehr, konnte ihn jedoch bis zu seinem Lebensende immer nur heimlich treffen, damit seine Frau nichts davon erfuhr.)

Warum wählte er diesen Weg? Man ahnt, dass Alfreds Familie, angefangen bei seiner Mutter, nicht unbeteiligt daran war. Erna war gewiss eine bessere Partie als die junge Krankenschwester. Man kann zwar nicht behaupten, dass diese Ehe von der Familie arrangiert wurde, doch vermutlich wurde entsprechend auf ihn eingewirkt, und unser Mann ließ es geschehen. Wie sein Vater Max, der einst mit Sophie Freudenheim verheiratet wurde. Aber der bürgerliche Realitätssinn und die Unterwerfung unter die Familie reichen als Erklärungen nicht aus, wenn man das Verhalten dieses Menschen verstehen will, schon gar nicht, seit wir die Streitbarkeit kennen, mit der dieser Mann und Autor der etablierten Ordnung gegenüberstand.

Ein Foto[9] aus ihrer Verlobungszeit zeigt Alfred und Erna Seite an Seite in weißen Kitteln. Diese Aufnahme muss im Park des Krankenhauses Am Urban gemacht worden sein, wo Alfred von Juni 1908 bis September 1911 praktizierte; Erna Reiß war zu dieser Zeit dreiundzwanzig Jahre alt und Medizinstudentin. Das Foto ist mit einem von Alfred erfundenen Kommentar versehen. Die selbstgefällige Haltung des Mediziners mit durchgedrücktem Rücken und der auf die Hüfte gestützten linken Hand kann eines nicht verhehlen: Wenn einer von beiden »die Hosen anhat«, wie man so schön sagt, dann ist das bestimmt nicht er. Die androgyne junge Frau, die mit ihrem glatt gescheitelten Haar wie ein verkleideter Junge wirkt, schaut entschlossen in Habachtstellung in die Ferne. In diesem ebenmäßigen, etwas hageren Gesicht spiegelt sich Selbstbewusstsein gepaart mit einem starken Willen oder sogar Starrsinn. Was konnte Frieda in die Waagschale werfen gegenüber diesem jungen preußischen General, der entschlossen war, seine Beute nicht wieder herzugeben? Erna Reiß war keine Sophie Freudenheim, und Alfred war nicht Max. Beim ersten Kanonenschuss kapituliert Napoléon vor Clausewitz. Achilles hat seine Penthesilea gefunden.

Diese Königin der Amazonen ist die Tochter eines Schuhfabrikanten und die Enkelin eines Bankiers. Sie war jüdischer Abstammung, war aber zum protestantischen Glauben konvertiert, was ihr »Entreebillett« in die bessere deutsche Gesellschaft war, wie Heine es nannte. Zu ihrer Aussteuer gehörte genug Geld, sodass Alfred im Oktober 1911 im Berliner Südwesten in der Blücherstraße 18 seine eigene Praxis eröffnen konnte. Im darauf folgenden Jahr wurde die Ehe geschlossen und das erste Kind, Peter, geboren. Alfred lässt seinen Sohn taufen und stiehlt sich damit wie auf Zehenspitzen aus der jüdischen Gemeinde.

Sein gesellschaftliches Strebertum erklärt nicht alles. Die Unterwerfung unter eine dominante geliebte und zugleich gehasste Frau gehört zur Döblinschen inneren Landschaft. Dass die erotische wie auch gefühlsmäßige Anhänglichkeit einem Krieg gleicht, dass Begierde zum Tod führt, konnte man schon im *Schwarzen Vorhang* lesen. Alfreds »unerträgliche« Verbindung mit Erna jedoch, an deren Fortbestehen beide festhalten, wiewohl sie unfähig sind, sich miteinander zu verständigen, und noch unfähiger, sich voneinander zu trennen, zeigt einige finstere Seiten der Psyche des Schriftstellers. Hinter seinem wichtigtuerischen Auftreten machen Sadismus und Masochismus jeden natürlichen Ausdruck von Liebe unmöglich. Die in der Geliebten neu erstandene schützende Mutterfigur wacht ein ganzes Leben lang mit menschenfressender Fürsorge über den kleinen Däumling. Man kann sich vorstellen, was für ein Gewicht auf den Schultern der Söhne gelastet haben muss – jedenfalls auf den Schultern derer, die in diesem langen Zermürbungskrieg ohne echten Sieger Partei für Erna und gegen ihren Vater ergriffen hatten!

Paradox ist nur, dass Alfred Döblins schöpferisches Genie (warum nicht auch an Wolfs Genie denken?) sich nicht im Geringsten davon beeinträchtigen ließ, sondern sogar seinen Nutzen aus dieser frustrierenden Situation zog, um sich zu transzendieren und zugleich das Register zu wechseln. Der Weinstock muss leiden, sagt man, wenn der Wein gut werden soll. Unterdrückung hat nicht nur negative Auswirkungen. Ersatzbefriedigungen werden gelebt.

Das sind zwei Seiten derselben Medaille. Weil man ihn wie ein Kind behandelt, wird der Erwachsene wieder zum jugendlichen heimlichen Ausreißer. Er flüchtet ins Schreiben, nicht um »sich auszudrücken«, sondern um sich ein Ersatzleben zu schaffen.

Die Fiktion ist keine Verkleidung, sondern Projektion. Gleichsam leer, ohne Spiegelbild objektiviert sich das unbekannte Ich und wird von der erdachten Welt verschlungen, die ihm erst seine Gestalt gab.

»Es steht mir zu fest in Erinnerung«, wird Döblin später in »Mein Lebensgesetz« schreiben, »das dauernde Arbeiten in mir, die Expansivneigung, das Fühlen, Denken vom Zentrum her. Und nicht ich habe erlebt, sondern die äußeren Dinge haben mich erlebt.«[10]

Angesichts der Gefahr, sich gänzlich zu verzetteln, von dieser Zentrifugalkraft zerrissen zu werden, kommt der wissenschaftliche Geist der literarischen Schöpferkraft zu Hilfe. »[...] wenn ich eins von der Medizin für mein Schreiben gelernt habe, ist es der biologische Blick, der Sinn für die realsten Realitäten, für die Physiologie gegen die abstrakte ›Psychologie‹ oder was sich so nennt.«[11]

In seinem »Berliner Programm«, das er im Mai 1913 im *Sturm* veröffentlichte, nachdem er gerade den Roman *Die drei Sprünge des Wang-lun* beendet hatte, legt er seine neue Orientierung in einer Art Manifest dar. In diesem Epoche machenden Text definiert er den »epischen Roman« als literarische Antwort auf die Herausforderung der Moderne (Bertolt Brecht, der stets betonte, wie tief er in Döblins Schuld stand, schöpfte einige seiner dramaturgischen Leitideen aus diesem Text):

»Ein Grundgebrechen des gegenwärtigen ernsten Prosaikers ist seine psychologische Manier. Man muß erkennen, daß die Romanpsychologie, wie die meiste, täglich geübte, reine abstrakte Phantasmagorie ist. [...] Man lerne von der Psychiatrie, der einzigen Wissenschaft, die sich mit dem seelischen ganzen Menschen befaßt: sie hat das Naive der Psychologie längst erkannt, beschränkt sich auf die Notierung der Abläufe, Bewegungen, – mit einem Kopfschütteln, Achselzucken für das Weitere und das ›Warum‹ und ›Wie‹. [...]

Oder die eigentliche Romanprosa mit dem Prinzip: der Gegenstand des Romans ist die entseelte Realität. Der Leser in voller Unabhängigkeit einem gestalteten, gewordenen Ablauf gegenübergestellt; er mag urteilen, nicht der Autor. [...]

Die Darstellung erfordert bei der ungeheuren Menge des Geformten einen Kinostil. In höchster Gedrängtheit und Präzision hat ›die Fülle der Gesichte‹ vorbeizuziehen. Der Sprache das Äußerste der Plastik und Lebendigkeit abzuringen. Der Erzählerschlendrian hat im Roman keinen Platz; man erzählt nicht, sondern baut. [...] Von Perioden, die das Nebeneinander des Komplexen wie das Hintereinander rasch zusammenzufassen erlauben, ist umfänglicher

Gebrauch zu machen. Rapide Abläufe, Durcheinander in bloßen Stichworten; [...] Das Ganze darf nicht erscheinen wie gesprochen, sondern wie vorhanden. [...]

Die Hegemonie des Autors ist zu brechen; nicht weit genug kann der Fanatismus der Selbstverleugnung getrieben werden. Oder der Fanatismus der Entäußerung; ich bin nicht ich, sondern die Straße, die Laternen, die und dies Ereignis, weiter nichts. [...] Los vom Menschen! Mut zur kinetischen Phantasie und zum Erkennen der unglaublichen realen Konturen! Tatsachenphantasie! Der Roman muß seine Wiedergeburt erleben als Kunstwerk und modernes Epos.«[12]

»Es war fast ein Dammbruch«, schrieb Alfred über seinen Roman *Wang-lun*, die erste (und meisterhafte) Illustration dieser literarischen Revolution. »[...] der im Original erst fast zweibändige ›Wang-lun‹ wurde samt Vorarbeiten in acht Monaten geschrieben, überall geschrieben, geströmt, auf der Hochbahn, in der Unfallstation bei Nachtwachen, zwischen zwei Konsultationen, auf der Treppe beim Krankenbesuch; fertig Mai 1913.«[13]

Da muss man einfach an Wolfgang denken und wie er im November 1939 seinen Aufsatz in ein Schulheft schrieb, während er am Nachrichtensender eines Dorfes in den Ardennen Wache hielt? Im Geistesleben gibt es Momente, in denen nichts mehr, nicht einmal schlimmste Arbeitsbedingungen das Entstehen eines Werkes verhindern können, das so gewappnet dem Hirn des Autors entspringt, als sei es schon als Palimpsest geschrieben worden. Vielleicht entsteht es bei aller scheinbaren Unmöglichkeit, es zum Erfolg zu führen, deshalb so schnell, zusammenhängend und ungekünstelt, weil das Unbewusste von der Bevormundung durch den Willen befreit wurde.

Die Idee zu *Wang-lun* kam Döblin, als er eine Meldung über einen Arbeiteraufstand in einem sibirischen Goldbergwerk las. Er machte daraus einen »chinesischen« Roman voller Leben und Leidenschaft, hervorragend dokumentiert und doch nur ausgedacht, ein »kinetisches« und zugleich kinematografisches Fresko à la Griffith oder à la Eisenstein, das zu seiner Zeit kein vergleichbares findet, außer vielleicht in den russischen Romanen von Andrej Belyj. Die eher zeitlose als warnende Geschichte handelt von einer verpassten Revolution, einer politisch-mystischen Utopie von Gleichheit und Frieden, die in einem Blutbad endet. Wie alle Werke von Alfred Döblin, ausgenommen *Berlin Alexanderplatz*, ist auch diese romanhafte Entsprechung zu *Das Frühlingsopfer* oder zu den großen Arbeiten von Kandinsky und zu anderen wichtigen Kunstwerken der Vorkriegszeit bis heute verkannt.

1913 ist das Jahr aller Gefahren, fruchtbringend und erneuernd. Man könnte meinen, dass alle Bereiche der schöpferischen Künste eine Beschleunigung erfuhren, als ob alle Bilder und gemachten Lebenserfahrungen komprimiert und blitzartig durch den Kopf eines ertrinkenden Menschen ziehen ... Und wie im Hintergrund eines Gemäldes, wie eine gleichmäßige Bassstimme inmitten von Getöse, der Gesang der Sirenen, was Freud später »ozeanisches Gefühl« nennt, »eine gewisse seelische Aura, eine Dunsthülle, [...] das Gefühl eines Ruhens, einer Unbeweglichkeit«[14], richten sich die Augen von Kuan Yin, der Großen Mutter, der Göttin der Gnade, fürsorglich wie die einer Sanitäterin auf all ihre auf dem Schlachtfeld der Geschichte gestorbenen Söhne ... Avantgarde und zugleich grausamster Rückschritt, verbunden durch eine Art uneingestandenen inzestuösen Pakt: Tod der Kunst, Kunst des Todes – »genug des Menschlichen!« – der Krieg ist vielleicht nur das perverse Abbild einer künstlerischen Vision ...

| KAPITEL 12 |

Wolfgang erblickt das Licht der Welt am 17. März 1915 in Berlin. Von einem Krieg bis zum nächsten bleibt ihm nicht viel Zeit zu leben. Zwischenkriegszeit nannte man früher für gewöhnlich diesen in doppelter Hinsicht schicksalhaften Zeitraum. Gezeugt in einer Euphorie, die man mit demselben Sinn für historische Stilisierung »Libération« (Befreiung) nannte, und geboren in der vierten Republik, fragten sich Kinder wie der Autor dieser Zeilen, wie ihre Eltern aufwachsen konnten, ohne bei der Aussicht auf das sie erwartende Unglück an ihrer Angst zu ersticken. Das war um so tückischer, als der Ausdruck »die goldenen zwanziger Jahre« mit verwirrender Zweideutigkeit Wundertütenmixturen, den Siegeszug des Charleston mit dem eines Mussolini und die wunderbare Erscheinung einer Nadja mit der eines Hitler vermischte. Dann bewiesen uns die Geschichtsbücher, die die Familienerinnerungen ersetzten, dass sich alles – sogar Auschwitz – mit den Produktionszahlen von Stahl, Panzern, Gewürznelken und der immer währenden Bosheit des Großkapitals erklären ließ. Dennoch fand sich immer mal wieder jemand, der uns erzählte, dass die Zwischenkriegszeit genau genommen doch toll war. Vor allem in Frankreich, wegen der *Front populaire*. Trotz der Eroberung Abessiniens und des Spanienkriegs. Der hat immerhin dafür gesorgt, fügten manche hinzu, dass Picasso *Guernica* malte. Wie soll man sich da noch zurechtfinden? Vielleicht mit schwarzem Humor? Aber nur, wenn man noch lachen kann. Und das kommt vor: Wie soll man sonst erklären, dass mein Großvater zum Beispiel, der Anfang des Jahrhunderts von Odessa nach Paris davonlief, seinen Vornamen Abraham gegen

Adolphe eintauschte? Oder dass seine Einbürgerungsurkunde und die meiner Großmutter die Unterschrift von Pierre Laval tragen, des Justizministers von 1926?

Wolfgang betrat also dieses Jammertal im schlimmsten Augenblick, nachdem der Krieg in die Schützengräben verlagert worden war, zu einer Zeit, da man Kampfgas einzusetzen begann. Leicht nachzurechnen, dass er zur Zeit des Attentats von Sarajevo gezeugt wurde. Und nicht verwunderlich, dass er seine Existenz heftig protestierend kundtut. »Aber wie schwer hier arbeiten ist, können Sie sich nicht denken«, schreibt Alfred an den expressionistischen Schriftsteller Albert Ehrenstein aus Saargemünd, wohin ihm Erna (zu seinem großen Bedauern) mit ihrer Brut nachgereist war. »In einer Dreizimmerwohnung, Puppenstuben, mit 2 kleinen ewig schreienden Kindern, kein einziges ruhiges Fleckchen.«[1] »[...] wenn bloß das infame Geschrei nicht wäre«[2], wiederholt er seinem Freund Herwarth Walden gegenüber und schreibt im Juli 1917, nach der Geburt seines dritten Sohns Klaus: »Drei Jungen! Der Lärm, heiliger Brahma.«[3] Unser Mann schrieb gerade einen Roman über Wallenstein, den berühmten deutsch-tschechischen Heerführer im Dreißigjährigen Krieg – seine Art, sich mit Militarismus und Kriegstreiberei auseinander zu setzen, denen er in der Euphorie der Kriegserklärung übermäßig Tribut gezollt hatte.

Schmerzhafte Anlage: Es ist erschreckend, feststellen zu müssen, dass sich die meisten großen Geister in Deutschland wie in Frankreich unfähig gezeigt haben, sich dieser Welle des Chauvinismus und ihrer politischen Auswirkungen in einer »heiligen Union« zu widersetzen. Einstein ist die Ausnahme, aber er war ja auch halber Schweizer. Und die Juden stehen ihnen in nichts nach, viele versuchen sogar die anderen noch zu überbieten aus lauter Angst, für schlechte Patrioten gehalten oder schlimmer noch des Verrats verdächtigt zu werden. Ende 1914 verteidigt Döblin in der *Neuen Rundschau* in einem Artikel mit dem Titel »Reims« das Recht der deutschen Armee, so viele Kathedralen wie nötig zu bombardieren: Kunst ist Leben, und Leben ist Bewegung. Da Baudenkmäler unbeweglich sind, liegt die Kunst im Grunde in ihrer Zerstörung.

Diese finsteren Albernheiten à la Marinetti sind schnell wieder vergessen. Im Lazarett in Saargemünd im deutschen Lothringen, wohin er sich als Arzt hat versetzen lassen, gibt Alfred angesichts der Realität des Militärlebens schnell klein bei: »Unterordnen, aber wem, und worin, und oft wie entwürdigend [...]«, und er prangert »diese Eitelkeit, diese unverhohlene Freude am Ducken« an.[4]

Das positive Heldenbild Wallensteins kehrt sich im Laufe der Jahre in den Augen des Romanciers um, während sein Gegenspieler, der passive und mystische Kaiser Ferdinand an Dichte gewinnt. »Man fragt: wen kümmert der Dreißigjährige Krieg?«, fragt Döblin, der nur wenig Lust hatte, als Autor historischer Romane zu gelten. »Einigen wir uns darauf: Raufboldigkeit, Händelsucht, Diebsbegierde, gemildert durch Phrasen und Wahnideen. Mit anderen Worten: das alte Lied.«[5]

1917: In Russland bricht die Revolution aus. Von Hagenau im Elsass, wohin er im Sommer versetzt worden war, betrachtet Döblin sie wie nur wenige deutsche Intellektuelle mit Wohlwollen: »Diese ›russischen‹ Ideen, so froh, jung und herzhaft, sie sind ja überall und immer aufgetreten [...] Sie werden niemals verwirklicht werden, werden immer Alarm rufen. Immer wieder verrottet die Menschheit, immer wieder erscheint das Menetekel an der Wand. Wenn die Menschheit sich verjüngen will, badet sie in diesem Brunnen.«[6] »Er hat Gewalt geübt«, wird er später über Lenin sagen, »und es ist unwahrscheinlich, daß er die Menschenart gebessert hat. Aber einer Masse von Menschen ist Gerechtigkeit widerfahren, und eine Schmach ist weniger auf der Welt.«[7]

Die Armut erreicht in Deutschland in Folge der Kriegswirtschaft Ausmaße, die man seit Wallensteins Jahrhundert so nicht mehr gekannt hatte. In den Städten wird wieder vor Hunger gestorben. Frieda Kunke, die Jugendliebe des Schriftstellers, stirbt am 19. Januar 1918 im Krankenhaus. Wann hat Alfred diese Nachricht erreicht? Wie hat er reagiert? Wir wissen es nicht, aber er wird sein Leben lang von Schuldgefühlen heimgesucht, die zweifellos immer stärker werden und einen Punkt erreichen, an dem sie sich mit dem metaphysischen Schuldkomplex infolge der Erbsünde vermischen.

Im Herbst desselben Jahres steht die Niederlage unmittelbar bevor. Die Revolution erfasst Deutschland von Kiel an der Ostsee bis Berlin, über Hamburg und München, und sie lässt auch Hagenau nicht aus. In Straßburg, das dazu bestimmt ist, wieder französisch zu werden, hisst man auf dem Münster die rote Fahne. Die Armee der Republik übernimmt die Aufgabe, die Aufrührer zu reduzieren. Von diesen Ereignissen berichtet Alfred Döblin erst viel später – im ersten Band seiner Trilogie *November 1918* –, wofür er als Zensor deutscher Schriften 1947 selbst von der französischen Besatzungsmacht zensiert wird.

Am 14. November kommt Alfred in das aufrührerische Berlin zurück, wo am selben Tag (9. November) zwei Republiken ausgerufen worden waren, von Scheidemann die deutsche und von Liebknecht die sozialistische. Schon bald stehen sich die Anhänger der beiden Hauptströme des Sozialismus in den Straßen von Berlin mit Waffen in der Hand gegenüber, die dem Bürgertum nahe stehende »Mehrheit« der Reformisten und die revolutionären Spartakisten. Der Verlauf der Geschichte ist bekannt: Eingreifen der Freikorps, die auf Initiative des »Bluthundes« Noske, sozialdemokratischer Minister der Regierung Ebert, gebildet werden, um den Volksaufstand überall in Deutschland niederzuschlagen; Ermordung von Karl Liebknecht und Lynchmord an Rosa Luxemburg, deren Körper Wochen später im Landwehrkanal gefunden wird; die »rechtmäßige« Beseitigung von Eugen Leviné, von Gustav Landauer, anarchistischer Philosoph und Minister der Münchener Räteregierung, sowie vieler anderer Führer und Anstifter der Befreiungsbewegung; das Blutbad, das wenige Tage nach Niederschlagung des Kapp-Putsches von den Freikorps unter der Arbeiterjugend im Ruhrgebiet angerichtet wurde ... Die in blutigen Auseinandersetzungen geborene Weimarer Republik sollte sich nie von der Tragödie des Bürgerkriegs erholen, erst recht nicht von der Tatsache, dass sie ihre Rettung ihren schlimmsten Feinden verdankt, die sie logischerweise zu gegebener Zeit vernichten werden.

Die Familie Döblin blieb von dieser mörderischen Raserei nicht verschont. Am Morgen des 11. März 1919 wird im Berliner Stadtbezirk Lichtenberg Alfreds Schwester, Meta Goldenberg, von einem Granatsplitter tödlich verletzt, als sie für ihre Kinder Milch kaufen wollte. »Ich war damals nicht weit von ihr in Lichtenberg und habe diesen Putsch und die grausigen, unerhörten, erschütternden Dinge der Eroberung Lichtenbergs durch die weißen Truppen miterlebt. [...] – man muss die Leichen da vor der Schule liegen gesehen haben, die Männer mit den Mützen vor dem Gesicht, um zu wissen, was Klassenhaß und Rachegeist ist –, um dieselbe Zeit wurde im übrigen Berlin lustig getanzt [...].«[8]

Der Dilettantismus und der Mangel an Voraussicht der Revolutionäre von 1919 reizten Döblin aufs Äußerste. Seine Sympathie galt zumindest in der ersten Zeit dem Proletariat und einer »Demokratie durch ein Rätesystem«. In *»Karl und Rosa«*, dem letzten Band seiner Trilogie *November 1918*, hebt er die Ereignisse in Berlin auf das Niveau einer barocken Tragödie: Rosa Luxemburg unterhält sich in Krisen visionärer Hysterie mit Engeln und Dämonen. Man kann sich vorstellen, wie die Kritiker auf beiden Seiten des »Eisernen Vorhangs« reagierten ...

Der deutsche Maskenball erscheint 1921, unterschrieben mit »Linke Poot«. Alfred greift zu diesem Pseudonym, das im Berlinerischen »linke Pfote« heißt, um auf seine polemische Seite hinzuweisen: ein doppeltes Augenzwinkern, Anspielung auf seine Position auf dem Schachbrett der Politik (»Herüber nach links. An die Seite der Arbeiterschaft.«[9]) und zweifellos auch auf den gewissermaßen morganatischen Charakter eines Schriftstellers, der sich als engagierter Journalist betätigt. Es ist nicht wichtig, ob er nun eingetragenes Mitglied der Unabhängigen Sozialdemokratischen Partei (USPD) war oder nicht (worüber immer noch spekuliert wird) und sich dann der Sozialdemokratischen Partei (die in Opposition zur dogmatisch marxistischen Linie der Kommunistischen Partei stand) anschloss, bevor er sie 1927 wieder verließ, um gegen die Einführung der im »Gesetz zum Schutz der Jugend« versteckten Zensur zu protestieren. Da er sich in bürokratischen Organisationen nicht wohl fühlte, blieb Alfred sein Leben lang ein Außenseiter. Seine Vorstellung vom Sozialismus ist utopisch und dem Anarchismus näher als dem Marxismus: »Offen ist die Trennung von Sozialismus und Klassenkampf zu vollziehen, der Sozialismus wieder als ›Utopie‹ herzustellen, als reine Kraft«.[10] »Du mußt dich vor den Massen hüten. Sie sind das Übel von heute [...] Wo die Öffentlichkeit anfängt, fängt die Zerstückelung an. Wo die Öffentlichkeit nachläßt, ordnen sich die Dinge, und die natürlichen Zusammenhänge stellen sich wieder her. Der Einzelne kommt zu sich, und wenn er zu sich kommt, kommt er zur Gemeinschaft.«[11]

Die Gelehrten werden diese Erklärungen den Ideen von Erich Mühsam, Gustav Landauer und seinem Freund, dem Philosophen Martin Buber, Prophet des »religiösen Sozialismus«, zuordnen. Aber feinsinnige Psychologen ahnen hinter diesen ungewöhnlich sanften und friedfertigen Worten eines kämpferischen Schriftstellers bereits den Einfluss einer Frau: Sie heißt Yolla Niclas, ist Jüdin, Bankierstochter und erst einundzwanzig Jahre alt, als Alfred sie 1921 auf dem Karnevalsball des »Feuerreiters« kennen lernt. Sie ist Fotografin, und wir verdanken ihr die besten Porträtaufnahmen der Döblin-Sippe, unter anderem das Foto von Wolfgang mit der Schirmmütze. Paradoxerweise sind die wenigen Fotos, die ich von ihr selbst sehen konnte, von nur mäßiger Qualität (wer hat sie wohl gemacht? Alfred?). Sie zeigen zwar den Charme ihrer Jugend, lassen aber weder die Tiefe noch den inneren Reichtum der »Schwester seiner Seele« erahnen, von denen Alfred spricht. Yolla versteht schnell, dass der große Mann ihr nie ganz gehören wird, und klammert sich heimlich an den Schiffsrumpf, um in seinem Schlepptau so zu tun, als gehöre sie zur Familie. Erna durchschaut die Sache. Tristan und Isolde tauchten in den Untergrund ab und treffen sich zufällig auf der Straße. Der sublimierte Ehebruch wird zwei Jahrzehnte lang Döblins Werk und Sensibilität prägen (1933 flieht Yolla ebenfalls nach Paris). Unter ihrem Einfluss lässt sich Alfred zu einer Rückkehr zu seinen Wurzeln überreden. Er reist nach Polen, entdeckt dort die jiddische Kultur, das Bild eines lebendigen Judentums – aber auch die Inbrunst des volkstümlichen Katholizismus. Die Suche nach Wahrheit, in seinen Augen untrennbar mit der schriftstellerischen Arbeit verbunden, ist für ihn von nun an gleichbedeutend mit der Suche nach seelischer Entwicklung. Die »Neue Sachlichkeit«, diese realistische Schule, der sich oberflächlich gesehen *Berlin Alexanderplatz* anzuschließen scheint, hat im Grunde genommen wenig Gemeinsames mit ihm. Wieder einmal versteht sich unser Mann darauf, alle Spuren zu verwischen. Am Ende seines Lebens schreibt er in einem »Epilog« betitelten Text: »Jedes Buch endet (für mich) mit einem Fragezeichen. Jedes Buch wirft, am Ende, dem nächsten den Ball zu.«[12] Und von der Form zum Inhalt übergehend, die genau genommen eine Einheit bilden, fügt er hinzu: »Ich hatte keinen Stil, den ich ein für allemal fertig als mein Eigentum (›der Stil ist der Mensch‹)* mit mir herumtrug, sondern ich ließ vorsichtig den Stil aus dem Stoff kommen.«[13]

Alfred Döblin oder die Inkarnation des Geistes der Weimarer Republik: die »Republik der Außenseiter«, »entstanden aus der Niederlage, gewachsen im Aufruhr, gestorben in der Katastrophe«[14] eine »Republik ohne Gebrauchsanweisung«[15], gehässigerweise von jenen getragen, die davon träumten, sie zu zerstören und letztendlich von jenen verteidigt, die nie an sie geglaubt hatten. »Man kann nun einen Regenschirm im Regen auf doppelte Art tragen« beobachtet der Autor, »einmal richtig am Griff und einmal falsch an der Spitze. Wenn man ihn falsch an der Spitze trägt, wird man eine Zeitlang auch nicht naß, nachher schon, wenn er überläuft. Daher empfiehlt es sich, einen Schirm am Griff zu tragen, was in allen besseren Schirmgeschäften beim Einkauf gleich gesagt wird.«[16]

Hätte der jüdische Humor das »System« retten können? Da kann man sich genauso fragen, ob Charlie Chaplin in Wirklichkeit die Rolle des Diktators Adolf Hitler hätte spielen können: sicherlich, aber dafür hätte Hitler erst als Aquarellmaler erfolgreich sein müssen – eine Unmöglichkeit angesichts der Werke, die wir von ihm kennen. Nur wann ist der Regenschirm übergelaufen? Man ist versucht zu sagen 1923, als man keine Postkarten mehr verschicken

* Nur dem Sinn nach korrekte Zitierung des »le style c'est l'homme« nach Buffons (1707–1788) »le style est l'homme même« aus dessen Akademierede von 1753.

konnte, weil auf ihnen kein Platz für so viele Briefmarken war; als am Ersten eines jeden Monats die Arbeiter ihren Lohn – ich weiß nicht wie viele Milliarden Mark – gegen ganze Schubkarrenladungen voll unverderblicher Lebensmittel eintauschten, Kartoffeln, süßsauer eingelegte Gurken, getrocknete weiße Bohnen, geräucherten Speck und was ihnen sonst noch ermöglichte, ihre Familie einen Monat lang vor dem Hungertod zu bewahren ...

Man könnte ein schönes Kapitel über das Jahr 1923 schreiben – die Zeit der Umkehrung aller Werte, die Jugend und Ignoranz über den grünen Klee lobt und im Arbeitsleben erworbene Erfahrung und Kompetenz lächerlich macht, über Zynismus und Gewieftheit, die den Ton angeben – den »Sittenverfall« nicht zu vergessen: Berlin war das Freudenhaus Europas, Transvestiten und Bubiköpfe, »Miezen«, »Biberpelze«, »Heuschrecken«, »Skorpione«, »Lutschstangen«, Geschöpfe des *Café Monbijou* und des *Eldorado* ... Eine Weltuntergangsstimmung, leicht und sorglos wie beim Karneval in den Zeiten der Pest, während sich die Zahl der Morde und Selbstmorde im selben Tempo erhöhte, wie die Mark an Wert verlor ... Wie Pilze nach dem Regen schossen überall kurzlebige Republiken aus dem Boden, Propheten erhoben sich wie Wundertäter und Kurpfuscher: unschuldige Gurus wie Friedrich Muck-Lamberty, der »Messias von Thüringen«, der Heilung durch Tanz propagierte, oder Geisterbeschwörer wie Häusser, der auf Litfaßsäulen Werbung machte, ganz zu schweigen von einem gewissen Bierhallenagitator mit Haarsträhne und kleinem Schnurrbart, dem eine glänzende Zukunft bevorstand ...

Alfred hat das verrückte Leben ausgekostet. Seine Artikel über das Theater, die er für eine Prager Zeitung schrieb, sicherten ihm ein gewisses Einkommen in ausländischer Währung. Verschuldet wie er war, hätte er mit dem Ertrag seiner Feder (dem Gehalt eines kleinen Angestellten oder einer Sekretärin) seine Praxiseröffnung nicht bezahlen können. »Nach dem Krieg stieg mir, mit schon drei Jungens, das Wasser bald wieder an den Hals. Es ist nicht leicht, sich eine Praxis zu gründen und kein Geld zum Warten zu haben. Rüstig hatte ich schon drei Romane, zwei Novellenbände, zwei Dramen geschrieben, was ja an Selbstmord grenzt. Da fiel die Inflation vom Himmel. Sie hat viele ruiniert, mich saniert.«[17]

Die Krise von 1923 rüttelt zwar in der Tat an den Grundfesten der Wirtschaft und der Werte der »normalen« Gesellschaft, an die das Kleinbürgertum sich klammerte, aber sie hat nicht nur schlechte Seiten. Hatte die Reaktion nicht im Namen dieser Normen und Werte den Arbeiteraufstand niedergeschlagen? Mit der Abwertung des Geldes wurde alles in Frage gestellt: Auf dem Papier bot eine heilsame Kur aus Nihilismus den besten Köpfen die Gelegenheit, die Welt völlig neu zu denken und dabei die festgefahrenen Bahnen der Routine zu verlassen. Aber in Wirklichkeit geschah wie immer etwas ganz anderes. Auf das »Alles ist möglich« der Utopisten antwortete die real existierende Menschheit, dass alles zumindest erlaubt sei. Von einer rein willkürlichen Tat zum politischen Mord war es nur ein Schritt, den die Handlanger der Freikorps längst gegangen waren. Für den Angriff auf Walther Rathenau, der zwar Jude war, aber auch Bankier, Demokrat und Außenminister, wagt es das organisierte Verbrechen, den Staat selbst anzugreifen – ein bis dato undenkbarer Frevel im Lande Luthers und Hegels. Wieder einmal zahlten die Armen die Kosten der Orgie: dieselben Leute, die Doktor Döblin in seiner Kassenarztpraxis in der Frankfurter Allee 340 jeden Tag zur Sprechstunde empfing und denen gegenüber er seine Rolle als helfender Arzt spielen musste, obwohl er sehr genau wusste, dass die Ursache ihres Leidens woanders lag – in der sozialen Entfremdung.

»Soll ich Ihnen noch Einiges von der Zeit jetzt in Berlin erzählen?«, schreibt er am 5. Januar 1923 an Gustav Klingelhöfer, Journalist und bayerischer Politiker, der im Gefängnis von Niederschönenfeld eine fünfeinhalbjährige Strafe absitzt, weil er sich an der Münchener Räterepublik beteiligt hat. »Bei der Arbeiterschaft ist starke politische Indifferenz eingerissen, ebenso, finde ich, bemächtigt sich des wenig aufgerüttelten Mittelstands und ihrer Geistigkeit wieder die tiefe alte Lethargie. Wirtschaftliche Dinge, Spekulation beherrscht alle. Viel Vergnügungssucht. Bei der Arbeiterschaft hat es sich gerächt, daß der Sozialismus im Grunde ideenlos, ohne Faszination auftrat [...] Dabei verpowert das kleine Volk immens, ebenso der untere Mittelstand [...] Wie arm Berlin ist, mögen Sie daran erkennen, daß die Stadt das Radium der städtischen Krankenhäuser versetzt hat, um eine neue Garnitur Wäsche für jeden Kranken anschaffen zu können. Im Osten geht das Wort unter dem kleinen Volk: Wer im Januar nicht erfriert, im Februar nicht verhungert, wird im März erschlagen.«[18]

Bald jedoch kam alles wieder in Ordnung: Doktor Schacht zauberte neues Geld aus dem Hut, die »Rentenmark«, gesichert durch die tatsächlichen Vermögenswerte des ganzen Landes aus Grundbesitz, Banken, Industrie und Handel, und die wieder zu Kräften gekommenen deutschen Künstler und Intellektuellen entdeckten ihrerseits den Wert des Wirklichen. Während der politischen und ökonomischen Stabilisierung in der Ära Stresemann, der das Krisenjahr 1929 ein Ende macht, ist diese »Neue Sachlichkeit« jedoch nur eine der zahlreichen Streben des Weimarer Regenschirms, für den die Gründer der Republik vergessen hatten, die Gebrauchsanweisung zu schreiben.

Wohlstand, gesunder Menschenverstand, Rückkehr zu friedlichem Leben, Frieden mit den Nachbarländern – wozu dienen all diese äußeren Zeichen einer Normalität, wenn man darauf besteht, den Regenschirm falsch herum zu halten? Sechs Jahre später sollte das angesammelte Wasser erneut überfließen und Deutschland in einer Sintflut ertränken, neben der die Krise des verrückten Jahrs 1923 sich wie ein unschuldiger Gartenspringbrunnen ausnimmt. Im zweiten Band der Trilogie *November 1918* mit dem Titel *»Verratenes Volk«* wird Döblin ein anderes verblüffendes Bild benutzen, um diese Jahre zusammenzufassen. Wenn man jemandem Säure ins Gesicht schüttet, schreibt er, kann man ihn zu Beginn immer noch ruhig stellen und die Wunde reinigen; »aber das Gift hat die Gewebe schon in großer Tiefe zerstört und ist in Lymphspalten eingedrungen, und nun erst fängt die schreckliche Entzündung und Eiterung an [...].«[19]

| KAPITEL 13 |

»[Café] Gumpert [...], amerikanische Eisgetränke, Eiskremesoda, Milk-Frappees (heiß 20 Pfennig Zuschlag) [...].«[1] Über der Straße ein Stadtbahnbogen, darauf eine Mattglashalle, ein Laufgang. Durch das Glas sieht man die schwarzen eiligen Menschlein, die fauchenden Züge. Der Bau ist unfertig. Er ist schön, wie eben das Unfertige ist ...

»[...] kokette Geschäfte, Schirme, Würste, Bücher, Teetassen. Auf der Straße elegante Damen, vom Hausdiener gefolgt, bepelzte Herren mit Aktentaschen, Chinesen, die man für Japaner hält, Japaner, die man für Türken hält, Türken, die man für Galizier hält [...] Damen mit wiegenden Hüften spazieren an mir vorüber: ›Schau mir in die Pupille!‹ Sie sind immer auf den Beinen; es gibt Tag und Nacht; Eros schläft nicht. In Cafés gehen sie, setzen sich an die Marmortische, bestellen sich das billigste Getränk, packen Butterbrote aus.«[2]

»Alexanderplatz, teurer Alex, wie haben sie dir zugerichtet, so sehe ich dir wieder. Die Berolina haben sie dir geklaut, schön grün war's in der Mitte, jetzt gibt's nur Bauzäune und Löcher.«[3]

»Rumm, rumm wuchtet vor Aschinger auf dem Alex die Dampframme. Sie ist ein Stock hoch, und die Schienen haut sie wie nichts in den Boden. [...] Ruller ruller fahren die Elektrischen, Gelbe mit Anhängern, über den holzbelegten Alexanderplatz, Abspringen ist gefährlich. «[4]

Ableitung einer Funktion nennt man den Grenzwert, zu dem der Verlauf dieser Funktion im Verhältnis zum Zuwachs der Variablen strebt, wenn dieser gegen null strebt. Die Ableitung einer Funktion an einem Punkt ist die Steigung der Tangente am Punkt der gegebenen Kurve dieser Funktion. Wenn das Leben eines Menschen (der in Bewegung befindliche Körper) durch eine solche Kurve dargestellt wird, sofern diese abzuleiten ist, das heißt an jedem ihrer Punkte eine Tangente zulässt, ist es möglich, mit einer gewissen Konzentration die augenblickliche Geschwindigkeit dieses bewegten Körpers zu berechnen.

Umgekehrt nennt man die Funktion integral, deren Ableitung keine andere als die berücksichtigte Funktion ist. Sie ergibt sich aus der annähernden Berechnung der Fläche unter der Kurve. Je feiner die Unterteilung, desto kleiner wird die Abweichung des Differenzials gegenüber dem Grenzwert, gemäß der von Riemann aufgestellten Formel:

$$\int_a^b f = \lim_{n \to \infty} \sum_{i=1}^{n} f(t_i)\ \Delta i$$

Er wusste nicht, dass er damit den Raum des Romans definiert, so sicher wie die Ableitung (die augenblickliche Geschwindigkeit) auf die Poesie verweist und die zweite Ableitung (die Beschleunigung) auf das, was man gewöhnlich Inspiration nennt. Wenn der Roman das Gegenteil der Poesie ist und beide sich gegenseitig hervorbringen, dann schließt das ein, dass sie im Grunde nur zwei entgegengesetzte Erscheinungsformen desselben Mysteriums sind – des Lebens eines Menschen. Aber kann man sich darauf verlassen, dass diese Kurve differenzierbar ist, dass sie eine Tangente zulässt? An jedem ihrer Punkte oder nur hier und da? Vielleicht nirgendwo? Wenn dies der Fall ist, welche Art von Literatur ist dann noch möglich? Weder die Poesie noch der Roman, und wie soll man dann diesen außergewöhnlichen, offenbar unaussprechlichen Vorgang beschreiben?

Ich gestehe meinen Plan oder vielmehr wiederhole ich mein Geständnis: Seit ich begonnen habe, dieses Buch zu schreiben, hatte ich einen Hintergedanken: Ich möchte Alfred und Wolfgang, Vater und Sohn versöhnen, bewirken, dass sie sich wenigstens in diesem fiktiven, irrealen Werk, diesem magischen Parallelflächner begegnen, statt sich auf ewig wie steinerne Hunde anzustarren. Auf dass sie, die zu Lebzeiten nie die passenden Worte dafür gefunden haben, Frieden schließen. Ich möchte ihre Geister besänftigen, sie daran hindern, bis zum Ende aller Zeiten im Nebel der Doppeldeutigkeit und der quälenden Schuld umherzuirren. Ich bin mir des Anachronismus dieses Projekts bewusst, zu einer Zeit, da die meisten Menschen in einer großen Entladung von Hass und Groll schreiben, um abzurechnen – mit ihren Eltern, mit der Welt, mit dem Schreiben, mit sich selbst. Ich nehme die Risiken im Voraus auf mich: Hätte ich mich auf dieses gefährliche Unterfangen eingelassen, wenn es sich nicht von einer gewöhnlichen Biografie unterscheiden würde? Bei der Verbindung oder dem Zweikampf zwischen Alfred und Wolfgang geht es nicht nur um die Beziehung zwischen Vater und Sohn. Wenn zwei Genies aufeinander stoßen oder sich ignorieren, Romanautor der eine und Mathematiker der andere, jeder völlig seiner Kunst verschrieben und von ihr verzehrt, dann stehen sich nicht nur zwei Menschen gegenüber, sondern das, was man einst hochtrabend die schöne Literatur und die Wissenschaft nannte. Vereinigen sich diese beiden Bereiche, diese beiden Wirkungsgebiete des menschlichen Geistes wieder? Das Reale ist eine Einheit, der Geist ebenso. Einst verstand es sich von selbst, dass ein Philosoph zugleich Geometer sein musste. Und selbst wenn sich bereits zu Platons Zeiten Dichter und Philosophen ein wenig wie Hund und Katze gegenüberstanden, übersahen sie einander nicht, wie es heute oft der Fall ist. Poesie und Mathematik sollten irgendwo wieder zusammentreffen, und ich stelle zumindest *cum grano salis* die Hypothese auf, dass es geschehen wird, und ist das etwa absurder als Pascals Wette?

Ich stelle mir Alfred auf der Terrasse des *Café Gumpert* vor (gab es überhaupt eine Terrasse im *Café Gumpert?*), an jenem Tag im Oktober 1927, als ihm die Idee kommt, diesen undefinierten Roman zu schreiben, der auch noch nicht *Berlin Alexanderplatz* heißt. War es 1927? Vermutlich. Im Oktober? Nehmen wir es an. Nicht das Geringste spricht dagegen. Döblin war 49 Jahre alt, genoss einen gewissen Bekanntheitsgrad, hatte aber seit einer halben Ewigkeit keinen Erfolg mehr gehabt. Sagen wir es ehrlich: Seine letzten Bücher waren durchgefallen. *Berge Meere und Giganten*, sein monströser Zukunftsroman (oder besser: Anti-Zukunftsroman), in dessen Mittelpunkt der Bericht über einen Plan zum Schmelzen des Grönlandeises steht, war noch ganz passabel. Aber welcher Irrsinn hat unseren Autor getrieben, die epische Dichtung *Manas* mit ihrem pseudo-hinduistischen Thema zu verfassen, dieses unverständliche Werk, das allein von Robert Musil hoch gepriesen wurde? Die gleiche erhabene Blindheit, mit der Herman Melville neben *Moby Dick* ein Gedicht über Kreuzzüge, *Clarel*, schrieb? Alfred hatte seinem Verleger, dem alten Samuel Fischer, soeben das Manuskript einer höchst verworrenen philosophischen Abhandlung mit dem Titel *Das Ich über der Natur* – errare humanum est, perserverare diabolicum! – anvertraut. »Wie sind Sie darauf gekommen?«, fragt der ihn betroffen. Der Schöpfer allein wird wissen, weshalb er schreiben musste, was er schrieb. Auch die Flüsse haben ihre Windungen.

Alfred sitzt also (nehmen wir es einfach an) auf der Terrasse des *Café Gumpert*, es sei denn, auf der des *Café Bauer*, dann wären wir in der Friedrichstraße, neben dem Wintergarten, aber immer noch in der Nähe des Alexanderplatzes. Es ist zwischen zwölf Uhr und ein Uhr. Im Café drängen sich die Angestellten der umliegenden Geschäfte, es herrscht ein unglaubliches Stimmengewirr. Durch das Fenster sieht man den Glockenturm der St. Georgs-Kirche. Somit handelt es sich doch um das *Café Gumpert*, in der Königstraße, wenige Schritte vom Alex entfernt. Es hat gar keine Terrasse, aber einen geräumigen Saal mit hoher Decke. »Café« muss im deutschen, genauer im Wiener Sinne verstanden werden – es ist also weder Bistro noch Bierhalle, eher eine Art riesiger Salon, eine Teestube mit Schnellrestaurant. *Berliner Tageblatt, Vossische Zeitung, Frankfurter Zeitung, Prager Tagblatt,* Zeitungen aus aller Welt sind an Stöcken befestigt, um die man sie zusammenrollt, wenn man sie gelesen hat, bevor man sie wieder an einen Haken hängt. Der Kaffee ist grün, ohne Aroma und so schlecht wie überall nördlich des 48. Breitengrades, eine Art Tee, bei dem man sich nach dem ersten Schluck schütteln muss. Wie jeden Tag zur selben Zeit widmet sich Alfred diesem teuflischen Ritual. Er zieht ein Notizbuch aus der Tasche, schreibt aber nicht. Plötzlich hört er um sich herum seltsame Vogelschreie wie in einer Volière:

»Zwo Eisbeine, einmal Pökelkamm, die Dame hatte Meerrettich, die Garderobe, ja, wo haben Sie denn abgegeben, es gibt hier zwei Garderoben [...].«[5]

Eine Art Schwindel wie vor einer Ohnmacht (vielleicht vom grünen Kaffee?) erfasst ihn, eine ähnliche Empfindung, wie man sie kurz vor dem Einschlafen erlebt, ein kurzes (angenommen) wollüstiges Würgegefühl, dann wacht er ruckartig auf. Die Inspiration ist die zweite Ableitung, die reine Beschleunigung, so etwas wie die Geschwindigkeit der Geschwindigkeit, die noch nicht in Poesie umgesetzt wurde. In diesem Augenblick hat Alfred Döblin keine Vision von seinem Meisterwerk, es ist überhaupt keine Vision, sondern das Erlebnis einer Entrückung aus der Zeit, in der alles möglich wird. Zu Beginn jedes seiner Bücher (aller Bücher?) gibt es diesen Funken. Er verrät nichts über *Berlin Alexanderplatz,* nicht einmal den Namen des Cafés.

Reminiszenz: Wie doppelt belichtet (Lärm in der Volière, klapperndes Geschirr) sieht er das Bild eines armen ehemaligen Soldaten in einem Hauseingang in der Frankfurter Allee. Er grölt: *Heil dir im Siegerkranz,* die kaiserliche Hymne. Er singt alle Strophen, Passanten kichern und greifen ihn an. Er verteidigt sich: »Regt euch bloß nicht auf. Ich muß mein Geschäft machen wie jeder andere. Der Arbeiter gibt mir nichts; der hat nichts.«[6] (Wir sind im Jahr 1923.) Besteht eine Verbindung zu *Manas*, diesem literarisch unbekannten Flugobjekt, der Verzweiflung des alten Samuel Fischer? Auf den ersten Blick nicht. Eine Gegenüberstellung des Mythos und der Unterwelt, eines Augenblicks der Erleuchtung und der Geschichte, dieser langen formlosen Zeit voller Lärm und Raserei. Einen Roman schreiben bedeutet, den verstörten Augenblick in diese lange Zeit zu integrieren, dem Unförmigen Form zu geben, indem man die Zeit in Raum verwandelt (»den Raum unter der Kurve«), dem einen Sinn gibt, das zunächst nichts sagt, es zum Reden bringt.

Döblins Genie besteht darin, den Roman und zugleich sein Gegenstück konzipiert zu haben, das Mittel zu finden, eine Geschichte und gleichzeitig deren Unmöglichkeit zu erzählen.

»Von einem einfachen Mann wird hier erzählt, der in Berlin am Alexanderplatz als Straßenhändler steht. Der Mann hat vor anständig zu sein, da stellt ihm das Leben hinterlistig ein Bein. Er wird betrogen, er wird in Verbrechen reingezogen, zuletzt wird ihm seine Braut genommen und auf rohe Weise umgebracht. Ganz aus ist es mit dem Mann Franz Biberkopf. Am Schluß aber erhält er eine sehr klare Belehrung: *Man fängt nicht sein Leben mit guten Worten und Vorsätzen an, mit Erkennen und Verstehen fängt man es an und mit dem richtigen Nebenmann.*

Ramponiert steht er zuletzt wieder am Alexanderplatz, das Leben hat ihn mächtig angefaßt.«[7]

Dieser Text steht auf dem Schutzumschlag der Erstausgabe (veröffentlicht 1929 durch denselben Samuel Fischer, der sich sichtlich wieder beruhigt hatte), illustriert mit Vignetten im Stil der *Pieds Nickelés** aus der Feder von Georg Salter. Halten wir fest, dass der Autor nicht versucht, Spannung zu erzeugen. Er hat sich nicht täuschen lassen und versucht auch nicht, uns zu täuschen. Im Gegensatz zum traditionellen Romanschriftsteller hält er sich auf Distanz zu seinen Figuren und macht sich im Stil der Straßensänger, die eine Moritat anstimmen, über den moralisierenden Ton lustig, den er vortäuscht. Was den »Rahmen«, die »Kulisse« angeht, so lässt Döblin die beliebten und anrüchigen Berliner Viertel mit dem Alexanderplatz als Mittelpunkt in der prosaischen Nüchternheit ihres wirklichen Milieus lebendig werden, weit davon entfernt, ihre verfälschte Magie und ungeniert malerische Seite zu erschließen. Die Luft, die man hier atmet, hat nichts besonders Exotisches. Wie ein Fisch im Wasser, wie ein Taxichauffeur weiß der Erzähler genau, wohin er geht und welches Ziel er erreichen möchte.

Doch genau an dieser Stelle wird alles kompliziert. Die Stadt ist eine Falle, ein Wald, in dem sich der Pfad der Erzählung verliert,

* Französische Bildergeschichten von Louis Forton.

gabelt, heimgesucht wird von allen möglichen Geschichten der Gegend. »Epik ist [...] unbegrenzt, formlos«, schreibt Döblin in einem Artikel über den »Bau des epischen Werks«. »Dem Epiker ist die Buchform gegeben, aber ein Buch ist zwar ein Anfang, aber nie ein Ende.«[8]

Aber warum beschloss er dann, die Geschichte von Franz Biberkopf zu erzählen statt die irgendeines anderen Einwohners von Berlin. Zum Beispiel von diesen beiden Frauen, Frau Plück und Frau Hoppe, die an der Haltestelle Lothringer Straße in die Straßenbahn eingestiegen sind. Oder warum hat er sich nicht für den Kutscher Hasebruck entschieden oder den jungen Max Rüst, dem er auch durch Zufall begegnet ist und dem die Handlung genauso fremd ist wie dem Passanten, den eine Kugel trifft und dessen gesamtes Leben im Zeitraffer vor uns abrollt, bis zu seinem Tod an einem zukünftigen 25. September, an dem eine Milliarde weiterer Ereignisse stattfinden, von denen wir keine Ahnung haben?

Am Ende des Buches wirft der Romanautor das Handtuch. Die Schleife ist gebunden, die Erzählung geht in Historie über, und der Leser muss handeln, wenn er möchte, dass die Menschheit wie der unglückselige Biberkopf dem höllischen Kreislauf der Wiederholung entgeht. Aber wie jede Lösung ist dieses Ende wenig überzeugend, und der Appell, der ergeht, klingt hohl. Don Quichotte, schreibt Döblin im selben Artikel, könnte gegen hundert Windmühlen einer neuen Art kämpfen; aber dass er stirbt, das scheint der Geschichte fremd, und daran werden wir nicht glauben.

Ein seltsames Werk! Visionär, doch im Gegensatz zum Expressionismus von der tiefen Sorge um Objektivität gepeinigt. Die Fronten verwischen, die Naturwissenschaften mit dem schwarzen Humor eines staatlich geprüften Gerichtsmediziners des Pataphysik-Collegiums an der Textstelle heraufbeschwörend, an der es niemand erwartet:

»Was die Sekunde vorher mit dem Brustkorb der Frauensperson [Ida, die erste Verlobte von Franz, die dieser gerade erschlagen hatte] geschehen war, hängt zusammen mit den Gesetzen von Starre und Elastizität, und Stoß und Widerstand [...] Das zweite Bewegungsgesetz Njutens: Die Bewegungsänderung ist proportional der wirkenden Kraft und hat mit ihr die gleiche Richtung [...]. Die Größe der Kraft wird mit folgender Formel ausgedrückt:

$$f = c \lim \frac{\overline{\Delta v}}{\Delta t} = cw.$$

Die durch die Kraft bewirkte Beschleunigung, also den Grad der erzeugten Ruhestörung, spricht die Formel aus:

$$\overline{\Delta v} = \frac{1}{c} f \Delta t.$$

[...] Bei solcher zeitgemäßen Betrachtung kommt man gänzlich ohne Erinnyen aus. Man kann Stück für Stück verfolgen, was Franz tat und Ida erlitt.«[9]

Ich errate, lieber Leser, welche Frage dir auf der Zunge brennt, und ich antworte, ohne dich lange zappeln zu lassen: Nein, nicht Wolf hat Alfred diese kabbalistischen Formeln zugeraunt, denn er war damals erst dreizehn und interessierte sich, soviel man weiß, mehr für Literatur, Musik und Malerei als für die Mathematik (die Alfred ein Gräuel war, was wir genau wissen und was uns in Erstaunen versetzt). Ein Grund mehr, uns Gedanken zu machen über die Motive des Romanschriftstellers, seinen Text mit solch provozierenden Betrachtungen zu würzen, und das in einem Alter, in dem man sich gewöhnlich auf den Eintritt in die Akademie vorbereitet (was Alfred im Übrigen zur selben Zeit tat: Am 10. Januar 1928 wird er trotz des Widerstands des rechten Flügels in die Preußische Akademie der Künste aufgenommen).

Alfred scherzt, aber man muss seine Späße ernst nehmen. Der Totschlag ist nur eine Art, den Ehrgeiz der Naturalistenschule (bis zum Äußersten) voranzutreiben: Wenn »[...] der Gegenstand des Romans [...] die entseelte Realität« ist[10], muss die Psychologie der klinischen Beschreibung und der rein faktischen Analyse des Geschehens den Vortritt lassen. Aus der Sicht des allwissenden Erzählers verbinden sich die Vorgänge als Ursache und Wirkung miteinander und entsprechen so dem strengsten Determinismus. Die

Überfülle und die Gleichzeitigkeit der Phänomene, die den Gegenstand des Berichts bilden, lassen – wenn schon nicht in der Theorie, dann zumindest in der Praxis – genau dieses deterministische Prinzip überholt erscheinen. Eingetaucht in das Universum der Großstadt, gefangen in den sich kreuzenden Bündeln der Kräfte, die auf ihn einwirken, bombardiert von einem Trommelfeuer aus Ereignissen und Informationen jeder Art, fängt Franz Biberkopf an zu schwanken, seine Bahn verheddert sich, und zusammen mit ihm wird die ganze Erzählung turbulent. Von da an wird in einer entfesselten Welt alles möglich, in der wie in der Quantenphysik die Gesetze und elementaren Prinzipien der Rationalität keine Gültigkeit mehr haben. Der Jude Nachum, der »verborgene Gerechte«, der Franz heilen möchte, indem er ihm Geschichten erzählt, verkündet speziell für ihn, dass es zum Beispiel vorkommen kann, dass ein normal geworfener Ball viel weiter fällt als vorgesehen[11] ... Doch die Unsicherheit schleicht sich auf leisen Sohlen selbst in die Banalität und die Art, sie wahrzunehmen, ein. Hatten wir je darauf geachtet, was uns der Rauch einer Zigarette im Augenblick seiner Auflösung mitteilen will, bevor Döblin es in Worte fasste?

»Der Rauch sucht, wenn es ihm zu rauchig wird, vermöge seiner Leichtigkeit oben zu entweichen, findet auch richtig Ritzen, Löcher und Ventilatoren, die bereit sind, ihn zu befördern. Draußen jedoch, draußen ist schwarze Nacht, Kälte. Da bereut der Rauch seine Leichtigkeit, sträubt sich gegen seine Konstitution, aber es ist nichts rückgängig zu machen infolge einseitiger Drehung der Ventilatoren. Zu spät. Von physikalischen Gesetzen sieht er sich umgeben. Der Rauch weiß nicht, wie ihm ist, er faßt sich an die Stirn und sie ist nicht da, er will denken und kann nicht. Der Wind, die Kälte, die Nacht hat ihn, und ward nicht mehr gesehn.«[12]

Das Gefühl der Zerbrechlichkeit und Unbeständigkeit aller Dinge ist kein Lockmittel, kein Ergebnis einer mentalen Projektion auf die Objekte. Dieser Verlust an Fundament ist ein Erwerb der Wahrheit: So funktioniert die Welt, so soll der mimetische Bericht sein, der die Wirklichkeit des dahinfließenden Lebens nachahmt.

Biberkopf, der Mieze von weitem beobachtet: »Sie geht zur

Ecke, Franz verfolgt sie mit den Blicken. Es ist eine Entscheidung, es ist eine Wendung. [...] Er sieht sie an der Ecke im Profil. [...] Paß auf, jetzt wird sie gleich einer anquatschen. Die kleine stumpfe Nase. Sie sucht. Ja, von drüben bin ich gekommen [...] hat mich aber nicht gesehen. Ein Brotwagen von Aschinger steht im Weg. Franz geht am Bauzaun entlang bis zur Ecke, wo die Sandhaufen liegen; sie machen Zement. Jetzt wird sie ihn sehen können, aber sie sieht nicht rüber. Ein älterer Herr kuckt sie immer an, sie sieht an ihm vorbei, wandert weiter [...]. Franz geht über den Damm. Er ist immer zehn Schritte hinter ihr und wird in der Entfernung festgehalten. Es ist ein sonniger Julitag [...].«[13]

Könnte *Berlin Alexanderplatz* – neben dem *Ulysses* von Joyce, den Alfred übrigens würdigt, indem er bestreitet, ihn imitiert zu haben – nicht der erste »stochastische Roman« in der Literaturgeschichte sein oder anders gesagt: der erste Versuch der literarischen Umschreibung der Brownschen Bewegung?

Die Wahrheit ist, schreibt Döblin, dass es im wirklichen Leben im Unterschied zu dem Bild, das die Romane der traditionellen Form davon zeichnen, weder Anfang noch Ende gibt. »[...] aber jetzt ist wirklich ein Mann nicht größer als die Welle, die ihn trägt. In das Bild von heute gehört die Zusammenhanglosigkeit seines Tuns, des Daseins überhaupt, das Flatternde, Rastlose. [...] Der Mensch von heute ist kenntnisreich, wissenschaftlich, exakt; darum gibt der heutige Autor ein Buch, das sich neben die Wissenschaft setzt. Es unterscheidet sich nur dadurch von dem wissenschaftlichen, dass es ja ohne tatsächliches Subjekt ist. [...] Trotzdem ist hier keine Spur von blankem, nüchternem Naturalismus. Es bricht etwas Zweites durch: jetzt kann rechts und links neu *gedichtet* werden.«[14]

Kann das rein Zufällige Gegenstand eines Romans sein? Das Thema als solches ist sicher modern, aber nicht unbedingt neu. Hugo von Hofmannsthal im *Brief* des Lord Chandos an Francis Bacon und vor allem Robert Musil in *Der Mann ohne Eigenschaften*, diesem großen Freskengemälde über die Krise des europäischen Nihilismus, hatten es bereits angesprochen, ohne sich jedoch um eine mögliche Ansteckung ihrer eigenen Schreibweise durch dieses heikle Denkobjekt zu sorgen. Nur Nietzsche hat auf einer Seite von *Die fröhliche Wissenschaft* (in der der »tolle Mensch« den Tod Gottes verkündet) auf den Schwindel hingedeutet, der die Sprache in einer völlig desorientierten Welt ergreift: »Was thaten wir, als wir diese Erde von ihrer Sonne losketteten? Wohin bewegt sie sich nun? Wohin bewegen wir uns? Fort von allen Sonnen? Stürzen wir nicht fortwährend? Und rückwärts, seitwärts, vorwärts, nach allen Seiten? Giebt es noch ein Oben und ein Unten? Irren wir nicht wie durch ein unendliches Nichts?«[15]

Das Neue besteht bei Döblin wie bei Joyce darin, das Zufällige mit Hilfe der Collage oder der freien Verknüpfung bis zu einem gewissen Grad in den Aufbau des Werkes einbezogen zu haben. Auf die Gefahr hin (aber warum sich darüber beklagen?), die Romanform zu zersplittern, aber letzten Endes, um zu sehen, wie der auf diese Weise hervorgebrachte Text sich vollkommen mit seinem Gegenstand identifiziert, um genauso unverständlich und undurchdringlich wie dieser zu werden.

Alfred verharrt an der Schwelle einer literarischen Revolution, die der irische Schriftsteller in *Finnegans Wake* allein weiterführt. Alles sieht so aus, als hätte der Autor von *Berlin Alexanderplatz* sein Werk mit ausreichend Schutzwällen ausgestattet (der Struktur des Schauerromans und »der sagenhaften Moralität«, einer Festlegung von Menschentypen und sogar einem psychologischen Profil für die Figur des Franz), um es lebensfähig zu machen und die destabilisierende Wirkung der Zufälle, der Gleichzeitigkeit und Vielfältigkeit der Handlungen, der Auflösungstendenz der Erzählung auszugleichen. Und dann ist da natürlich Berlin, sein schwarz-weißer Zauber, seine Spelunken, seine Obdachlosenasyle, die galizischen Juden in der Dragonerstraße und die Freudenmädchen für drei Mark am Stettiner Bahnhof ... Der Erfolg eines Buches beruht immer auf einem Missverständnis, außer wenn es schlecht ist. Mit Speck fängt man Mäuse, nicht mit ästhetischen Überlegungen.

Wie hat wohl Wolfgang *Berlin Alexanderplatz* gefunden? Glaubt man Claude, ist es vermutlich das einzige Buch Alfreds, das sein Bruder gelesen hat, selbst wenn er seine Notizen zu mehreren mathematischen Arbeiten auf die Rückseiten väterlicher Manuskripte – auf die vom »Amazonasroman« *Der blaue Tiger* – gekritzelt hatte.

Man versinkt ins Träumen, wenn man sich vorstellt, die Lektüre der Abenteuer von Franz Biberkopf – dieses »dem ständigen Einwirken des Zufalls und einer bestimmten Abweichung unterworfenen Teilchens«, um Bernard Brus Worte zu verwenden und zugleich ihren Kontext zu verändern – hätte Wolfgang veranlassen können, sich in das Studium der Brownschen Bewegung zu vertiefen. Wurde sie nicht zuerst in der Natur beobachtet, bevor sie eine mathematische Formel bekam? Unterliegt nicht das Lebendige, wie die sich bewegenden Teilchen der »Markowschen Ketten«, dem Handeln zweier Komponenten, von denen eine (Genetik, Psychologie) in die Zuständigkeit des Determinismus fällt, während die andere nur durch die Wege des Zufalls bestimmt zu sein scheint?

Die Ironie ersetzt die Formel in *Berlin Alexanderplatz*. Alfred hat keine Lösung für die Gleichung gefunden. Aber kann das Schicksal eines Menschen Gegenstand eines »Anflugwegs« sein? Mit anderen Worten: Kann der Autor, der nicht weiß, wohin der Weg seiner Person führt, diese zumindest daran hindern, sich zu schaden oder sich ins Verderben zu stürzen?

Von Prag bis Berlin kommt man immer wieder auf den Mythos vom Golem zurück. Bei den jüdischen Schriftstellern ist es atavistisch, vor allem bei denen, die sich gern außerhalb der Öffnungszeiten neben dem Goldenen Gässchen und der Dragonerstraße aufhalten. Hätte doch unser moderner Rabbi Löw anstelle des unbekannt gebliebenen und blassen Phil Jutzi einen Cineasten vom Schlage eines Murnau oder Robert Wiene getroffen? Der Film, den die Allianz-Tonfilm GmbH 1931 nach der Vorlage von Döblins Meisterwerk drehte, lässt von der Geschichte des Franz Biberkopf lediglich die kriminelle Handlung übrig, und die Rolle der Hauptfigur wird dem Schauspieler Heinrich George auf den Leib geschrieben, der neben Emil Jannings der größte Star des deutschen Kinos jener Jahre war. Es gab noch ein anderes Drehbuch aus der Feder von Heinrich Oberländer[16], das den Geist des Romans viel besser wiedergab. Doch der Autor hat es abgelehnt und mit Hilfe eines gewissen Hans Wilhelm dieses Drehbuch ausgeheckt. Aber was soll's, mit Speck fängt man Mäuse, und wie hätte die Familie Döblin im Exil in Paris ohne die Tantiemen aus diesem erfolgreichen Film leben können? Von den Autorenrechten, die der Schriftsteller normalerweise bezog? Wenn es einen Kontext gibt, in dem der Determinismus über das Zufällige siegt, dann ist es immer der, in dem es darum geht, etwas im Topf zu haben, egal wie die Theorie über die kinetische Ausstrahlung der Wärme lautet. Nicht einmal Albert Einstein würde mir widersprechen.

| KAPITEL 14 |

Marbach ist eine kleine Stadt am Ufer des Neckars, malerisch und altmodisch, wie es viele andere Städte im Südwesten Deutschlands gibt. Nichts wies darauf hin, dass dieser bescheidene schwäbische Marktflecken eine der Hochburgen deutscher Kultur werden sollte. Der Zufall oder die Verkettung bestimmter Umstände wollte es, dass 1759 ein gewisser Schiller an diesem Ort zur Welt kam, der nunmehr seinetwegen ganz und gar dem Kult des Geschriebenen gewidmet ist. Hier befindet sich neben dem Museum, das den Namen des berühmten Mannes trägt, das Deutsche Literaturarchiv. Im Winter ist der Ort ziemlich düster. Ein eisiger Wind weht oben auf dem Hügel (dem Stadtplan zufolge »Schillerhöhe«), der mit Bäumen bewachsen ist, als hätte Caspar David Friedrich ihn gemalt. Es muss dort früher ein Galgen gestanden haben, wenn man die Zahl der Raben bedenkt, die sich eingenistet haben und mit ihrem Krächzen die schweigsamen Forscher ermutigen, die sich über ihre Arbeitstische beugen, um fremde Hieroglyphen zu entziffern. Das Archivgebäude, ein halb in die Erde gegrabener Bunker, gleicht – positiv betrachtet – den gemauerten Kasematten an der Atlantikküste. Die Melancholie des Ortes regt an, über den seltsamen Status des geschriebenen Textes nachzudenken: ein Zwitterwesen, das mit Gespenstern verwandt ist, weder tot noch lebendig, eher das eine und das andere zugleich, ähnlich den Vampiren, die in ihren Särgen liegen und immer bereit sind, auf ein geheimes Zeichen wieder in Aktion zu treten. Der Lesesaal ist nicht sehr groß. Ungefähr zehn Archäologen führen hier ihre Ausgrabungen durch. Auf ihren Gesichtern erkennt man die strenge und zugleich wollüstige Befriedigung derer, die sich für den Augenblick von der Welt zurückgezogen und die Liebe und die Esslust aus ihrem Leben verbannt haben, um sich den Vergnügungen der Inschriftenkunde und der Kaffeepausen zu widmen. Wenn man zwanzig Seiten pro Person und Tag annimmt, kommt man mit einem groben Überschlag auf einen Zeitraum von mehr als drei Jahrhunderten, den diese bienenfleißigen Wissenschaftler benötigen würden, um das gesamte im Untergeschoss des Bunkers gelagerte Archivmaterial zu lesen und zu entziffern. Doch in der Zwischenzeit wird die Zahl der erfassten Autoren und folglich die Menge der archivierten Dokumente mit der Geschwindigkeit einer Exponentialfunktion zunehmen. Lediglich der endgültige Sieg des Computers – oder des Analphabetentums – kann wie ein neuer Doktor Schacht der Inflation ein Ende bereiten. Inzwischen werden die über die Pulte gebeugten Gesichter immer blasser, und die Raben krächzen hämisch. Es gibt immer weniger Menschen, die Sütterlinschrift lesen können. Bald wird es nur noch eine Hand voll sein wie die Veteranen des letzten Krieges; schon jetzt träumen manche Leute davon, die nationalen Archive in die Altenheime zu verlagern.

Man öffnet den ersten Karton und hat ein ähnliches Gefühl, als ob man in ein verlassenes Haus eindringt, das einen in dem Augenblick gefangen nimmt, in dem man auf dem Speicher in einer Ecke eine versiegelte Truhe entdeckt, die irgendeinen Schatz oder auch nur ein mottenzerfressenes Kleidungsstück enthält.

Eine Sendung von Fréchet (Villa Thalassa, Cavalaire), 10. August 1938:

À Monsieur Dœblin Wolfgang (fils)
Docteur ès Sciences
5 square Delormel
Paris 14ᵉ

In einem blau umrandeten Kasten steht: »Nicht nach Dinard nachsenden.«

Die Tinte aus Wolfgangs Feder scheint durch Alfreds getippte Manuskripte wie ein rostfarbenes Palimpsest. Auf der Rückseite des mit Gleichungen und Streichungen bedeckten Konzeptpapiers steht: »Berührungen mit São Paulo«, »Mendoza und Tujuba«, »Indianische Messe«, »Die Sklavenjagd«. Und ein paar willkürliche Worte: »Der ansteigende Himmel, die schreienden Papageien ...«

Auf dem Umschlag kann man den Reichsstempel erkennen: 24.6.1937, Leipzig.

Empfänger: Julius Springer Verlag, Linksstraße 22–24.

Anmerkung im Manuskript: »Rohfassung wurde am 28. September 1938 an Pollag gesandt.«

Und handgeschrieben: »Für den Fall, daß ich nicht in der Lage bin, diese Beweisführungen zurückzufordern, bitte ich, sie an G. Polya, Professor E. T. H. weiterzuleiten.«[1]

Kleine Spiralhefte: gelb, blau, grün, rot und braun. Mit der Zeit sind die kräftigen Farben zu Pastelltönen verblasst. Innen sind sie mit Wolfgangs kleiner, gestochen scharfer Schrift, die mich an Voltaires Schrift erinnert, beschrieben. Es sind Notizen über Bücher zum Elektromagnetismus, zu Algebrafunktionen oder zur Optik. Ein weiteres kleines Heft im Querformat – sechs mal zehn Zentimeter, die Ecken abgerundet und das Deckblatt mit schwarzen Streifen verziert, die in verschiedene Richtungen weisen – enthält sorgfältig mit der Hand geschriebene Texte mehrerer französischer Gedichte: »Le Lac« von Lamartine, »Les chats (Die Katzen)« von Baudelaire, »La mort du loup« von Vigny. Daneben steht ein Rezept: *Rote Grütze*. »Himbeeren *kochen*, zerkleinern. Wenn möglich nimmt man nur den Saft plus dreimal Wasser, 2 *gehäufte Suppenlöffel Mondamin, Zucker.* »Il pleure dans mon coeur ...« von Verlaine (*Ariettes oubliées*), »Le moulin (Die Mühle)« von Émile Verhaeren, dann ein Rezept für *Kartoffelpuffer*, daneben »Tristesse (Traurigkeit)« von Musset (1840). Es folgen einige Maximen von La Rochefoucauld: »Es ist schwieriger, seine Gefühle zu verbergen als jene vorzutäuschen, die man nicht hat. – Es ist einfacher, eine erste Begierde zu ersticken als all jene zu befriedigen, die ihr folgen. – Die

Mäßigung ist wie die Mäßigkeit im Essen: Man würde gern mehr essen, aber man hat Angst, daß es einem übel wird. – Jeder setzt am anderen aus, was er an sich auszusetzen hat. – Es ist eine lästige Krankheit, seine Gesundheit durch allzu große Diät zu bewahren.«

Weiter kann man hier lesen:

Aktiva am 5. April 1939: 4 433 fr
Ausgaben am 9. Juni: 0,75 fr Brief des Vaters 100
1,00 Tombolalos für das Bataillonsfest
2,00 Augen-Schutzhülle
Insgesamt 111,60 im Geldbeutel (nach Durchsuchung meiner Taschen ergab sich ein etwas anderer Betrag)
Alkohol zum Brennen
Tee
Kamm
Zucker
Am 11. Juni: 0,50 Leihgebühr für zwei Bücher
bei der Stadtbibliothek
Anatole France und Conan Doyle
Schwimmunterricht –
Eintrittsgeld Schwimmhalle 1,50
Sonnencreme 8,50
Taschenmesser

Winzige Teilchen, die ich wie ein Puzzle zusammensetze, ohne Gebrauchsanweisung und ohne eine Vorlage vor Augen. Das sieht niemandem ähnlich, und dennoch spüre ich plötzlich die Anwesenheit von jemandem. Sicherlich wegen der Nähe von Verlaine und der Kartoffelpuffer. Oder wegen einiger Centimes, die der Soldat Doblin in seinen Hosentaschen fand.

(Im Juni 1939 ist Vincent Doblin, Soldat im 91. Infanterieregiment, in Givet stationiert. Zu dieser Zeit widmet sich Wolfgang Dœblin, nachdem er seine grundlegende Abhandlung über die Menge der Potenzen eines Wahrscheinlichkeitsgesetzes verfasst hatte, der Charakterisierung von unendlich teilbaren Mengengesetzen, die den Bereich der teilweisen Anziehungskraft eines gegebenen Gesetzes bilden. Am 28. Oktober schreibt er an Maurice Fréchet: »[das ist] sicherlich nach der allgemeinen Theorie der Ketten, das am schwierigsten zu lösende Problem […].«[1] Bis heute ist es niemandem gelungen, seine Notizen zu entziffern, die er seinem Bruder Peter nach Philadelphia gesandt hatte und die Erna 1947 der Akademie der Wissenschaften übergab.)

Eine Spanienkarte, die mit dem Bleistift auf ein Stück Papier gemalt wurde. Das von den Republikanern gehaltene Gebiet nimmt zusehends ab. Es sieht aus wie eine von Ratten angeknabberte Zeitungsseite.

Wie schreibt man eine Biografie? Manchmal habe ich gedacht, dass es ein fragwürdiges Unterfangen ist, dass die Biografie kein literarisches Genre, sondern eine Todsünde ist. »Du sollst dir kein Bildnis machen«, lautet das Gebot Mose, das drei Viertel der Literatur und alle gegenständliche Kunst außer Kraft setzt. Entgeht der kommentierte Bericht dem Fallbeil? Angesichts dieser armseligen Spuren eines auf dem Tisch ausgebreiteten Lebens (im letzten Karton befindet sich ein verchromtes Feuerzeug; warum und warum nur das, was tut es da, erinnerungslos, einzig verbliebenes Stück nach dem Schiffbruch wie ein an die Überlebenden adressierter Vorwurf?) sage ich mir, dass vielleicht ein Inventar à la Georges Perec eine geeignetere Weise wäre, Wolfgangs Leben zu beschreiben. Auch eine tröstlichere im Vergleich zum linearen Bericht, in dem der Tod die Zügel führt: von der Ursache zur Wirkung bis zur logischen Schlussfolgerung, die von vornherein bekannt ist – was zu beweisen war. Metrofahrschein oder Postkarte, ganz gleich, was für ein hinreichend bekannter Gegenstand in die Mitte des Tisches gelegt wird, wenn man es versteht, ihm die richtigen Fragen zu stellen und alle Facetten spielen zu lassen, entsteht um ihn herum ein ganzes Netz von Entsprechungen. Ob Sinnbild oder Falle, er bietet ein Sinnkondensat, fasst ein Leben zusammen, schafft um sich herum ein ganzes Universum:

DEUTSCHER ARBEITER-SCHACHBUND e. V.
Mitgliedsnummer: 31843
5-7-1932, Berlin-Charlottenburg

§1. Der Zweck des Bundes ist die Hebung und Förderung des Schachspielens in Arbeiterkreisen [...] Der deutsche Arbeiter-Schachbund steht auf dem Boden des proletarischen Klassenkampfes, lehnt aber ab, in seinen Ortsgruppen parteipolitische Kämpfe auszutragen [...].

Ein anderer Berliner (und Jude), Metaphysiker und Marxist, der während des Dritten Reichs nach Frankreich ins Exil ging und sich aus Angst, an die Gestapo ausgeliefert zu werden, im September 1940 in Port-Bou das Leben nahm, der Essayist Walter Benjamin, entwickelt in seiner Schrift *Über den Begriff der Geschichte*[2] den Gedanken, dass der lineare historische Bericht Ausdrucksweise und Unterdrückungsinstrument der herrschenden Klassen ist. Ihm zufolge haben die Unterdrückten nur eine zerrissene, lückenhafte und diskontinuierliche Vorstellung von ihrer eigenen Geschichte, in der bestimmte Tatsachen, Gegenstände oder Kennworte einen symbolischen Wert und eine subversive Wirkung erhalten. Überlassen wir nicht das Terrain der Geschichte und der Geschichten unseren erbittertsten Feinden, den Faschisten, die im Namen des Mythos reden und die Märchen hassen?

Fragmente fesseln mich, und ich halte Georg Christoph Lichtenberg, den kleinen Buckligen aus Göttingen, für den größten Philosophen. Aber ich kann mich nicht entschließen, den Bericht zugunsten der einen poetischen Erleuchtung, des Bogenschießens oder Florettfechtens des Gedankens aufzugeben. Es ist eine gewagte Sache, trotz alledem, was man vom Absurden, von der Auflösung des Seins und von den Schrecken des Jahrhunderts weiß, das Leben eines Menschen zu erzählen, als sei es eine Geschichte – außer für jene, die nichts gemerkt haben und weiterhin im Kielwasser der Vergangenheit waten. Für einen Schriftsteller von hier und heute bedeutet das Erzählen der Geschichte nicht, sie zu übermitteln, sie – mit einigen persönlichen Noten und einem originellen Stil versehen – zu wiederholen. Es bedeutet, dafür zu sorgen, dass die Geschichte letzten Endes erzählt wird, trotz allem und ohne zu lügen, über alles hinweg, was sich dem zu widersetzen scheint: Angefangen bei der Inkohärenz des Materials. Der Wirrwarr der Spuren. Die schrillen Details und das Schweigen über das Wesentliche. Das nicht Abzuleitende, das von vornherein Unkalkulierbare, die Kurve, die keine Tangente zulässt. Das Leben nach dem Vorbild der Markowschen Ketten, diesen »Bewegungen, die der ständigen Intervention des Zufalls unterworfen sind und deren Zukunft nur durch die Vermittlung der einzigen Gegenwart von der Vergangenheit abhängt«.[3]

Werde ich je wissen, wie Wolfs Bildung verlief, was für ein Kind er gewesen ist, welche Spiele er gemocht hat, bevor er – wie Athene, die in voller Rüstung dem Hirn des Zeus entsprang – mit den am wenigsten zur romanhaften Verklärung geeigneten Merkmalen in Erscheinung tritt: als »guter Schüler«, zu einer Zeit, da man vor allem die Faulpelze lobt?

Seine Silhouette erscheint flüchtig in einer verrückten Fantasie von »Linke Poot«, in der Mai-Ausgabe der *Neuen Rundschau* von 1921: »[...] Den jetzt vakanten Titel einer Gräfin von Ruppin reserviere ich für meinen ältesten Sohn Peter. Wolfgang soll das Haus Kartoffelsalat begründen, mich selber bei allen entsprechenden Gelegenheiten vertreten und in nichts bei offiziellen Empfängen hinter den Geschwistern zurückstehen.«[4]

Als Arzt und zudem Oberhaupt einer großen Familie war Alfred in den zwanziger Jahren eine ziemlich bekannte Figur in der Berliner Presselandschaft geworden. Seine Söhne – vor allem Peter und Klaus – waren mehrere Male in Anspruch genommen worden, um die Meinung der Jugend zu verschiedenen Themen zu veranschaulichen. Wolf machte sich eher im Rundfunk bemerkbar. Alfred leitete bis zur »Gleichschaltung« der Nachrichten die literarischen Abende der Berliner Funkstunde (und zeichnete sich dabei als bemerkenswerter Improvisator aus, wie es schien). Verschiedenen Aussagen zufolge widersprach Wolf ihm mehrere Male. Vater und Sohn hatten in politischer Hinsicht nicht die gleiche Wellenlänge. Wolfgang stand entschieden weiter links als Alfred, der bei der Vorstellung einer Diktatur des Proletariats außer sich geriet.

Im Marbacher Archiv befindet sich eine ganze Schachtel voller Schulhefte des künftigen Mathematikgenies. Der in Deutschland übliche blaue Umschlag (in solchen Heften findet man auch die ersten schriftstellerischen Versuche des vierzehnjährigen Alfred) war sicher gewählt worden, damit die unvermeidlichen Tintenkleckse nicht so auffielen. In die Mitte war ein weißes Etikett geklebt worden, auf dem mit Tinte geschrieben das Fach stand. Als Gymnasiast hatte Wolf eine Sauklaue, das muss man schon sagen. Schönschreiben und Turnen waren seine schwächsten Fächer. Es besteht ein frappierender Unterschied zwischen der Schrift des Vaters und der des Sohnes. Alfreds Schrift ist elegant (bevor er 1888 von Stettin nach Berlin umzog, hatte er an einem Institut für Kalligraphie Unterricht genommen), die runden und schmalen Striche sind deutlich und schwungvoll gesetzt; man ist an die Handschrift eines Gebildeten aus der Zeit Goethes erinnert, was im 20. Jahrhundert ungewöhnlich ist. Aber bei Wolfgang ist es selbst einem an die Entzifferung der geschriebenen Sütterlinschrift gewohnten Auge unmöglich, sich zu orientieren. Russisch in Buchstaben aus der Keilschrift ist die Vorstellung, die man beim Anblick dieser kilometerlangen nervös hingekritzelten Fliegenbeine noch am ehesten gewinnt. Nach deutscher Bewertung gab es dafür eine Vier. Die Zeugnishefte des Schülers Wolfgang Döblin zeigen für die Jahre 1930 bis 1933 (er machte sein Abitur im März desselben Jahres in den Tagen nach dem Reichstagsbrand, als Alfred Deutschland bereits verlassen hatte) überwiegend die Note »Gut«; in Latein, Französisch und Englisch hat er allerdings »Befriedigend« erhalten. Seltsam ist, dass Mathematik an der Schule nicht Wolfgangs Stärke war. Dagegen war er gut in Geschichte, Zeichnen, Musik und vor allem in Erdkunde, seinem Wahlfach. Seine Vorlieben und intellektuellen Bestrebungen kann man an einer Reihe von Heften erkennen – Überreste seiner Schulzeit, die später als Notizblätter verwendet werden –, die für ihn so wertvoll waren, dass er sie im Augenblick des großen Exodus mit ins Exil nahm. Seine geistige Aufgeschlossenheit, seine Neugier, seine vielfachen Interessen zeigen ihn als humanistischen Schüler der guten alten Tradition. In seinen Heften findet man Notizen über japanische Malerei, über Shakespeare, gleichzeitig auch über aktuelle Ereignisse in Griechenland und auf dem Balkan. Im Laufe der Jahre gewinnen die politischen Besorgnisse Oberhand, aber Wolfgang betrachtet sie nicht aus ideologischer Sicht. Die Wirtschaftsstatistiken interessieren ihn mehr als die Reden; und was die Ideen, auch die des Gegners, betrifft, so bemüht er sich stets – in einem Alter der knappen Bewertungen und der treffsicheren Urteile –, sie in Kenntnis der Sache und auf Texte gestützt zu diskutieren. Ein »blaues Heft« ist voller Notizen über den Sozialismus mit Auszügen aus Werken von Marx und Engels, Lenin, Thälmann und W. Liebknecht; ein anderes über den italienischen Faschismus; ein drittes von 1928 bis 1929 über Sowjetrussland und seine Verfassung (man findet übrigens auch Artikel über die ersten politischen Prozesse); ein viertes, das noch viel aufschlussreicher ist, über Texte der Nationalsozialisten, darunter gleich zu Anfang das erste Kapitel von *Mein Kampf* (vierte Auflage, bemerkt Wolfgang, der wie immer um Genauigkeit bemüht ist).

Peinlich genau ist Wolf auch in seiner Art, das aktuelle Geschehen zu verfolgen. Mit dreizehn Jahren hält er in einem Schulheft das Ergebnis der Abstimmung bei den Parlamentswahlen (die vom Mai 1928) fest und versieht es mit vielen Zeitungsausschnitten, vor allem aus der *Frankfurter* und der *Vossischen Zeitung*, in denen zu lesen ist, wie das Ereignis im Ausland aufgenommen wurde. Ist dies auf Alfreds Einfluss zurückzuführen, dessen politisches Bewusstsein, republikanische Überzeugungen und Engagement im Kampf für die Demokratie bekannt sind? Kann man sich vorstellen, dass der Vater den Sohn auf die Idee gebracht hat, Artikel auszuschneiden und aufzubewahren, die sich mit dem »Weltmarkt für Weizen«, der »Baumwollpolitik« oder dem »Krieg der Kupferproduzenten« beschäftigen, ganz zu schweigen von der »Dattel, dem Reichtum des südlichen Algerien« oder den Statistiken über die Weltproduktion der Rosinen?

Wolfgang scheint ein »politischer Kopf« gewesen zu sein und auf diesem Gebiet seit frühester Jugend ein unabhängiger Geist, stets um objektive Information bemüht. Deshalb ist es umso amüsanter – und faszinierender – festzustellen, dass Vater und Sohn zur gleichen Zeit und mit der gleichen Hingabe jeder für sich die Kunst der Collage und des selektiven Ausschneidens von Zeitungsartikeln betrieben haben: der eine, um durch die Montage das Romanschreiben zu revolutionieren, der andere zweifellos bereits mit dem Hintergedanken, die Statistik für weniger triviale Ziele als das Erstellen von Versicherungsprämien und die Festlegung von Mieten zu nutzen.

Wenn man Wolfgangs Lebenslauf liest, den er etwa im März 1933 verfasst hat, um sich an der Universität einzuschreiben, besteht kein Zweifel mehr daran, dass der Plan, Mathematik und insbesondere Statistik zu studieren, Wolfgang zumindest seit dem letzten Schuljahr vorgeschwebt hat:

»Ich wurde am 17. März 1915 als Sohn des Arztes Alfred Döblin und seiner Ehefrau Erna, geborene Reiß, geboren. Oktober 1921 wurde ich in die Gemeindeschule eingeschult. Ostern 1924 trat ich in die Sexta des Königstädtischen Reformrealgymnasiums ein.

Im Anfang bis zur Tertia war ich ein guter Schüler, meine Leistungen ließen dann allmählich nach, besonders in den fremdsprachlichen Fächern, so daß die Versetzung in die Obersekunda alles andere als glatt war. Wahrscheinlich war die Ursache eine zu zeitraubende Beschäftigung mit der Literatur. Von der Obersekunda an besserten sich dann wieder meine Leistungen und Zeugnisse.

Durch Herrn Urbantzyk wurde ich auf die Baukunst hingewiesen, mit der ich mich dann in der Folgezeit viel beschäftigte. Ich hatte damals die Absicht, Architekt zu werden, gab das aber auf. Auf dem Weg über die Architektur gewann ich Geschmack an der Malerei und Kunstgeschichte, wodurch das Interesse an Musik, Literatur und Baukunst mehr in den Hintergrund gedrängt wurde.

Da ich mich sehr mit Politik beschäftigte, besuchte ich seit Ostern 1931 die Vorlesungen der Schülerabteilung in der Hochschule für Politik und ich beabsichtigte, dort weiter zu studieren und das Diplom der DHP zu erwerben.

Ich habe die Absicht, Mathematik und Volkswirtschaft zu studieren, den Doktor rer. pol. zu machen und mich auf Statistik zu spezialisieren.«

Dieses bisher unbekannte Dokument, das in zweifacher Ausfertigung (eine Rohfassung und eine saubere Abschrift) im Karton Nr. 3 von W. D. im Marbacher Archiv aufbewahrt ist, wirft ein neues Licht auf die Persönlichkeit, die Bildung und die Berufung des Mathematikers Wolfgang Dœblin. Es ermöglicht, die Hypothese[5] auszuschließen, nach der sich Wolfgang erst in Paris, während seines Studiums am Institut Henri Poincaré aus praktischen Gründen, die mit seiner Eigenschaft als Ausländer zu tun hatten, dem a priori die Akademikerlaufbahn verschlossen blieb, der Wahrscheinlichkeitsrechnung zugewandt habe, die damals als Randgebiet galt, abseits des »Königswegs« der Mathematik: Geometrie, Analysis und Zahlentheorie. Es ist eindeutig, dass in Wirklichkeit Wolfs Entwicklung ihn dazu führte, ausgehend von seinem intensiven Interesse für die Statistik, genauer gesagt, für eine wissenschaftliche Sicht der Wirtschaft in Verbindung mit seinen politischen Positionen und seinem persönlichen Engagement, die rein mathematische Forschung zu betreiben.

Wolfs Bild wird in meinen Augen klarer und verändert sich. Der reine Geist, der engelhafte Ödipus, der platonische Betrachter, überlässt den Vordergrund der Szene dem engagierten Intellektuellen, der gepeinigt wird von der Sorge um Objektivität. Seine Gestalt gewinnt in dem Maße an Präsenz, in dem sie an Geheimnisvollem einbüßt; sie wird uns vertrauter, sie wird brüderlicher und weniger tragisch. Ist Wolf ein Opfer? Eher ein Handelnder, ein Aktivist, ein Kämpfer. Wie Georg Büchner, wie Évariste Galois, die ungefähr im selben Alter starben, nicht infolge von Siechtum, sondern weil sie weder ihre Kräfte schonen noch den Rückzug antreten wollten.

(*Nota bene*: Wolf erlebte etwa mit vierzehn oder fünfzehn seine »literarische Krise«. Die Art, in der er darüber berichtet, indem er diese Versuchung mit einer Handbewegung abtut, hat etwas Pikantes, und in diesem Fall hätte Alfred pikiert sein müssen: »Eine zu zeitraubende Beschäftigung mit der Literatur«, schreibt der Sohn, der die Belletristik in der Rangfolge seiner Vorlieben oder zumindest in ihrer zeitlichen Reihenfolge an den Anfang seines Weges zurückversetzt, noch vor die Architektur, die Malerei, die Volkswirtschaft und last but not least die Mathematik ...)

Wann hat Wolf sein großes Interesse für Politik und Naturwissenschaften festgestellt? Ohne es beweisen zu können, tippe ich auf 1929/1930. Ein Anzeichen täuscht nicht: Elf Jahre nachdem er in der Berliner Nikolaikirche nach protestantischem Ritus getauft wurde, erhält er seine Konfirmation (mit Lukas, 11,23 – »Wer nicht für mich ist, der ist gegen mich« – zum Meditieren) am 15. September 1929, und im Jahr darauf wird das Fach »Religion« in seinem Schulheft durchgestrichen. Dieses Zeichen der Befreiung aus der mütterlichen Obhut lässt die Vermutung zu, dass sich Wolfgang zur selben Zeit von der gemäßigten politischen Haltung seines Vaters distanzierte, die den Marxisten als kleinbürgerlicher Anarchismus galt.

Man muss sich vorstellen, was es bedeutet, an einem Berliner Gymnasium – selbst wenn es wie das Königstädtische Reformrealgymnasium in der Elisabethstraße 57–58 im Osten in der Nähe des Alexanderplatzes lag – Positionen aus dem Umfeld der Kommunistischen Partei zu vertreten. Hatten sich seit Alfreds Jugend die Dinge tatsächlich verändert, als sich ein Lehrer im Ruhestand rühmte, im Laufe seiner Schulzeit 911 500 Stockhiebe, 124 000 Züchtigungen mit dem Birkenstock und 223 700 Ohrfeigen verteilt zu haben?[6] Eigentlich nicht, wenn man Wolfgangs Vater glaubt, der sich über den ideologisch reaktionären Inhalt der Schulbücher und zum Beispiel auch über die kaiserliche Fahne empört, die statt der republikanischen über den Gedenktafeln für die Toten des Weltkriegs flattert. In Wirklichkeit hingen die bürgerlichen Eliten in Deutschland, insbesondere die Gymnasiallehrer und Universitätsdozenten in ihrer Mehrheit der alten Ordnung an und akzeptierten weder die Rechtmäßigkeit der Republik noch die Prinzipien der Demokratie. Selbst an der Deutschen Hochschule für Politik in Berlin, die von einer Privatinitiative liberaler Bürger gegründet und für ihre Unabhängigkeit und Aufgeschlossenheit berühmt war (hier konnten sich auch Nicht-Abiturienten und Gymnasiasten einschreiben, wie Wolfgang es 1931 tat), kam es nicht in Frage, marxistische Ideen allzu deutlich zu verbreiten, weil man dafür unter Quarantäne gesetzt oder, schlimmer noch, der Einrichtung verwiesen wurde. Mit dem Aufkommen des Nationalsozialismus verschlechterte sich die Lage, und als die Braunhemden die Hörsäle stürmten, erwies sich die von den Professoren demonstrierte angebliche Neutralität als dramatisch unwirksam, sofern sie nicht als Maske für Rücktritt und Feigheit diente.

Ein blaues Heft[7] enthält den Text des Plädoyers, das Wolfgang in Briefform verfasste und zweifellos im November 1932, nachdem seine erneute Einschreibung abgewiesen worden war, an einen der Referenten des Instituts sandte.

»Sie teilten mir mit, daß Sie glauben, daß ich besser in diesem Semester den Vorlesungen fernbleibe. Der Grund sei der, daß Sie im Lauf des letzten Semesters in steigendem Maße den Eindruck gewonnen hätten, daß ich nicht hier sei, um zu lernen, sondern um Parteipropaganda zu treiben. Parteipropaganda könnte ich schon deshalb nicht treiben, da ich keiner Partei angehöre und da ich nie die Absicht zu einer Parteipropaganda in der Hochschule gehabt habe. Sie sagten, das mache nichts, ich müsse das zugeben, daß ich das aus einer solchen Absicht getan habe. Im übrigen sei schon die Beobachtung von ... gemeldet worden, von Schülern, deren Empfindungen ich beleidigt hatte, von Herrn Studien[st?] Pfilligg, der mir übrigens ... freundlich gesinnt sei, und gebeten habe, daraus keine Folgerungen zu ziehen, und von einem Universitätsprofessor, der der letzten außerordentlichen Diskussionsrunde beigewohnt habe und Ihnen mitgeteilt habe, daß er sich wundere, daß Sie nicht mehr für die Mitte und Rechte eingetreten seien. Der gleichen Meinung seien mehrere Dozenten gewesen und es sei so weit gekommen, daß ein Nationalsozialist in Uniform nach Schluß der letzten Diskussionsstunde Ihnen erklärt habe, wenn – ja, hier weiß ich nicht den ... , den Sie gebrauchen –, dem Sinne nach sicher ist es jedoch, warum ich nicht aus ... [unlesbar] zu werden, dann würden die Nationalsozialisten zu den Diskussionsstunden in Truppen kommen und ihrerseits Parteipropaganda treiben. Wir sagten auch (war das Ihre Meinung oder die der Nazis), daß ich mir in den letzten Diskussionsstunden Verstärkung geholt habe, was ich jeder Grundlage entbehrend zurückweise.

Sie hatten den Nazi dann herausgeworfen, aber natürlich [sei?] es klar, daß ich die Vor ... nicht mehr ... Ich bat sie, mir zu erlauben, die Vorlesungen ... [?]«

Ein dreiseitiger Text »Mein Urteil über den Staat und das Volk«[8] entwickelt den genannten Standpunkt. Wolfgang schreibt, dass man bei den Diskussionen und in den Zeitungen mit dem Begriff »Volk« jongliere, der zwei Bedeutungen einschließe: die soziale Klasse *(demos, plebs)* und die ethnische Gemeinschaft *(Volksgemeinschaft)*. Welche gemeinsamen Interessen haben die besitzende Klasse und das Proletariat? »Klassenkampf und Volksgemeinschaft sind Gegensätze ...«

In ein anderes Heft hat Wolf mit einem Ernst, den man am liebsten deutsch, wenn nicht gar preußisch nennen möchte, wüsste man nicht um seine proletarischen und internationalistischen Überzeugungen, die Titel der Bücher eingetragen, die er in den Jahren 1932/1933 gelesen hat. Da stehen eine Musikgeschichte und Werke über Malerei neben dem *Kapital* von Karl Marx und sein Aufsatz *Zur Judenfrage; Bel Ami* von Maupassant und *Witiko* von Adalbert Stifter neben vielen volkswirtschaftlichen Werken und Rudyard Kipling neben sozialistischen Theoretikern wie Hilferding und Max Adler, *Der Arbeiter und sein Vaterland*.

Als ich den Karton, der die blauen Hefte enthielt, wieder schloss, bemerkte ich, dass eines noch auf dem Tisch lag. Hatte ich es bereits durchgesehen? Ich öffnete es auf gut Glück und stieß auf eine Seite vom 25. Februar 1930, auf der eine Französischübung stand. Die Aneinanderreihung der Sätze klingt so seltsam, dass ich der Versuchung, sie aufzuschreiben, nicht widerstehen kann:

Ich schicke das Mädchen auf den Markt
Du kleidest einen Armen
Er lacht aus vollem Herzen
Wir fliehen nach Frankreich
Ihr erobert das Land
Sie kämpfen mit Mut

| KAPITEL 15 |

»Der Schlachthof in Berlin. Im Nordosten der Stadt zwischen der Eldenaer Straße über die Thaerstraße weg über die Landsberger Allee bis an die Cotheniusstraße die Ringbahn entlang ziehen sich die Häuser, Hallen und Ställe vom Schlacht- und Viehhof.

Er bedeckt eine Fläche von 47,88 ha, gleich 187,50 Morgen, ohne die Bauten hinter der Landsberger Allee hat das 27 083 492 Mark verschluckt, woran der Viehhof mit 7 Millionen 682 844 Mark, der Schlachthof mit 19 Millionen 410 648 Mark beteiligt ist.

Viehhof, Schlachthof und Fleischgroßmarkt bilden ein untrennbares wirtschaftliches Ganzes. Verwaltungsorgan ist die Deputation für den Vieh- und Schlachthof, bestehend aus zwei Magistratsmitgliedern, einem Bezirksamtsmitglied, 11 Stadtverordneten und 3 Bürgerdeputierten. Im Betrieb sind beschäftigt 258 Beamte, darunter Tierärzte, Beschauer, Stempler, Hilfstierärzte, Hilfsbeschauer, Festangestellte, Arbeiter. [...]

Die Eldenaer Straße entlang ziehen sich die schmutziggrauen Mauern, oben mit Stacheldraht. [...]

An den langen Hallen sind Türen, schwarze Öffnungen zum Eintrieb der Tiere, Zahlen dran, 26, 27, 28. Die Rinderhalle, die Schweinehalle, die Schlachträume: Totengerichte für die Tiere, schwingende Beile, du kommst mir nicht lebend raus. Friedliche Straßen grenzen an, Straßmannstraße, Liebigstraße, Proskauer, Gartenanlagen, in denen Leute spazieren. Sie wohnen warm beieinander, wenn einer erkrankt und Halsschmerzen hat, kommt der Arzt gelaufen.

Aber auf der andern Seite ziehen sich die Geleise der Ringbahn 15 Kilometer. Aus den Provinzen rollt das Vieh ran, Exemplare der

Gattung Schaf, Schwein, Rind, aus Ostpreußen, Pommern, Brandenburg, Westpreußen. Über die Viehrampen mähen, blöken sie herunter. Die Schweine grunzen und schnüffeln am Boden, sie sehen nicht, wo es hingeht, die Treiber mit den Stecken laufen hinterher. [...] Sie sind lange getrieben worden, dann gerüttelt in den Wagen, jetzt vibriert nichts unter ihnen [...]

Ein Mann im Leinenkittel wandert durch den Gang [...] Das ist Licht, liebe Schweinchen, das ist Boden, schnubbert nur, sucht, für wieviel Minuten noch. [...] Ihr werdet geschlachtet werden, ihr seid da, seht euch das Schlachthaus an, das Schweineschlachthaus. Es gibt alte Häuser, aber ihr kommt in ein neues Modell. Es ist hell, aus roten Steinen gebaut, man könnte es von draußen für eine Schlosserei halten, für eine Werkstatt oder einen Büroraum [...]. Ich will andersherum gehen, liebe Schweinchen, denn ich bin ein Mensch, ich gehe durch diese Tür da, wir treffen uns drin wieder.

Stoß gegen die Tür, sie federt, schwingt hin und her. Puh, der Dampf! Was dampfen die. [...] Aber dies Quietschen, Röcheln, Klappen, Männerrufe, Fallen von Geräten, Schlagen von Deckeln. [...] Dieser dicke weiße Dampf. [...] Zwei Mann tragen aus dem Nebel was an, an einem Eisenbalken ein ausgeweidetes geöffnetes Tier. Sie heben den Balken an den Laufring. Da schweben schon viele Kollegen herunter, gucken sich stumpfsinnig die Fliesen an. [...]

Ein junger Mann von blasser Farbe, mit angeklebtem blondem Haar, hat eine Zigarre im Mund. Siehe da, das ist der letzte Mensch, der sich mit euch beschäftigt! Denkt nicht schlecht von ihm, er tut nur, was seines Amtes ist. Er hat eine Verwaltungsangelegenheit mit euch zu regeln. [...] Er nimmt seine Zigarre aus dem Mund, legt sie in ein Fach an der Wand, nimmt aus der Ecke ein langes Beil.«[1]

Diese irren Seiten in *Berlin Alexanderplatz*, die ein Bild des neuen Schlachthofs heraufbeschwören, sind wie ein schwarzes Loch. Seinerzeit hat niemand verstanden, was sie im Roman zu suchen hatten. Sie waren zu schlimm, fast unerträglich, vor allem die auf das Opfer eines Kalbs folgenden Seiten, von anderen durch ein »Gespräch mit Hiob« getrennt (Kapitelüberschrift: »Denn es geht dem Menschen wie dem Vieh; wie dies stirbt, so stirbt er auch«). Mehr als ein Kritiker (eine im Allgemeinen abgehärtete Spezies) gaben zu, dass ihnen beim Eintauchen in diese Seiten das Blut in den Adern stockte. Vergessen wir nicht, dass es in den Jahren 1928, 1929 geschah. Aber wir, die wir diese Passagen heute lesen und immer wieder lesen werden, solange es so etwas wie Literatur gibt, können wir umhin, hinter diesen Mauern, diesem Stacheldraht, diesen Schienen, diesem Wasserdampf, hinter diesen Statistiken von Einnahmen und Ausgaben, hinter diesen Umrissen der mustergültigen Angestellten und der Spießbürger in ihren Vorgärtchen andere Mauern, andere Transporte, andere Dämpfe, andere Zahlen, andere Gesichter von gleichgültigen Nachbarn und übereifrigen Beamten durchscheinen zu sehen?

Einige Jahre zuvor bringt der begnadete Zeichner Klemens Brosch, der zu den Nachfolgern von Alfred Kubin und Egon Schiele gehört, eine sehr befremdliche Vision zu Papier: einen Schuh, einen zweiten, einen dritten, einen ganzen Haufen, einen Hügel, einen ganzen Berg Schuhe.[2] Was bedeutet das? Er weiß nichts davon, und wer hätte es ihm – abgesehen von uns, heute – erklären können? Er zögert, ist versucht, das Blatt zu zerknüllen und in den Papierkorb zu werfen, besinnt sich aber und malt noch einen kleinen Mann dazu, der diesen Berg besteigt. *Der wahnsinnige Schuster auf seiner Wanderschaft* nennt er das Bild. Muss man wirklich verrückt sein, um sich so etwas vorzustellen?

Erschütternde Visionen. Manche werden später von schlimmen Vorahnungen, mystischen Inspirationen sprechen. Die Hassidim der Kotzker Schule erzählen, dass ihr Meister Rabbi Menahem-Mendel (derselbe, der jeden Morgen an seinem Werk *Das Buch des Menschen* arbeitete und am Abend die geschriebenen Seiten vernichtete) eines Tages wie besessen aus der Schule rannte, eine Weile umherirrte und dann auf einem freien Feld bewusstlos zusammenbrach. Das geschah in der Mitte des 19. Jahrhunderts, und an der Stelle, an der Rabbi Menahem-Mendel liegen blieb (erzählen die Hassidim von Kotzk), erhob sich ein Jahrhundert später das Konzentrationslager von Auschwitz. Natürlich handelt es sich für Verstandesmenschen nur um äußerst seltene, aber statistisch durchaus mögliche Zufälle;

vielleicht auch noch um nachträgliche und somit trügerische Interpretationen vergangener Ereignisse oder Texte oder sogar nur um reine Erfindungen, die sich nicht als solche ausgeben wie die, aus denen die Mythen gesponnen sind. Dem möchte ich gern entgegnen, dass es dem Leser nicht nur erlaubt, sondern dass er sogar verpflichtet ist, sich des Textes zu bemächtigen, um ihn durch seine Kommentare aufzuklären; dass es für jede Generation unvermeidbar und im Grunde wünschenswert ist, die Schriften der Vergangenheit im Licht ihrer eigenen Sorgen und ihrer eigenen Erfahrungen zu lesen. Man kann im Übrigen sicher sein, dass manche Künstler – oft ohne es selbst zu wissen – eine Art sechsten Sinn oder eine besonders empfindsame Antenne besitzen, mit der sie bestimmte Zeichen vorzeitig empfangen, wie es Tiere gibt, die Erdbeben vorausahnen. Was am Anfang nur Gegenstand einer Intuition war, erhält Form, wenn Intelligenz und schöpferische Vorstellungskraft diese Zeichen bearbeiten. Letzten Endes ist das Werk, das man »visionär« nennt, nur eine Art vergrößernde Brille, die dank der ihm innewohnenden Einbildungskraft gewisse Zeichen einer Veränderung sichtbar macht, die zurzeit den meisten Menschen nicht spürbar sind.

In diesem Fall kann Kunst teilweise mit der politischen Analyse übereinstimmen. Geschichte zu verstehen heißt, die Zeichen zu deuten. Aber dafür muss man erst einmal erkennen, welches von all den Details, die das Gemälde einer Epoche ausmachen, Zeichen setzt. Man muss es aus dem Lärm heraushören, die Ohren anstrengen, um in einem lauten Stimmengewirr einer Unterhaltung folgen zu können.

Eine Kreuzspinne liegt mitten in ihrem Netz auf der Lauer. Sie trägt einen Helm auf dem Kopf, und eine Swastika* schmückt ihre Brust. Dieses Bild[3] ziert das Deckblatt des *Deutschen Reaktions-Almanachs* 1920. Das Hakenkreuz? Schon 1920? Im August dieses Jahres benennt sich die im Januar 1919 gegründete deutsche Arbeiterpartei in »Nationalsozialistische deutsche Arbeiterpartei« um.

* Altindischer Name für das Hakenkreuz.

Aber die Swastika schmückte bereits die Stahlhelme der zu den Freikorps gehörenden Brigade Ehrhardt. Und noch davor machte Liebenfels, der Herausgeber der Zeitschrift *Ostara,* sie zum Emblem der Antisemiten. In diesem Almanach, an dem unter anderem der Satiriker Kurt Tucholsky mitarbeitete, der sich später im Exil das Leben nahm, schreibt Alfred über die im März 1919 in Lichtenberg von den Freikorps veranstalteten Massaker. Später, nach dem Reichstagsbrand und anderen öffentlichen Verbrennungen, schreibt er in einem Brief an Thomas Mann diesen kategorischen Satz: »Hitler war schon jahrelang vor 1933 an der Macht.«[4] »Schimpfe niemand auf Hitler«, schreibt er im Januar 1934 in einem anderen, an den Herausgeber Gottfried Bermann-Fischer adressierten Brief, »[...] er ist der Mann, [...] der für Deutschland paßt, er ist die glatte Fortsetzung von Noske, mit Hitler kehrt die 1918 geschlagene Armee nach Deutschland zurück, was Wilhelm ja nicht wollte, und schlägt die Männer vom Dolchstoß von hinten nieder, ohne Antisemitismus geht das nicht, der Imperialismus ist nach außen durch die Niederlage verhindert, jetzt schlägt er nach innen, das ›Stahlbad‹ des Krieges wird fortgesetzt, gewissermaßen ›innere Stahlspülung‹, natürlich muß es bald wieder zu einer äußeren Aktion kommen, sobald die ›Stählung‹ mit Aufrüstung und Propaganda erreicht ist, und der 1918 nur abgebrochene Krieg wird fortgesetzt, Sie müssen den Versailler Frieden nur als einen erheuchelten Waffenstillstand betrachten, den die Generale für taktisch nötig hielten, die Ententeseite fiel auf den Leim hinein, sie hatten die Wilsonidioten mit dem ›Selbstbestimmungsrecht‹ der Völker bei sich, welches Recht die Deutschen als einen vorzüglichen Posten für sich akzeptierten, – freilich in Deutschland selbst gilt das Selbstbestimmungsrecht nur für die Agrarier, Industriellen und ihre Generäle, deren Handlanger jetzt le bel Adolf ist, die anderen sind in Deutschland als Intellektuelle, Arbeiter und Juden zugelassen –.«[5]

In Alfreds Augen ist Hitler alles in allem Erbe und zugleich Instrument der deutschen Reaktion. Der Nationalsozialismus setzt nur ein bereits vorhandenes Muster fort, macht ein kaum wahrnehmbares erst sichtbar, wie ein Bleistift, mit dem man über eine

Zaubertafel streicht. Einsicht und Einschränkung dieser (radikal linken) Analyse. Döblin hat Recht, wenn er sagt, dass für die extreme deutsche Rechte der Übergang schon 1919 und nicht erst 1933 stattgefunden hat. Aber nicht das Verbrechen macht den Nazismus aus, sondern sein Ausmaß, sein systematischer, axiomatischer, grundlegender Charakter. Auch der Antisemitismus ist nicht mehr emotional, sondern »wissenschaftlich« und »total«. Die Endlösung war der neue Gesellschaftsvertrag für das deutsche Volk. Kann man sich denn vorstellen, dass die Allegorien in *Mein Kampf* keine waren, dass das, was man für Metaphern, für bildliche Ausdrücke (»Juden, ab in den Ofen!«) hielt, die wörtlich und ernst zu nehmenden Halluzinationen eines Wahnsinnigen waren? Kann man sich denn vorstellen, dass dieser Axolotl – dessen »Augen des Neugeborenen« Frankreichs Botschafter in Berlin, André François-Poncet, in einem Text beschrieb, der den Leser erzittern lässt – keine Vorstellungskraft besaß? Kann man sich die krankhafte Macht, die giftige Wirkung dieses Blicks wirklich vorstellen: den Zerfall des Verstands, die Auflösung des Bewusstseins, diese kollektive Immuno-Depression eines »versklavt[en] und führungsbedürftig[en]«[6] Volkes, das bekanntermaßen nicht zu seinem Glück, sondern zur Unterwürfigkeit, zum absoluten Gehorsam gegenüber der Autorität erzogen wurde?

Das bringt uns zum Berliner Schlachthof zurück, zum Ansehen und zum Elend der Literatur, die immer zu viel und dennoch zu wenig sagt, die übertriebene Metaphern heraufbeschwört und sich dabei schuldig macht, indem sie ihrem Sujet weit unterlegen ist. In einem gewissen Sinne hatte Alfred Döblin Glück, dass er den Großteil seines Werkes vor der Offenbarung von Auschwitz schreiben konnte. Und ich wage zu behaupten, dass auch Wolfgang Glück hatte, in der Grenadieruniform der französischen Armee im Krieg zu sterben. So oder so war er verloren, hatte er da nicht Recht, sich zu töten, um nicht »dort« als Gefangener zu sterben? Mir scheint, wir können seine Geschichte mit etwas mehr Gelassenheit erzählen, indem wir die gegebenen Grenzen des Berichts einhalten. Eine menschliche Tragödie am Rande des Unbeschreiblichen, aber eben nur am Rande, die aber trotz allem noch zu *unserer* Welt gehört, zeitlich ganz knapp, eine Frage von Tagen.

Wie haben die Kinder den Aufstieg des Nationalsozialismus erlebt, im Berliner Osten, wo nicht das Bürgertum, sondern die Arbeiter und viele osteuropäische Juden lebten, in der Nähe vom Alexanderplatz und vom Königstädter Gymnasium? Claude und Stephan haben mir versichert, dass die »Judenfrage« für die Familie nicht auf der Tagesordnung stand. Erna hatte sich wie viele Berliner und Berlinerinnen »mosaischer« Abstammung völlig integriert und sprach dieses heikle Thema sowieso nicht freiwillig an. Was man von Alfred nicht behaupten kann, der sich mindestens zweimal in seinem Leben – zuerst in den zwanziger Jahren und später in Paris bis etwa 1937, 1938 – intensiv mit den Traditionen des jüdischen Volkes und den Möglichkeiten seiner territorialen Wiederverwurzelung beschäftigt hat. Es ist also zu vermuten, dass der Schriftsteller und Familienvater diese Sorge wie das Geheimnis eines verborgenen Gartens für sich behielt (was zweifellos auch mit der Rolle seiner heimlichen Muse Yolla Niclas zu tun hatte). Ob sie nun bekennende, konvertierte oder gleichgültige Juden waren, wann und wie wurde den beiden von den Werten des europäischen Humanismus geprägten Generationen der Familie Döblin die Bedrohung bewusst, die vom Aufstieg des kleinen österreichischen Anstreichers und seinen Handlangern, die die Straße eroberten, für die Republik, für Deutschland und für ihre eigene Existenz ausging?

Diese Frage ist nicht leicht zu beantworten, wenn man bedenkt, dass sich Hitlers Gestalt in Alfreds Augen und in der Wahrnehmung der liberalen und progressiven Intelligenz nur langsam aus dem Nebel der reaktionären, nationalistischen, militaristischen und antisemitistischen Kräfte löst, die bereits seit den ersten Tagen der Republik in Berlin und anderswo am Werk waren. Dasselbe Gesindel, das in der SA marschierte, bildete bereits einen großen Teil der Truppen der Freikorps. Ein Schöngeist wie Ernst Jünger könnte Gœbbels noch etwas vormachen, wenn er in seinem Aufsatz *Die totale Mobilmachung* die Kämpfe der Artillerie mit dem »präzisen Arbeitsgang einer mit Blut gespeisten Turbine«[7] vergleicht. In Ermangelung von Versuchsaffen impft ein Venerologe in Breslau Kinder mit dem Krankheitserreger der Syphilis.[8] Am 5. November 1923, fünfzehn Jahre vor der Kristallnacht, finden zwischen Alex und Stettiner Bahnhof, in der Gollnowstraße, im Viertel zwischen der Grenadierstraße und der Dragonerstraße die ersten Pogrome statt.

Eine kleine, aber typische Demonstration des Zeitgeists: Am 15. Januar 1926 stören Hakenkreuz tragende Studenten mit dem Ruf »Juden raus!« die Darmstädter Premiere von *Lusitania,* einem Theaterstück, das Alfred sechs Jahre zuvor geschrieben hatte. Das scheint nicht mal in den Augen des betroffenen Dramaturgen auszureichen, Hitler ernst zu nehmen, womit wir auf einen der paradoxen Gründe für seinen Erfolg kommen: Der vulgäre, groteske, ja fast clowneske Charakter des Agitators ließ ihn lange Zeit wenn schon nicht harmlos, so doch zumindest eher originell als gefährlich erscheinen. »Dumm und böse« wie er schien, entschärfte der Nationalsozialismus die Kritik der Intellektuellen, die eher und besser darauf vorbereitet waren, klar erkennbare Feinde zu bekämpfen: Leute wie ausgerechnet Ernst Jünger oder den italienischen Futuristen Marinetti – als Politiker, Mussolinis Faschismus oder einfach die gute alte monarchistische und reaktionäre Rechte des Stahlhelms und der Deutschnationalen Volkspartei des Pressemagnaten Alfred Hugenberg ... Claude Doblin erinnert sich, dass er die Turnübungen unter Absingen martialischer Lieder und die Braunhemden auf dem Tempelhofer Rasen eher als lächerlich empfunden hat. Niemand, sagt er, hatte vor diesen dickbäuchigen Maulhelden Angst. Manche Nazis waren sogar ziemlich umgänglich wie dieser Englischlehrer zum Beispiel, der sehr wohl wusste, mit wem er es zu tun hatte und dem Sohn des »Linke Poot« dennoch regelmäßig die besten Noten gab.

Teilte Wolf, der Rebell, die in linken Kreisen weit verbreitete Meinung, dass der Nationalsozialismus eine Luftblase, sein Erfolg nur ein Strohfeuer und Hitler eine schlechte Marionette in den Händen des Großkapitals sei? Im Gegenteil. Alles lässt darauf schließen, dass er den Nationalsozialismus sehr ernst nahm, und zwar schon vor Februar 1933. Man findet in der Argumentation des »Plädoyers von Marbach« die Spuren dafür, wie der aufmerksame Schüler – gewohnt, sich nichts von seinen Lehrern erzählen zu lassen, was er nicht kritisch geprüft hätte – jahrelang die alltäglichen antisemitischen Äußerungen zur Kenntnis nahm, die Aufschluss darüber gaben, in welchem Maße der Lehrkörper angesteckt war. So wurde zum Beispiel der Marxismus mit der – jüdischen – Abstammung des Autors des *Kapitals* erklärt, eine (wenn man Ansicht und Einstellung von Marx zur »Judenfrage« bedenkt, im Übrigen absurde) Reduzierung, die einer unwiderruflichen Verurteilung gleichkam ...

Wolfs wissenschaftliche, objektive Denkweise des zukünftigen Mathematikers hinderte ihn vermutlich daran, den Illusionen zu erliegen, denen sein Vater über die »Macht der Intellektuellen« nachhing. Selbst auf die Gefahr hin, die Rolle der Kassandra zu spielen so wie später, im September 1938, als er fürchtete, der Krieg könne jeden Tag ausbrechen und die deutsche Luftwaffe Paris bombardieren und die ganze Familie (gegen Alfreds Willen) davon überzeugte, in Dinard, wo sie ihre Ferien verbrachte, in Sicherheit zu bleiben, statt in die Hauptstadt zurückzufahren ...

Ist es Zufall, dass einer der beispielhaften intellektuellen Antifaschisten, Emil Julius Gumbel – Jude, Sozialist, Gründer der Deutschen Liga für Menschenrechte und Professor an der Universität Heidelberg –, nicht nur Mathematiker, sondern auch Statistiker und in dieser Disziplin Spezialist für die so genannte »Extremwertstatistik« war? Von 1921 bis 1932 stellte er akribische Recherchen über die Verantwortlichen für zahlreiche Attentate und politisch motivierte Ausschreitungen der Revolutionszeit an und brandmarkte die Justiz, die mit allen Mördern der politischen Rechten nachsichtig umging, während Täter aus Arbeiterkreisen mit größter Strenge bestraft wurden. 1932, noch bevor die Nazis die Macht ergriffen, wurde er all seiner Ämter enthoben und auf Betreiben der Braunhemden und des mitterechts stehenden Professorenlehrkörpers von allen deutschen Universitäten verbannt. Hat Wolfgang im Winter 1933/1934 seine Vorlesungen am Institut Henri Poincaré in Paris besucht? Seiner deutschen Staatsbürgerschaft enthoben, erwarb Gumbel 1939 die französische, nachdem er mehrmals von den Behörden wegen seiner politischen Aktivitäten abgelehnt worden war. Schließlich gelangte er auf demselben Weg wie die Familie Döblin, über Portugal, in die Vereinigten Staaten. Eine Verbindung, die wahrscheinlich zu ihren Lebzeiten nie bestand, vereint die beiden Männer. Gumbel hat nach dem Krieg Wolfgangs Manuskripte in die Vereinigten Staaten geholt, und zwar auf Bitten des kroatisch-deutsch-amerikanischen Wahrscheinlichkeitsmathematikers Vilim, alias Willibald, alias Willy und schließlich William Feller, der einen Briefwechsel mit Fréchet führte. Durch ihn gelangten die auf Französisch in unauffindbaren Zeitschriften aus Brno, Bukarest, Athen, Stockholm oder Lemberg veröffentlichten Artikel wohlbehalten in die Hände seiner Kollegen Joseph Doob und Kai Lai Chung; aber das ist eine andere Geschichte ...

Um auf Alfred zurückzukommen: Die letzten Berliner Jahre inmitten der großen menschlichen Tragödie der dreißiger und vierziger Jahre trugen die Zeichen einer weiteren, kleineren Tragödie. Sie zeigt, wie wirkungslos der Verstand angesichts all der Erbärmlichkeit war. Der Schutzverband Deutscher Schriftsteller (SDS), die Gruppe 1925, der Verband Deutscher Erzähler (VDE), die Preußische Akademie der Künste – ist es die Mühe wert, alle Institutionen aufzuzählen, in denen Doktor Döblin und seine linksintellektuellen Kollegen vergebliche Anstrengungen am Krankenbett einer vom Krebs befallenen Kultur und einer im Sterben liegenden Republik unternahmen? So wie die Münchener Räterepublik 1919 in Ermangelung einer selbstbewussten und entschlossenen Arbeiterklasse am Ende nur noch von einer Hand voll jüdischer Journalisten und Dichter, die keiner las, unterstützt wurde, so waren die letzten Verteidiger einer sozialen Demokratie angesichts der Diktatur politisch völlig isoliert und ausgeschlossen aus einem sterbenden Parteiensystem und einer hypnotisch erstarrten Gesellschaft, die innerlich zu allen Kapitulationen bereit war. Der absurde sektiererische Kurswechsel der Kommunistischen Partei Deutschlands zu der auf dem sechsten Kongress der Komintern 1928 festgelegten Strategie verhinderte in der Folge eine Zusammenarbeit der marxistischen, den Sowjets zu Gehorsam verpflichteten Intellektuellen mit ihren Weggefährten aus dem »bürgerlichen« Lager, zu dem *Die Linkskurve*, die Zeitung des Bundes proletarisch-revolutionärer Schriftsteller, auch Alfred Döblin rechnete und den Autor von *Berlin Alexanderplatz* der Schmach preisgab.

Diesem hatte der bolschewistische Militarismus und der in der UdSSR herrschende Staatskapitalismus nie gefallen, und er zog sich wie viele andere deutsche Intellektuelle vor ihm in die Utopie einer neuen, in den Farben des Sozialismus gemalten »Gelehrtenrepublik« zurück. »Die Jugend braucht Führer«, schreibt ein Unterprimaner an Alfred, »und sie wünscht sich auch welche, aber wo sind Führer. [...] Wenn die Jugendlichen keinen geistigen Führer gefunden haben, treten sie in militärisch organisierte Vereine ein, und freuen sich strammzustehen. [...] Es darf nicht heißen ›Wissen und Verändern‹ sondern Helfen, Helfen zum Wissen [...]. Helft uns, daß wir den Weg finden (nicht daß wir abweichen, denn wir haben ihn noch nicht gefunden)!!«[9]

Man stelle sich Alfreds Reaktion auf diese Zeilen vor, sein Gefühl, sich seiner Verantwortung, aber auch seiner Ohnmacht bewusst zu sein, seine Wut bei der Vorstellung, die in ihn gesetzte Hoffnung enttäuschen zu müssen. »Sie müssen mich kennen, wie ich bin, ein vollkommen privater Mensch«, schreibt er an einen anderen Brieffreund, den zukünftigen Kunsthistoriker Gustav René Hocke. »Wenn Sie mich irgendwo treffen würden, würden Sie mich bestimmt übersehen. [...] Halten Sie mich nicht für einen Propheten oder Posaunenbläser; eine Fahne trage ich bestimmt nicht.«[10]

Bestand das Übel, unter dem die deutsche Jugend in diesen letzten Jahren der Freiheit litt, gar nicht darin, keinen Führer zu haben, sondern in dem so dringlich und fieberhaft geäußerten Bedürfnis, einen zu finden?

Ein Bild wie von Chaplin: der Sohn eines Damenschneiders aus Stettin, ein Meter sechzig groß, dicke runde Brillengläser wegen der Kurzsichtigkeit, als geistiger *Führer*, Guru einer Gesellschaft aus Einsiedlern mit beschränkter Haftung ...

In der Akademie beschießen sich Demokraten (Döblin, Loerke, Heinrich Mann, Jakob Wassermann, Ricarda Huch ...) und reaktionäre Anhänger einer nach Misthaufen stinkenden Blut- und Boden-Literatur gegenseitig mit dem Blasrohr. »Ars militans [...] Die Kunst ist aber nicht heilig, und Kunstwerke dürfen verboten werden«, schrieb Alfred, der Meister der streitbaren Ironie. »Wir wollen ernst genommen sein. Wir wollen wirken, und darum haben wir – ein Recht auf Strafe.«[11]

Die geschichtlichen Abläufe sind bekannt und auch, dass Döblins Forderung weit über seine Erwartungen hinaus erfüllt wurde.

23. Januar 1930: In Thüringen wird ein Nazi, Wilhelm Frick, Innenminister.

29. April: Döblin setzt sich als Mitglied des Kuratoriums des Frankfurter Goethe-Preises dafür ein, dass die Auszeichnung Sigmund Freud verliehen wird.

14. September: Bei den Parlamentswahlen bekommt die Nationalsozialistische Partei 107 Sitze.

29. September: Döblins von Brecht inspiriertes Theaterstück *Die Ehe* wird in München uraufgeführt, nach zwei Wochen jedoch wegen »kommunistischer Propaganda« verboten. Am 11. Dezember wird der nach einem Roman von E. M. Remarque gedrehte Film *Im Westen nichts Neues* verboten.

5. Januar 1931: Der Bankier Schacht und der Industrielle Thyssen treffen sich mit Adolf Hitler. Die »Heimatdichter« verlassen die Preußische Akademie der Künste, um gegen die Haltung ihrer Berliner Schriftstellerkollegen zu protestieren.

28. März: Kanzler Brüning (Zentrum) hebt die verfassungsmäßig garantierten Freiheiten auf.

11. Oktober: Allianz zwischen dem Stahlhelm, der Deutschnationalen Volkspartei und den Nazis – »Harzburger Front«.

Februar 1932: Alfred Döblins Lesetournee durch die Schweiz; Vorlesung an der Universität Zürich über *Berlin Alexanderplatz*.

31. Mai: Hindenburg, am 10. April (gegen Adolf Hitler) zum Reichspräsidenten wiedergewählt, erklärt von Papen zum Reichskanzler.

31. Juli: Parlamentswahlen. Sieg der Nazis, die 230 Sitze bekommen.

August: Die Familie Döblin verbringt die Ferien auf der dänischen Insel Bornholm. Den ganzen Sommer lang heftige Konfrontationen zwischen Nazis und Linken.

30. August: Hermann Göring wird zum Reichstagspräsidenten gewählt.

6. November: Neuwahlen. Die NSDAP verliert 34 Sitze.

30. Januar 1933: Von Papen drängt Hindenburg dazu, Hitler mit der Regierungsbildung zu beauftragen.

Noch 1931 spielte Alfred die Bedeutung der von den Nazis errungenen Erfolge herunter: »Es ist möglich, daß die Bewegung sich eine Zeit hält«, schreibt er, »sie wirkt günstig, indem sie die Gegenbewegungen stärkt.«[12]

Welche Bewegung? Jetzt ist es die Sozialdemokratische Partei, die die am 11. Juni 1931 von den Kommunisten vorgeschlagene Allianz ablehnt.

Alfred Döblins Wirkungsradius wird enger. In seiner neuen Wohnung, Kaiserdamm 28, im Westen der Stadt, weit vom Alexanderplatz, trifft sich jeden Donnerstagabend ein kleiner Kreis vertrauter Freunde, die versuchen, eine Diagnose zu stellen und die Welt neu zu gestalten. Zu diesen Getreuen gehören der Lyriker Oskar Loerke, der Verleger Gottfried Bermann, der Musiker Viktor Zuckerkandl, Studenten, Journalisten, fast alle sind Juden, fast alle sind Linke, abgesehen vom »national-revolutionären« Harro Schulze-Boysen, dem zukünftigen Dirigenten der »Roten Kapelle«, und ein oder zwei Mitgliedern des romantisch-faschistoiden Jungdeutschen Ordens, der kurzfristig mit der ehemaligen demokratischen

Partei Rathenaus verbündet war ... Hat Wolf an diesen Diskussionsrunden teilgenommen? Es muss eine unwirkliche Weltuntergangsstimmung geherrscht haben, eine Mischung aus Betriebsamkeit und Niedergeschlagenheit, eine Überreiztheit ohne Zweck und Ziel. Ein Zeuge beschreibt diese Abende als sehr lang, ernst und anstrengend; ein anderer erinnert sich: »Sicher kam bei den Diskussionen nicht viel heraus.«[13] Wie hätten sie auch anders sein können. Mit einer gewissen Bitterkeit stellte Alfred im Juli 1932 fest, dass es zwecklos gewesen wäre, zu einem Zeitpunkt, zu dem das Land in einen Bürgerkrieg versank, ein Manifest zu erstellen. »Deutsche Katastrophe«, schrieb er einige Monate davor an seinen Akademie-Kollegen Wilhelm von Scholz. »Dabei haben wir, – in *einer* Linie von Luther, Goethe, Hölderlin, Nietzsche – das Wissen, die Tradition und die verankerten Leitgedanken da! Nein. Die Gasse beschämt uns. Ich kann Sie nicht genug versichern, wie mich diese entlarvende Situation entsetzt. Wäre ich jung, würde ich auswandern. – Aber, – wir kämpfen weiter!«[14]

Von da ab ging die Initiative vom gegnerischen Lager aus. Vorbei waren die Zeiten, da Alfred Döblin und Heinrich Mann unter der Ägide der Berliner Akademie und des sozialdemokratischen preußischen Erziehungsministers die Geschichtsbücher im Geist der Aufklärung überarbeiteten, um die Schüler zu freien Bürgern und nicht zu Untertanen zu erziehen. Am 15. Februar 1933, zwei Wochen nach Hitlers Amtsantritt als Reichskanzler, werden Heinrich Mann und Käthe Kollwitz aus der Akademie ausgeschlossen, weil sie einen internationalen Aufruf zum Aktionsbündnis aller Sozialisten und Kommunisten unterschrieben hatten. Döblin protestiert, bereitet mit seinen Freunden einen Gegenangriff vor, man diskutiert ein wenig zu lange, die Zündschnur wird feucht und die Rakete zündet nicht mehr.

Am 25. Februar feiert Berlin seinen letzten Fasching vor der allgemeinen Auflösung. Zeugen haben die Atmosphäre beschrieben, die in den Ballsälen herrschte: fröhlich lärmend, aufgeheizt und sinnlich und, wie bei allen Berliner Faschingsbällen, unabdingbar erotisch. Die jungen Mädchen erinnerten ein wenig an die Schauspielerin Elisabeth Bergner. Und wem ähnelten die Jungen? Und wo war Wolf an jenem Abend? Sebastian Haffner berichtet, dass er das Gefühl hatte, auf einem schwer schlingernden Schiff zu sein, auf dem getanzt wurde, während die Braun- und Schwarzhemden auf der Lauer lagen und die Tschakos und blauen Uniformen der Schutzpolizei ablösten. Er selbst behauptet von sich, das Angesicht des Todes gesehen zu haben: »[...] seine Zähnchen standen klein, spitzig und böse da, wie bei einem Raubfisch. Und fischig war das ganze blonde und blasse Gesicht [...] mit toten, wäßrigen, farblosen Augen, farblosen Haaren, farbloser Haut [...]. Sehr nordisch, das mußte man zugeben, aber freilich durchaus kein Menschengesicht mehr, sondern etwa das Gesicht eines Krokodils. Ich schauderte. Ich hatte das SS-Gesicht gesehen.«[15]

Zwei Tage später stand der Reichstag in Flammen.

| KAPITEL 16 |

»Morgens um neun hörte ich am Radio: Der Reichstag sei in Brand gesteckt worden; das Feuer habe gelöscht werden können; es sei gelungen, einen der Verbrecher an Ort und Stelle zu ergreifen; es handele sich um ein kommunistisches Attentat – eine unerhörte Untat, die sich gegen das deutsche Volk richte, und so weiter. Ich stellte den Apparat ab. Mir fehlten die Worte. Ich war allerhand vom Radio und seinen jetzigen Beherrschern gewöhnt: das war die Höhe. Offenbar war der Reichstag wirklich angesteckt worden [, –] von den Kommunisten? Solchen faustdicken Schwindel wagte man anzubieten. Man muss ›Cui bono?‹ fragen; wem nützte die Brandstiftung? Die Antwort lag auf der Hand.«[1]

Mit diesen Worten beginnt Alfred Döblin 1946 die Umstände zu beschreiben, unter denen er Deutschland verließ. Die übliche Bezeichnung Emigration ist in seinem Fall völlig unangebracht. Ebenso das Wort Exil, das angesichts dieser überstürzten Flucht einen viel zu sanften, beinahe wehmütigen Klang besitzt. Es scheint, als habe der von Natur aus eher misstrauische Schriftsteller, der in letzter Zeit pessimistischer war, als er zugeben wollte, die ihm drohende Gefahr nicht sofort erkannt. Glücklicherweise reagierte er sehr schnell, nachdem ihm der Ernst seiner Lage bewusst wurde. Mehrere Freunde – er sagt nicht welche, aber das Telefon hört nicht auf zu läuten – warnen ihn, dass er schon in den nächsten Stunden festgenommen werden könne. Es gibt Listen, sagt man. (Tatsächlich werden noch am selben Tag kraft einer Notverordnung viertausend Verdächtige inhaftiert. Der preußische Innenminister Göring brauchte sich nur zu bedienen, die Weimarer Republik hatte ihm die Arbeit abgenommen, die Listen waren fertig.) Gegen Abend steht der Entschluss fest: Alfred wird allein wegfahren, für ein paar Tage, nur um die Lage einschätzen zu können und bestenfalls den Sturm vorüberziehen zu lassen. Besucher kommen, erzählt er, es gibt Tränen; war Yolla gekommen, um sich von ihm zu verabschieden? Er lachte, jedenfalls behauptet er das, und unmöglich ist es nicht. Die Tatsache, von der Geschichte eingeholt zu werden und nach all der in Angst vor den Ereignissen verbrachten Zeit endlich etwas tun zu müssen, kann durchaus eine solche Euphorie erzeugen.

Alfred verlässt also am 28. Februar 1933 gegen acht Uhr abends mit einem kleinen Koffer in der Hand seine Berliner Wohnung, ohne zu ahnen, dass er den Alexanderplatz und Deutschland erst zwölf Jahre und fünfzig Millionen Tote später wiedersehen würde. Er wird seinen zweiten Sohn verloren haben, der zunächst in Berlin bleiben muss, um sein Abitur abzulegen – in welcher Verfassung, kann man sich gut vorstellen. Nun folgt die romanhafteste Episode im Leben des Schriftstellers, bei der man kaum glauben mag, dass es sich um keine literarische Erfindung handelt. (Aber wenn es eine Zeit gibt, in der die Wirklichkeit die Fiktion einholt, um diese abgenutzte Wendung zu gebrauchen, dann ist es die Epoche des Dritten Reichs, in der das Leben unzähliger antifaschistischer Exilanten voll unvorhergesehener Zwischenfälle ist.) Vor der Haustür am Kaiserdamm 28 steht sich ein Nazi mit Zivilmantel über der Uniform die Beine in den Bauch und starrt auf das Praxisschild von Doktor Döblin. Als Alfred das Haus verlässt, erkennt der Mann ihn und folgt ihm auf dem Fuße. Auf dem Bahnsteig der U-Bahn ist er immer noch da; der Zug hält, der Mann steigt in denselben Waggon ein wie Alfred und steigt auch wie er am Gleisdreieck aus, um ihn weiter zu verfolgen. Die folgende Szene scheint aus einem Spionagefilm zu stammen: Ein überfüllter U-Bahn-Zug hält und leert sich; im Gedränge gelingt es Alfred, der Überwachung seines Verfolgers zu entkommen, er stürzt eine Treppe hinunter und springt an einem anderen Bahnsteig auf den nächsten abfahrenden Zug auf. Potsdamer Platz, Möckernbrücke: Auf dem Umweg erreicht der Fliehende sein Ziel, den Anhalter Bahnhof. Der Zug nach Stuttgart fährt um zweiundzwanzig Uhr ab. Alfred bekommt einen Platz im Liegewagen. Die Fahrkarte wird er zwölf Exiljahre lang in seiner Brieftasche aufbewahren.

Am nächsten Tag erreicht er Überlingen am Bodensee, wo er die Nacht im Hotel Hecht verbringt, um am übernächsten Tag bei Kreuzlingen die Grenze zu passieren (im Auto, schreibt er; zu Fuß über eine unbewachte Wiese, sagt Robert Minder). Am Vortag hat er mit einer sibyllinischen Botschaft seinen Kollegen Ludwig Binswanger benachrichtigt, einen anerkannten Psychiater, der in der Nähe ein Sanatorium leitete. »Berlin ließ mich mit seiner zuletzt sehr großen Unruhe nicht mehr arbeiten. Aber ich wollte Ihnen sowieso einmal ›guten Tag‹ sagen, und dann wollte ich Sie fragen, da mir solch ›Hotel‹ nicht sonderlich behagt, ob für einen menschlichen Preis Sie in Ihrem Sanatorium mich für 8–10 Tage (dann muss ich retour) beherbergen können. Ich bin tout seul.«[2]

Was wäre Alfred Döblin passiert, wenn er nicht rechtzeitig hätte fliehen können? Sein literarischer und politischer Bekanntheitsgrad war nicht so groß, dass er zu den bedeutendsten Feinden der neuen Machthaber gehört hätte; im Gegensatz zu Heinrich Mann, Lion Feuchtwanger, Ernst Toller oder Kurt Tucholsky erscheint sein Name nicht auf der am 23. August 1933 im *Reichsanzeiger* veröffentlichten Liste der Intellektuellen, denen die deutsche Staatsbürgerschaft aberkannt wurde. Aber man kann sich vorstellen, was ihm geschehen wäre, wenn er durch ein Missgeschick oder durch eine plötzliche Handlungsunfähigkeit in die Hände der Nazi-Schergen gefallen wäre, in die des unbekannten Verfolgers in der U-Bahn oder eines x-beliebigen derselben Sorte. Das Schicksal von Carl von Ossietzky, Herausgeber der Zeitschrift *Die Weltbühne*, und erst recht das von Erich Mühsam, anarchistischer Dichter und ehemaliges Mitglied der Münchener Räterepublik, sind erschreckende Beispiele dafür, dass Hitlers Grausamkeiten nicht erst 1938 oder 1941 in vollem Umfang ausgeübt wurden: Der Horror der Konzentrationslager beginnt bereits in den ersten Märztagen 1933, wenn auch nur für einzelne Inhaftierte und noch nicht für ganze

Bevölkerungsgruppen. Nur wenige Stunden früher hätte auch Erich Mühsam seinen Henkern entkommen können. Doch er sorgte sich um seine Haustiere und verpasste die letzte Fluchtmöglichkeit, wurde festgenommen und eingesperrt, erst in Berlin, dann in verschiedenen Konzentrationslagern, zuletzt in Oranienburg. Monatelang gefoltert und verstümmelt, erst durch die SA und später durch die SS, fand man ihn in der Lagerlatrine aufgehängt, seine Ermordung wurde als Selbstmord ausgelegt.

Die Briefe, die Alfred in den Tagen nach seiner Abreise an seine in Deutschland gebliebenen Bekannten schreibt, verraten seine Unruhe und vor allem seine Sorge um die Lage in Berlin und seine eigene Zukunft. Schon am 3. März treffen Erna, Peter, Klaus und Stefan bei ihm in Kreuzlingen ein; Wolfgang bleibt allein in Berlin zurück, und was Erna von den Übergriffen der Nazis an den Tagen nach dem Reichstagsbrand erzählt, ist nicht dazu angetan, den Schriftsteller bezüglich des Schicksals seines Sohnes zu beruhigen. Hinlänglich bekannt als Dickkopf und Sympathisant der Marxisten hatte Wolf allen Grund, sich so klein wie möglich zu machen, bis er das Abitur in der Tasche hatte, das er in welchem Land auch immer brauchen würde, um an einer Universität studieren zu können. Mit verdeckten Karten spielen, den Mund halten, keine Aufmerksamkeit auf sich ziehen: Diese Haltung lag ihm überhaupt nicht, wie all jene, die ihn im Exil kennen lernten, *a posteriori* oft betonten. (Allein die Lektüre des »Marbacher Plädoyers« überzeugt uns davon, dass der junge Wolfgang nicht zu denen gehörte, die mit ihrer Meinung hinter dem Berg halten, selbst auf die Gefahr hin, sich angesichts der Halbherzigen und der etablierten Autoritäten zu schaden.) Als linker Jude im März 1933 in Berlin sein Abitur zu machen war sicher eine ausgezeichnete Übung für ein Leben im Untergrund. Seine Vorsicht war zweifellos die wichtigste Ursache dafür, dass Wolf später im Leben nicht nur seine Arbeiten, sondern auch seine Vergangenheit und – während seines Militärdienstes von der Mobilisation bis zum Krieg – sogar seine Identität geheim halten konnte. Einmal ganz abgesehen von der Wesensverwandtschaft zwischen Mathematik und Geheimschrift auf der Basis der Ziffern.

Erstaunt es nach alldem noch, dass Wolf die Möglichkeit des »versiegelten Umschlags« gewählt hat, um sein Manuskript zu schützen; oder dass er die letzten Seiten des Theorems von Givet (wie es scheint) verschlüsselt hat, bevor er sie seinem Bruder Peter nach Philadelphia schickte ...

Auch Alfred muss List und Vorsicht beweisen, selbst auf die Gefahr hin, in den Augen nachträglicher Kriegsbefürworter kleinmütig zu erscheinen. Sein Hab und Gut, seine Praxis, seine Möbel sind »auf der anderen Seite« geblieben, und als Wolfgang im April zu seinen Eltern nach Zürich kommt, müssen Peter und Klaus die Grenze wieder in anderer Richtung überqueren; der eine, um seine Schriftsetzerlehre, der andere, um sein am Herder-Realgymnasium begonnenes Schuljahr zu beenden. »Lieber Loerke«, schreibt Alfred am 4. März an seinen Studienfreund, »ich habe wegen der schlechten Witterung in Norddeutschland für eine kleine Zeit Berlin verlassen [...].«[3] »[...] ich konnte, wie ich ahnend voraussah, am Donnerstag voriger Woche nicht mehr zu Hause sein«, schreibt er am 9. März an einen anderen Freund. »Sehr würden Sie mich jetzt verbinden, wenn Sie mir gleich schrieben, wie es geht, – ich möchte bald, vielleicht in 2 Wochen, wieder nach Hause [...].«[4]

Zweifelte Alfred am Ernst der Lage? Oder versuchte er vielmehr Gerüchte zu streuen, um den Zorn der Nazis nicht auf sich zu ziehen, sondern Zeit zu gewinnen, seine Angelegenheiten zu regeln und seine Kinder endgültig im Ausland in Sicherheit zu bringen? In seinem Rücktrittsschreiben, das er am 18. März an den Präsidenten der Berliner Akademie richtet, bagatellisiert er sein politisches Engagement und betont scheinbar ungeschickt, in Wahrheit jedoch ziemlich hintersinnig, seine jüdische Abstammung (die in den Augen der Nazis ein unüberwindbares Hindernis war). Im gegebenen Zusammenhang war es zweifellos gefährlicher, als politischer Gegner erkannt zu werden, denn als rassisch untragbar zu gelten, das Schlimmste war jedoch, beides gleichzeitig zu sein, worauf die Todesstrafe stand. Dieses für den normalen Nazi viel zu spitzfindige Vorgehen hinderte die neuen Machthaber nicht daran, Alfred Döblin auf die Liste der Autoren zu setzen, die es verdienten, ihre Bücher am 10. Mai 1933 öffentlich verbrannt zu sehen. So blieb ihm die Beleidigung erspart, die Oskar Maria Graf zuteil wurde, der ein ebenso sozialistischer wie bayerischer Schriftsteller war und dessen Werke (vielleicht ihrer Titel wegen?) zunächst der Anprangerung durch die Nazis entkamen, weil man sie für vereinbar mit dem neuen Geist hielt – bis der Autor das Missverständnis aufklärte und in einem offenen, in einer Saarbrücker Zeitung abgedruckten Brief verlangte, dass die Nazis auch seine Werke verbrennen: Seine Ehre stehe auf dem Spiel.

»[...] ich glaube, der Jude meines Namens ist auch dabei, erfreulicherweise bloß papieren«[5], schreibt Döblin am 28. April an den Kritiker Ferdinand Lion. Er erwähnt nicht, dass sein Roman über Wallenstein von der Liste ausgenommen wurde, weil der Admiral der Weltmeere und der Ostsee für die Nazis eine Art Nationalheld bedeutete. Von Stund an mochte Alfred dieses Werk – sehr zu Unrecht – nicht mehr und verhinderte jede Nachauflage: ein einmaliger Fall von Selbstzensur! Seine Ächtung hatte verheerende Folgen für den Schriftsteller: Seine Bücher wurden nach und nach aus dem deutschen Buchhandel zurückgezogen. Seine spätere Weigerung, die von den Emigranten geforderten Steuern zu bezahlen (Thomas Mann beugte sich aus Berechnung dieser Formalität), zeigt deutlich, dass für ihn alle Brücken zur »Hitlerei« abgebrochen waren. Aber wo sollte er veröffentlichen? Bei Emanuel Querido, einem sephardischen – und sozialistischen – holländischen Verleger, der F. H. Landshoff, den ehemaligen Direktor des Berliner Kiepenheuer Verlages, nach Amsterdam geholt hatte. Doch die Auflagen und Verkaufszahlen von Döblins Büchern gehen während der ganzen Exilzeit nicht über einige Tausend Exemplare pro Titel hinaus. Schlimmer noch: Weil er seinen Arztberuf im Ausland nicht ausüben darf, verlieren Alfred und seine Familie die Einnahmequelle und ihren sozialen Status. Sie müssen sich jetzt durchschlagen, das tägliche Brot mit mehr oder weniger angemessenen Jobs verdienen und ohne Ausnahme sparen, wo es nur geht. Aber so sah das tägliche Leben der meisten deutschen antifaschistischen Emigranten aus: Nur wenige wie die Brüder Mann und Lion Feuchtwanger (der Autor des echten *Jud Süß*, der später vom nationalsozialistischen Filmemacher Veit Harlan verfälscht wurde) lebten im Exil in guten Verhältnissen. Viele mussten unter Geldmangel, manchmal sogar Hunger leiden und sich obendrein als Staatenlose schlecht behandeln lassen. Und selbst jene, die wie Stefan Zweig Glück und Erfolg hatten, waren nicht ausreichend gegen die Hoffnungslosigkeit gewappnet. Wie andere wurden sie von Depressionen und Selbstmordgedanken heimgesucht – selbst in New York oder sogar in Brasilien, weit entfernt vom Handlungsradius der Gestapo. Bei mehr als einem wird die Wunde nie verheilen, sondern mit den Jahren tiefer werden und sie derart infizieren, dass sogar das Ende des Dritten Reichs und der Naziherrschaft ihnen weder die Lust am Leben noch Gründe zu neuer Hoffnung zurückgeben kann.

In Zürich, wo die Familie sich provisorisch niederlässt, fühlen sich Alfred und Wolf, der mit dem Abitur in der Tasche seinen Eltern gefolgt war, mit der Absicht, sich an der naturwissenschaftlichen Fakultät einzuschreiben, um Mathematik zu studieren, wenigstens in sprachlicher Hinsicht nicht zu sehr als Ausländer. »Wir leben bescheidenst, 3 in 1 Zimmer«, schreibt Alfred am 28. April im selben Brief an Ferdinand Lion, »Wolf, der hier Mathem[atik] studiert, in 1, meine Frau macht alle Mahlzeiten selbst bis auf das Mittagessen.«

Dank einer paradoxen, der Psychologie wohl vertrauten Wirkung erlebt der verbannte Schriftsteller eine Phase schöpferischer Euphorie, wie er sie seit *Berlin Alexanderplatz* nicht mehr gekannt hat. In der Abgeschiedenheit der Stadtbibliothek sitzt er – aus Aberglaube wegen seines Alters – auf Platz 55 hinter einem Wall aus dicken Büchern zur Religionsgeschichte von der Außenwelt abgeschirmt und arbeitet an der gewaltigen und urwüchsigen *Babylonischen Wandrung*, die sein barockstes und heiterstes Werk von allen ist: eine vorweggenommene Abrechnung mit dem Schicksal, eine Rabelaissche Verklärung der Exilthematik und ihrer Irrfahrten. »Ende 32«, schreibt er in *Abschied und Wiederkehr*, »hatte sich in mir ein Bild festgesetzt, das ich nicht los wurde: ein uralter, verschimmelter Gott verläßt, seiner kompletten Verwesung nahe, seinen

Wohnsitz im Himmel und fliegt, um sich zu erneuern und seine alten Sünden abzubüßen, auf die Erde zu den Menschen hernieder, erst Gott und Herrscher, jetzt Mensch wie alle. Es war die Ahnung und Vorwegnahme des Exils. Ja, das Exil, die Ablösung und Isolierung, das Heraus aus der Sackgasse, dieser Sturz und das Sinken schien mir ›zum Heil‹ zu sein. [...] Ich konnte mich nicht dagegen wehren. Ich war in einer einzigen gehobenen Stimmung (die auch auf das Buch, das ich das ganze Jahr über schrieb, übergriff). So trat ich das Exil an.«[6]

Wunderbarer Egoismus eines schöpferischen Geistes, der in aller Unschuld seine Freude gesteht und gar nicht versucht, sie abgeschwächt zu äußern!

Dieser Jubel zur unpassenden Zeit inmitten der Ruinen hat etwas Picassohaftes. Im selben Augenblick weinte Erna, sich des Ausmaßes der Katastrophe bewusst und aus Sorge um ihre Kinder ... Wolfgangs Aufenthalt in Zürich hat wenige Spuren hinterlassen. Im Marbacher Archiv gibt es ein Bündel mathematischer Notizen in brandenburgischer Keilschrift: Unzweifelhaft stammen sie aus dieser seiner Lernphase, aber selbst wenn wir sie entziffern könnten, sagten sie uns nichts über den Menschen oder gar sein Werk. Ein Kommilitone erinnert sich, mit Wolfgang am Strand, am Ufer des Züricher Sees und in den Hörsälen der Universität gesessen zu haben. Er schildert seinen ganz und gar subjektiven Eindruck, dass Wolf ein verschlossener Mensch war, der überhaupt kein Interesse an anderen zeigte. In seiner Distanziertheit wirkte er hochmütig und sogar arrogant. Diese Aussage deckt sich mit anderen aus späterer Zeit. Alle sind sich darin einig, Wolfgang als schweigsamen Menschen und Einzelgänger zu beschreiben. Seine Kollegen und potenziellen Konkurrenten fanden ihn oft unsympathisch, doch die wenigen Nicht-Mathematiker, die seinen Weg kreuzten, und darunter vor allem die einfachen Leute ohne intellektuellen Anspruch, unterstreichen gern seine Liebenswürdigkeit und seine Natürlichkeit. Wie dem auch sei, wenn es wahr ist, dass Wolf, schnell und ungeduldig und mehr als einmal mit weniger begabten Konkurrenten mitleidlos umging, darf man auf keinen Fall vergessen, dass seine Wesensart auf die traumatischen Ereignisse im März 1933 zurückzuführen ist: »Jeder, der lange in der Gesellschaft leben kann«, sagt Chamfort, »beweist mir nur, dass er nicht besonders feinfühlig ist. Nichts, was dort das Herz erwärmen könnte, nichts, das es nicht verhärtete.«

Bald verliert die Schweiz in Alfreds Augen ihre Attraktivität. Keine Aussicht auf Anstellung: »[...] die Schweiz ist teuer, auch sehr ›frontistisch‹ [das heißt extrem rechts] infiziert«.[7] Er spielt flüchtig mit dem Gedanken, nach Palästina auszuwandern, aber »wie ist es mit dem Klima da für uns nördlich Abgestimmten?«[8], fragt der Pommer besorgt. Bleibt Frankreich, wo zahlreiche Antifaschisten (Heinrich Mann, Lion Feuchtwanger, Willi Münzenberg, Arthur Koestler, Anna Seghers, Rudolf Leonhard, Emil Julius Gumbel ...) bereits Zuflucht gefunden haben. Alfred ist Mitglied der vom Historiker Otto Grautoff in Berlin gegründeten Deutsch-Französischen Gesellschaft und hatte oft Botschafter André François-Poncet getroffen, der dem Emigranten und seiner Familie in den späteren Jahren großzügig und wirkungsvoll helfen sollte. Er verbürgt sich am 25. Juni bei den französischen Behörden, dem Innenminister und dem Polizeipräsidenten, sowie beim Direktor der Nationalbibliothek für Döblin und seine Familie; er ermöglicht auch Alfreds, Ernas, Wolfgangs, Klaus' und Stefans Einbürgerung in ungewöhnlich kurzer Zeit (die Döblins werden bereits am 16. Oktober 1936 Franzosen); und er wird dafür sorgen, dass Alfred, als die Mainzer Kulturbehörde 1951 ihre Aktivitäten einstellt, von der französischen Regierung eine relativ hohe Abfindungssumme bekommt, die dem alternden Schriftsteller und seiner Frau bis zu ihrem Tode ein bescheidenes, aber sorgenfreies Leben sichern.

»Aber – vielleicht ist mir ein Schuß Paris gesund (ich meine natürlich ein bildlicher Schuß)?«[9], schreibt Alfred bereits Ende April an seinen Freund Ferdinand Lion. Bis dahin waren seine Gefühle Frankreich, seiner Kultur und seiner Literatur gegenüber mindestens zwiespältig. In seinem 1926 geschriebenen Text »Ferien in Frankreich« finden sich Worte wie: »Ich hatte keinen Grund, nach Frankreich zu fahren, erstens und zweitens, weil mich das Land nichts angeht, und drittens: es ist mir unsympathisch. [...] Es ist ein hochkultiviertes Volk da drüben [...] Ihr Freiheitssinn ist sicherlich höher entwickelt und lebendiger als der deutsche. Aber ich empfinde die intensive Fremdheit. Es muß die Latinität des Volkstums sein, die daran schuld ist. Sie empfinden Deutsches als trop lourd; das Französische kommt mir wiederum zu dünn vor.«[10]

Vier Jahre später revidiert der Schriftsteller seine Auffassung. Er wendet sich wieder Proust zu, den er einst als »feiner Pointillist, [...] origineller [...] Stilist [...], aber zerflatternd, haltungslos, ein Sack, der sich aus hundert Löchern verspritzt«, bezeichnete.[11] Zur selben Zeit schreibt er über Balzac, nachdem er *Verlorene Illusionen* gelesen hatte: »Und wenn Sie mich fragen, was ich heute von dem Franzosen Balzac denke, so sage ich schlicht und unumwunden: er wäre uns dringend nötig. Nicht seine Phantasie, seine Fabulierkraft (obwohl ohne diese Dinge ein Buch nicht steht), aber sein lebhafter und kühner Geist, vor allem seine elementare Verbindung mit Menschen und der menschlichen Gesellschaft, [...] bei uns ist keine Überlieferung und zu viel Talent, viel Finsternis und Verkrampfung [...].«[12] Ganz am Ende seines Lebens fasst er in einem herzzerreißenden Text, den er unter dem Eindruck des am 7. Mai 1954 verkündeten Falls von Dien Bien Phu schreibt, in wenigen Worten eine lange Geschichte von Liebe und Trauer zusammen: »Hier in Frankreich schlägt das Herz der Welt.«[13] Man sieht: Aus einem beinahe feindlichen Gefühl der Fremde wird bei Alfred im Laufe der Jahre – Wolfgangs Opfer spielt bei dieser Verklärung sicher eine entscheidende Rolle – eine geradezu fromme Verehrung des »ewigen Frankreichs«, in dem der Ewige Berliner Jude zur Sprache von Charles Péguy zurückfindet, um Bernard de Clairvaux zu preisen ... Aber in Wirklichkeit vollzog sich dieser Wandel nicht so einfach, und das Einleben fiel ihm schwer. »Langsam merkt man, was – trotz allem – Exil ist«, schreibt er am 23. März 1934 an seine Freunde Elvira und Arthur Rosin. »Ich lerne Französisch und suche Brücken in diese andere Kultur; sie ist besser, klarer und diesseitiger als die deutsche. Aber ich war kein Deutscher und werde auch kein Franzose.«[14]

Man muss unbedingt festhalten, dass Alfred, der für Fremdsprachen nicht begabt war und leidenschaftlich an seinem Berliner Mikrokosmos festhielt, sich in seinen Pariser Jahren genauso wenig in das kulturelle und gesellschaftliche Leben der Hauptstadt wie in das Milieu der literarischen und politischen Emigranten integriert hat. Die Entscheidung, sich nicht in Paris selbst, sondern zunächst in dem vornehmen Vorort Maisons-Laffitte niederzulassen, verrät, wie schwer es ihm fiel umzusiedeln: »[...] wir wohnen in e[inem] Häuschen mit kleinen Zimmern völlig im ›Park‹, ich fürchtete mich vor der Stadt, sie ist zu sehr für mich ›die Fremde‹.«[15] Um sich mit der französischen Sprache vertraut zu machen, reicht es nicht aus, die Klassiker – Pascal, Corneille, Voltaire, Stendhal – zu lesen: »[...] wenn ich nur halbsogut sprechen wie lesen könnte«[16], beklagt er sich (1937!) in einem Brief an seinen in Amerika lebenden Sohn Peter und macht sich über seine »Fremdsprachenblindheit« lustig: »Französisch kann ich schon etwas besser, ich verstehe jetzt schon jedes 4. Wort, nur der Zusammenhang ist mir nicht klar (vielleicht ist keiner da) [...].«[17] Den Kindern (Stefan, alias Etienne, bald Originalfranzose, Wolfgang und Klaus, der schon im Juli 1933 zur Familie stieß) fiel das Lernen der fremden Sprache nicht so schwer wie ihrem Vater, was dieser selbst zugeben musste.

Im Marbacher Archiv gibt es lustige Zeugnisse für die Metamorphose von Wolf zu »Vincent«. Dazu gehören kurze, fast surrealistisch anmutende Texte, die ihm offensichtlich helfen sollten, seine Aussprache zu üben: *La cousine poudrée coud pour vous un coussin de couleur rouge Le zouave coule la boue Vous jouez sous la voûte du moulin Vous vous soûlez tous les jours Il n'ose pas sortir sans votre autorisation Oto-rhino-laryngologie.*

Daneben stehen Notizen zur französischen Sprechweise, für die sich jeder geborene Pariser schämen würde, fürchte ich: Artikulation. Lippen und Zunge sind geschmeidig mit dem Ziel: Präzision und Leichtigkeit. Klarheit der Konsonanten und Schlusslaute (die Oberlippe darf nicht an den Zähnen kleben).

Eine Seite ist dem französischen Vers gewidmet, eine andere – über die Wolfgang-Vincent vielleicht länger meditiert hat, als man glauben mag – den Betrachtungen über »die Ausdruckskraft der Stille« ... Über das Schicksal nachdenkend, das ihm und den Seinen widerfährt, schreibt Alfred an Loerke: »Dies eine Jahr ist ein halbes Jahrhundert.«[18] In einem im Juli 1934 an Lion Feuchtwanger gerichteten Brief zieht er die Lehre aus dieser Erfahrung und schöpft neue Hoffnung: »[...] aber wen erreichten wir, und von welcher Schwäche, Armut und Kleinheit, Feigheit war man umgeben. Nichts jetzt mehr davon, Entlarvung auf allen Seiten, die falschen Bundesgenossen sind weg, jetzt können wir zeigen, daß wir sind, was wir sind, niemandes Schleppenträger, aber Diener einer Sache. Es heißt im Meer schwimmen. Es wird sich zeigen, ob wir Muskeln haben. Wirklich, Feuchtwanger, trotz allem ist so alles besser, weil es uns mehr fordert. Auch ich habe gesehen, daß man, ohne das Geringste zu entbehren, lange Monate zu Dritt in einer Stube mit Spirituskocher hausen kann. Es gibt einen Vers, der mir ständig durch den Kopf ging: ›Doch es ward ihm zum Heil, es riß ihn nach oben!‹.«[19]

| KAPITEL 17 |

5, square Henri Delormel, Paris XIVe. Unter »square« sollte man sich keinen Platz vorstellen, wie man annehmen könnte, sondern ein Gebäudeensemble, das auf drei Seiten einen (im Übrigen nicht quadratischen, sondern fünfundfünfzig mal zwölf Meter großen rechteckigen) Hof einschließt, dessen vierte Seite auf die Rue Ernest Cresson hinausgeht, von der er durch ein Gitter und einen großen Kasten mit Grünpflanzen getrennt ist.

Die Gebäude wurden 1930 gebaut und waren noch brandneu, als die Familie Döblin am 20. Dezember 1934 dort einzog, nachdem sie zwei Monate in einem Hotel in der Rue Coulaincourt und ein Jahr in einer Villa in Maisons-Laffitte gewohnt hatte, die jedoch zu weit von der Innenstadt entfernt und zu teuer war.

Die Architektur des Square Henri Delormel ist nicht uninteressant, trotz des unvermeidlich düsteren Eindrucks, den auf einen Hof hinausgehende Häuser hinterlassen (Alfred verglich den Ort mit einem Schlund). Die Tatsache, dass der Erbauer dem Hof seinen Namen gab, lässt darauf schließen, dass er besonders stolz auf sein Werk war. Die unterschiedlich gestalteten Fassaden der Gebäude sind wirklich ein schönes Beispiel für den Baustil von 1930, eine Art Kompromiss zwischen der ästhetisierenden Stilisierung des Art déco und dem strengeren Funktionalismus der Bauhaus-Nachfolger. Die Nummer fünf hinten rechts im Hof (ein Teil des Gebäudes bildet einen Viertelkreis an der Ecke) besteht wie die anderen Häuser im unteren Teil aus Quadersteinen und darüber aus hellen Ziegelsteinen – mit einem rötlich ockerfarbenen Fries in Höhe der ersten Etage. Balkone, Wandpfeiler und Stützen der Kranzgesimse in kubistischer Bauweise sind weiß gestrichen; die schmiedeeisernen Fensterbänke zeigen ein stilisiertes Motiv flacher Schalen. Die scheinbar echt klassizistische Fassade von Haus Nummer fünf weist bei näherem Hinsehen mehr als eine Merkwürdigkeit auf: Die Karyatiden, die in der zweiten Etage den auskragenden Vorsprung eines Fensters stützen – dort, wo die Döblins wohnten –, haben sich in eine zweifelhafte Reihe von Parallelepipeden verwandelt, wie ein unordentlicher Bücherstapel, bei dem gegen jede Vernunft die kleinsten Bücher unten liegen. Der ganz aus Würfeln zusammengesetzte Sturz der Haustür sieht wie ein flaches Gesicht – oder eine Maske – aus, die Tür selbst, verglast und im gleichen Stil vergittert wie die offene Hofseite, zeigt auch eine Art Maske, bei der die senkrechten rohrförmigen Türgriffe den Nasenrücken bilden und anstelle der Augen zwei rechteckige Schilder angebracht sind, auf denen steht:

BETTELN UND HAUSIEREN VERBOTEN	und	DIE TÜR SCHLIESSEN BITTE

Die schmiedeeisernen Haare aus dreieckigen Motiven verleihen der düsteren Glasgestalt einen unfreundlichen Gesichtsausdruck. Das Sonderbarste sind jedoch die beiden riesigen, unterschiedlich hohen Glaskuppeln, die über dem Hof thronen. Zwei ungewöhnliche und unmöglich zu identifizierende Konstruktionen, wenn man nicht neugierig genug ist, die überdachte Passage bis zum Ende zu erforschen, die in der 28, Avenue du Général Leclerc – der ehemaligen Avenue d'Orléans – beginnt, aber ihren Glanz verloren hat: Wo heute eine Turnhalle ist, befand sich damals ein Schwimmbad, das den gesamten Innenhof einnahm; und diese beiden monströsen Pilze, diese fliegenden Untertassen, aus denen man Außerirdische aussteigen zu sehen meint, bedeckten die Mündungen der Lüftungsschächte des Schwimmbads, das einen schrecklichen Lärm verursachte (wie sich Claude erinnert), der erst aufhörte die Bewohner zu stören, nachdem einige Umbauten vorgenommen wurden.

Die Familie bewohnte eine Vierzimmerwohnung. Sie war nicht so geräumig wie die in Berlin, und man musste sich einschränken. Wolfgang teilte sein Zimmer mit Claude, Stefan schlief in einem Schrankbett. Nachdem er in London vergeblich Arbeit gesucht hatte, war auch Peter im Juli 1934 in Paris gelandet; er blieb arbeitslos, musste erneut sein Glück versuchen und wanderte im folgenden Jahr nach Amerika aus. »Wir sind alle beisammen«, schrieb Alfred im April 1935 an einen Freund, »eng und gedrängt, aber dennoch. *Noch* kann ich es leisten, – Gott weiß aber, wie lange es hält. Wir sind in die Stadt gezogen, – das Fahrgeld, die Miete zu senken. Meine Frau spielt die femme de chambre. Die Jungs müssen noch lernen, Peter (der Älteste) ist chômeur, die anderen werden es in 1–2 Jahren sein, das Kleine wächst heran. – Ich schreibe auch, publiziere im Querido-Verlag (Holland). [...] Wie weit liegt Deutschland zurück. – Sie wissen, ich bin Jude, und wir sind nur im ›Exil‹, wir sind zwar nirgends, aber auch überall ›zuhause‹.«[1] Wolfgang ein zukünftiger Arbeitsloser? Vielleicht sollte das nur ein Scherz sein, eine Art, das Unglück durch Übertreibung abzuwenden. Tatsächlich wird Wolf, wie wir bald sehen werden, noch im November des Jahres 1935 auf Betreiben seiner Lehrer George Darmois und Arnaud Denjoy in die Mathematische Gesellschaft Frankreichs aufgenommen ... Aber offensichtlich waren weder Alfred noch Claude, der mit seinem Bruder das Zimmer, den Arbeitstisch und das Radio teilte, in der Lage, die Verdienste des jungen Mathematikers richtig einzuschätzen und erst recht nicht seine Zukunft vorherzusagen. Die politischen Umstände – mit der Volksabstimmung über das Saarland hatte der Führer gerade einen großen Sieg errungen – sahen für den Schriftsteller so düster aus, dass er aus seiner Illusion erwachte, die er sich noch in der Nacht der langen Messer über die Zerbrechlichkeit des Hitlerregimes gemacht hatte. Seinem nach Dänemark geflohenen Freund Bertolt Brecht erklärte er: »Ja, lieber Brecht, wir gehen herrlichen Zeiten entgegen, und da Hitler immer neue Triumphe hat und kriegt, so werden wir in absehbarer Zeit wohl einen Berufswechsel vornehmen müssen, etwa vom Lebenden zum Toten [...].«[2] Ein kostbares, fast unbekanntes Dokument vermittelt ein bewegendes Bild von Alfreds täglichem Leben – und dem seiner Familie im Hintergrund – in den ersten Jahren seines Pariser Exils (der mit »Der 27. September 1935« überschriebene Text wurde erst zwei Jahre später auf Russisch in leicht geänderter Form in einem Sammelband mit einem Vorwort von Maxim Gorki veröffentlicht):

»Es ist heute der 28. September 1935, der gestrige Tag ist verstrichen, und wenn ich mich jetzt, mittags, erinnern soll, was gestern gewesen ist, so fällt mir kaum etwas ein. Es war ein Tag wie jeder andere, ein Tropfen, der aus einer Wolke, die ich nicht kenne, in einen Brunnen fiel oder in einen Sumpf oder in ein Meer, das ich auch nicht kenne, dazwischen liegt der Tag, mein Tag, denn es ist unleugbar, daß ich es war, der ihn gelebt hat, wie ihn auch Millionen andere gelebt haben, dazu Millionen Tiere, Millionen Pflanzen und die Sterne und das Meer und die Berge, und alles ist jetzt hin, einen Tag älter, auch ich dabei, ich, ich sage ich, aber heute ist mir das zweifelhaft, gestern kam es mir schon eher so vor, sicher ist mir jetzt nur: es gab am 27. einen beginnenden und einen endenden Tag, was der Astronom und der Bauer und der Seefahrer als Sonnenaufgang und Sonnenuntergang, Aufstieg und Abstieg der Sonne bezeichnet, da bin ich dann, dies ich, das hier, was jetzt sitzt und schreibt, wie alles was lichtempfindlich ist, wach geworden, überall hat der Lärm begonnen, wir sind eine Anzahl Stunden herumgewimmelt, man ist um einen Tag älter geworden, das heißt schwächer, um einen Tag abgenutzter, verbrauchter. Man ist ja ein Rädchen, ein Schräubchen oder ein Dampfballen in einer Maschine, die man nicht kennt, und die hat den gestrigen Tag mit Sonnenaufgang und Sonnenuntergang produziert, wie sie heute unabhängig von mir und unweigerlich und nicht zu verhindern den 28. produziert hat, und morgen den 29. und später andere, und unendliche Jahresmassen gänzlich ohne mich, wie sie auch vorher unendliche Jahresmassen ohne mich heraufgezogen hat, ohne dieses eine kleine zweibeinige Menschentierchen, das hier über dem Papier sitzt und an dem Tage von gestern bald hungrig, bald satt, bald schlafend, bald wach die Zeit verbrachte.

Was war nur morgens, beim Aufstehen, vor dem Aufstehen? Richtig, ich wachte auffallend frisch und munter auf, dabei hatte ich jämmerlich geschlafen, mich von 4 Uhr ab hin und her geworfen, hatte die halben Stunden gezählt. (Ich sage immer ich, aber es ist nur mein Bewußtsein, das dies dunkle Wort gebraucht, es ist für den Tagesgebrauch bequem, gemeint ist jenes komplizierte Menschentierchen, das im Augenblick hier die Feder führt und von dem ich sonst genau so wenig weiß, wie jeder andere.) Schließlich bewegte es sich in der Wohnung, das erste Licht kam, es war elektrisches, nebenan aus dem Badezimmer, es war zwischen halb sieben und 7, dies war also der 27. September, ein Tag in einer Woche, in einem Jahr, in einem Jahrzehnt, das Meer schwemmte eine neue Welle an, ich wurde von ihr getragen und war da. Dann, nach dem Licht, weiß ich nichts Bestimmtes. Es kam natürlich das Anziehen des Kleinen, seine Stiefel und später dann bin ich selbst aufgestanden, habe die Fensterläden aufgemacht u. s. w. Meine Frau wird aufgestanden sein, wahrscheinlich habe ich ihr noch im Bett die große Binde umgelegt, mit der sie ihr krankes Knie schützt. So waren wir denn alle aufgestanden, der volle Tag war da, man ist in der Wohnung hin und her gegangen und wir haben getan, was an uns war, um den Tag auszufüllen, wie es unsere Maschine uns befahl, wir mußten sie waschen, kleiden, füttern, entleeren, zwischendurch atmeten wir, dachten Näheres und Ferneres, wurden von Stimmungen bestürmt, von einigen wußten wir, woher sie kamen, von anderen nicht.

Wir gingen an den Kaffeetisch, ich kann ruhig sagen wir, ohne damit eine andere Person zu meinen als dies ich, aber warum soll ich nicht zu dem, was sich da an den Tisch setzte, auf den grün bezogenen Stuhl mit der geschwungenen Lehne, wir sagen, warum ich, es ist ja gar nichts Einzelnes, es ist unheimlich zusammengesetzt, offenbar eine ungeheure Masse, von der ich nicht den 1000. Teil kenne, was soll die freche Intimität zu dieser komplizierten Masse auf zwei Beinen. Wir blickten auf den Tisch. Briefe waren keine mit der Post gekommen. Wir, also ich erwarte seit gestern eine Nummer des Neuen Tagebuch, mir hat einer aus Corsika geschrieben, es sei ein Artikel da gegen mich, und der Redakteur Schwarzschild, den ich fragte, hat gleich geantwortet, er sei eigentlich erstaunt, daß ich erst jetzt von dem Artikel höre, er schicke das betreffende Heft gleich mit. Aber bisher ist das Heft noch nicht da, und ich bin leicht geärgert, ja es ist im Hintergrund eine finstere Gespanntheit da: was will man schon wieder von mir, und wer will was? Ist es nicht schon genug, daß man hier in einer Ecke, beinah am Grund einer Schlucht sitzt und muß man einen da auch noch hetzen, und zwar einer, der in derselben Schlucht sitzt? Bisher weiß ich nur, daß der Artikel von Ludwig Marcuse ist und den Titel hat ›Döblin greift ein‹. Meine Frau meint, das sei ironisch, ich weiß nicht, ich habe mich mit Marcuse bei Gelegenheit des Schriftstellerkongresses hier freundschaftlich unterhalten, wir haben unsere Adressen ausgetauscht, – was ist nun das wieder für eine Sache, daß man heute freundschaftlich spricht und morgen einen angreift. Die böse Feder der Schriftsteller! Dieses tödliche Vis-à-vis des Schriftstellers mit dem anonymen leeren Blatt, das ihn tausend Dinge vergessen läßt und eine gefälschte Realität hervorlockt. Als wenn solch Papier hypnotisch wirkt und einen verborgenen andern Menschen hervorlockt. Aber was habe ich alles, seit ich in der Emigration bin, von Schriftstellern, freilich auch von andern Menschen erfahren. Verlasse deine Heimat, verlasse deinen Einfluß und schon bist du nichts. [...]

Dann kam der Vormittag. Der Satz ist leicht gesagt und die Sprache hilft einem sehr über alle Lücken hinweg. Natürlich kam der Vormittag nicht, es ergab sich allerhand im Herumgehen, Herumstehen, Herumsitzen in der Wohnung, das einfache Existieren, woraus die grobe Masse des Tages besteht, aber die man nicht melden kann. Unsere Sprache ist dafür nicht gemacht, und außerdem, jeder würde sagen, wozu das aufschreiben und melden, das wissen wir ja alle selbst, – aber eigentlich weiß man es nicht selbst, es wäre sehr lohnend, in diese Banalitäten hineinzuleuchten. Denn gewiß hat ein Haus Fenster und Türen, ein Dach, ein Fundament, Zimmer verschiedener Art, eine große Vorderfront und Rückfront, aber alles ist aus Stein gebaut, immer dieselben Ziegelsteine oder derselbe

Beton und dabei dasselbe Eisen, bald so bald so geformt, und ich frage: muß man nicht auch wissen, was der Ziegelstein ist und das Eisen und der Beton? Aber der Ziegelstein, der den Tag baut, ist sehr schwer zu beschreiben, ja sehr schwer zu finden, lassen wir jetzt davon, sprechen wir dunkel, geheimnisvoll und fetischistisch wie nun einmal die Sprache ist: es kam der Vormittag. Da ging ich mit dem Staubsauger durch die Zimmer, und zwar diesmal in zwei Abteilungen, denn an diesem Tag sollte der Fußbelag des Eßzimmers mit Salmiak gereinigt werden. So mußte ich also erst und sofort das Eßzimmer bearbeiten, dann warten bis die Schlafzimmer gemacht waren. Und darauf (aber es kam allerhand dazwischen, was ich nicht mehr weiß) kam die schwierige Frage, die ich schon zwischendurch frühmorgens beim Kaffee und auch beim Staubsaugen erwogen hatte: was interessiert mich eigentlich heute, woran soll ich mich setzen, um es zu schreiben, soll ich überhaupt schreiben? Das ist das pythische Orakel. Ich muß die Antwort erwarten von jemand, der ich auch bin und der ich offenbar auch nicht bin. Es ist ja da ein Ding, das absolut nicht pariert. Es hat Launen und ist sehr ähnlich der Maschine, dem Organismus, dem Berg, der auch Hunger hat, ich weiß nicht worauf, und launenhaft gut und schlecht schläft. Ich bekam nicht gleich von ihm eine Antwort, der Zeiger schwankte, das Orakel konnte sich nicht entscheiden. Da riet mir meine Frau, ich brauchte heute vormittag nicht runter gehen, wir würden ja nachmittags gehen und abends wäre eine Elternversammlung in der Schule, so hätte ich genug Bewegung. Was mir einleuchtete. So nahm ich denn meine Papiere vor und saß am Schreibtisch. Ich gehe in solchen Situationen gern auf die Straße, das Schreiben zwischen vier Wänden ist oft schief und unwahr und es macht schief und unwahr, auf der Straße orientiert man sich rascher, und wenn man schon nicht wie es die Umstände mit sich bringen, die Umstände dieser Gesellschaft, mit und für die Menschen arbeiten kann, so doch wenigstens vor ihnen und unter ihnen. Und dann der Abstraktion, der abstrahierenden Kraft des weißen Papiers entgehen. Welche Realität und Wahrheit, die tausend Lügen zerschlägt, hat schon der einfache Straßenlärm, und dann die tausend Passanten, das sichtbar vor uns aufgebaute Bild eines menschlichen Zusammenlebens, ja des staatlichen Gefüges, der gesellschaftlichen Ordnung, des Treibens der Organismen, die leben wollen.

Ich saß an meinem Schreibtisch und breitete allerhand Papier vor mir aus, und meine Blicke versuchten sich an ihm, ich beschnüffelte sie. Das ist nun ein enges Pariser Zimmer, wohnlich, es führt auf einen Hof, im 2. Stock, die anstoßenden Häuser haben 7 Stock, es ist nicht sehr hell und hat vormittag wenig Sonne, aber es hat die Stille, die unter Umständen ein Arbeitsraum auch haben muß. Links steht das Regal mit den Büchern, die ich aus Deutschland retten konnte, vor mir das Fenster mit dem Blick auf andere Fenster, es ist der Schlund des Hofes, aber links ist der Schlund offen, da kann ich allerdings nicht hineinsehen, da hat ein Nachbarhaus Bäume und einen Garten, zur Rechten steht die Chaiselongue. In Berlin hatten alle diese Möbel ...«[3]

An dieser Stelle bricht Alfreds Bericht ab, jedenfalls in seiner ersten Fassung, als ob allein das Aufschreiben von Berlin als Wort wie durch ein Wunder in dem Autor jeden Wunsch ersterben ließ, diesen »sinnlosen Text« zu einem guten Ende zu führen. »[...] wie würde er sich erst über die Pariser freuen, wenn sie deutsch sprächen und ein bißchen berlinerten.«[4] Der Alex fehlt ihm, die Eisenbahnbrücke über die Friedrichstraße und das Tohuwabohu in *Aschingers* Stehbierhalle. Er kann den Unterhaltungen auf den Terrassen der Cafés, auf den Straßen, in den Autobussen oder auf dem Markt nicht folgen.

Das Viertel, in dem die Döblins wohnen, ist eines der belebtesten von Paris, am linken Ufer der Seine, in der Nähe der Place Denfert-Rochereau, auf der die Bronzestatue des Löwen von Belfort thront. Zur damaligen Zeit ist es noch eher ein Dorf, das man von alters her Petit-Montrouge nennt. Die Avenue d'Orléans spielte die Rolle der Hauptstraße und die Kreuzung an der Rue d'Alésia mit ihrer gewaltigen Kirche im neobyzantinischen Stil die des Dorfplatzes.

Der Dorfkern ist die Rue Daguerre mit dem täglichen Markt unter freiem Himmel voll von Düften, Farben und den Rufen der

Obst- und Fischhändler. Die ganze Avenue (wie sie ohne Namenszusatz von den Einheimischen des Viertels genannt wird) entlang reihen sich die kleinen, grün angestrichenen und zum Schutz vor Regen mit einer Zeltplane bespannten Verkaufswagen der Gemüsehändlerinnen aneinander. In den dreißiger Jahren waren die Marktfrauen noch wie Bäuerinnen gekleidet, trugen lange schwarze Faltenröcke und lackierte Holzschuhe. Um die Kunden zu bedienen, stellten sie sich auf kleine Podeste, und gebeugt über Berge von Obst und Gemüse, das aus einem Füllhorn zu purzeln schien, führten sie von dort oben mit dem matronenhaften Gebaren ländlicher Göttinnen das Regiment über ihre kleine Welt und den Lärm der Straße. »[S]tundenlang«, schreibt Robert Minder in Erinnerung an die Vorkriegszeit, »flanierten wir zwischen Kramläden, Viktualienauslagen, fliegenden Händlern, setzten uns in eines der unscheinbaren Kaffeehäuser, wo dreißig Jahre früher Lenin die Weltrevolution ausgeheckt hatte. Für oder gegen Lenin, Trotzki, Stalin, Marx, Hegel wurde auch in Döblins Wohnung mit deutschen Emigranten diskutiert. Er brauchte Gespräch und Mitteilung, liebte Partner wie Manès Sperber, Hermann Kesten, Arthur Koestler, Joseph Roth und war wie sie schlagfertig, weltoffen, absprechend, hingerissen. Funken sprühten. Die Wirklichkeit begann zu leuchten.«[5] Auch Hermann Kesten erinnert sich an glückliche Zeiten, die er dort in Begleitung von Alfred verbrachte: »Wir trafen uns meist im Café, hier und da mit Joseph Roth, aber gewöhnlich allein, mit unseren Frauen, meist im ›Café Coupole‹ auf dem Montparnasse, und er war sehr oft vergnügt wie ein Zaunkönig, lachte und schwatzte wie sein ausgelassener und abgesetzter Gott Konrad aus seinem Roman *Babylonische Wandrung* [sic!].«[6] Wolfgang scheint sich dem gesellschaftlichen Leben der Emigranten fern gehalten zu haben. Aus seiner Sicht hatte er zweifellos Besseres zu tun, als an langen Abenden in eifrigen Debatten die Sehnsucht nach einem märchenhaften Mitteleuropa am Leben zu erhalten, das eher ein literarischer Gegenstand als eine historische Wirklichkeit war. Mit der Zeit – vor allem nach dem Exil in Amerika, ganz zu schweigen vom Trauma des Krieges und dem schwarzen Loch der Schoah – bekamen die Jahre in Paris in den Augen der meisten Emigranten rückblickend den melancholischen Zauber letzter Ferientage. Die hier erlebte Wirklichkeit war zweifellos weniger heiter.

Joseph Roth, der große österreichische Schriftsteller, Autor des *Radetzkymarschs*, zum Katholizismus übergetretener galizischer Jude und letzter Sänger der Habsburger Monarchie – derselbe Joseph Roth, der schon zweimal erwähnt wurde, weil er zu dem engeren Freundeskreis gehörte, der sich in den Straßencafés *La Coupole*, *La Rotonde* oder im *Café du Lion* traf – beendete 1939 sein vom Alkohol zerstörtes Leben: Oxygénée, ein zweifelhafter Absinthersatz, begleitete ihn jede Stunde seines Lebens, und je mehr er trank, desto aufrechter hielt er sich, befreit von allen Illusionen, bei todklarem Verstand. Alfred war, ehrlich gesagt, ziemlich isoliert in Emigrantenkreisen. Er war weder Kommunist noch Sympathisant der Partei und verschlimmerte seine Position dadurch, dass er – nicht ohne Bitterkeit einem Thomas Mann gegenüber, den er überhaupt nicht mochte und der zur Zeit von Lukács und den Stalinisten günstig aufgenommen war – das Prinzip einer dem »bürgerlichen Realismus« entgegengesetzten avantgardistischen Literatur verteidigte. Er blieb der wenig diplomatische, eher weltfremde Idealist (ein Mensch, der nie im richtigen Moment am richtigen Ort das Richtige der richtigen Person sagt, kann nicht ganz schlecht sein), der sich den meisten organisierten Gruppen fern hielt, wie zum Beispiel der, die sich jeden Montagabend im Keller des Mephisto am Boulevard Saint-Germain traf, zu der neben anderen Mitgliedern der marxistischen Emigrantenbewegung auch Brecht, Feuchtwanger und Anna Seghers gehörten. Die Schattenseite seiner guten Eigenschaften – Mut, Offenheit, Geradlinigkeit –, sein schlechter Charakter hatte sich im Exil noch verschärft. Argwohn gesellte sich oft zu seinem ausgeprägten Starrsinn, immer wieder kam Schwermut hinzu, und in seiner Dickköpfigkeit konnte er ungerecht und manchmal sogar unaufrichtig werden: Das betraf nicht nur Thomas Mann, den er auf den Tod nicht ausstehen konnte, sondern alle Emigranten oder fast alle, wie es seine bereits zitierte absurde Reaktion auf den nicht gelesenen Artikel von Ludwig Marcuse zeigt (wobei wir korrekterweise hinzufügen wollen, dass sie später enge und vorbildlich treue Freunde wurden). Seine Feinde von rechts und von links zahlten es ihm heim, wie diese Kritik eines gewissen Albin Stübs beweist, die (zur *Babylonischen Wandrung*) in *Neue deutsche Blätter* erschien: »Inmitten hundert Spiegeln, die ihn groß, klein, gewaltig und lächerlich machen, steht sein eitles, aufgeblasenes Ich. In diesem Spiegelkabinett, aus dem kein Weg ins Freie führt, bietet Dr. Alfred Döblin für hfl. 4.25 den literarischen Veitstanz eines Narziß dar. Ein Narr? Keineswegs. Alfred Döblin legitimiert eine abstruse Ordnung durch ein abstruses Buch.«[7]

»[...] die Emigranten«, schrieb Alfred im Mai 1935 an Thomas Mann [was wirklich witzig ist], »sind teils ›Demokraten‹ und ›Juden‹, die mich immer nur ›soso‹ passieren ließen, es war die natürliche Antwort auf meine Abneigung gegen sie, die weder Demokraten noch Juden sind, – teils sind es Kommunisten, mit denen ich in Deutschland auf Hieb und Stechen stand.«[8]

Französische Schriftsteller, die nicht wie Drieu La Rochelle, Brasillach oder Céline mit Hitlerdeutschland sympathisierten und die sich nicht in den Elfenbeinturm der schönen Sprache und einer Nabelschau haltenden nationalen, akademisch gewordenen klassischen Kultur zurückgezogen hatten, konnten Alfred keine große Hilfe sein, da die Sprachbarriere jeden intensiven Gedankenaustausch verhinderte. Es war zwecklos, dass zum Beispiel Robert Minder versuchte, ihn mit Jean-Paul Sartre, Simone de Beauvoir oder dem Philosophen Jean Wahl bekannt zu machen. Ein missglücktes Treffen mit James Joyce beschrieb Alfred mit den Worten: »Wir sahen uns an und schwiegen.«[9]

Es gibt ein Foto von Alfred[10], das die Atmosphäre der Exiljahre in Petit-Montrouge sichtbar macht. Peter hat es im Frühjahr 1935 offensichtlich vor der Wohnung am Square Henri Delormel aufgenommen: ein paar Bäume, Buschwerk vor dem Erdgeschoss, ein Brunnen mit Türmchen, zwei rechtwinklig zueinander stehende, von einer ruhigen Straße getrennte Häuserreihen bilden den Hintergrund für diesen ungekünstelten Schnappschuss. Alfred trägt einen Anzug mit Krawatte und einen breitkrempigen deutschen (oder vielleicht Züricher?) Hut, den er leicht schräg aufgesetzt hat. Er hält die Hände auf dem Rücken, lächelt, neigt ein wenig den Kopf, und die zusammengekniffenen Augen sind hinter seinen dicken Brillengläsern kaum zu erkennen: »[...] der Blick teils scharf beobachtend, teils abwesend: der Kurzsichtige mußte sich erst mühsam an die Außenwelt herantasten [...].«[11] Das Foto muss lange Zeit in einer Brieftasche gesteckt haben, es hat Eselsohren und ist wie ein verwittertes Fresko an mehreren Stellen mit Rissen überzogen. Der technische Fortschritt hat den Lauf der Zeit beschleunigt, die Bilder altern schneller als früher. Die von Cranach dem Älteren gemalten Porträts haben auch nach fünf Jahrhunderten noch keine Falte. Was wird von unseren Gesichtern in nur hundert Jahren übrig sein? Wer wird sich an sie erinnern?

Immer bereit, in seiner Verwirrung die Schwarzmalerei durch übermäßigen Enthusiasmus zu kompensieren, stürzte sich Alfred mit seinem typischen Eifer und seiner vorschnellen Begeisterung in ein utopisches Projekt. Als Mitglied zweier territorialistischer Organisationen, ORT und Liga für jüdische Colonisation, beteiligt er sich aktiv an der Erarbeitung eines Programms zur Ansiedlung europäischer Juden in Afrika und Amerika. Diese Idee war eine Antwort auf den Antisemitismus und sollte betroffenen Gemeinden helfen, in einer weniger feindlichen Umgebung neue Wurzeln zu schlagen. Dieser alte, im Widerspruch zu Herzls Zionismus stehende Plan wurde schon Anfang des Jahrhunderts von Israel Zangwill gefasst, der dabei an Angola dachte. In den dreißiger Jahren plante die Siedlungsbewegung – wie man in ihrer Zeitschrift *Freiland* nachlesen kann – mehrere verschiedene Ansiedlungen: in Peru, Ecuador, Australien, Westafrika und sogar in Neukaledonien und Französisch-Guyana, was ein Brief von Alfred an Peter im September 1937 bestätigt.[12]

Ist das die schlichte, empfindsame Reaktion eines Entwurzelten angesichts seiner Leidensgenossen, die noch schlechter dran waren als er, der jüdischen Flüchtlinge, die im Frühjahr 1935 »ahnungslos, dumpf leidend«[13] in Pariser Kasernen untergebracht wurden? In Wahrheit hegte Alfred diesen Gedanken schon in den zwanziger

Alfred Döblin in Paris, Frühjahr 1935.

Jahren: Die Begegnungen mit jüdischen Gemeinden in Polen und ihrer auf wundersame Weise erhaltenen Kultur hatten bei ihm einen ebenso starken Eindruck hinterlassen wie bei Martin Buber oder Franz Kafka, zwei anderen »Westjuden«, die sich in ihrer Haut nicht wohl fühlten, weil sie wie er in Unkenntnis ihrer Tradition erzogen worden waren. Auch beschränkt sich sein »Neues Juda«, wie er es in einem Brief an Nathan Birnbaum nennt[14], nicht auf ein territoriales Problem, sondern ist ein Entwurf für individuelles und kollektives Leben, die Utopie einer inneren und gesellschaftlichen Reform der jüdischen Existenz. Als Atheist hat Alfred die Thora gut entbehren können und den Talmud erst recht. Aber das ist sein Schwachpunkt: Selbst ein atheistischer Jude muss die Texte kennen, die Frage nach der Existenz Gottes ist zweitrangig. So jedenfalls lautet der Tenor der Botschaft, die der alte Birnbaum ihm zukommen ließ. Der Erfolg war nur mäßig. Hebräisch zu lernen widerstrebte Alfred, und so bestand seine Reaktion darin, sich mit Leidenschaft auf das Jiddische zu stürzen. »Ich habe zwar nicht französisch, aber jiddisch, lesen und schreiben, gelernt«[15], schreibt er triumphierend an Thomas Mann, der sich wahrscheinlich darüber amüsierte. Ausgerechnet in Paris, wo er sich weder mit seinem Milchmann noch mit seiner Concierge verständigen konnte, Jiddisch zu lernen, nur um Juden aus Lublin zu helfen, sich in Cayenne oder Nouméa anzusiedeln, ist sicherlich eine der burleskesten und auch rührendsten Episoden in Alfreds babylonischer Saga. Als Stalin an den fernen Ufern des Flusses Amur an der Grenze zwischen Sibirien und China das autonome jüdische Gebiet Birobidschan gründete, wollte er damit den Pommern ehren, der davon träumte, aus der Teufelsinsel von Hauptmann Dreyfus eine selbstverwaltete Gemeinde zu machen?

»Lieber Bodo«, schrieb Doktor Döblin aus Zürich an seinen unehelichen Sohn, der in Deutschland geblieben war, »was Du schreibst, habe ich kommen sehen. [...] Da nutzt mir also alle jahrzehntelange Praxis, Ausbildung, Arbeit nichts, auch mein Alter schützt mich nicht – es geht eben auf rassenmäßige Ausschaltung, und wer kann für seine Geburt! [...] Es hilft kein Klagen, sondern etwas tun und sich entschließen. […] Hier draußen lernen Akademiker und Doktoren um, um landwirtschaftlich (falls sie noch kräftig genug sind) anzunehmen, was sie bekommen. Es ist völlig zu Ende mit der Hochachtung vor der akademischen ›Würde‹, es ist mit Bildung nichts zu machen und sie hat auch nicht retten können. Du mußt an Auswanderung denken, falls Du keine Arbeit findest. […] Wenn ich in Deinem Alter wäre und kräftig wie Du, würde ich weiß Gott nicht verzagen und würde, wenn es sein sollte, Seeräuber werden.«[16]

Vor dem ehemaligen *Café du Lion*, das heute ein McDonald's ist, träume ich von den polynesischen Irrfahrten des Stettiner Freibeuters, von der Verwandlung Bora-Boras in eine galizische Kolonie, von der Umsiedlung der Schtetl Podoliens auf die Marquesa-Inseln. Der Löwe war zur Kur in Italien und kam wie neu in Smaragdgrün zurück; böse Zungen behaupten, er sei nicht mehr derselbe, man habe ihn »ausgetauscht«, sein Schwanz habe zuvor in die andere Richtung gezeigt. Findet man die Dinge nie so wieder, wie sie uns verlassen haben? Ich weiß jetzt, wo das Lebensmittelgeschäft war, von dem Steve mir erzählt hat. Meine Mutter erinnert sich daran, sie liebte die kleinen Madeleines von Proust oder mehr noch die Zimtstrudel. Es war in der Rue Du Couëdic, auf der linken Seite (wenn man von der Avenue kommt), auf drittel oder halber Höhe, und natürlich ist nichts übrig geblieben, weder vom Laden noch vom Besitzer. Es war ein langer Kramladen, links Fässer mit Salzlake, in der Gurken schwammen, rechts auf einer Art Theke im Halbdunkel Gläser mit Eingelegtem, Rollmöpsen, Bismarckheringen, aber auch mit Sesam oder Mohn bestreute Kuchen neben Halva und herrlichen Leckereien für Huris (wenn es sie denn in Abrahams Schoß gab). Wenn im Sommer das Wetter schön war, stellte der Russe (wie man ihn nannte) das Fass, aus dem er die Gurken mit einer Holzkelle schöpfte, auf den Bürgersteig, damit man es schon von weitem wie ein Aushängeschild sehen konnte. Er war ein großer vierschrötiger Mann von vierzig, fünfzig Jahren mit weißer Schürze, nie hat man eine Frau an seiner Seite gesehen. Man nannte ihn den Russen, aber er war ganz sicher Jude, sagt meine

Mutter, und ich füge im Stillen hinzu: wie viele Mathematiker ... Und mein Großvater (Ist er jemals Alfred begegnet? Ich wüsste es gern!) kaufte beim Russen ein in öliges Pergamentpapier eingewickeltes Stück Halva (das H schön kehlig aussprechen!) und Gerstenmehl, aus dem meine Großmutter ihm eine undefinierbare Suppe kochte, die ihn an seine Kindheit erinnerte. Ich merke, ich habe den Geruch der Salzlake nicht beschrieben und auch nicht die Sonnenstrahlen, die in das Halbdunkel fielen. Man vergisst immer etwas zu erzählen, vor allem, wenn man es nicht selbst erlebt hat. Und am Sonntagmorgen nahm mein Großvater meine Mutter mit auf einen Spaziergang um die Befestigungsanlagen, das kleine Mädchen pflückte Blumen, und auf dem Rückweg, nachdem sie einen Abstecher zum Laden des Russen gemacht hatten, hörten sie auf der Straße aus fast allen Fenstern Musik aus dem Radio, Chansons und Reklame. Dann kamen sie nach Hause, und wenn es sehr schön war, blieben die Fensterläden halb geschlossen, und meine Großmutter hatte den Tisch gedeckt und eine große Salatschüssel voller leuchtend roter, duftender Tomaten wartete auf die Spaziergänger ...

| KAPITEL 18 |

Wolfgang ist in letzter Zeit sehr schweigsam gewesen. Doch in einer Ecke des Gemäldes saß er da – an seinem Tisch und wiederholte seine Vorlesungen in rationaler Mechanik oder Statistik. Unerschütterlich, solange niemand im Hause sich unterstand, im Eifer der Unterhaltung oder in der Routine der Haushaltsverrichtungen, den Pegel des hörbaren Lärms so weit zu überschreiten, dass er zu einer echten Belästigung wurde. In diesem Fall hob Wolf kurz den Kopf, rückte seine Brille zurecht und deutete mit gekrümmtem Zeigefinger entrüstet auf den Störenfried, dem er gebot, leiser zu reden oder das Geheul des Staubsaugers zu dämmen. Er wird sich eines Tages rächen und im Radio *Boris Godunow* bei voller Lautstärke hören. Was die Unterhaltung betraf, so überließ er den »Literaten« das Vergnügen, ihre Zeit damit zu verschwenden, Worte zu bewegen, als ob von ihnen die Erlösung kommen könnte, wenn die exakte Kenntnis der Dinge, ihrer Gründe und ihrer Verkettung fehlt. Lediglich der Politik gelang es, seinen stoischen Gleichmut *(sustine et abstine)* zu stören, der die stärker auf seine Sinne als auf seinen Geist wirkenden Reden des Wahnsinnigen, der in Deutschland die Zügel führte, nur sehr schlecht aushielt. Die Hartnäckigkeit, mit der Frankreichs große Geister sich bemühten, diesen grausamen Hampelmann in die gewohnten Kategorien politischen Denkens einzuordnen, als sei er der legitime Erbe Bismarcks und ein realistischer Staatsmann, der wie ein großer Schauspieler sein Spiel beherrscht, erfüllte ihn mit schwer zu besänftigender Wut, die sich manchmal in Sarkasmen flüchtete, bevor sie düsterer Niedergeschlagenheit wich. Die unverbesserliche Feigheit des Bürgertums, das nur um seinen Besitz zu retten bereit war, sich mit dem Teufel zu verbünden und ihn zum Schwiegersohn zu erwählen, ließ ihn an der Stabilität republikanischer Institutionen zweifeln, die nur die Arbeiterklasse retten konnte, wenn sie auf die Barrikaden ging. Erinnerte der 6. Februar 1934, an dem die Faschisten und die Veteranenverbände die Nationalversammlung gestürmt und die republikanische Ordnung ins Wanken gebracht hatten, nicht an die Generalprobe eines Staatsstreichs? Beim Kapp-Putsch war Wolf erst vier Jahre alt gewesen, aber er hatte seinen Vater oft erzählen hören, wie seine Tante Meta in Lichtenberg bei der Niederschlagung des Arbeiteraufstands am Vorabend des Putsches durch eine Granate tödlich getroffen wurde. Vierzehn Jahre später ergreift Hitler in Berlin die Macht, ohne auf Widerstand zu stoßen. Den Erdbeben vergleichbar zeigen politische Katastrophen ihre Nachwirkungen, nur die Rangfolge ist umgekehrt: Die stärkste Erschütterung kommt als letzte. Und wenn sich die deutschen Ereignisse – ähnlich wie Krebs im Organismus seine Metastasen streut – nun in Frankreich, dem Zufluchtsland, wiederholten? Die Zeitungen berichteten vom Aufmarsch faschistischer Gruppen, deren blaue Uniformen auf den Schwarzweißfotos den braunen zum Verwechseln ähnlich sahen: Abgesehen von der Baskenmütze, diesem harmlosen Emblem des Kleinbürgertums, und von der Form der Armbinde, war es die weichgespülte Nachbildung eines SA-Aufmarsches in Berlin oder in München, wobei der Arc de Triomphe das Brandenburger Tor oder die Propyläen ersetzte. Wie sollte man diesen pazifistischen Intellektuellen den real existierenden Faschismus in seiner obszönen Bestialität vor Augen führen oder und erst recht die hysterische und lächerliche Art der Unterdrückung, die sich unter der Uniform des italienischen Faschismus wie ein Einsiedlerkrebs mit weichem Bauch verbarg, begreifbar machen? Eine Dummheit mit Voltaireschem Anhauch, altklug und vorlaut, ein Antisemitismus der französischen Art ohne Scheiterhaufen oder schweinische Metaphern, mal heftig und mal gedämpft, aber immer gewitzt und den guten Ton wahrend: Dieses Gift verbreitete die rechtsradikale Presse täglich, und giftiger noch kam die Wochenzeitung *Gringoire* daher. *You-*

tre (für Jude) war ein militantes Schimpfwort und setzte sich gegen das allgegenwärtige *youpin* nicht durch, das aufgrund seiner Ähnlichkeit zu *poupin* (Püppchen) geradezu liebevoll wirkte – im Gegensatz zu *Judensau*, wie die Nazis sagten und was bereits in sich ein Aufruf zum Mord war. Der Faschismus der französischen Art hatte im Vergleich zum deutschen eine elegante, distinguierte, aristokratische Note, die dazu angetan war, die Söhne vornehmer Familien zu verführen (ein verrückter Kerl wie Céline, ein Demagoge wie Doriot werden ihr wahres Gesicht erst unter der deutschen Herrschaft zeigen – ihnen gesellt sich dann ein Robert Brasillach zu, ein feinfühliger Mensch, der sich für die Lederhosen begeisterte, viel typischer für die dekadente Pariser Elite). Wie sollte man also – wenn man zu allem Übel die Sprache der anderen nur mit deutschem Akzent sprach – die richtigen Worte finden, um hinter weitschweifigen Reden oder zögerndem Schweigen den barbarischen Kern, der jedem Faschismus eigen ist, und die Feigheit jener, die bereit sind, ihn um des lieben Friedens willen gewähren zu lassen, aufzudecken? Politisch aktiv zu werden – genauer: in die Partei einzutreten – bedeutete für Wolf das Risiko, niemals die französische Staatsbürgerschaft zu erhalten, sich und seine Familie zur ewigen Staatenlosigkeit zu verdammen, jegliche Hoffnung auf eine Karriere oder überhaupt eine Anstellung zu begraben. Sein Vater und mehr noch seine Mutter mit ihrem praktischen Sinn zählten auf seinen Bruder Klaus und ihn, um den ersehnten französischen Pass schneller zu erhalten, ohne den es nicht weiterging. Die Familie verfügte im Augenblick nur über eine auf zwei Jahre begrenzte Aufenthaltsgenehmigung, die im Juni 1934 erteilt wurde. Die Hoffnung der Döblins, die französische Staatsbürgerschaft – ein deutschen Emigranten selten und nur aufgrund besonderer Verdienste gewährtes Privileg (Annette Kolb zum Beispiel hatte Jean Giraudoux übersetzt, den zukünftigen Informationsminister, unter dem Alfred im Herbst 1939 arbeiten sollte) – zu erhalten, ruhte auf den Schultern von André François-Poncet und denen der beiden Söhne, die bald zum Militär gehen sollten und deshalb für die Republik interessanter waren als ein arbeitsloser Psychiater. Erneut musste man sich also zurückhalten, durfte nur auf dem einzig zulässigen Gebiet, im Studium, glänzen, aber auch nicht zu sehr, um die Rivalen nicht zu schockieren. Mit zusammengebissenen Zähnen büffeln wie ein Verrückter, sich nicht ablenken lassen, seine Zunge im Zaum halten, nichts anderes mehr denken und seine Karten erst an dem Tag aufdecken, an dem der Lehrsatz heimlich still und leise entwickelt wäre: von A bis Z bewiesen, unwiderlegbar, im Ganzen und in allen seinen Teilen, nachdem er alle erforderlichen Etappen durchlaufen hat, das Theorem, die neue Idee, die von ihrem Entwurf bis zum Quod-erat-demonstrandum ausgereift war – *plaudite cives!* Wann hat Wolfgang entschieden, sein anfängliches Projekt – Statistik in Verbindung mit Volkswirtschaft zu studieren – fallen zu lassen, um eine Laufbahn als »reiner« Mathematiker einzuschlagen? Sicher nicht in Zürich, denn kaum hatte er sich in Frankreich an der Sorbonne (für drei Fächer: allgemeine Mathematik, eine Art Vorsemester, das Studenten ohne Vorbereitungsklassen besuchen mussten, rationale Mechanik und Wahrscheinlichkeitsrechnung) eingeschrieben, beschloss er, im Rahmen der letzten Disziplin als Wahlfach die Statistikkurse zu besuchen, die Georges Darmois am Institut Henri Poincaré[1] gab. Diese waren im Prinzip erfahrenen Studenten vorbehalten, die ihr erstes Jahr im Aufbaustudium absolvierten, in dem sie ihre Diplomarbeit schrieben. Man kann also sicher sein, dass Wolf im März 1934 (als er den Kurs von Darmois besuchte) immer noch plant, angewandte Mathematik in dem Zweig zu studieren, in dem er seit den Jahren in Berlin zahlreiche Erfahrungen gesammelt hatte. Achtzehn Monate später, nachdem er die Vorlesungen zur Differenzial- und Integralrechnung von Arnaud Denjoy und Maurice Fréchet besucht und die entsprechenden Scheine erworben hatte, stellten ihn zwei seiner Mathematikprofessoren (Darmois und Denjoy) der Mathematischen Gesellschaft in Frankreich vor. Wolf ist nur wenig älter als zwanzig Jahre. Im Januar 1936 schlägt er als Thema für seine Dissertation die Theorie der Markowschen Ketten vor, und sein Doktorvater Maurice Fréchet ist schnell überfordert wie viele Lehrer vor ihm, die einem Genie gegenüberstanden – von Salieri, der Mozart fürchtete, bis Poisson, der unfähig war, den Gedankengängen von Evariste Galois zu folgen – und nur feststellen konnten, dass es unmöglich war, dem jungen Adler zu folgen, der sich bereits viel zu hoch in die Lüfte geschwungen hatte. Welcher der drei Goldschmiede – Darmois, Denjoy, Fréchet – erkannte als Erster Wolfs Genialität? Ist es denkbar, dass er ihn beeinflusst und dazu überredet hat, sich nicht wie so viele ausländische Studenten, die eine Laufbahn als Versicherungsangestellte planen, auf Statistik zu spezialisieren, sondern die Schwindel erregenden Höhen der theoretischen Forschung zu erklimmen? Bevor man antwortet, sollte man etwas mehr über diese drei Persönlichkeiten wissen, aber zunächst einmal – Ehre, wem Ehre gebührt – muss Emile Borel, der ehemalige Marineminister und unabsetzbare Direktor des Instituts vorgestellt werden; wobei uns eine innere Stimme mahnt, Monsieur Jacques Hadamard, Professor am Collège de France, nicht zu vergessen, und daran erinnert, wie unschicklich es wäre, den großen Henri Poincaré außer Acht zu lassen, der dem Institut seinen Namen gab. Und wenn wir schon mal dabei sind, können wir auch ein paar Worte über das Institut (das Gebäude), seine Geschichte und seinen Ruf verlieren. Ich geb es auf. Am besten wird sein, wir überzeugen uns selbst und gehen in die Vergangenheit zurück. Das IHP (wie es Eingeweihte nennen) steht – noch nicht zu McDonald's verwandelt, sondern in vollem Glanz – in der Rue Pierre et (damals noch nicht) Marie Curie 11, im V. Pariser Arrondissement, nicht weit vom Pantheon. Wenn man von Denfert kommt, kann man die Metro (ehemals den Zug) der Linie Sceaux nehmen und am Luxembourg aussteigen oder mit dem 38er Bus fahren. Als Buslinie Nummer acht löste dieser in den dreißiger Jahren eine Straßenbahn ab, deren Schienen zwanzig Jahre später noch zu sehen waren. Es war ein Autobus mit Plattform (auf der man an windigen Tagen unweigerlich gegen seinen Nachbarn geschleudert wurde und Halstücher sich in Mumienbandagen verwandelten), dessen hintere mit Moleskin bezogene Sitze der ersten Klasse vorbehalten waren, während die anderen Reihen bis zur Plattform aus Holzbänken bestanden und den Fahrgästen der übrigen Klassen und den Geizigen dienten. Da die Plätze der zweiten

Klasse meist besetzt waren, stelle ich mir vor, dass Wolf lieber zu Fuß zur Arbeit ging, über die Avenue Denfert-Rochereau, durch die Gärten des Observatoriums, den Jardin du Luxembourg (mit einem flüchtigen Gedanken an Rosa und einem Blick auf die Umrisse von Clémence Isaure, die romantischste der »Steinköniginnen«), die Rue Soufflot hinauf bis zum Gipfel des Berges Sainte-Geneviève, auf dem sich das Institut Henri Poincaré befindet, wenige Schritte von der École normale supérieure in der Rue d'Ulm entfernt – eine Hochburg des Geistes, seit Descartes hier am 3. November 1618 mit der berühmten Eingebung »Ich denke, also bin ich« seine Philosophie begründete. Die Annahme, dass Wolf zu Fuß ging, beruht erstens auf der Tatsache, dass er meist pleite war; zweitens auf der Entdeckung einer auf seinen Namen ausgestellten Mitgliedskarte des Sportvereins des VI. Arrondissements im Marbacher Archiv; drittens auf der Feststellung, dass es ein besonders schöner Weg war (unter den Kastanienbäumen entlang, dann durch die Gärten, in denen zur warmen Jahreszeit charmante junge Mädchen anzutreffen waren); viertens auf der Tatsache, dass Wolf, wie man sehen wird, gern zu Fuß ging und wie Nietzsche den Ideen misstraute, die sich nicht »im Freien und bei freier Bewegung« ergaben, denn obwohl er schwächlich aussah, war er im Gegensatz zu dem Bild, das sich Antisemiten vom jüdischen Intellektuellen mit Brille machen, erstaunlich robust. Wie dem auch sei (letztlich fahren weder der Zug noch der Bus den Berg hoch, der im Grunde nur ein bescheidener Hügel ist), Wolf gelangt entweder über die Rue Saint-Jacques, indem er um das Türmchen des extravaganten Ozeanographischen Instituts herumgeht, das Fürst Albert I. von Monaco der Stadt geschenkt hatte, oder (vorausgesetzt er ist schon an der Rue Auguste Comte abgebogen) über die berühmte Rue d'Ulm in die Pierre (aber noch nicht Marie) Curie gewidmete Straße. Und nun betritt er – und wir zum Glück mit ihm, da das Gebäude schwer zu finden ist, wenn man es nicht kennt – das Gelände des Instituts Henri Poincaré, das der École nationale de chimie gegenüberliegt, die etwa zur selben Zeit (1931) an der Stelle des Klosters Mariä Heimsuchung gebaut wurde. Stellen Sie sich mitten auf einem ziemlich großen Gelände zwei einsame hohe Bauklötze aus rotem Ziegelstein vor, einer hinter dem anderen, die auf der linken Seite durch ein viel flacheres, einstöckiges Gebäude miteinander verbunden sind. Das ziemlich düstere Gebäude, das an ein Krankenhaus erinnert, wirkt dennoch stattlich, und ein Preuße dürfte sich angesichts dieser hübschen kleinen Kaserne und ihrer klösterlichen Kargheit nicht entwurzelt vorkommen. Ohne die beiden bizarren Statuen zu betrachten, die auf der linken Seite über die Arbeit der Chemiker wachen – eine Art Rabbi Löw, der zwei große mit kabbalistischen Zeichen bedeckte Platten wie die Gesetzestafeln in den Händen hält, und eine Mänade mit üppigen spiralförmigen Locken, deren intime Stelle mit einem Schal à la Isadora Duncan züchtig verhüllt ist, die mit ihrer linken Hand ein Perlboot hochhält –, steigt der Besucher einige Stufen empor und tritt ein unter einem neoromanischen Portalvorbau durch eine Glastür mit den unvermeidlichen schmiedeeisernen Art-déco-Schnörkeln, eine Würdigung der Schnecke von Pascal. Innen ist nichts mehr wie früher, und Wolfgangs Geist müsste lange umherirren, bis er die alten Plätze wiederfinden würde: im hinteren Teil das Institut für Statistik, rechts das Büro von Borel, links das von Darmois, dazwischen das Sekretariat, in dem Madame Fournier regierte. Odéon 42-10 antwortet nicht mehr, im Übrigen ist die Telefonzentrale Odéon längst verschwunden, genauso wie Ségur und Botzaris. Auch die von Gaston Darboux und Paul Appell gegründete Bibliothek hat sich verändert. Sie war ein großer Saal (ist es noch derselbe oder ein anderer?) und befand sich genau wie heute im ersten Stock, doch an allen vier Wänden verliefen Regale, und in der Mitte standen ein paar lange Tische für die nicht gerade zahlreichen Leser. Wolf war einer der eifrigsten. Der Geist stößt eine Tür auf, die zum Auditorium Hermite führt. Es hat sich überhaupt nicht verändert: die wie im Kino stufenförmig angeordneten Stuhlreihen. Eigentlich lange harte Kirchenbänke mit genauso langen und schmalen Holztischen anstelle der Betpulte davor. Die lange schwarze Tafel ist in fünf Abschnitte eingeteilt. Das Katheder gleicht einem länglichen Brotkasten. Links die Fenster mit ihren von Sprossen unterteilten Scheiben. Rechts ein Kleiderständer neben dem anderen, geschickt wie eine Zahnradbahn die Bodenneigung überbrückend. Ist es Halluzination oder Wirklichkeit? Die Hand des Besuchers schließt lautlos die Tür hinter sich, um den Eremiten nicht zu wecken, der in einer Ecke des Saals eingeschlummert ist, die Arme verschränkt, den Kopf auf einen Stapel alter Hefte gestützt.

Geschichtliches[2]: Das Institut Henri Poincaré (ursprünglich: Institut de mathématiques et de physique mathématique de Paris), eröffnet am 17. November 1928, wurde wie sein deutsches Pendant, das Mathematische Institut in Göttingen, auf Initiative des International Educational Board (IEB) – anders gesagt der Rockefeller-Stiftung – gebaut. Auch Baron Edmond de Rothschild hat sein Scherflein dazu beigetragen, sodass das IHP – als »Haus der Mathematiker« eine Spezialabteilung der Sorbonne und zugleich eine Stätte für besondere Studien und Forschungen – eines der seltenen und effizienten Beispiele der Zusammenarbeit zwischen der Universität und dem privaten Sektor genannt werden kann. Rockefellers Mäzenatentum – elitär in seinem ausschließlichen Interesse für die Spitzenforschung und durch seine Förderung vor allem der westeuropäischen Länder zugleich Anhänger einer Internationalisierung der Wissenschaft – hatte Göttingen, Paris und Rom als Sitz für die progressivsten Schulen im Bereich der mathematischen Forschung auserkoren, neben russischen und polnischen Schulen, die von der angelsächsischen, protestantischen Oberschicht der Ostküste jedoch mit Misstrauen und Herablassung betrachtet wurden. Und was im Übrigen nicht weniger paradox ist: Die Stiftung, die in ihren Instituten und über ihre Hilfsprogramme viele antifaschistische Emigranten und jüdische Gelehrte aufnahm und vor dem Tod rettete, ist bei ihrer Auswahl und ihrer Stipendienverteilung anfangs nicht frei von rassischen und religiösen Vorurteilen. »Obwohl er Jude ist«, schrieb W. E. Tisdale, einer der Verantwortlichen des IEB 1927 über einen Kandidaten, »hat er sich ein typisch britisches Aussehen zugelegt, das eher einen günstigen Eindruck macht. Er ist hochgewachsen und gut gebaut, mit kräftiger Konstitution.

Keiner der unangenehmen Züge des jüdischen Charakters ist erkennbar [...].«[3]

In dieser Hinsicht waren Göttingen und Paris weiter als New York. Juden, Christen und Atheisten lebten Seite an Seite, und die Atmosphäre war (ohne Rivalitäten auszuschließen) umso freundschaftlicher, da alle oder fast alle zu den Linken gehörten: Courant in Göttingen stand der kommunistischen Partei nahe, genauso wie Hadamard in Paris; Fréchet, der utopistische Republikaner, ist Anhänger des Esperanto; Borel ist ein Lehnsmann des Ratspräsidenten Paul Painlevé, einem Mann der gemäßigten Linken ... Man kann sich kaum vorstellen, in welchem Maße die französische Wissenschaft nach dem Ersten Weltkrieg als Opfer chauvinistischer und vor allem deutschfeindlicher Gefühle und ohne Gelegenheit, innovative Foren im Ausland kennen zu lernen, von Einengung bedroht war. Eine akademische Kapazität jener Zeit wie Emile Picard, der nicht wissen wollte, was sich in Berlin, Göttingen oder Wien abspielt, hätte das Ansehen der französischen Mathematik, die durch große Namen wie Hermite, Poincaré, Borel und Lebesgue berühmt wurde, ruiniert, wenn niemand Einhalt geboten hätte. Gerade hier erwies sich die Wahl der amerikanischen Experten Trowbridge und Birkhoff als höchst nützlich. Sie setzten auf die charismatische Persönlichkeit von Émile Borel, dem (wenn auch zum Teil widerstrebenden) Gründer der französischen Schule der Wahrscheinlichkeitsrechnung, und landeten einen großen Coup, als sie dem erfinderischsten Flügel der französischen Mathematik gewissermaßen die Macht verliehen. In der Vorstellung der Amerikaner sollte eine entstehende Synergie zwischen der reinen Mathematik und der theoretischen Physik gefördert werden. Ihrer Meinung nach mussten in Paris und anderswo Fortschritte auf diesem Gebiet gemacht werden. Borel vertrat ungefähr dieselbe Ansicht. Nachdem er sich als genialer Mathematiker erwiesen hatte und nun immer mehr dem Konkreten und dem politischen Handeln zuwandte, bevorzugte er die angewandte Mathematik, bei deren Verknüpfung mit der reinen Mathematik die Wahrscheinlichkeitsrechnung eine zentrale Rolle spielen sollte. (Borel stand dabei im Gegensatz zu

Poincarés Auffassung, der den wissenschaftlichen Status der Wahrscheinlichkeitsrechnung ablehnte. Seine Nachfolger aber machten aus dieser Disziplin einen ganzen, echten Zweig der Mathematik.)

Im Übrigen war dieser Pastorensohn aus Saint-Affrique eine großartige Persönlichkeit, die Verkörperung aller republikanischen Tugenden, eine Art prächtiger, gutmütiger Löwe von Belfort, der mit unermüdlicher Energie und einem klug gebändigten Dilettantismus die kleine Welt der französischen Mathematik bewachte. Er war »Primus« in der Rue d'Ulm und »Bester« an der Ecole polytechnique, Herausgeber einer Zeitschrift, Verleger, Verwalter, Abgeordneter und Bürgermeister seiner Geburtsstadt, Freund des Dichters Paul Valéry und Albert Einsteins. Dieser Koloss mit dem schwarzen Bart und den »schönen bernsteinfarbenen Augen« (wie Camille Marbo sagte, seine Frau, die 1914 den Prix Goncourt erhielt) verteidigt auch Marie Curie gegen die Clique von Neidern und fremdenfeindlichen Professoren, die sie im selben Jahr in Misskredit bringen wollte, in dem sie den Nobelpreis erhielt. Als Marineminister plant er den Bau von U-Booten, die *Pascal* oder *Poincaré* heißen sollten, was immer noch besser ist als *Le Redoutable* (Der Gefährliche). Seine letzte Erfindung ist (1950) die europäische Flagge. Wie ist es diesem Teufelskerl gelungen, in einem einzigen Leben all das und noch vieles mehr auf die Beine zu stellen? Ganz einfach: Er bereitete seine Vorlesungen nicht vor (was Hadamard im Gegensatz zu Fréchet auch nicht tat). Hadamard also, der andere große Mann des französischen mathematischen *Establishments* der ersten Jahrhunderthälfte, war ebenfalls eine faszinierende und originelle Persönlichkeit. Es heißt, er habe den Zeichner Christophe zur Gestalt des Gelehrten Cosinus inspiriert. Es gibt eine Fülle von Anekdoten über seine Zerstreutheit: Er lässt den für seine Verlobte bestimmten Ring zu Hause und was noch schlimmer ist, er vergisst die Visa für die USA, als er aus dem besetzten Frankreich flieht. Auf Ellis Island steckt man ihn und seine Familie ins Gefängnis, und er wehrt sich dagegen, freigelassen zu werden, weil er inzwischen in einer Ecke ein Buch entdeckt hat, das ihn fesselt. Bei Kongressen weiß man nie genau, ob er rechtzeitig anwesend sein wird, um seinen Vortrag zu halten, weil er als Sammler von Farnen vielleicht im selben Moment auf der Suche nach einer seltenen Art auf dem Rasen herumkriecht. Man sagt, er sei unfähig, sich selbst anzukleiden, aber in der Lage, den Mont Blanc zu besteigen. Er spielt gemeinsam mit Einstein Geige (und schreibt 1924 einen nicht ganz ernsten Artikel mit dem Titel »Wie ich die Relativität nicht gefunden habe«), er entdeckt und veröffentlicht André Bloch, der seine Familie ermordet hatte und eingesperrt in der Nervenheilanstalt in Saint-Maurice seine aufgezwungene Freizeit mit mathematischen Arbeiten verbrachte. Norbert Wiener über Hadamard: »Klein, bärtig, sehr ausgeprägt jüdisch. Sein französischer Stil war sehr ausgefeilt, und bei seinen jüngeren Kollegen war er sehr beliebt […].«[4] Jean-Pierre Kahane beschreibt seine »beeindruckende biblische Schönheit, seinen lebhaften Blick«[5] eines Humanisten, eines Universalgelehrten, der aber auch in die Kämpfe seiner Zeit (in der Dreyfus-Affäre galt er als Experte) verwickelt war und erst 1963 im gesegneten Alter von 98 Jahren starb. Im Unterschied zu Borel gehörte Hadamard, Mitglied der Académie des Sciences und Professor am Collège de France, nicht zum Lehrkörper des IHP. Aber sein Seminar war das angesehenste, und wer zugelassen war, bei ihm das Wort zu ergreifen, erwarb sich damit großes Ansehen. Doch dieser Großbürger und Nachfahre einer Reihe von Diamantschleifern, war ein einfacher Mann, der mehr als irgendeiner seiner Kollegen dazu beitrug, die Mathematikvorlesungen an der Universität zu demokratisieren. Die Professorenkaste – eine republikanische Aristokratie, die sich Verdienste erworben hatte, aber auch von einem Netz persönlicher und familiärer Beziehungen (Hadamard, Paul Lévy und Laurent Schwartz sind verwandt oder verschwägert) profitierte – zeigte nur allzu große Neigung, in ihrer eigenen Welt zu leben und den Kontakt mit gewöhnlichen Leuten, jungen Kollegen und Studenten zu meiden. Jerzy Neyman, ein Statistiker polnischer Herkunft, erinnerte sich an die fassungslose Reaktion eines Émile Borel, dem er als einfacher Schüler am Ende einer Vorlesung eine Frage zu stellen wagte: »Nicht hier. Besuchen Sie mich im Sommer in der Bretagne, dort können wir diskutieren, ohne Aufsehen zu erregen«, hatte der Professor erwidert ... Diese Starrheit und dieses in den Augen der Engländer und Mitteleuropäer unerträgliche Hierarchiedenken war – zusammen mit der Nichtbeherrschung von Fremdsprachen und dem geringen Interesse an der Wissenschaft außerhalb der Landesgrenzen – einer der großen Mängel, an denen die französische Universität und vor allem die Mathematik litt. Man kann sich vorstellen, welchen Mut ein Fürst aufbringen musste, um sich unter das Fußvolk zu mischen, das zudem aus einer großen Zahl von Einwanderern, Emigranten, Staatenlosen mit zweifelhafter Identität, kurzum all den verirrten, neugierigen, hektischen und manchmal genialen Geistern bestand, die von Budapest über Berlin nach Sofia und Alexandria zogen und von vornherein vom Königsweg großer Schulen ausgeschlossen waren, aber vielleicht eines Tages wie Szolem Mandelbrojt (der Großonkel der Fraktalen), den Hadamard entdeckte, auf der höchsten Stufe der großen Leiter sitzen würden: als Professor am Collège de France oder zumindest an der Sorbonne.

1934 ist Wolfgang nur einer dieser zahlreichen ausländischen Studenten, die nach Frankreich gekommen waren, weil es der Zufall wollte oder weil sie dorthin verschlagen wurden, um Asyl und einen Ort der Bildung zu finden wie eine Generation zuvor die Maler der Pariser Schule. Dank einer glücklichen Fügung ist der Ort, an dem er landet, außer Deutschland sicher der einzige, der ihm in einem kleinen Umkreis all das bieten konnte, was er benötigte, um er selbst zu werden: eine Bibliothek, einen Studienplatz, gute Dozenten, erträgliche Kommilitonen, eine Lernatmosphäre, die sich für die individuelle Forschung, aber auch für den Gedankenaustausch und die Übermittlung von Kenntnissen an andere eignete. Fügen wir noch ein politisch heiles Umfeld im Schutz vor dem Gebrüll der Ligisten und dem Straßenlärm hinzu (denn in Frankreich ist die Mathematik eine »republikanische Waffe« wie die Luftwaffe). Zu einer Zeit, da die Vereinigten Staaten in der wissenschaftlichen Forschung noch nicht die führende Rolle spielten (zu diesem Zweck mussten sie erst noch die Elite der europäischen jüdischen Intelligenz und der antifaschistischen Emigranten, ein Geschenk Nazideutschlands an seine künftigen Besieger, ins Land holen), war Paris neben Moskau einer der beiden Orte auf der Welt, an denen die moderne Wahrscheinlichkeitstheorie als »edler« rein konzeptioneller Zweig derselben Disziplin ausgearbeitet wurde, in der die Statistik (die in Berlin natürlich stärker beachtet wurde) den praktischen Zweig bildete, der für den täglichen sozialen und wirtschaftlichen Gebrauch geeignet war. Unser Freund hätte es also in seinem Unglück nicht besser treffen können. Stellen wir uns vor, er hätte in Zürich Mathematik studiert: Vielleicht wäre er auf seinem Weg weder der Gleichung von Kolmogoroff begegnet noch hätte er in einem Dorf in den Vogesen den Tod gefunden, aber das ist eine andere Geschichte.

| KAPITEL 19 |

So sympathisch Emile Borel und Jacques Hadamard auch waren, dürfen wir nicht glauben, dass ihre Wissbegier und ihr Scharfblick ausgereicht hätten, in der Kohorte von Studenten, auf die sie von ziemlich weit oben herabblickten, jene wenigen außergewöhnlichen Persönlichkeiten zu entdecken, die zu Höherem berufen waren. Wären sie dazu in der Lage gewesen, hätten sie nicht unbedingt die Besten ausgewählt, da sie von vornherein davon überzeugt waren, diese könnten nur zur Elite des Jahrgangs der École normale supérieure gehören, wobei das Polytechnicum nur noch zweite Wahl anbot, ganz zu schweigen von den anderen großen Schulen oder den einfachen Studenten der Sorbonne.

Auch wenn diese Ansicht statistisch betrachtet richtig ist, was nicht als absolut sicher gilt, kann sie doch keinesfalls das einmalige Phänomen des Genies voraussehen: Es gehorcht wie die Wahl des Dalai Lama oder das Treffen der richtigen Zahl beim Roulette keinem anderen Gesetz als dem des Zufalls und kann folglich nicht Gegenstand einer Vorhersage sein. Im Übrigen hatten beide genug zu tun – der eine damit, die Großen dieser Welt im Interesse der französischen Wissenschaft und der Bevölkerung von Saint-Affrique zu beeinflussen, und der andere mit der Suche nach einem Büschel Farn unbekannter Art auf dem Popocatepetl oder dem Kilimandscharo – um sich nur nicht mit den Sorgen eines »Kopfjägers« zu belasten und erst recht nicht mit denen eines Professors, der meist wie ein Linsensieber und nicht wie ein Goldwäscher Klausuren korrigiert. Diese Aufgabe fiel weniger großen Leuchten zu Professoren ohne Lehrstuhl oder Dozenten. Diese Koadjutoren wiederholten unter dem Vorwand, spezialisiertes Wissen zu vermitteln, häufig die Vorlesungen (Borels beschäftigten sich mit der Wahrscheinlichkeitsrechnung, waren aber nach allgemeiner Meinung inhaltlich wenig mathematisch) der großen Geister. Andere, jüngere Dozenten niederen Rangs leiteten die entsprechenden Übungsseminare in den Hörsälen, die den Sorbonne-Studenten vorbehalten waren. Die Studenten der École normale besuchten unterschiedliche Vorlesungen, die im Prinzip auf den Seminaren basierten, die von ihren eigenen »Kaimanen«, das heißt Repetitoren und manchmal sogar Universitätsprofessoren, gehalten wurden. Sie pflegten keinen Kontakt zu gewöhnlichen Sterblichen, duldeten in ihrem Kreis jedoch einige sorgfältig ausgewählte freie Zuhörer. Viele der brillantesten Geister ließen sich nur gelegentlich an der Universität sehen. Drei- oder viertausend Studenten der Vorbereitungsklassen absolvierten außerhalb des normalen Studiums an der naturwissenschaftlichen Fakultät einen spezifischen Unterricht, um die Aufnahmeprüfungen für die Fachhochschulen machen zu können. Nur sehr wenige von ihnen machten als Forscher Karriere, denn diese Laufbahn war in Wirklichkeit den Absolventen der École normale und wenigen Studenten vorbehalten, die dank ihrer Fähigkeiten aus dem Rahmen fielen. Das CNRS (Centre national de la recherche scientifique), eine der wissenschaftlichen Forschung übergeordnete staatliche Institution, wurde erst 1939 geschaffen.

Bis dahin waren die angehenden Wissenschaftler darauf angewiesen, Stipendien zu beantragen, die von großzügigen Gönnern gewährt wurden, und häufiger noch mussten sie leider – eine alptraumhafte Vorstellung – den »Tapiren«, den unbegabten Schülern, Unterricht erteilen. Wenn sie als Doktoranden oder bereits Promovierte bewiesen hatten, zur Forschung befähigt zu sein, durften sie an einigen Seminaren teilnehmen, die nach den Persönlichkeiten, die sie leiteten, benannt wurden. Wie bereits erwähnt, war das Seminar von Hadamard am Collège de France das angesehenste; daneben gab es das Seminar Julia am Institut Henri Poincaré im Auditorium Darboux, an dem die zukünftigen Mitglieder der

Bourbaki-Gruppe teilnahmen, die gerade erst entstand (1939) und eine glänzende Zukunft erleben sollte. Das Seminar Borel, das einzige in Paris, das sich ausschließlich mit Wahrscheinlichkeitsrechnung befasste, wurde erst 1937 eingerichtet und ersetzte die von Jean Ville und einem gewissen Wolfgang Dœblin gegründete Forschungsgruppe, was sich als Glücksfall für Borel erwies, der die günstige Gelegenheit sah, eine seiner Vorlesungen abzuschaffen und durch ein Diskussionsforum zu ersetzen.

Es ist an der Zeit, die zwei oder drei Personen vorzustellen, deren Namen bereits erwähnt wurden und die von all jenen, die Wolfgang in seinen Anfangszeiten umgaben, mehr als andere geeignet waren, ihn mit dem Wasser der Wahrscheinlichkeitsrechnung zu taufen. Georges Darmois ist der Erste von ihnen. Er entstammt einer Linie von Gießereibesitzern, war einst »Kaiman« für Mathematik in der Rue d'Ulm und entdeckt unter der Leitung von Émile Borel sein Interesse an der Wahrscheinlichkeitsrechnung, als er während des Ersten Weltkriegs wie die meisten Mathematiker in der Artillerie dient. Nach seiner Entlassung aus dem Militärdienst lehrt er an den Universität Nancy, und obwohl er ausgebildeter Geometer ist, spezialisiert er sich unter dem Einfluss angelsächsischer Autoren wie R. A. Fisher in Statistik. Als Borel zum Abgeordneten gewählt wird, macht er Darmois zu seinem Stellvertreter am Institut für Statistik, das später in das IHP eingegliedert wird. 1934 (im selben Jahr, in dem er auch Fréchet ersetzt und dessen Vorlesung zu den Ketten in der Wahrscheinlichkeitsrechnung übernimmt) macht er dort die Bekanntschaft von Wolfgang, der seine fakultativen Vorlesungen besucht.

Darmois gibt wie Borel ziemlich bald die Forschung auf. Seine Lehrmethode ist einzigartig, und er wird von den Studenten besonders wegen seiner Menschlichkeit und seiner Einsatzbereitschaft geliebt. Seine statistische Theorie ist weniger mathematisch ausgerichtet, denn (wie Borel) gibt er der Wirtschaft und der Soziologie den Vorzug gegenüber der Physik. Vergessen wir nicht, dass Wolf (siehe seinen Lebenslauf in Marbach) beschließt, Mathematik zu studieren, in der Absicht, sich auf die angewandte Statistik zu spezialisieren. Diese ursprüngliche gemeinsame Orientierung des Lehrers und des Schülers vertiefte die Sympathie, die sie füreinander hegten, und verstärkte Darmois' Einfluss auf Wolf, weshalb wir annehmen können, dass Darmois ihn zu Fréchet, dem einzigen Spezialisten in Frankreich für die Markowschen Ketten, geführt hat. Das würde voraussetzen, dass Darmois hellsichtig genug war, Wolfs Berufung zum reinen Mathematiker (der er selbst nicht oder nicht mehr war, da er wie Borel den praktischen Weg gewählt hatte) zu erkennen, bevor dieser sie selbst erkannte. Liegt nicht etwas Sokratisches in dieser Rolle des »Geburtshelfers«, die Wolf seinem ehemaligen Mentor zugesteht, als er ihm seine Doktorarbeit widmet: »Mit aufrichtigem Dank an Monsieur Georges Darmois, der mir ein so schwieriges Dissertationsthema gegeben hat und mich dadurch zwang, mich mit den modernen Methoden der Wahrscheinlichkeitsrechnung vertraut zu machen.«[1]

Zweiter vermutlicher Pate: natürlich Maurice Fréchet. Zusammen mit Paul Lévy, Wolfgang Dœblins einzigem echtem Lehrer. Zumindest in der ersten Zeit. Denn ziemlich schnell wird der Lehrer seinem Schüler nicht mehr folgen und ihn vermutlich sogar nicht mehr verstehen können. Paul Lévy hätte weitergehen können; dank seiner eigenen Genialität besaß er die Fähigkeit dazu – aber er hatte eigentlich keine Lust, andere als seine eigenen Gedankengänge zu verfolgen, und war zugegebenermaßen wenig aufgeschlossen für die Arbeiten anderer. Das ist bei Fréchet ganz bestimmt nicht der Fall. Selbst wenn er kein Genie ist – schließlich ruht der Fortschritt in den Naturwissenschaften nicht nur auf ungewöhnlichen Geistern –, so ist dieser ausgezeichnete Mathematiker (im Gegensatz zu seinen Kollegen Borel und Hadamard) ein echtes Arbeitstier. Dieser strenge, das heißt starre, etwas »verklemmte« Protestant ist nicht gerade einnehmend, doch die Bourbaki-Gruppe macht sich zu Unrecht über diesen Handlanger der Elite lustig, denn der große Kolmogoroff höchst persönlich seine Dankbarkeit entgegenbrachte.

Fréchet interessiert sich wie Darmois für die Wirtschaft. Das unterscheidet ihn von den meisten seiner französischen Kollegen und bringt ihn den Statistikern der deutschen Schule näher. Nicht zufällig: In den Nachkriegsjahren hat Fréchet an der naturwissenschaftlichen Fakultät und am Institut de Commerce in Straßburg gelehrt, wo er den Soziologen Maurice Halbwachs kennen lernte, der, obwohl er »Literat« war, sein Interesse für die Statistik geweckt hat. Fréchet, der von starkem Patriotismus erfüllt war, schlägt immerhin intellektuell gesehen die Brücke zu einer bestimmten deutschen Tradition. Damit war er der Richtige, Wolfgang dazu zu bewegen, den Weg zu verfolgen, den er selbst in den zwanziger Jahren gegangen war. Seine mathematische Ausbildung ließ ihn die bestehende Analogie zwischen den Begriffen der Wahrscheinlichkeitsrechnung und denen der allgemeinen Analysis erkennen, die er in seiner Dissertation untersucht hatte. Nachdem er Hadamards berühmten Text über das »Kartendreschen« untersucht und die Arbeiten des tschechischen Wahrscheinlichkeitsmathematikers Hostinský – auf den selbst W. D. sich ständig bezog – ausgewertet hatte, wandte er sich dem Studium der Markowschen Ketten zu, auf deren Grundlage Kolmogoroff später seine Theorie entwickelte, die der Wahrscheinlichkeitsrechnung eine axiomatische (das heißt eine rein mathematische) Grundlage gab.

Zu jener Zeit war es keineswegs einleuchtend, sich einem solchen Forschungsgebiet zuzuwenden. Nur wenige Studenten wählten ein Dissertationsthema aus der Wahrscheinlichkeitsrechnung. Obwohl Paris auf diesem Gebiet führend war, warnten die »großen Tiere« die brillantesten Köpfe davor, ihre Zeit mit der Erforschung dieses Brachlandes, dieses Treibsandes zu vergeuden. Émile Borel, der sogar einen Lehrstuhl für Wahrscheinlichkeitsrechnung an der Sorbonne innehatte, war erstaunt, dass Jean Ville, der Beste seines Jahrgangs, sich letztlich nicht den ernsten Dingen, das meint der Analysis, zuwandte.[2] Diese sowie die »höhere Geometrie« und ihr jüngster Zweig, die Topologie, obwohl sie eine teutonische Spezialität war, zogen die meisten jungen Forscher an. André Magnier, der die Seminare für den Schein in Differenzial- und Integralrechnung durchführte, erinnerte sich, wie sehr er es bedauerte, dass so ein brillanter Geist wie Wolf (»ausländischer Student, begabt und fleißig«)[3] vom rechten Weg abwich, um in der russischen Tundra umherzuirren. Wolfgang für seinen Teil lehnte es ab, Wahrscheinlichkeitsrechnung als Randgebiet der Mathematik zu betrachten. »Ich weiß nicht, ob ich mich mehr für die Wahrscheinlichkeitsrechnung als für andere Zweige der Mathematik interessiere«, sagte er eines Tages zu Paul Lévy in Anwesenheit seiner Tochter Marie-Hélène Schwartz, die diese Worte weitergab. »Aber ich habe beschlossen, auf diesem Gebiet zu arbeiten, da ich spüre, dass dies einer der großen zukunftsträchtigen Zweige der Mathematik sein wird.«[4]

Magnier berichtet, dass Wolf ganze Tage in der Bibliothek des Instituts verbrachte. Er lobt seine präzise und knappe Art zu schreiben, weist jedoch darauf hin, dass er mit der Infinitesimalgeometrie, einer einheimischen Spezialität, wenig vertraut ist. Der Berliner Student macht seine Scheine mit guten, aber nicht überragenden Noten: Kommilitonen wie Laurent Schwartz oder Michel Loève schnitten weitaus besser ab. Vermutlich wirft man Wolfgang eine gewisse Unverständlichkeit infolge seiner Knappheit vor. Jedenfalls verliert er keine Zeit und besitzt mit zwanzig bereits eine Zulassung zur Promotion und wählt, wie bereits erwähnt, im Januar 1936 sein Dissertationsthema.

Im Juni desselben Jahres kennt Wolf bereits die wichtigsten Ergebnisse. Kurz zuvor hatte er aus Spaß ein Problem gelöst, über dem Paul Lévy brütete. Eine recht lustige Anekdote zeigt, mit welch verblüffender Geschwindigkeit Wolf völlig unbekannte Begriffe und Überlegungen verarbeiten kann. Im Laufe des Jahres 1935 übersetzt er (sicher auf Ersuchen von Darmois oder Fréchet) Auszüge aus zwei Abhandlungen von Kolmogoroff. *Das Ergodenprinzip* (ein zentraler Begriff der Wahrscheinlichkeitsrechnung, der 1928 von Hadamard und Hostinský analog zur Physik eingeführt wurde) erscheint hier als »Le principe de l'Ergoden«[5]. Bereits im Jahr darauf rekonstruiert Wolf ohne fremde Hilfe im Kopf die Theorie der Markowschen Ketten und umschifft so geschen das Riff auf die Art des jungen Pascal, der die Lehren des Euklid wiederentdeckte.

Dritter Pate: Denjoy. Er hat nichts mit Wahrscheinlichkeitsrechnung im Sinn, sondern gehört als Spezialist für die Funktionstheorie der französischen Schule an, wobei er einen gewissen Einfluss auf die Russen und Polen ausüben sollte. Ein neuer Gelehrter Cosinus, gespielt von einem ziemlich ungebärdigen Philosophen. Der Wesenszug, den ich gerade erwähnt habe, dürfte ihm gefallen haben: die Mozart-Rimbaud-Evariste Galois-Seite des jungen Wolfgang. »In intellektueller Hinsicht leugnet keine Wissenschaft die Autorität mehr«, schreibt Denjoy über die Mathematik. »Hier wird der Einfachste ständig dazu aufgefordert, sich als strenger Richter über die Gedanken des brillantesten Kopfes aufzuspielen [...].«[6] Und weiter äußert er heftige Kritik am Beamtengeist und an der »Papageienfabrik« der Auswahlverfahren: »Selbst wenn man ein intensives Studium hinter sich gebracht hat, ist es möglich, dass man keine Ahnung von der Erfindung neuer Ideen hat.«[7] Man kann sich vorstellen, mit welcher Begeisterung sich ein solcher Leugner der etablierten Werte vor der Mathematischen Gesellschaft für Wolf verbürgte ...

Es ist nicht gesagt, dass er mehr als die anderen von den Abhandlungen des jungen Berliner Mathematikers verstanden hat, nicht einmal, dass er sie überhaupt gelesen hat. Doch wie Darmois und Fréchet hatte er instinktiv erkannt, dass Wolfgang trotz mangelnder akademischer Referenzen einen Funken Genie besaß.

Man würde gern mehr über Wolfs geistige Verfassung erfahren, über seine Gefühle, seine Weltsicht in diesen entscheidenden Jahren der Ausbildung. Viele Menschen haben ihn gesehen, sind mit ihm in Berührung gekommen, einige haben mit ihm im Café an der Ecke der Rue Gay-Lussac und der Rue Pierre Curie am selben Tisch gesessen. Vielleicht waren André Lichnerowicz, Laurent Schwartz, Michel Loève, Jean Ville, Assène Datzeff und einige andere darunter, doch niemand erinnerte sich an Worte Wolfs. Er zog es vor zu schweigen, »Schweigen zu bewahren«, wie es heißt, und seine Zeit nicht mit Geschwätz zu vergeuden. Einige Kommilitonen (die viel redeten) mussten diese Reserviertheit für Schüchternheit halten. Heute wissen wir, wie kühn Wolf seit seiner Zeit am Gymnasium sein konnte. Denkbar wäre, dass sein hartnäckiges Schweigen Teil einer Strategie oder zumindest eine für Emigranten typische Abwehrtaktik war. Da er in ein fremdes Milieu mit wunderlichen Regeln verpflanzt worden war, musste er sich aus eigener Kraft durchsetzen, um Studium und Jobs zu bewältigen. Es ist daher anzunehmen, dass er die weniger begabten, aber besser betuchten Erben mit Verärgerung und einer gewissen Verachtung betrachtet hat.

Angesichts der Kohorten von Studenten der Elitehochschulen, einer glanzvollen Errungenschaft des französischen Bildungssystems, war das Auditorium in den Hörsälen der Sorbonne und folglich auch des Instituts Henri Poincaré von verwirrender Uneinheitlichkeit. Man traf hier auf eine bestimmte Anzahl gewöhnlicher, häufig durchschnittlicher Studenten, von denen viele bereits einen Beruf als Schulaufseher oder Ingenieur ausübten und ihre Kenntnisse vervollkommnen wollten. Die einflussreichen Intellektuellen betrachteten sie von oben herab. Ein gutes Beispiel dafür liefert der arme Louis Bachelier – mit dem wir uns bald näher beschäftigen werden –, der 1900 eine geniale Dissertation zur »Theorie der Spekulation« verfasste und von Borel und Paul Lévy niedergemacht wurde, da sie die Vorstellung, Mathematik und Börsenspekulation zu vermischen, unerträglich fanden. Im Hörsaal saßen auch Mädchen, die den Beruf der Oberschullehrerin anstrebten; nur wenige unter ihnen wagten sich auf das Gebiet der Forschung.

Die übrigen Studenten waren Ausländer, hauptsächlich aus Mittel- und Osteuropa: Assène Datzeff war Bulgare, Ervin Feldheim und Geza Kunetz Ungar, Michel Loève jüdisch-russischer Ägypter, Marc Krasner Russe. In dieser kosmopolitischen Gruppe waren die »Arier« (um den in Hitlerdeutschland verwendeten Begriff zu gebrauchen) in der Minderheit.

Mehrere deutsche Studenten, die nach 1933 emigriert waren, besuchten die beiden Gebäude in der Rue Pierre Curie zur selben Zeit wie Wolfgang, der sie weder zu bemerken, noch die geringste Lust zu haben schien, sich mit ihnen anzufreunden. Außerhalb des IHP sorgte Alexander Weinstein, ein weiterer deutscher emigrierter Jude, für die Koordination des Seminars von Hadamard.

Darüber hinaus wurden dank Fréchet mehrere aus Deutschland vertriebene Gelehrte, darunter Emil Julius Gumbel, Hans Reichenbach und der große Wiener Wahrscheinlichkeitsmathematiker Richard von Mises (der zuvor in Straßburg und dann in Berlin lehrte) eingeladen, im IHP Vorlesungen zu halten.

Fréchet war wirklich erstaunlich. Diesem Missionar der Republik gelang es, in der ganzen Welt ein Netz von Freundschaften zu weben und dafür zu sorgen, dass französische (und frankophone) Mathematiker auf allen fünf Kontinenten dozierten. Es genügte ihm nicht, seine Artikel auf Esperanto zu veröffentlichen (»La Paraanalitikaj funkcioj en n dimensioj«), er musste mit erhabener Geste die Arbeiten seiner bevorzugten Doktoranden in den entferntesten Ländern aussäen, um ihren Bibliografien einen Hauch Fiktion à la Jorge Luis Borges zu verleihen. Wolfgang Dœblins Abhandlungen erschienen somit nacheinander in Brno, Rom, Athen, Bukarest, Groningen, Stockholm, Lemberg ... und sogar in Paris, Fortets Dissertation in Lima ...

Wolf scheint mit Feldheim, Datzeff und Krasner befreundet gewesen zu sein. Er pflegt Umgang mit Michel Loève, den er in der Bibliothek des Instituts trifft, und Jean Ville, der später (gemeinsam mit Lévy) den Begriff »Martingal« prägt. Zweifellos hat er ein enges Verhältnis zu Robert Fortet, mit dem er die Abhandlung *»Sur les chaînes à liaisons complètes«* (1937) verfassen wird. Es waren kollegiale, intellektuelle Freundschaften, die vermutlich keinen Austausch von Vertraulichkeiten zuließen. Die Beziehungen zwischen Professoren und Doktoranden waren sehr formell: Um mit Fréchet sprechen zu können, musste Wolf sich erst anmelden. Selbst unter jungen Wissenschaftlern war der Ton eher steif, zumal man sich siezte. All das wirkte sehr altmodisch. Es herrschte eine Atmosphäre wie im 19. Jahrhundert: Das Studium war eine Familienangelegenheit, ein Zeichen des Bürgertums, was nichts daran änderte, dass die Jugendlichen einen manchmal sogar sehr ausgeprägten Hang nach links hatten.

Und welche Rolle spielten die Frauen bei all dem? Ich würde die Äußerung der Venezianerin Zulietta gegenüber Jean-Jacques Rousseau zur Unvereinbarkeit der beiden Berufungen als Liebhaber und Mathematiker nicht wiederholen, wenn ich nicht bei der

Lektüre der Memoiren von Stanislaw Ulam, *Adventures of a Mathematician*, auf ähnliche Überlegungen als Ergebnisse einer Lebenserfahrung gestoßen wäre. Der Autor spricht von »emotionaler Defizienz« bei vielen seiner Kollegen, was Denjoy mit seiner brillanten Prosa, die an Savonarola erinnert, unterstützt: »Die Mathematik ist der Feind der Verführung [...] Die Wissenschaft ist nicht die Zivilisation. Diese ist eine menschliche Blüte, jene ein Brombeerstrauch und eine Distel der Götter [...] Die Wissenschaft ist gleichermaßen der Liebe als der Lüge verschlossen.«[8] All das ist keineswegs heiter und nicht dafür geschaffen, Berufungen erkennen zu lassen. In den dreißiger Jahren glich das Institut Henri Poincaré (ich weiß nicht, ob sich die Dinge seither geändert haben und müsste erst meine Informanten fragen) eher einem Kloster auf dem Berg Athos als der Abtei von Thélème*. Insbesondere die Seminare verdienten ihren Namen. Da nach der Agrégation (der Lehramtsprüfung) die Frauen aus den Hörsälen verschwunden waren, blieben in den Wipfeln der Wissenschaft nur Männer übrig. Das Seminar Julia bildete gewissermaßen eine Ausnahme: Es fand immer montags, sechzehn Uhr, im Auditorium Darboux statt, und danach gab es eine Teestunde, an der mehrere junge Frauen (die leider schon – mit den anwesenden Herren – verheiratet waren) teilnahmen. Im Übrigen beweisen die Organigramme der Labors zur Zeit des »komischen Krieges« das Vorhandensein von »Rechenmaschinen«. Bei der Überprüfung stellte sich heraus, dass es sich um Menschen und nicht um Maschinen handelte. Wie man sieht, spielten die Frauen in der Wissenschaft keine bedeutende Rolle. Und in der Mathematik eine noch geringere als in anderen Disziplinen wie zum Beispiel der Physik (Marie Curie hatte sich darin hervorgetan, und ihre Tochter Irène war 1936 in der Regierung des *Front populaire* Unterstaatssekretärin für wissenschaftliche Forschung).

Man kann sich vorstellen, welche Wirkung in diesem für Galanterien wenig geeigneten Ambiente (bei besonders schwer wiegender »emotionaler Defizienz«) die Anwesenheit einer *jungen Frau*

* Anspielung auf *Gargantua und Pantagruel* von Rabelais.

im Auditorium Hermite oder im Darboux auf die Fantasie der Seminaristen des IHP hatte. Und zwar noch vor der Teestunde und nicht nur montags und zu anderen Zwecken als den Männern eintönige Berechnungen zu ersparen.

Marie-Antoinette (meist Monette genannt) Baudot war zu der Zeit, als Wolf sie im Lesesaal der Bibliothek des Instituts kennen lernte, den sie beide eifrig besuchten, 23 Jahre alt. Sie ist brünett, nicht sehr groß, charmant und sehr liebenswürdig. Als Physikerin ist sie nicht zu sehr auf das Mathematische beschränkt, sondern gleichermaßen für Geistes- und Naturwissenschaften begabt. Sie hat sowohl ihr Examen in Physik als auch in Philosophie abgelegt, was nicht üblich ist. Eines Tages (doch weder Wolf noch sie ahnen es, denn Biografien sind trügerisch, wenn sie so tun, als wäre alles im Himmel der Geschichte im Voraus festgeschrieben, während sich jeden Augenblick alles ändern kann, und selbst wenn nur eine dieser Möglichkeiten eintritt, ist sie nicht vorhersehbar, weil alles so abläuft, als seien wir frei, sofern wir nicht der Spielball des Zufalls oder beides gleichzeitig sind) – eines Tages also, und ich bitte den Leser mir die Verwendung des Futurs nachzusehen, wird sie Relativitätstheorie an der Sorbonne lehren, dann wird sie Nachfolgerin von Louis de Broglie (Nobelpreis im Jahr 1929) auf dem Physiklehrstuhl des Instituts Henri Poincaré werden, und eines Tages wird sie sogar Novellen verfassen, wie zum Beispiel *Retour à Pasargada*, die aber erst 1984, nach ihrem Tod veröffentlicht werden und die sie vielleicht bereits damals im Geheimen schrieb: eine Künstlerseele, die für alles begabt war, was in einer Gesellschaft, die dem Kult des Gutachtens und der Rentabilität frönt, nicht von Vorteil ist. Zwischen 1935 und 1936 aber besucht Marie-Antoinette am IHP das Seminar von Louis de Broglie; sie hat ein Forschungsstipendium bekommen und sicherlich bereits den Gegenstand ihrer Dissertation gewählt, die sie (1941) über das Thema die »Photonentheorie in einem Riemann-Raum« vorlegt. Über Monette weiß man, dass sie Waise ist und in Charolles, am Zusammenfluss von Arconce und Semence im Département Saône-et-Loire geboren wurde. Sie stammte aus einer bürgerlichen Familie und wurde nach dem

Tod der Eltern von ihrem Vormund in Chalon-sur-Saône aufgezogen. Auch wenn die Waisenrente, die ihr zur Verfügung stand (1935 waren es elfhundert Francs) nicht das Gehalt eines angehenden Lehrers überstieg, besaß sie noch ihr Elternhaus in Charolles und blieb ihr Leben lang ihrer Heimat verbunden, der sie sogar einen weiteren Novellenband widmete, der jedoch unveröffentlicht blieb.

Während ihrer Studienjahre wohnte sie in der *Cité universitaire* in Paris, die damals ganz neu war. Im gleichen Viertel wohnte gegenüber dem Montsouris-Park Ernest Tonnelat, Germanist und Professor am Collège de France, ein Freund von Robert Minder, den Alfred Döblin gut kennt und bei dem er mit Erna einige Zeit wohnte, als er 1945 aus den Vereinigten Staaten zurückkehrte. Ernest Tonnelats Sohn Jacques studiert an der Sorbonne Mathematik. Wo und wann sind Monette und er sich begegnet? 1934 am Poincaré, als sie sich beide für den Abschluss in allgemeiner Physik vorbereiten, oder am Ufer des Sees im Montsouris-Park, das von Trauerweiden und Gingko-Bäumen gesäumt ist, was eindeutig romantischer wäre? Immerhin verbindet die beiden jungen Leute eine wenn auch geheime gegenseitige Zuneigung, was Wolf nicht erfuhr – oder vielleicht wusste er etwas davon? – wenn er vielleicht mit Alfred und Erna bei den Tonnelats zu Besuch war. Für den – wahrscheinlichen – Fall, dass Wolf und Jacques sich begegnet sind, bevor sie aufgrund einer sentimentalen Rivalität Gegner wurden, kann man annehmen, dass sie keine übermäßige Sympathie füreinander empfanden. Wolf hatte mit seiner Größe von einem Meter dreiundsechzig, seiner Kurzsichtigkeit, seiner dicken Brille, seinem wenig arischen Aussehen, seinem deutschen Akzent und seiner provisorischen Aufenthaltsgenehmigung nichts mit Rodolfo Valentino gemeinsam, übertraf aber intellektuell jegliche Konkurrenz und konnte es nicht lassen, vor allem »Bürger«, die seiner Ansicht nach nicht um ihren Lebensunterhalt kämpfen mussten, ironisch zu betrachten. Na schön, vielleicht kannten sie sich wirklich nicht, und Wolf wusste (lange oder nur anfangs) nicht, für wen die charmante Leserin an seiner Seite eine Schwäche hatte. Vielleicht waren die beiden sogar heimlich verlobt? Wenn man weiß, dass man begehrt wird, wird man begehrenswerter, womit die Falle gestellt ist für die unsterbliche Geschichte des jungen Werther, für das Bermudadreieck: Monette spielt die Rolle von Charlotte, Jacques Tonnelat die von Albert und Wolfgang die des tragischen Helden. Nichts fehlt daran, nicht einmal die Pistole. (Ja, ich gebe zu, diese Andeutung erscheint unpassend und zeugt von zweifelhaftem Geschmack, und doch ... als Claude mir vom Tod seines Bruders berichtete, kam ihm dieses Bild in den Sinn: die Verzweiflung über eine enttäuschte Liebe, ein sehr ausschlaggebender Grund für sein heroisches, in den Tagen des Juni 1940 unglaublich waghalsiges Verhalten und vielleicht auch für seinen Entschluss zu sterben? ...) Da es an konkreten Dingen, Briefen, vertraulichen Mitteilungen, Aussagen der Haupt- oder Nebendarsteller fehlt – denn zwei der drei Seiten des Dreiecks schwiegen und schweigen noch immer, sobald das Thema angeschnitten wird –, könnte uns in der Analogie die Charlotte aus Goethes Roman helfen, ein wenig von Monettes Wahrheit zu begreifen: zum Beispiel, was die Doppeldeutigkeit der »verliebten Freunde« angeht, die Unsicherheit über die Grenzen zwischen Freundlichkeit und Koketterie, die Unschuld und die verbrämte Provokation, was die Gefahr (für den einen und den anderen Partner) der Übertragung eines Teils des mütterlichen Vorbilds auf die Person der Auserwählten mit sich bringt, die Vertraute und große Adoptivschwester, die gleichzeitig als Beschützerin und verbotenes Objekt der Begierde fungiert, als Gegenstand einer imitierten platonischen inzestuösen Beziehung, die unmöglich auf Dauer durchgehalten werden kann: *Werther verliert den Verstand* ... Sofern sich nicht zugunsten des Austausches ganz einfach eine Freundschaft zwischen Wolf und Schäferin entwickelt hat. Mit der Zeit ging ihre Unterhaltung von der Mathematik auf das Leben allgemein und von rein fachlichen auf vertrauliche Mitteilungen über (man kann nicht genug betonen, dass der Austausch von bibliografischen Listen die Annäherung der Menschen ebenso fördert wie der Tanz!). Da sie einen anderen liebte, bemerkte sie nicht, dass sich seine Gefühle ihr gegenüber verändert hatten. Als sie es merkt, stellt sie sich im guten Glauben, das Richtige zu tun, taub, statt die Karten auf den Tisch zu legen und

– fataler Irrtum – verdoppelt ihre Aufmerksamkeit ihm gegenüber, sodass er (aus Unerfahrenheit) zu hoffen beginnt ... Oder Folgendes: Da sie die einzige Frau in der Kompanie ist, sind alle Männer in sie verliebt. Ein wenig »trivial«, um einen Begriff aus der Mathematik zu verwenden. Aber nicht unbedingt falsch und im Übrigen mit den beiden vorhergehenden Szenarien vereinbar, da diese selbst miteinander vereinbar sind. Oder ganz anders ...

Eines ist gewiss: Wenn Wolf jemals jemanden geliebt hat – aus Freundschaft, mit Wahrscheinlichkeit eins, und aus Liebe, *mit an Sicherheit grenzender Wahrscheinlichkeit*, dann Monette B., weil die Indizien zusammenpassen, wie man im Folgenden sehen wird.

| KAPITEL 20 |

Damit kommen wir zu dem entscheidenden Moment, in dem Wolf beinahe von einem Tag auf den anderen aufhört, nur der etwas verschlossene Sohn Alfred Döblins zu sein, um seine glänzende Karriere als mathematisches Genie zu beginnen. Ich befürchte jedoch, dass wir von seinem Werk und erst recht von seinen Konzeptionen und scharfsinnigen Beweisen leider nicht viel begreifen. Man muss zugeben: Wissenschaftler und Literaten haben a priori nicht dieselben Voraussetzungen, die Welt der jeweils anderen zu verstehen. Ein Mathematiker wird (wenn er nicht unter Autismus leidet) ohne Schwierigkeiten das Universum eines Proust oder sogar eines Joyce betreten können. Doch wie viele Schriftsteller oder Künstler können Kolmogoroff, Lévy oder Dœblin lesen, selbst wenn man ihnen Erklärungen mitlieferte? Da ist die Populärwissenschaft gefragt, und man weiß, dass sie in der Mathematik wenig ausrichten kann. Verstehen wir uns nicht falsch: Es gibt einige Werke für die Nicht-Spezialisten, die manche Grundkenntnisse oder sogar komplizierte Vorgänge in der Mathematik verständlich machen wollen. Für gewöhnlich mischt der Autor solcher Bücher (die zuweilen angenehm zu lesen sind) ein ganz klein wenig Mathematik mit viel Geplauder, so wie man eine Tablette in einem großen Glas Wasser auflöst, damit man nicht schmeckt, wie bitter sie ist. Doch die Mühe ist vergeblich: Das Gemisch bleibt bitter, die Mathematik lässt sich nur in sich selbst auflösen. In der Mathematik wird notwendigerweise immer abstrahiert. Man kann, wie Poincaré es auf bewundernswerte Weise konnte, wissenschaftliche Methoden beschreiben, die Physik, die Kosmologie, den Reisenden von Langevin, den

Urknall, die schwarzen Löcher – hübsche Metaphern, die trotz allem eine reale Grundlage haben: Es handelt sich um das materielle und anfassbare Universum. In der Mathematik hingegen ist die Wirklichkeit des untersuchten Objekts nur angenommen, außerhalb der Gedanken dessen, der sie beschreibt, gar nicht vorhanden. Wir bewegen uns im Bereich der Fiktion, die nur so lange vorstellbar ist, wie sie sich auf die menschlichen Dimensionen von Raum und Zeit bezieht, auf Rechenarten der einfachen Arithmetik, die wir im täglichen Leben anwenden. Sie wird jedoch immer abstrakter und schließlich gänzlich unzugänglich, weil jeder theoretische Fortschritt – von der Erfindung der Algebra bis zur Entdeckung der transzendent-irrationalen Zahlen oder der Einführung des Begriffs »transfinit« – den mathematischen Himmel ein bisschen weiter vom festen Boden entfernt, auf dem die dort grasenden Kühe ihr Unwissen wiederkäuen müssen.

In der mathematischen Galaxis spielt die Wahrscheinlichkeitsrechnung eine ganz besondere Rolle, denn man ist sich nicht einig darüber, ob diese Disziplin überhaupt eine mathematische und demzufolge entweder ein Teil der Mathematik oder eher ein Randgebiet oder ganz einfach eine eigene Disziplin ist. Das gibt uns in gewisser Weise neue Hoffnung, denn wenn die Wahrscheinlichkeitsrechnung *keine* Mathematik ist, haben wir vielleicht doch eine Chance, etwas zu verstehen.

Die entschiedensten Gegner der Wahrscheinlichkeitsrechnung sind die reinen und kompromisslosen Mathematiker wie Julia und die Gruppe Bourbaki, deren Formalismus den Gebrauch von unklaren Begriffen wie »groß genug«, »ausreichend klein«, »mit an Sicherheit grenzender Wahrscheinlichkeit« usw. ablehnt. Sie prangern den logischen und semantischen Widerspruch an, der bereits in der Formulierung »Berechnung der Wahrscheinlichkeit« liegt. Seltsamerweise vertreten einige Wahrscheinlichkeitstheoretiker dieselbe Ansicht, wie zum Beispiel der Italiener Bruno de Finetti, für den der Begriff Wahrscheinlichkeit jede Objektivität ausschließt. Die aus der Tradition des angelsächsischen Empirismus kommenden Mathematiker teilen im Allgemeinen diese Auffassung. Sogar Mark

Kac, einer der brillantesten Nachfolger der mathematischen Schule von Lemberg, bekräftigte (im Jahre 1961) seine Zweifel an der Existenz einer Wahrscheinlichkeitstheorie und zog es vor, sie ein »Denkmodell« zu nennen.[1]

Die Verleumder dieser merkwürdigen Disziplin (vor allem jene, die sich dem Rationalismus der Aufklärung verpflichtet fühlen) bringen meist vor, dass das, was wir »Zufall« nennen, nicht existiert. Das sei nur eine edlere Art, unser Unwissen zu zeigen. »Würde eine vollkommen gleichmäßige Münze von streng neutraler Hand auf einen vollkommen flachen Boden geworfen werden, wobei die Hand sich damit begnügte, sie senkrecht fallen zu lassen, würde die Münze am Aufschlagpunkt auf ihrem Rand unbeweglich stehen bleiben, ohne auf die Seite zu fallen oder gar um einen Millimeter zu verrücken. Tatsächlich ist jedoch weder die Münze vollkommen noch die horizontale Ebene noch die Bewegung der Hand, die sie fallen lässt. Deshalb fällt die Münze auf ›Kopf‹ oder ›Zahl‹. Statistisch gesehen gleichen sich die Häufigkeiten der einen und der anderen Seite halbwegs aus – vorausgesetzt die Unebenheiten und Ungleichmäßigkeiten in Beschaffenheit und Funktionieren der drei Elemente Münze, Boden und Wurfgeste sind sehr klein, sehr zahlreich und praktisch kaum wahrnehmbar. Es gibt den ›Zufall‹, die ›Chance‹, Kopf oder Zahl zu werfen nur, weil die Versuchsbedingungen unvollkommen sind. Wären diese peinlich genau vollkommen eingerichtet, würde *absolut nichts geschehen*. Somit ist das, was wir als ›Wahrscheinlichkeit‹ bezeichnen, lediglich die Folge eines Notbehelfs, den man ›Zufall‹ nennt, eine andere Bezeichnung für unsere Unwissenheit in Bezug auf die Gesamtheit der winzigen Details, die die Störung des Gleichgewichts und das Eintreten eines Ereignisses nach sich ziehen.«[2]

Wohlgemerkt war selbst großen Geistern wie Henri Poincaré, Émile Borel und Jacques Hadamard (trotz der Bedeutung ihres Beitrags zur Wahrscheinlichkeitstheorie) der Gedanke nicht fremd, dass diese Disziplin die Mathematik nur am Rande berührte und ihre praktische Verwendbarkeit in den Bereich der angewandten Wissenschaften fiel.

Die philosophische Diskussion über den Status der Wahrscheinlichkeitsrechnung sollte man besser nicht nach dem Abendessen beginnen. Diese Frage ist eine Variante des ewigen unlösbaren Problems »Notwendigkeit und Zufall«, das – auf wissenschaftlicher Ebene – mit der Kontroverse über die Unschärferelation in der Quantenphysik vor ein paar Jahrzehnten eine Verjüngungskur erlebt hat. Im viel engeren Forschungsbereich von Wolfgang Dœblin, in dem Markow, Smoluchowski, Bernstein, Slutsky, Lévy, Chintschin, Kolmogoroff und Feller bedeutende Wegbereiter sind, wurden die Prinzipien der »Ketten« und der »Diffusion« ohne jeden Zweifel im Zuge einer zunehmenden Mathematisierung entwickelt. Unter diesem Aspekt sind »alle Messen gesungen« – wenn es erlaubt ist, diesen wenig wissenschaftlichen Ausdruck zu verwenden –, ob es den Mitstreitern des verstorbenen Bourbaki, unseres letzten Großinquisitors, nun gefällt oder nicht.

Da Sie und ich wahrscheinlich nicht zu dem halben Dutzend sachkundiger Dœblinologen gehören, die imstande sind, alle Feinheiten seines Gegenstands zu begreifen, gebe ich mich im Rahmen dieses Kapitels damit zufrieden, die Geschichte der Wahrscheinlichkeitsrechnung zu skizzieren, um wenigstens den Bereich anzudeuten, in dem Wolfgang seine Glanzleistungen vollbracht hat. Das wird mit diesen Touristenattraktionen wie »Die Loire-Schlösser in zwei Tagen« oder »Ein Blick aus der Luft auf den Himalaja« vergleichbar sein. Eines ist zumindest sicher: Es wird keine Gleichungen geben. Oder nur fürs Auge. Man kann sich an Musik erfreuen, ohne die Notenschrift zu kennen. Gilt das auch für Mathematik? Das ist eine gewagte Herausforderung!

In der Antike

Für die Griechen ist alles Existierende das Ergebnis von Zufall und Notwendigkeit. Auch für die Chinesen, bei denen die Weissagung aus Vogelfußspuren im Sand, von Panzersplittern verbrannter Schildkröten und aus den Zweigen der Schafgarben die Grundlage für die Kombinationen des I-Ging (Buch der Wandlungen) bilden.

Die Griechen entwickeln eine (politisch und militärisch) sehr erfolgreiche Entscheidungsstrategie, in der sie sich allein auf den Zufall berufen. Der Heerführer befragt Pythia und die anderen Orakel, die ihn davor beschützen, seine Berechnungen von einem ebenso klugen Gegner vereitelt zu sehen. Die Geschichte gibt uns keine Auskunft darüber, wie ein Konflikt endet, wenn beide Protagonisten gleichzeitig völlig unüberlegt handeln. Wird der Krieg dann besonders lange dauern? Das ist ein mathematisches Problem.

Félix Houphouët-Boigny, der verstorbene Präsident der Elfenbeinküste, hat sein Land mehr als dreißig Jahre lang mit Hilfe eines *Maus-Orakels* regiert. Kein anderer afrikanischer Staatschef war so lange wie er im Amt: ein schöner Beweis für die Überlegenheit des Zufalls. Manche griechische Stadtstaaten fürchteten die Tyrannei einer Regierung der Besten und ließen lieber das Los über den Amtsträger entscheiden (ein noch heute in vielen Ländern angewandtes Vorgehen, um eine Geschworenenjury zusammenzusetzen).

Wir wissen, dass Lukrez fast zwanzig Jahrhunderte vor Robert Brown die Brownsche Bewegung sehr genau beschrieben hat. Die antiken materialistischen Philosophen Demokrit und Epikur lehren, dass alle Körper durch den Zufall zusammengesetzt sind, weil sich die Atome ständig bewegen, verbinden und trennen.

Religionen der Bibel

Der Monotheismus scheint a priori jede Wahrscheinlichkeitsrechnung auszuschließen. Wenn die Vorsehung die Welt regiert, gibt es keinerlei Zufall. Die Diskussion verlagert sich zur Frage nach Vorherbestimmung und Freiheit. Dennoch kennt die jüdische Tradition, in der das Mögliche stärker ist als das Sichere, Überlegungen zur Wahrscheinlichkeit. Im Prolog zum Buch Hiob wetten Gott und Satan: Wird Hiob angesichts des Unheils standhaft bleiben? Abraham und der Allmächtige feilschen wie die Teppichhändler darum, wie viele Gerechte im Verhältnis zur gesamten Bevölkerung nötig sind, damit die Stadt Sodom zerstört oder verschont wird. Warum wird (in den mythischen Zeiten) der Verzehr einer bestimmten Frucht verboten? Weil es wahrscheinlich ist, dachte Gott nicht ohne Humor, dass der Mensch das Gesetz übertritt. So könnte die Geschichte in Wahrheit beginnen: als eine Epopöe des Ungewissen.

Pascal und der Chevalier de Méré

Es ist ein Irrtum zu glauben, dass die Theorie den Anwendungen in der Praxis vorausgeht. Die Holländer, die ein praktisches Volk sind, haben nicht auf Bachelier und seine *Theorie der Spekulation* gewartet, um sich für die »Optionen« zu interessieren, die mit zufälligen Ereignissen verbunden sind. Seit Beginn des 17. Jahrhunderts spekulieren sie auf Tulpenzwiebeln. Werden sie keimen? Diese Frage stellte sich auch Antoine Gombaud, Chevalier de Méré, Edelman aus dem Poitou und großer Glücksspieler vor dem Herrn, als er erstaunt sah, wie sich vor ihm auf dem Tisch die Goldmünzen stapelten. Méré, ein Vertreter der »Ehrenhaftigkeit« (im Sinne Molières), soll – die Leute lästern nun einmal gern – einen guten Teil seines Lebens damit verbracht haben, Mittel und Wege zu finden, seine Nächsten reinzulegen. Einer seiner Freunde war Blaise Pascal. In seinem Buch *De l'Esprit* (*Über den Geist*) beschreibt Méré Pascal als armen, gedankenverlorenen Teufel, dem er auf einer Reise ins Poitou begegnete und den er in nur wenigen Tagen zivilisierte und umgänglicher machte: »Seit dieser Reise grübelte er nicht mehr über Mathematik nach, die ihn bis dahin völlig eingenommen hatte, der er aber damals abschwor.«[3] In der Tat stand Méré mit den Zahlen dermaßen auf Kriegsfuß, dass er sich beim Würfelspiel wunderte, warum der Wurf Sechs und Fünf zweimal so oft vorkam wie die Doppelsechs, dann aber die Wette vorschlug, die Doppelfünf würde bei vierundzwanzig Würfen mindestens einmal fallen, was eine wahrscheinliche Gewinnquote von nur 49,14 % (dem Leser wird es nicht entgangen sein) ergab.[4] Pascal war froh, dem Eingebildeten einen Denkzettel verpassen zu können und erklärte ihm, dass seine Demonstrationen falsch seien. Unserem Edelmann gebührt das Verdienst, daraufhin als Erster die für die Wahrscheinlichkeitsrechnung grundlegende Frage gestellt zu haben: Wie ist der

Einsatz zu verteilen, wenn ein Glücksspiel vorzeitig abgebrochen wird, weil es unentschieden steht, wobei man natürlich den Verlauf des Spiels berücksichtigen und die Chancen einbeziehen sollte, mit denen jeder Spieler hätte gewinnen können. Pascal fand die Antwort in seinem »arithmetischen Dreieck«. In einer Erklärung vor der von Mersenne gegründeten Pariser Freien Akademie der Mathematiker verkündet er lautstark die Geburt der neuen Disziplin. Der Zufall, der sich bislang allen Experimenten widersetzt habe, könne sich nun der Vernunft nicht mehr entziehen, weil er ihn mit Hilfe der Geometrie auf eine Kunst reduziert habe, die er in Zukunft wagemutig verbreiten werde. Wenn er die Beweise der Mathematiker mit der Ungewissheit des Zufalls vereine und alles, was sich zu widersprechen scheint, in Einklang bringe und dabei die Bezeichnungen beider Disziplinen verwende, dürfe er sich zu Recht herausnehmen, diese neue Disziplin *Geometrie des Zufalls* zu nennen.

Eine unerwartete Folge von Pascals Arbeiten über die Hoffnung auf Gewinn war die berühmte Wette, die der Dichter Jacques Prévert für dumm hielt. »Hier ist aber eine Unendlichkeit unendlich glücklichen Lebens zu gewinnen; eine Möglichkeit (unendlichen) Gewinnes gegen eine (nur) endliche Zahl von Verlustmöglichkeiten, und das, was du einsetzest, ist (selbst) endlich.« »Wenn du gewinnst, gewinnst du alles. Wenn du verlierst, verlierst du nichts.«[5]

Glaubte Pascal wirklich, mit einem so armseligen Argument den Sünder bekehren zu können? »Auch nach deinen Spielregeln bin ich der Gewinner« (oder: »Wenn du jesuitisch sein willst, kann ich noch jesuitischer sein«?) – diese Ansichten könnte man dem Autor der Flugschriften *Provinciales* (*Provinzialbriefe*) unterstellen. Der Apologet konnte kein besseres Mittel finden, als mit diesen Leuten in ihrer eigenen Sprache, in der Sprache der Spieler zu sprechen, um verirrte Schafe wie Méré, Damien Mitton, Herzog von Roannez, all diese unverbesserlichen Freigeister, in den Schoß der Familie zurückzuholen. Nur mit einer Wette konnte er sie auf ihrem eigenen Platz schlagen und dafür sorgen, dass sie keinen Stich bekamen. Wette gewonnen: Méré nahm ein christliches Ende, und Pascal strich den Gewinn ein.

Die großen Klassiker

In der Mitte der Übersicht finden wir die Gauß-Kurve, auch Glockenkurve genannt, die weithin bekannt wurde, seit die Schüler des Polytechnicums sie als Vorlage für ihren Zweispitz verwendeten. Bei all seiner Popularität dürfen wir nicht vergessen, dass das besagte Gaußsche Gesetz oder Fehlerfortpflanzungsgesetz oder die Normale

$$y = \frac{e^{-x^2/2}}{\sqrt{2\pi}}$$

nicht trivial ist, um in der Sprache der Mathematiker zu reden. Dabei hatte alles so gut angefangen! Noch 1777 machte sich Buffon zwischen lyrischen Meditationen über den Elefantenrüssel oder die Zeichnung des Zebrafells einen Spaß daraus, eine Nadel zweitausendachtundvierzig Mal nacheinander auf das Parkett fallen zu lassen: Wie der Geist aus der Flasche war die Zahl π vor seinen Augen erschienen, an einer Stelle, wo sie keiner erwartet hatte, bis zur zweiten Dezimalen, ein sonderbares Phänomen, das uns umso mehr einschüchtert, als das Experiment und die Berechnungen leicht zu wiederholen sind: Man riskiert eher einen Hexenschuss als eine Migräne.

Letztere droht uns seit der Erfindung des so genannten »Sankt Petersburger Paradoxons« von Nicolas Bernoulli, einem der zahlreichen Familienmitglieder dieser sadistischen Familie, von der wir bereits am Anfang dieser Geschichte bei unserem Besuch in der Akademie der Wissenschaften zwei Vertreter (Johann und Jakob) kennen gelernt haben. Das Schlimmste kommt in Gestalt von Daniel (1700–1782), der sich seine Zeit damit vertrieb, Urnen mit verschiedenfarbigen Kugeln zu füllen und diese Kugeln dann immer zu zweit von der einen in die andere Urne zu legen, weil er annahm, man müsse das nur lange genug machen, damit die anfänglich verschiedenen Inhalte am Ende gleich seien (das ist das berühmte »Ergodenprinzip«): »In jeder Urne sind gleich viele Kugeln jeder Farbe miteinander vermischt; und das könnte leicht vorgesehen werden; dennoch war die Art und Weise, auf welche das System stetig seinen permanenten Zustand erreicht, für mich [schreibt Daniel] eine völlig unerwartete Entdeckung [...] Ich weiß jetzt, dass es eine Unmenge von Übergängen und Variationen diesseits und jenseits des permanenten Zustands gibt, gemäß einer kontinuierlich abnehmenden Wellenbewegung [...].«[6]

Mit genau dieser Art von Streuung haben sich nach Laplace allmählich auch J. Willard Gibbs, Poincaré und Hadamard (zum Thema Kartenmischen), aber auch Markow beschäftigt. Fragen Sie nicht nach weiteren Einzelheiten und schätzen Sie sich glücklich, dass ich weder auf das mysteriöse und enervierende Sankt Petersburger Paradoxon, noch auf das Gaußsche Gesetz, noch auf die bedeutenden Arbeiten von Jakob Bernoulli (Daniels Onkel) näher eingehe, dessen *Ars conjectandi* (1713 posthum veröffentlicht) bereits den ersten unwiderlegbaren Beweis für das Gesetz der großen Zahl enthielt (für das schwache natürlich; das »starke Gesetz der großen Zahl« sollte erst zweihundertfünfzehn Jahre später bewiesen werden, 1928 ... von Kolmogoroff).

Lassen Sie mich nachdenken: Wir haben De Moivre (1667–1754) vergessen, dessen Ergebnisse meist Laplace zugeschrieben werden, und Poisson, der als Erster den Begriff »Gesetz der großen Zahl« geprägt hat, und Cauchy darf auch nicht fehlen ... Jedenfalls ist die Mathematik seit Beginn des 18. Jahrhunderts mit der Erfindung der Differenzial- und Integralrechnung für den Laien immer undurchsichtiger geworden. Dieser Umstand ist umso bedauerlicher, als diese Rechnungen es auf bestimmte Weise ermöglichen, alles, was existiert – mit Ausnahme so verschrobener Erscheinungen wie der Brownschen Bewegung – zu verstehen. Dieser schelmische Kobold, dieser Faktor der Undiszipliniertheit ist schuld daran, dass der Zufall, den die Vernunft so lange glaubte, unterdrückt zu haben, hinter der Wegbiegung ungreifbarer als je zuvor wieder auftaucht ...

Katze und Maus

Riemann und Cantor beherrschen die Mathematik der zweiten Hälfte des 19. Jahrhunderts, aber Lebesgue lieferte den Wahrscheinlichkeitstheoretikern das beste Analyse-Instrument: das 1901 erfundene Integral, das seinen Namen trägt und die Mengenlehre und das brandneue »Borel-Maß« nutzt. Das so genannte Lebesgue-Maßintegral ist flexibler in der Betrachtung der Fläche unter einer Kurve. Funktionen mit Unstetigkeitsstellen müssen bei der Verwendung der klassischen Integraldefinition nach Riemann in Intervalle, innerhalb derer sie stetig sind, aufgeteilt werden. Ist eine solche Aufteilung in Intervalle nicht möglich, so divergiert das Integral. Das Lebesgue-Integral hat in diesem Fall einen deutlichen Vorteil, denn es verlangt nicht, dass diese Aufteilung in Form von Intervallen geschehen muss. Zum Beispiel ist die Chapman-Kolmogoroff-Gleichung, über die Wolfgang Dœblin seine Forschungen anstellte,

$$F(x,y\,;s,t) = \int_{-\infty}^{+\infty} F(z,y\,;u,t)\, d_Z F(x,z\,;s,u)$$

ein Lebesgue-Integral.*

In den Weiterentwicklungen kann die Analysis mit einer Katze und die Brownsche Bewegung mit einer verrückten Maus verglichen werden. Die Zeit, die seit Lukrez verstrichen ist, hat sie nicht vernünftiger gemacht. Sie ist nicht gealtert, da sie weder Gedächtnis noch Vergangenheit besitzt. Ihre Bewegungen gehorchen keiner Notwendigkeit. Sie hängen wie ein ununterbrochenes Knobelspiel nur vom Zufall ab und verändern sich so schnell und ungeordnet, dass man unmöglich die momentane Geschwindigkeit eines so in Bewegung befindlichen Körpers messen kann: Seine Flugbahn lässt keine Tangente zu, und im Unterschied zu einer gewöhnlichen Kurve kann man ihre Ableitung nicht berechnen.

Wird also die Katze die Maus fangen können? Mit anderen Worten: Ist die Brownsche Bewegung Gegenstand der Mathematik?

Von Lukrez bis Robert Brown haben die Ersten, die diese Bewegung beschrieben haben, sie als physikalisches Phänomen betrachtet. Im 19. Jahrhundert festigte die Erforschung der kinetischen Theorie der Gase (die Daniel Bernoulli mit seinen Beobachtungen

* Genauer gesagt: ein Lebesgue-Integral für allgemeinere Verteilungen, auch Stieltjes-Lebesgue-Integral genannt.

der Kugelmischungen in den Urnen auf geniale Weise vorweggenommen hat) das Gesetz der Diffusion in der mathematischen Physik. Aber der Impuls, der aus der Brownschen Bewegung ein mathematisches Thema macht, sollte von ganz anderer Seite kommen. Schon im Jahre 1863 hatte ein gewisser Jules Regnault in einem Werk mit dem Titel *Philosophie der Börse* die Beobachtung angestellt, dass die mittlere Abweichung der Kapitalertragsschwankungen mit der Quadratwurzel der Zeit zunahm. Er schloss daraus, dass Gott wahrhaftig allgegenwärtig sei – bis hinter die Maklerschranken. Louis Bachelier zieht es in seiner 1900 geschriebenen Dissertation *Theorie von der Spekulation* vor, diese Formel der Gleichung von Fourier über die Diffusion der Wärme anzunähern. Wie Kolmogoroff und Feller später bestätigen, hat Bachelier als Erster die beiden miteinander verbunden: die Diffusion und die zufallsbedingten Pfade. Etwas später sollte Jean Aubert, ein junger Ingenieur, der mit einem Papierdrachen in der Hand auf den Eiffelturm kletterte, in den Turbulenzen des Windes dieselben Formeln finden. Zwei Engländer kamen bei der Betrachtung des aus einem Fabrikschornstein aufsteigenden Rauchs in London zum selben Ergebnis. Aber letzten Endes gelang es Einstein (1905) und Norbert Wiener als Ersten, ein Modell der Brownschen Bewegung zu bauen. Doch auch für sie war es ein physikalisches und kein rein mathematisches Problem. Da derjenige, der berühmt ist, auch Erfolge erntet, die eigentlich andere (weniger bekannte) Wissenschaftler verdient hätten, unterlässt man zu erwähnen, dass auch Smoluchowski, Taylor, Ornstein und Uhlenbeck dazu beigetragen haben, diese Theorie zu bilden. Mit all denen, die darauf folgen, haben wir viele Katzen für nur eine einzige Maus! Aber im Unterschied zur Kunst und zur Literatur ist in der Wissenschaft die Erfindung kollektiver Natur. Wenn Newton nicht beim Anblick eines fallenden Apfels die Hypothese für sein später formuliertes Gravitationsgesetz aufgestellt hätte, wäre zehn oder zwanzig Jahre später irgendein Johnson in irgendeinem Dorf in England beim Anblick einer fallenden Birne ganz bestimmt auf dieselbe Idee gekommen.

Je näher wir Wolf kommen, desto schwieriger wird es, im Vertrauen auf den gesunden Menschenverstand und eingebungsvolle Intuitionen den Gegenstand auf einen einfachen verständlichen Nenner zu bringen. Es ist von »Ketten«, »Prozessen«, »Diffusionen« und anderen zufallsbedingten Bewegungen die Rede, die in der Tat rein mathematischer Natur sind, aber wegen ihres Aussehens und Verhaltens eher in den Zuständigkeitsbereich der Physik zu fallen scheinen. Ursprünglich hervorgegangen aus einer Untersuchung der Wirklichkeit, bildeten sie auch oft die Grundlagen für konkrete Anwendungen (schon 1926 gibt es in der von Émile Borel herausgegebenen Sammlung ein Faszikel über die Einstellung von Schusswaffen; einige Jahre später wendet Galbrun Markows schematische Darstellungen bei Versicherungsfragen an). Nichtsdestoweniger gelingt in den dreißiger Jahren der größte Fortschritt der Wahrscheinlichkeitstheorie auf dem Gebiet der reinen Mathematik, allerdings auf sehr hohem Abstraktionsniveau.

Wenn auch Poincaré, Borel und Hadamard (in seinem denkwürdigen Artikel aus dem Jahr 1928 über das Kartenmischen) im ersten Viertel des 20. Jahrhunderts viel zur Bildung dieser Theorie beigetragen haben, so entwickelt sie sich anschließend im Osten, in Russland und in anderen slawischen Ländern weiter, bevor sie nach Paris zurückkommt. Weniger als in Frankreich dem akademischen Zwang unterworfen, entsteht im zaristischen und später sowjetischen Russland eine mathematische Schule, die der französischen und deutschen allemal das Wasser reichen kann und sie in manchen Disziplinen wie in der Wahrscheinlichkeitsrechnung sogar übertrifft. Die Moskauer Schule, mit Kolmogoroff und Chintschin, aber auch Charkow, wo Sergej Bernstein lehrt, werden zum Brennpunkt der fortschrittlichsten Erforschung von Ketten und Diffusionen. Auch andere Zentren sind sehr aktiv: Das trifft für das ehemals polnische Lemberg und heutige Lwiw in der Ukraine zu, dessen Bevölkerung mehrheitlich aus Juden bestand und wo nach Smoluchowski auch Hugo Steinhaus und Stefan Banach unterrichten; auch auf Prag und vor allem auf Brno in Mähren, wo Bohuslav

Hostinský eine zentrale Rolle spielt, auf Bukarest mit Onicescu und Mihoc und schließlich auf Istanbul, wo der Berliner und Wiener Galizier Richard von Mises, dessen Schriften im Seminar bei Borel heiß diskutiert werden, im Exil lebt.

Bernard Bru hat mit einer Engelsgeduld auf der Europakarte die Irrfahrten der Brownschen Bewegung und der von Markow verbreiteten Ideen seit Anfang des Jahrhunderts nachvollzogen.[7] Sie stehen in Zusammenhang mit den beiden mathematischen Bereichen »Ketten« und »Prozesse«, die nach dem russischen Mathematiker benannt sind. In beiden Fällen hat man es mit einer zufallsbedingten Bewegung ohne Gedächtnis zu tun, deren Zukunft (die Wahrscheinlichkeit, dass der sich in Bewegung befindliche Körper zu einem späteren Zeitpunkt an einem bestimmten Ort ankommt) in keiner Weise von den vorangegangenen zufälligen Bewegungen abhängt. Wenn die Zeit (wie beim Flug der Mücke) kontinuierlich verstreicht und mit ihr auch das Eingreifen des Zufalls, spricht man von einem »Markowschen Prozess«. Im Falle einer Reihe diskontinuierlicher Bewegungen (die Ortsveränderung einer Wasserspinne an der Oberfläche eines Teichs) spricht man von »Ketten«. Markows Forschungen, die sich übrigens auf Poincarés Beobachtungen beim Kartenmischen stützen, werden in Frankreich erst Ende der zwanziger Jahre bekannt, nach dem Kongress der Mathematiker 1928 in Bologna beginnen sich diese Erkenntnisse in der Gemeinde der Wissenschaftler zu verbreiten. In Frankreich wird Fréchet schnell zum Spezialisten und zieht auf diesem Forschungsgebiet sogar Kolmogoroffs Aufmerksamkeit auf sich. Die Art und Weise, in der das russische Mathematikgenie darauf besteht, den fleißigen Pastorensohn seinen Meister zu nennen, hat etwas Rührendes an sich. Diese beiden so brüderlich miteinander umgehenden Menschen haben nichts gemeinsam. Andrej Nikolajewitsch Kolmogoroff ist ein großer Herr, ein Ästhet, der später mit der ungenierten Eleganz eines Wasserschiläufers über die trüben Wasser des Stalinismus hinweggleiten wird. Er wurde 1903 in eine kleine Adelsfamilie geboren, deren Mitglieder Anhänger des utopischen Sozialismus waren, zeigt in sehr jungen Jahren eine außergewöhnliche mathematische Begabung, die ihn bereits 1931 zum Professor an der Universität von Moskau macht. Er lebt in Komarowka auf großem Fuß in einer Traum-Datscha, die er mit seinem Lebensgefährten Aleksandrow teilt (was beweist, dass Wahrscheinlichkeitsrechnung und die Topologie sich gut verstehen können, auch wenn das den akademischen Geistern nicht gefällt). Dieser außergewöhnliche Mann, der sich für Musik, Sport und Literatur begeistert, gehört zu denen, die hinter einem Anschein von Dilettantismus einen eisernen Willen und äußerste Disziplin in den Dienst einer bemerkenswerten Intuition stellen. Man braucht sich auch nicht zu wundern, dass Kolmogoroff von allen Forschern – Émile Borel, Bohlmann, Bernstein, Lomnitzki, von Mises, Paul Lévy –, die sich seit Anfang des Jahrhunderts darum bemühen, der Wahrscheinlichkeitsrechnung eine axiomatische (das heißt unbestritten mathematische) Grundlage zu geben, der Einzige ist, der diese Herausforderung, die so alt ist, wie die Disziplin selbst, ohne sein Talent überanstrengen zu müssen und lange vor seinen Kollegen in Paris und anderswo erfolgreich annehmen wird.

Nach einigen zuvor veröffentlichten Artikeln – dem ersten im Jahr 1929 – enthält sein Werk mit dem Titel *Grundbegriffe der Wahrscheinlichkeitsrechnung* die Ergebnisse seiner Forschungen. Es erscheint in Deutsch beim Berliner Verlag Springer, und zwar 1933, was wirklich kurios ist. Darum kam Fréchet (und wahrscheinlich auch Darmois) auf die Idee, Wolfgang zu bitten, einige Auszüge aus diesen verschiedenen Schriften zu übersetzen, die ihre Tragweite erahnen ließen.

Im Unterschied zu Lévy und Borel, die wenig Neigung verspürten, die Methoden der *Grundbegriffe* zu verwenden, setzen sich die jungen Forscher an ihrer Fakultät, allen voran Dœblin und Fortet, für Kolmogoroffs Axiomatisierung ein. In Lwow (Lemberg, auf das wir noch in einem späteren Kapitel zu sprechen kommen) schrieen Mark Kac und seine fröhlichen Anhänger aus dem Schottischen Café angesichts dieser alles überbietenden Abstraktion laut auf. Sie beschäftigten sich mehr auf spielerische, einfallsreiche Weise mit der Mathematik und empfanden ihre westlichen Kollegen auf dem Züricher Kongress von 1932 als düster, nervös und schrullig. Ich stelle mir vor, wie Wolfgang mit seiner Radikalität und seinem leicht anarchistischem Betragen eher amüsiert und nicht unzufrieden die enttäuschten Gesichter der Halbgötter beobachtete, wie sie die Ruinen in Augenschein nahmen, nachdem die rote Kavallerie über das Schlachtfeld gefegt war. Erkannte er damals schon, dass die berühmte Axiomatik kein Allheilmittel war und dass weitere, für die Wahrscheinlichkeitstheorie noch spezifischere Wege beschritten werden mussten, die sich von dem hauptsächlich analytischen, den Kolmogoroff empfahl, unterschieden?

Wie man gesehen hat, war er in den Jahren 1934 und 1935 in keiner Weise gerüstet, die komplizierte Welt des Moskauer Mathematikers zu betreten. Aber zwei Jahre später und im Besitz aller Schlüssel des Schlosses, einschließlich derer, die ihm Türen zu geheimen Zimmern und verborgenen Gängen aufschlossen, konnte Wolf sich sagen, dass in den von ihm entdeckten Räumen nur Kolmogoroff und er selbst wirklich zu Hause waren. Die anderen, so groß ihre Verdienste und ihr Ruf auch sein mochten, waren noch dabei, die Zimmer eines nach dem anderen abzuschreiten. Nur sie beide, der große Russe und der kleine Berliner, hatten den Plan ihres gesamten Wohnsitzes im Kopf: ein Palast ohne Mauern, unendlich und nach allen Seiten offen.

| KAPITEL 21 |

Es ist ein Glück für Wolfgang, dass Maurice Fréchets Tochter Hélène einen Russen heiratete. Wolfgangs zukünftiger Doktorvater besuchte die Neuvermählten (Edgar Lederer leitete ein Labor an der Universität von Leningrad) und verlängerte seine Ferien. Ohne Fréchets Rückkehr abzuwarten, nutzte der Mathematiklehrling den Freiraum, um sich mit seinem Thema – den Markowschen Ketten – zu beschäftigen und umso fleißiger zu arbeiten, als aller Wahrscheinlichkeit nach Marie-Antoinette nicht sehr weit von ihm entfernt an einem der zwei oder drei Tische in der Bibliothek des Instituts Henri Poincaré saß. Als Fréchet zurückkam, legte ihm Wolf bereits sehr aussagekräftige Ergebnisse vor. Jede Woche kamen neue Beweise hinzu, die er jedoch dermaßen knapp fasste, dass sie nahezu unverständlich wurden. Man stelle sich Fréchets Reaktion vor, der begeistert und zugleich entsetzt daneben stand wie ein mexikanischer Bauer, der in seinem Maisfeld so unerwartet wie unweigerlich einen Vulkan ausbrechen sieht. Er wusste sehr wohl, dass die Entstehung des Phänomens nicht sein Verdienst war und hätte höchstens – nach Darmois, der als Erster das Wunder geahnt hatte – seinen erstaunlichen und einzigartigen Charakter erkennen können. Sehr schnell fühlte sich der Meister von seinem Schüler überholt, und selbst wenn er ihm den Ball noch zurückwerfen konnte, war er doch – im Gegensatz zu Paul Lévy – kein echter Spielpartner mehr: Wolfgang spielte allein. Es wäre unangebracht, sich über Fréchets Grenzen lustig zu machen. Wolfgang achtete ihn sehr, jenseits der alten preußischen Gewohnheit, gesetzliche Autoritäten zu respektieren, und nicht unvereinbar mit einer kritischen Haltung gegenüber Glaubenssätzen und Privilegien. Irgendjemand musste ja neben ihm die im klassischen Repertoire so undankbare Rolle des Ratgebers oder der Amme spielen: jemand, der unter dem Vorwand, ihn auf den Boden der Tatsachen zurückzuholen, was glücklicherweise unmöglich ist, dem Helden gut zuredet, durch den Kontrast zu ihm jedoch erst dessen ganze Maßlosigkeit veranschaulicht.

Im Juni 1936 – sechs Monate, nachdem er, wie bereits erwähnt, das Thema seiner Dissertation eingereicht hatte[1] – brachte Wolf diese Arbeit zu Ende. Man muss die außerordentlich großen Abstände sehen zwischen den Zeitpunkten, zu denen der Gedanke entwickelt, in der realen Welt registriert und in der Gesellschaft angenommen wird. In wenigen Tagen, wenigen Stunden, vielleicht in nur wenigen Augenblicken ist alles gesagt. Dann kommt die sehr viel längere Zeit der Argumentation und der Formgebung, schließlich die der Veröffentlichung, ganz abgesehen von der Verbreitung in der Hoffnung auf einen oft lächerlichen Gewinn, die noch zufallsbestimmter ist als der Markowsche Prozess. Nietzsche sagte, dass der Geist zum Kamel, dann zum Löwen und schließlich zum Kinde wird. In Wirklichkeit ist er zuerst ein Gepard, dann ein Biber und zuletzt eine Schnecke, die in den Krallen eines Faultiers landet. Die blitzartige Schnelligkeit der Inspiration hat etwas Tragisches, das im Klischee vom Fluch des Genies seinen trivialen Niederschlag findet. Die Zeit des Geistes ist nicht von dieser Welt, sein Reich genauso wenig. Schönheit gibt es zumindest in der Natur, aber wo auf Erden hat der Gedanke außerhalb von sich selbst einen Platz?

Alle Genies besitzen die Fähigkeit, Mauern zu überwinden und von einem Ufer an das andere zu springen, ohne die Brücken zu benutzen. Wäre er Franzose, Engländer, Pole oder gar Österreicher gewesen, hätte »Vincent« vielleicht den Dilettanten spielen können. Doch seine jüdisch-pommersche, von Kant und Clausewitz geprägte Abstammung schützte ihn vor leichtfertigen Versuchungen.

Um in Preußen glaubhaft zu sein, muss ein Genie auch ein guter Schüler sein. Wolf teilte mit dem strengen Maurice Fréchet die Vorliebe für erschöpfende Bibliografien, den durchaus protestantischen deutschen Sinn für *Gründlichkeit*, der ihm die gespielte Lässigkeit, die den Studenten aus »Oxbridge« und von der École normale supérieure eigen war, unerträglich machte. Mit diesem Eifer konnte er in weniger als fünf Jahren ein ganzes Werk (mit sechsundzwanzig Publikationen ohne die unveröffentlichten Arbeiten) vollbringen, statt sich damit zu begnügen, ein paar geniale Ideen zu versprühen; und dabei hat der Kern des Werkes, sein springender Punkt, nichts mit der »Ausschlussmethode« zu tun, mit der sich die Handlanger einer Idee unermüdlich annähern, indem sie das Unbekannte wie den Kreis zwischen zwei immer dichter zusammengedrückten Vielecken immer weiter einengen. Offensichtlich ignorierte Wolfgang Hadamards Arbeiten über das Kartenmischen und erst recht ihre Weiterentwicklung durch Kolmogoroff und ging sofort von Hadamards direkter Methode (sogar von der algebraischen Methode, wenn man Fréchet glauben will) auf den Fall der einfachen Ketten über, den er gründlich erforschte, wobei er das »Gesetz vom iterierten Logarithmus« (ein Detail, das dem Leser, der etwas davon versteht, gratis mitgeliefert wird) anwandte. All das geht entschieden zu schnell. Fréchet spielt den Mäßigenden und versucht den Steppenwolf zu zivilisieren. Seien Sie klarer! Hören Sie auf zu glauben, dass das, was Ihnen eindeutig scheint, auch für andere eindeutig ist – so in etwa lautete seine unermüdlich wiederholte Botschaft, die als Vorwurf und Kompliment zugleich verstanden werden kann. Man muss zugeben, dass Wolfs Beweisführungen nicht sehr ausführlich sind. Es ist mehr als dichterische Eigenart, wenn er regelmäßig spöttische Formulierungen wie »der Beweis liegt auf der Hand« und »das Ergebnis ist mir seit langem bekannt«[2] oder noch besser im August 1937 in einem Brief an Fréchet schreibt: »Das ist so schlüssig, dass man nur diese Formel anzugeben braucht und es dem Leser überlassen kann, den Beweis zu führen.«[3] Schlimm wird es, als Wolf einen Artikel von Bernstein zur Veröffentlichung vorbereitet und sich in den Kopf setzt, den Autor zu verbessern: »Ich bitte Sie«, schreibt ihm Fréchet, »Ihre Fragen dahingehend zu überarbeiten, dass sie nicht wie die einer Kapazität klingen, die auf Fehler aufmerksam macht, sondern wie die eines

Lesers, der auf Schwierigkeiten stößt und damit rechnet, dass seine Fragen beantwortet werden: ich verstehe nicht, wie der Beweis geführt werden kann [...], es scheint mir ein Widerspruch vorzuliegen, usw. [...].«[4] Dass Wolf weiter und schneller denkt als sein Doktorvater, steht seit September 1936 fest, als der Grünschnabel in nur drei Zeilen ein Problem löste, auf das Fréchet offensichtlich gestoßen war, als er Hadamard las.[5] Aber wahrscheinlich war Paul Lévy der Erste, der merkte, dass der Schüler seinen Lehrern (wenn auch nur relativ und punktuell) überlegen war. Im Frühjahr desselben Jahres löst Wolf eine Aufgabe, die Lévy mit einer von ihm als »ziemlich schwierig« bezeichneten Beweisführung stellt, die der junge Mathematiker jedoch als »ziemlich leicht« einstuft, wie er zumindest im Kommentar zu der Arbeit »Über die Summen zufälliger unabhängiger Variablen«, die sie gemeinsam zeichnen, geschrieben hat, wobei er beim Überarbeiten der Korrekturfahnen diesen Seitenhieb besser verschwinden lässt. Von da an betrachtet Lévy Dœblin nicht mehr als Studenten, sondern als seinen »Mitarbeiter«. Bis an sein Lebensende wird er seine Achtung vor ihm mehrfach bekunden. Dennoch ist es schwierig, die wahre Natur der Gefühle zu beurteilen, die beide füreinander hegten, bei denen in Ermangelung echter Sympathie die Rivalität ihre tatsächliche Wertschätzung ständig begleitete.

Paul Lévy ist ein Einzelfall im Universum der französischen Mathematik des 20. Jahrhunderts. Seine besondere Stellung wird bereits dadurch deutlich, dass er, an den beiden berühmtesten Schulen zugelassen, sich nicht für die École normale, sondern für das Polytechnikum entscheidet, an dem er später (vielleicht wegen des weiter oben bei der »Glockenkurve« erwähnten berühmten Zweispitzes?) auch unterrichtet. Diese persönliche Entscheidung und mehr noch das von ihm gewählte Forschungsgebiet sind dafür verantwortlich, dass Kollegen von der Universität und akademische Kapazitäten einen großen Teil seiner beruflichen Laufbahn nur aus der Distanz beobachten. Dennoch (oder vielleicht gerade deshalb) gehört Lévy neben Chintschin und Kolmogoroff zu den Ersten, die aus der Wahrscheinlichkeitstheorie eine echte mathematische Disziplin machen wollen. In den dreißiger Jahren besteht sein entscheidender Beitrag darin, die Brownsche Bewegung aufs Genaueste studiert und in leicht analysierbare Sequenzen zerlegt zu haben. In seiner Autobiografie[6] verweist Paul Lévy wiederholt auf Wolfgang Dœblin – jedes Mal in einem Zusammenhang, in dem sein Schüler ihm mit relativ einfachen Argumenten den Rang abläuft; wobei es ihm infolge einer weit verbreiteten Fehleinschätzung so vorkommt, als ob er diese Ergebnisse auch kannte, ohne sich ihrer bewusst zu sein, was er als besonders ärgerlich empfindet. Man muss dazu sagen, dass Lévy, der zugibt, unter einer schlimmen Form von Egozentrik zu leiden (womit diese Selbstdiagnose eines gewissen Narzissmus nicht entbehrt), sich nie wirklich für die Außenwelt interessierte und schon gar nicht die ihm anvertrauten Artikel lesen wollte. Da Wolfgang im selben Wasser schwamm, bildet er die Ausnahme. Unter »Dichtern« müssen sie sich derselben Welt zugehörig gefühlt haben, und so verschieden sie beide mit seinem eigenen Stil auch waren, legten sie ein Stück des Weges doch gemeinsam – oder besser nebeneinander – zurück. Der Ausdruck »Dichter« mag den Leser überraschen, der an seinen Mathematikunterricht im Gymnasium dieselben Erinnerungen hat, wie Alfred sie in seiner »Gespenstersonate« heraufbeschwor. Dennoch ist »Dichter« das Wort, das einem einfällt, wenn man die zahlreichen Berichte, in denen Mathematiker (ich meine die wirklich *kreativen*) die Begleitumstände ihrer Inspirationen und die Art ihrer Arbeit beschreiben, liest und vergleicht. Alle stimmen dahingehend überein, dass die beachtenswertesten Ideen nur äußerst selten Ergebnisse des Nachdenkens sind. Sie drängen sich stattdessen sozusagen von selbst auf, in einer Art Erleuchtung, die oft nicht als solche wahrgenommen wird. Poincaré beschreibt diese Gedankenblitze am besten von allen. Ob im Zug, in einer schlaflosen Nacht, beim Besteigen eines Omnibusses oder am Rand einer Klippe, eines Tages geht man spazieren, denkt an nichts und plötzlich ist die Idee da, liegt wie ein Kieselstein sichtbar auf dem Weg und braucht weder zu »zischen« noch »aufzublitzen«, ist ein Apfel, der vom Baum fiel. Zweifellos ist ihr plötzliches Auftauchen in Wirklichkeit der Erfolg eines langen

Reifungsprozesses. Doch die Arbeit wird ohne Kontrolle des Bewusstseins geleistet; das bewusste Ich sucht, aber das unbewusste findet die Lösung. Es ist wie beim Bogenschießen, man muss aufhören zu zielen und zu berechnen, um ins Schwarze zu treffen. Synthetische Intelligenz vereitelt die Sophismen der Vernunft. Die Geste befreit den eingesperrten Gedanken: Zen gegen Zenon.

Wir werden nie mit absoluter Sicherheit wissen, wo oder wann Wolfgang seine Theoreme entdeckte. Er war nicht der Mensch, der anderen seinen Gemütszustand anvertraute; nur Monette und (eventuell) Paul Lévy hätten vielleicht etwas wissen können. Aber die Korrespondenz mit beiden ist verschwunden, die mit Lévy schon während des Krieges, zur Zeit der Hausdurchsuchungen durch die Gestapo. Fréchet in seiner derben Art verleitete seinen Doktoranden und Freund ganz sicher nicht dazu, sich ihm anzuvertrauen. Dennoch lässt Wolf in zwei an Fréchet adressierten Briefen, im August und im September 1937, durchblicken, womit er sich in seiner mathematischen Forschung beschäftigte: »Zu einem Teil der Ergebnisse bin ich schon vor über einem Jahr gelangt, den Rest habe ich in meinem Gehirn schon ziemlich lange herumgetragen, und ich hätte ihn auch noch länger reifen lassen, wenn ich nicht Ihr Buch gelesen hätte [..]..«[7] »Die drei Sätze, vor allem die beiden letzten, sind mir seit langem bekannt, genauso wie ihre Beweisführung. Nur habe ich alles im Unklaren gelassen und möglichst ins Unterbewusstsein verdrängt (ich glaube übrigens, dass mein Unterbewusstsein viel besser arbeitet als mein Bewusstsein) [...].«[8]

Man kann sich vorstellen, dass Wolf wie Poincaré oder Lévy das seltsame Prozedere der mathematischen Erfindung sehr gut kannte und der Arbeit des Unbewussten bis zu dem Moment freien Lauf ließ, in dem der Reifeprozess der Idee im »Unklaren« und in der Dunkelheit abgeschlossen war. Physische Anstrengung, besonders bei seinen Bergwanderungen, die er im Sommer leidenschaftlich gern unternahm, war für ihn ein wirksames Mittel, intellektuelle Anstrengung zu unterstützen (im vorliegenden Fall jedoch eher umgekehrt die Kunst, Leere zu schaffen, damit das »Unterbewusstsein« seine Früchte reifen lassen konnte). Wenn er jemals wie Nietzsche in Sils-Maria leidenschaftliche Begeisterung kennen gelernt hat, hat er nie davon gesprochen. Wetten wir dennoch darauf, dass es solche unaussprechlichen Momente gegeben hat; die Sprache der Mathematik und die Alltagssprache sind einander fremd, und wenn man nur die eine benutzt, verlernt man die andere erst recht, wenn man (unglücklicherweise?) Sohn eines Schriftstellers und von Natur aus sehr schweigsam ist. Was Worte sagen werden, ist die Mühe auf dem Weg stromabwärts, die Arbeit der Beweisführung ist genauso undankbar wie auf ihre Art spannend und auf jeden Fall wesentlich wie das kapitelweise Schreiben einer Erzählung, deren Ausgang der Autor bereits kennt. Doch manchmal frisst sich die Maschine fest, wie im Frühjahr 1938, als Wolf sich vergeblich bemüht, ein Problem mit der »Menge der Potenzen« zu lösen, wofür er erst ein Jahr später unter schlimmsten Bedingungen in der Garnison in Givet den Ansatz finden wird. Andere Male, wenn der direkte Weg versperrt scheint, muss er Tricks anwenden, das Hindernis einkreisen, die Schwierigkeit Millimeter für Millimeter abbauen. Der Adler wird zur Ameise. Einem Genie ist hoch anzurechnen, wenn es seine Verwandlung zum Bastler akzeptiert und sich nicht wie Lord Byron dem Weltschmerz des verwundeten Helden hingibt. Eine andere Form von Genie übernimmt die Aufgabe: der Einfallsreichtum. »Wo ist der Witz?«, fragte Hugo Steinhaus, Professor an der Schule in Lwow, immer bei zu langen Beweisführungen. Geschickt platziert, könnte der Felsblock des Sisyphus die Berge umkippen. Die Pyramiden sind ohne Kräne gebaut worden. »Gott wohnt im Detail«, sagt ein chassidisches Sprichwort, das sich in der Volksweisheit »Aus einem kleinen Bach wird ein großer Fluss« widerspiegelt. Mit ungefähr dieser Methode analysierte Wolf in seinem »versiegelten Umschlag« die Flugbahnen. Wenn man die Gesamtheit einer Bewegung nicht erfassen kann, kann man, statt das Ganze zu betrachten, immer noch versuchen mit dem *Detail*, mit der Umgebung eines Punktes anzufangen, um dann alle Teile zusammenzufügen. Das bringt uns vom »großen Mittag« ab, wo Wolfgang zweifellos auf irgendeinem steilen Bergpfad in der Nähe von Les Gets oder Chamonix, indem er Selbstgespräche mit dem Geist Kolmogoroffs führte, eines Tages, im August 1938, seine Entdeckung ahnte: Wenn man aus einer zufallsbedingten Bewegung alles herausnimmt, was sie nicht ist (die »Ableitung«), bleibt nur das Wirken des Zufalls, »Kopf oder Zahl«, ohne Zahl, ohne Kopf, ohne Münze, ohne Hand, ohne Tisch, gleichbleibend und fortdauernd. Vielleicht ist es eine neue Version der Erfindung Lichtenbergs, das berühmte »Messer ohne Schneide, das keinen Griff hat«? Es ist nicht einleuchtend, einen solchen Gegenstand zu konstruieren, nicht einmal in Gedanken. *Wo ist der Witz*? ... Erwarten Sie von mir keine Erklärung. Sie sollen nur wissen, dass es so etwas gibt. In der Welt der Mathematik ist das Leben nicht viel anders als in der Welt der Poesie oder in der irgendeiner anderen Kunst, nur braucht man keine Hilfsmittel und kein Instrument, um sich ihr ganz zu widmen. Alles spielt sich im Innern des Gehirns ab, gewissermaßen im unendlichen Raum. Als Steinhaus sich während des Krieges in einem Wald versteckt hält, erschafft er sich die Mathematik, wie er sie kannte, aus dem Gedächtnis neu. Zwei andere, polnische Mathematiker, Feliks Lachmann und Wladek Hetper, rekonstruieren als Gefangene in einem sowjetischen Lager im Kopf die Lösung der kubischen Gleichung von Cardano und fliehen so in multidimensionale Universen, die sich ihr Kollege Banach vorgestellt hatte, der zur selben Zeit als »Flohernährer« im Labor von Professor Doktor Weigl überlebt.

Wir müssen uns noch ein wenig mit dem Unterschied zwischen der Sprache der Mathematik und unserer Alltagssprache beschäftigen. Die Erstere ist genauer, direkter und lebt von der Anordnung und Kombination diskreter (also einfacher, eindeutiger und unmissverständlicher) Elemente. Obwohl zahlreiche Erscheinungen des wahren Lebens mathematisch dargestellt werden können, ist die »Welt der Mathematik« als solche wie die »Welt der Ideen« bei Plato weder von der Brutalität der Wirklichkeit noch vom Pech des Lebens betroffen. Im Gegensatz dazu scheint unsere ebenso symbolische Alltagssprache unrein, schleimig, voller Animalität und Verwirrung. Die Sprache der Menschen ist wie ihre Geschichte voller Lärm und Wut, und wie man seit Äsop weiß, zu allem Guten wie allem Schlechten fähig. Die menschliche Sprache beschreibt die ganze Palette alles Lebenden, vom Schweinegrunzen bis zur ätherischsten Spiritualität, und mischt dabei alle Gattungen mit dem bewunderungswürdig schlechten Geschmack Shakespeares, ob es den *abstracteurs de quintessence* wie Mallarmé gefällt oder nicht. Auch wenn man die Mathematik – mit Fug und Recht – mit der Poesie vergleicht, sollte man zugeben, dass die eine Welt dort beginnt, wo die andere an ihre Grenze gelangt, die sie jedoch niemals erreichen wird; worüber sich übrigens nie jemand beschweren wird, denn das, was den Preis der Poesie und der Sprache im Allgemeinen ausmacht, ist die Tatsache, dass sie die ganze Komplexität des Lebenden umfassen – nicht nur als zu veranschaulichendes Thema, sondern zugleich als Ausdrucksmittel. Wenn es eine Kunst gibt, mit der die Mathematik in Einklang steht, ist es die Musik. Das wussten bereits die Griechen, die Pythagoras nicht nur die Erfindung der »Eselsbrücke« (das Quadrat der Hypotenuse ist ...) zuschrieben, sondern auch die Entdeckung der Harmonien im Reich der Töne.

Albert Einstein verglich sich mit einem ungebildeten Zigeunermusiker, um zu begründen, warum er keine Vorlesungen am Collège de France halten wird.

Gewisse Ähnlichkeiten lassen sich ohne Frage ziemlich leicht heraufbeschwören zwischen den Figuren des verrückten Musikers (Glenn Gould), des zwanghaften, beinahe autistischen Schachspielers (Fisher) und des Mathematikers, wie der Laie ihn sieht, im n-dimensionalen Raum verloren mit transfiniten Zahlen und einer virtuellen Algebra jonglierend. Jedes Mal, wenn ich eines von Wolfs Manuskripten aufschlage (ich nehme an, es könnte auch eine Seite von Paul Lévy oder Kolmogoroff sein, aber von den beiden habe ich nur gedruckte Texte gesehen, die nicht dieselbe Ausstrahlung haben wie ein *Impromptu*), kann ich nicht umhin, an eine Partitur zu denken, und jedes Mal geht mir derselbe Gedanke durch den Kopf: Ist der Übergang von der einen in die andere Sprache, von den Noten zu den Zahlen, auch in umgekehrter Richtung möglich? Könnte es denn eine Möglichkeit geben, diese mathematischen Zeichen wie Noten zu spielen, die Musik hörbar zu machen, die sich darin versteckt? Manche hoffen, die Töne zu entschlüsseln, die mit den Rillen in antike Töpfe geritzt wurden; Rilke träumte davon, die Melodie hörbar zu machen, die in den Nahtlinien der Schädelknochen steckt. Die Beweisführung eines Lehrsatzes in Musik zu transponieren erscheint vergleichsweise einfacher und theoretisch vertretbarer. Ich wüsste gern, welcher Musik die von Dœblin ähnelt. Vielleicht der von Webern? ...

»Um interessant zu sein«, schreibt Szolem Mandelbrojt, »muss ein mathematischer Sachverhalt vor allem schön sein.«[9] Ist denn diese aus Schlichtheit und Harmonie entstehende Schönheit selbst kein mathematischer Sachverhalt? Aber noch etwas anderes kommt neben dieser klassischen Schönheit in Betracht: der Stil, die Handschrift des Künstlers (schließlich heißt es, Mathematik sei letztlich eher eine Kunst als eine Wissenschaft), die sich von allen anderen unterscheidet. Es gibt einen Stil Évariste Galois, rasant, zerreißend, in der Literatur vergleichbar mit dem von Georg Büchner; einen Stil Cantor, dessen von Émile Borel gerühmte visionäre Romantik wie die von Gustav Mahler in neue Unendlichkeiten mündet; einen Stil Paul Lévy, etwas schüchtern, vertraulich, sorgfältig, im Dienst einer gänzlich intuitiven Vision wie der eines Dichters oder Romanschriftstellers. Jeder Stil, jede Schrift öffnet die Tore zu einem Universum. Lévys Universum ist oft undurchdringlich, Wolfgang Dœblins ist ebenso prächtig und noch komplexer. Seine Beweisführungen sind scheinbar besser aufgebaut, und seine Theoreme sind schwieriger, allgemeiner sogar, aber relativ zugänglich für die Intuition. »W. D. war ein Dichter«, schrieb mir Bernard Bru zu Beginn unseres Briefwechsels im Dezember 2001, »ein anspruchsvoller Dichter, der sich den Regeln der mathematischen Beweisführung in etwa so anpasste, wie die Dichter die Zwänge des Versmaßes respektieren, aber es geht darum, die Worte mehr sagen zu lassen, als sie sagen, die Türen einen Spalt weit zu öffnen, um zu zeigen, was man noch nicht sieht, Poincarés Blitz in der Nacht.* Die Wahrscheinlichkeitsrechnung der dreißiger Jahre eignet sich gut für die-

* Anspielung auf die letzten Zeilen von *La Valeur de la science* (1905): »Der Gedanke ist lediglich ein Blitz mitten in einer langen Nacht. Aber genau dieser Blitz ist alles.«

ses (literarische?) Genre, neue Welten, mathematische Objekte, die man jenseits der begrenzten, abgeriegelten Welt der klassischen Mathematik entdeckt [...].«

Im großen Atlas der imaginären Zoologie, den die mathematischen Werke aller Zeiten bilden, gehören die Wesen, mit denen sich Wolfgang beschäftigt, sicherlich zu den seltsamsten; seltsamer jedenfalls als ihr trügerischer Name »regelmäßige Bewegungen«, die allerdings »explodieren [...], aber nie sterben [...]«[10]. Ich glaube, ich habe die pyrotechnischen Kommentare bereits zitiert, die vom selben Vergil stammen, der aus der Ferne meine Schritte und die des Lesers durch das Dantesche *Inferno* der »stochastischen Gaußschen Prozesse bei unabhängigen Zunahmen« lenkt. Schon in seiner ersten Arbeit, die in den Annalen der Universität Masaryk in Brno, Mähren, erschien, hatte Wolfgang ein Gedankengebilde derselben Art beschrieben: »Die Bewegung kann durch Luftwirbel veranschaulicht werden und, sagen wir mal, ein Stück Holz, das von einem dieser Wirbel erfaßt wird, [...] ziemlich lange in ihm bleibt, aber [...] schließlich aus ihm rausgeschleudert und nach einiger Zeit von einem anderen (oder demselben) Wirbel erfaßt wird [...] Aber die durchschnittliche Verweildauer in einem Wirbel geht gegen unendlich [...].«[11]

Solche Visionen à la van Gogh sind bei Mathematikern nicht üblich. Sie sollen nicht als Metaphern (und erst recht nicht als eher populärwissenschaftliche Bilder) wahrgenommen werden, sondern als Visualisierungen einer Bewegung, die durch ihren doppeldeutigen Status als physikalisches Phänomen und mathematisches Objekt vom untrennbaren Charakter der beiden Disziplinen zeugt – man könnte auch sagen, von der Einheit von Seele und Körper, wenn man sich nicht scheute, das Register zu wechseln.

Manche Menschen, die sich oft auf Gipfeln – im eigentlichen und im übertragenen Sinne – aufhalten, haben am Ende keine Lust mehr, wieder hinabzusteigen. Viele Hochleistungsalpinisten finden ihren Tod in den Bergen. Gelehrte und Dichter hingegen sind eher vom Wahnsinn bedroht, wenn die Überhitzung der Gehirntätigkeit nicht mit einer Verlangsamung oder sogar mit dem Stillstand des psychischen Reifungsprozesses einhergeht. Kolmogoroff gestand sich selbst ein mentales Alter von zwölf Jahren zu, was man als Koketterie nicht wörtlich nehmen darf: Sie erlaubte ihm jedoch zu sagen, dass die Höchstleistung seines akademischen Kollegen Vinogradov (des schlimmsten aller stalinistischen Zensoren) der eines achtjährigen Kindes entsprach. Im Übrigen ist allgemein bekannt, dass von der Abstraktion besessene Geister zur Zerstreutheit neigen. Man kennt es von Hadamard, doch Poincaré steht ihm in nichts nach, denn man traf ihn eines Tages mit einem Käfig voller Kanarienvögel in der Hand, und er war nicht in der Lage zu erklären, woher der Käfig kam und warum er ihn trug.[12] Aber wenn man dem Gerücht glauben will, ist die am weitesten verbreitete Krankheit bei diesen Höhenmenschen das *Albatros-Syndrom*. So nennt man nach Baudelaire die sprichwörtliche Unfähigkeit der Geistesriesen, sich auf der Brücke des Kahns des täglichen Lebens zu bewegen. In einem Punkt scheint sich alle Welt einig zu sein, vom Feingeist bis zum Begriffsstutzigen, von Nietzsche bis Lombroso: Letzten Endes ist Überlegenheit ein Mangel, der Starke ist ein Krüppel, und der Unglückliche wäre besser dran, nicht zu seiner Zeit geboren zu sein.

Klischees oder statistische Realität, diese Stereotypen haben kaum etwas mit dem Bild gemeinsam, das ich mir nach seinen Briefen und den Augenzeugenberichten von Wolfgang mache. Unser Mann ist nicht verrückt, er hat nichts von einem Fantasten oder einem Harlekin. Im täglichen Leben bewies er Sinn für praktische, politische und finanzielle Realitäten wie jemand, der weiß, dass man für seine Existenz kämpfen muss, und war darin eher seiner Mutter und seiner Großmutter Sophie Freudenheim ähnlich als Max, dem pommerschen *Luftikus*, dem Helden der Weiber und der Meere. Gleichzeitig stellt man erstaunt fest, mit welcher Unruhe, mit welchem Argwohn Wolf den täglichen Fortschritt seiner Arbeiten betrachtete. »Fast jeden Sonntag habe ich eine Heidenangst vor dem Montag [...] dass meine Ergebnisse, die ich noch niemandem mitgeteilt habe, in einer Notiz der Rezensionen stehen [...]«[13], schreibt er im September 1936 in einem seiner ersten Briefe an Fréchet.

Dieses Buch ist eine Untersuchung, keine Hagiografie, ich will nicht nur die guten Seiten seiner Persönlichkeit zusammenkleben; mir scheint, wenn ich ihn im Gegenteil so zeige, wie er war, habe ich die Chance, ihn menschlicher und zugänglicher zu machen. Zum Beispiel, wie leicht er sich von der Konkurrenz verletzt fühlte. Oder seine Härte, ja sogar (oft ungerechtfertigte) Verachtung manchen Kollegen gegenüber. Die Art, in der er im Oktober 1938 J. L. Doob (der seinerseits auch kein braver Chorknabe war) vorwirft, behauptet zu haben, er (Wolfgang Dœblin) habe einen Fehler gemacht, ohne ihn vorher zu Rate gezogen, noch ihm seine Arbeit geschickt zu haben.[14] Nachdem Wolfgang sich erneut eingehend mit dem Problem befasst hat, legt er den Rückwärtsgang ein und gibt schließlich zu, sich schlicht und ergreifend geirrt zu haben. Sein Ton ändert sich, die beiden Mitteilungen, die er aus Givet, wo er seinen Militärdienst leistet, an den jungen amerikanischen Wahrscheinlichkeitstheoretiker schickt, sind geradezu herzlich. Epilog: Doob wird 1991 neben Kai Lai Chung den Vorsitz des Kolloquiums von Blaubeuren inne haben und das Vorwort für eine Sammlung von Studien schreiben, die die Wiederentdeckung Dœblins jenseits des engen Kreises der »Spitzenforscher« förderten. Elend und Größe der wirklichen Mathematiker sind weit entfernt von der Goldschrift der akademischen Todesanzeigen. Die Verbissenheit der Konkurrenz führt manchmal zu Missverständnissen, deren Wirkung jedoch – im Unterschied zu den Verbitterungen mancher Literaten – durch den gemeinsamen Respekt vor den Werten der Wissenschaft und am Ende durch den objektiven Charakter der erreichten Ergebnisse abgeschwächt wird. Im vorliegenden Fall werden unsere beiden Streithähne ihre Hälse mehr als ehrenvoll aus der Schlinge ziehen. Wie kann man den Ritterkodex respektieren, wenn man als Bastler von Lehrsätzen von der Arbeit aller abhängig ist und gleichzeitig zu jedem in Konkurrenz steht? Der Erste sein oder nicht sein, das ist hier die Frage. Nur die Veröffentlichung beweist, wer die Entdeckung als Erster gemacht hat. Man muss die Ergebnisse immer mit Vorsicht deuten. Ob nun Mihoc, Schulz, Romanowsky, Bogoljubow oder Dœblin bei dem einen oder anderen Punkt den entscheidenden Schritt nach vorn gemacht hat, ist für Wolfgang ein nie endendes Diskussionsthema, wie sein Briefwechsel mit Fréchet zeigt.[15]

Manchmal muss man listig sein, den Verdacht der Konkurrenz zerstreuen, selbst wenn diese Konkurrenz der große Kolmogoroff höchstpersönlich ist, den Wolf in einem im August 1938 in Annemasse aufgegebenen Brief[16] glauben macht, dass er seine Forschungsarbeiten einstellen müsse, ohne auch nur ein Wort über das Projekt zu verlieren, das er gerade verfolgte: das grobe Konzept zu jenem Werk, das zum »versiegelten Umschlag« werden sollte.

Diese Art ist bei Mathematikern gang und gäbe. Die findigsten Mathematiker werden von dieser ständigen Unruhe beherrscht, die Schriftstellern und anderen Künstlern unbekannt ist, solange sie nicht von der Furcht vor dem Plagiat heimgesucht werden. So findig und schnell er in seinen Gedankengängen ist, neigt Wolf dazu, seine Ergebnisse und Beweisführungen so selbstverständlich zu finden, dass es ihm schwer fällt zu glauben, dass niemand vor ihm darauf gekommen ist. Ihn quält der Gedanke, ein anderer könne ihn nachahmen. Darum verfolgt er jeden Tag aufmerksam die Fortschritte in der Forschung. Nicht wie eine Leseratte, sondern eher wie eine *Bibliothekskatze* beobachtet er alles, was sich bewegt – ständig bereit, sich blitzschnell darauf zu stürzen. Das ganze Gegenteil von Paul Lévy, der wenig liest und im Glauben, etwas Neues gefunden zu haben, manchmal den anderen unwissentlich ins Gehege kommt. Die Entwicklung der politischen Situation in Europa, die wachsende Bedrohung durch Hitlerdeutschland, die auf den Nachbarländern und damit auch auf Frankreich, der neuen Heimat der Familie Döblin, lastet, verschlimmern Wolfgangs Unruhe und sein Misstrauen. Mit den Worten »Ich traue den Postbeamten von Toul nicht«[17] schließt er seinen Brief, den er am 27. August 1937 nach seiner Rückkehr von einer Bergwanderung in den Vogesen an Fréchet schreibt. Aus dem Zusammenhang gerissen und wenn man die folgenden Ereignisse und Wolfs tragisches Ende in der

Scheune von Housseras nicht kennt, klingt dieser Satz lächerlich. Doch bestätigt er nur die Behauptung eines anderen (war es Woody Allen?), dass auch Paranoiker manchmal Todfeinde haben ...

Ungefähr zu dieser Zeit muss Marie-Antoinette Wolf erklärt haben, dass sie verlobt sei. Liebte sie ihn irgendwann? Nach seinem Tod? Vielleicht hegte sie für ihn ein Gefühl von, sagen wir mal, zarter Freundschaft, voller Bewunderung für seine Genialität. Sich einen deutschen atheistischen Juden zum Gefährten zu wählen, der obendrein Marxist und Sohn eines geflohenen Schriftstellers war, hieß sich über viele im Frankreich der dreißiger Jahre herrschende Vorurteile hinwegzusetzen, selbst in einem liberalen und offenen bürgerlichen Milieu, das den republikanischen Werten verpflichtet war. Für einen solchen Schritt hätte Monette wirklich in Wolf verliebt sein müssen – das war vermutlich nicht der Fall. Immerhin hatte sie ihre Wahl getroffen. Wolf hat nächtelang geweint. Das erfinde ich nicht. Monette war seine einzig echte Freundin, und sie ist es geblieben. Sie wird auch seine einzige Liebe gewesen sein – *eine Liebe aus der Ferne* zwischen zwei Menschen, die sich sehr nahe waren und jeden Tag sahen. Kann man sich vorstellen, dass es eher ein Bruder-Schwester-Verhältnis, eine verfängliche Vertrautheit war, die Wolf vielleicht im Grunde sogar reichte? In Anbetracht seiner Einsamkeit war es bereits ein Wunder, sich sagen zu können, dass er kein Sonderling war, kein außerordentliches Gehirn, sondern dass sein Gesicht, mit den Augen des anderen gesehen, ein menschliches Gesicht war.

Dann fällt das Fallbeil und nichts wird mehr sein wie zuvor, fort ist die Wonne einer vagen Vision, bei der man nicht weiß, wo eine Farbe aufhört und die nächste beginnt ...

Freundschaft und Liebe: voneinander getrennt durch das Beil der Guillotine. Was macht der Kopf, woran kann er unten im Korb liegend noch denken? An Smoluchowski? Wie zum Teufel kann man die Stücke wieder zusammenfügen? Um dann was zu tun?

| KAPITEL 22 |

Der Weg in den Abgrund, der mit der Wiederbesetzung des Rheinlandes durch die Hitlertruppen beginnt und mit dem Bruch des Münchner Abkommens im September 1938 endet, bildet den Hintergrund zu Wolfgang Dœblins bester Schaffensperiode. Auf diesem schwarzen Hintergrund malt der Künstler sein Gemälde, gedrängt vom Fieber der Inspiration und von der an Sicherheit grenzenden Wahrscheinlichkeit, dass seine Tage gezählt sind.

Das für Frieden und sozialen Fortschritt begeisterte Frankreich der Volksfront beginnt in der Euphorie des Sommers 1936 von bezahltem Urlaub und fröhlichem Streiken zu träumen, als könne es den Lauf der Geschichte anhalten, doch die Emigranten aus Deutschland und Mitteleuropa sind weit davon entfernt, diese Illusion zu teilen. Johann von Neumann, der ungarisch-jüdische Mathematiker und Einsteins späterer Kollege in Princeton, äußert sich pessimistisch gegenüber seinem polnischen Freund Stanislaw Ulam: Der Krieg ist unvermeidlich, die französische Armee wird den deutschen Divisionen nicht standhalten können.[1]

Nachdem er eine Zeit lang durch den Anblick der von den streikenden Kellnern besetzten *Capoulade* (der ehemaligen *Taverne du Panthéon*) Ablenkung gefunden hat, kehrt Alfred zu seinen düsteren Meditationen über die Zukunft der Welt zurück: »Der Himmel weiß, wie es weitergehen soll. Der Hitler richtet Europa zugrunde.«[2] Die territoriale Utopie hat zu nichts geführt. Die Döblins sind jetzt Franzosen – ein Glück und eine Ehre, die Garantie, den demütigenden und heiklen Status der Staatenlosigkeit zu verlieren, im Tausch gegen das zur damaligen Zeit gar nicht symbolische Versprechen, sein Blut zu vergießen: Bereits im Oktober 1937 wird Claude einberufen, Vincent wird zurückgestellt.

Alfred, der sich in Emigrantenkreisen immer noch unwohl fühlt, bringt sich erneut in eine schwierige Situation, als er im Juli desselben Jahres in den »Verband unabhängiger deutscher Schriftsteller und Journalisten im Exil«[3] eintritt, der gegründet wurde, um das Monopol des marxistischen SDS, des »Schutzverbandes deutscher Schriftsteller«[4], zu brechen. Seine denkwürdige Rede über die deutsche Exilliteratur hält er jedoch bei einer von der Konkurrenz veranstalteten Abendgesellschaft. Obwohl Gegner der Kommunisten beziehungsweise der Führung der Kommunistischen Partei Deutschlands stürzt er sich in die Arbeit an *November 1918*, jener monumentalen, mit Narben zusammengenähten Tetralogie, deren erster Teil *Bürger und Soldaten* im Jahr 1947 der Zensur der Militärregierung zum Opfer fällt, eine Unerhörtheit für einen (mehr oder weniger) ehemaligen Obersten der französischen Armee, der noch zwei Jahre zuvor mit der Zensur deutscher Publikationen betraut war! ...

Einige Monate zuvor hatte er letzte Hand an seine »Amazonas-Trilogie« angelegt, deren Manuskriptseiten Wolfgang als Schmierpapier verbrauchte und die im Marbacher Archiv erhalten sind, wie ich in einem vorangegangenen Kapitel beschrieben habe.* Vordergründig geht es um das tragische Schicksal der Anfang des 17. Jahrhunderts in Paraguay von Jesuitenpatern gegründeten »Indianerreservate«, doch dieses absichtlich zeitlich versetzte historische Fresko ist eine Allegorie auf das Drama des »Jiddischen Landes« (der Vergangenheit, der Gegenwart und der nahen Zukunft). Alfred Döblin erläutert (auf brillante Weise) die Theorie dieser Romanform in einem Artikel, der in *Das Wort*, einer von deutschen Exilanten in Moskau herausgegebenen Zeitschrift, erschien: »Eine Gesellschaft, [mit deren] Schicksal wir verwachsen sind und deren Sprache die unsrige ist, umgibt uns nicht. Wir sind aus [ihrem] Kraftfeld [...] entlassen und in kein neues eingespannt [...]. Ein großer Teil des

* Siehe Kapitel XIV (S. 126 ff.).

Alltags, der [uns] umgibt, bleibt [...] stumm [...] Hier entsteht ein gewisser Zwang zum historischen Roman für den Erzähler [...] Begreiflicherweise, denn abgesehen vom Mangel an Gegenwart, ist da der Wunsch, seine historischen Parallelen zu finden, sich historisch zu lokalisieren, zu rechtfertigen, die Notwendigkeit, sich zu besinnen, die Neigung, sich zu trösten und wenigstens imaginär zu rächen.«[5]

Der historische Roman, wie Alfred Döblin, aber auch Heinrich Mann auf traditionellere Weise in *Die Jugend des Königs Henri Quatre*[6], ihn schreibt, soll nicht als Vorwand verstanden werden, der Gegenwart zu entfliehen (wie es zum Beispiel die romantischen und mittelalterlichen französischen Filme während der deutschen Besatzungszeit taten), sondern als Werk des Widerstands gegen die schwülstigen Verfälschungen der faschistischen Geschichtsschreibung. Walter Benjamin entwickelt zur selben Zeit in Schriften, die erst viel später bekannt werden, das Modell der dialektischen, revolutionären Re-Lektüre von Ereignissen der Vergangenheit: Dem von den Machthabern manipulierten Mythos stellt er legendäre Anekdoten gegenüber, dem epischen eindimensionalen Bericht den fragmentarischen Glanz der Zeugenaussage und die undurchführbare Flickarbeit des Märchens, die die Ironie rettet. Döblin gehört zu denen, die das Ansehen des Mythos und der Heldendichtungen nicht den Händen der Anhänger des Totalitarismus überlassen wollten. Er wollte – in einem groß angelegten Versuch der literarischen Aneignung allen Wissens im Dienste einer subjektiven Vision und nicht einer »Sache« – den Mythos mit der Geschichte, Erdachtes mit kritischer Analyse versöhnen. Aber ganz sicher ist es kein Zufall, dass die Verlierer der Geschichte, die Opfer der ewigen Allianz von Gewalt, Geldgier und Dummheit, das gemeinsame Thema beider Romanzyklen über die Guarani-Indianer und die deutschen Revolutionäre von 1918 sind. Bemerkenswerterweise gelang es gewissen Oppositionellen zur selben Zeit selbst in Nazideutschland, den historischen Roman als intellektuelle Waffe für den Widerstand, sozusagen als Mittel der Gegenpropaganda zu nutzen. Das gilt besonders für Reinhold Schneider, Autor von *Las Casas vor Karl V.*

(1938) und für den preußischen Aristokraten Friedrich Percyval Reck-Malleczewen – der im Konzentrationslager Dachau an Typhus stirbt, dessen Werk *Bockelson – Geschichte eines Massenwahns* (1937) das sektiererische Abdriften der Wiedertäufer im Deutschland des 16. Jahrhunderts analysiert und damit indirekt die Psychologie der Hitleranhänger beleuchtet – ihren an Besessenheit grenzenden Wahnsinn, die Todessehnsucht, von der sie beherrscht werden.

Wie behandelten die Nazimachthaber die Mathematiker und insbesondere die Wahrscheinlichkeitstheoretiker? Ein Großteil von ihnen war jüdischer Abstammung und wurde aufgrund von Paragraph 3 des Gesetzes vom 7. April 1933 entlassen. Die Nichtjuden unter ihnen, die als politische Gegner eingestuft wurden, erfuhren nach Artikel 4 desselben Gesetzes dasselbe Schicksal. Wer weder in die eine noch in die andere Kategorie gehörte, aber aus irgendeinem Grund den neuen Herren missfiel, konnte unter Artikel 6 fallen, der die Möglichkeit einer Entlassung aus »dienstrechtlichen Gründen« vorsah. Alles in allem verloren 144 Mathematiker ihre Anstellung, 53 allein in Berlin. 90 Prozent emigrierten, darunter die meisten großen Namen dieser Disziplin wie Richard Courant, Emmy Noether, Hans Rademacher, Hermann Weyl und Johann von Neumann. Zu den Statistikern, die nach dem bereits 1932 ausgewanderten Emil Julius Gumbel das Land verließen, gehörten: Hilda Geiringer, Felix Pollaczek, Abraham Wald, Felix Bernstein, Richard von Mises und der Deutsch-Kroate Willy Feller, einer der besten Wahrscheinlichkeitstheoretiker seiner Generation. »Es gibt keine deutsche Mathematikschule mehr«, erwiderte David Hilbert, einer der wenigen, die die Säuberungsaktionen von 1933 verschont hatten, als ihn der Naziminister nach der Zukunft seiner Disziplin fragte. Von den Juden setzte sich nur Issai Schur, der Guru der Berliner Algebra-Schule, über die Demütigungen hinweg und weigerte sich auszuwandern, bis 1939 auch für ihn die äußerste Grenze der Vernunft erreicht war (sein ebenfalls in Deutschland zurückgebliebener Göttinger Kollege Edmund Landau war im Jahr zuvor gestorben). Helmut Grunsky, sein junger Assistent in den dreißiger

Jahren, der sich dadurch auszeichnete, Arier zu sein, brach in Tränen aus, als er erfuhr, dass sein alter Meister ihm bis an sein Lebensende tiefe Dankbarkeit gelobt hatte. Dabei hatte er ihm 1935 nur eine Karte zu seinem sechzigsten Geburtstag geschickt. »Wie einsam muss er gewesen sein«, meinte Grunsky, »dass er sich an eine solche Kleinigkeit erinnerte.«[7]

Vor der Gleichschaltung waren die Mathematikstudenten an der Universität Berlin im Unterschied zu denen vieler anderer Fakultäten zum größten Teil Antifaschisten. Bereits 1933 galt für die jüdischen Studenten ein Numerus clausus von 1,5 Prozent (und für die Mädchen von zehn Prozent). In den Hörsälen gab es, vor allem nach 1937, als Nichtarier keine Examen mehr ablegen durften, nicht mehr viele von den Mathematikern überhaupt. Auch nicht auf den Lehrstühlen, abgesehen von Georg Hamel, Theodor Vahlen und Ludwig Bieberbach, eifrige Nazis, die es dennoch verdient haben, dass man ihre Namen nicht vergisst: Alle drei sind im Bett gestorben, Bieberbach fast hundertjährig.

Bereits 1933 war das *Zentralblatt für Mathematik*, eine von (Kolmogoroffs Verleger) Springer herausgegebene Fachzeitschrift, nach Kopenhagen umgesiedelt. Wie die Psychoanalyse entging auch die Wahrscheinlichkeitsrechnung der Verurteilung als »jüdische Wissenschaft« nur durch eine zügige Arisierung, bei der Opportunismus und Perversität miteinander stritten. Die ursprünglich als »jüdisch-bolschewistisch« verdächtigten Markowschen Ketten erhielten auf diese Weise einen Gefälligkeitstaufschein von Günter Schulz, einem Schüler von Richard von Mises, der mit Sack und Pack in Bieberbachs[8] Lager der deutschen Mathematik übergewechselt war.

Die Statistik, eine Berliner Spezialität wie Berliner Weiße und Eisbein in Aspik, wurde vor allem in ihrer praktischen Anwendung, wie man sich gut vorstellen kann, von der Diktatur besonders umhegt. Andererseits kann man sich fragen, welches Interesse die Nazis daran hatten, die Markowschen Ketten und damit Chintschin, Bernstein, Paul Lévy und andere so schnell zu germanisieren, gesetzt den Fall, sie hatten diese Autoren überhaupt gelesen, was absolut nicht sicher ist. Schulz selbst scheint kein Antisemit gewesen zu sein. Andere haben es übernommen, mit der Wahrscheinlichkeitsrechnung die schlimmste aller Pseudowissenschaften zu untermauern und zu entwickeln: die »Erbmathematik«, eine Hilfsdisziplin im Dienste der Vernichtungspolitik, der Rassenauswahl und Eugenik des Dritten Reichs. Geppert, Drenckhahn, Mittmann und Koller, der im Jahre 1941 das Biostatistische Institut an der Berliner Universität leitet und nach dem Krieg im Staatsdienst der Bundesrepublik erfolgreich Karriere macht, sind nur einige dieser auf die schiefe Bahn geratenen Mathematiker, die wie die Politiker für die Verbrechen an der Menschheit moralisch verantwortlich sind, mit dem Unterschied, dass sie als »einfache Befehlsempfänger« nie zur Verantwortung gezogen wurden.[9]

Es versteht sich von selbst, dass diese Menschen sich nur für ihre Schandtaten, nicht aber in der Geschichte der Wissenschaften einen Namen gemacht haben. Doch auch ihren in Deutschland gebliebenen Kollegen, die sich ihre Hände nicht mit Blut besudelten, sind keine Arbeiten gelungen, die mit denen der wichtigen Statistiker und Wahrscheinlichkeitstheoretiker im Exil vergleichbar sind oder gar deren Beachtung erlangt haben. Als Anhängern der Auslese war den Nazis eine Meisterleistung geglückt: die Besten zu verjagen. Auf die Gefahr hin, dass diese im Gegenzug logischerweise ihre Dienste den potenziellen Feinden des Reichs, vor allem den Vereinigten Staaten, anbieten. Niemand machte ein Geheimnis daraus, wie nützlich die Forschung in der Stochastik für eine Menge militärischer Anwendungen war. Wiener und Kolmogoroff brauchten nicht lange, um gleichzeitig die Verwendungsmöglichkeit solcher Arbeiten bei der Verteidigung des Luftraums und der Radarkontrolle zu entdecken. Jerzy Neyman hingegen (der aus Polen stammende jüdische Student, der nicht mit Émile Borel sprechen durfte, ohne sich vorher anzumelden) sollte bald die Probleme mit dem Kartenmischen und mit der Ziehung der Kugeln aus den Urnen dem Zeitgeschmack anpassen und sie nicht wie Markow dazu benutzen, die Versmaße symbolistischer Dichter zu studieren, sondern um Bomben abzuwerfen.

Deutschland war in den dreißiger Jahren nicht das einzige Land, das antisemitische Gesetze erließ. Polen, das »suizidgefährdeten Romantikern oder wahren Nieten ausgeliefert«[10] war, spielte übrigens eine große Rolle in der Mathematik und erlebte nach der Amtszeit von Piłsudski ein reaktionäreres Regime. Im Jahre 1937 verfügte der Erziehungsminister der Militärregierung, dass die jüdischen Studenten in den Hörsälen fortan auf »Ghetto-Bänken« sitzen müssen; nur ein einziger Rektor, Stanisław Kułczynski, widersetzte sich dieser Rassentrennung. Die Mathematiker in Lwow, darunter mehrere Juden (Steinhaus, Ulam, Kac) ließen diese diskriminierenden Maßnahmen völlig unbeachtet. Juden und Nichtjuden (zu denen Stefan Banach, der Erfinder der Banach-Räume gehörte) verkehrten weiterhin freundschaftlich miteinander und kritzelten ihre Beweisführungen weiterhin auf dieselben Tische mit hellgrauen Marmorplatten im *Café Roma* oder im *Café Szkocka*, wo der Oberkellner an einem sicheren Ort das »Schottische Buch« – eine Art offenes mathematisches Diskussionsforum, ein Internet, bevor es erfunden wurde, aufbewahrte, dessen abenteuerliches Schicksal wir bald weiter verfolgen werden.

In Italien, wo 1928 (in Bologna) ein internationaler Mathematikerkongress von historischer Bedeutung stattfand, war die Situation trotz des Drucks, den die Mussolini-Regierung ausübte, lange Zeit erträglich. Viele große italienische Mathematiker waren Juden: Pincherle, Volterra, Levi-Civita, Castelnuovo, Segre, Beppo Levi ...

Doch 1938 passte sich der italienische Faschismus Hitlers Politik an und ergriff diskriminierende Maßnahmen, die den Exodus der meisten Forscher auslösten. Der staatliche Antisemitismus in Sowjetrussland hielt sich lange Zeit bedeckt, bevor er eines Tages zu Beginn der fünfziger Jahre offen ausbrach. Aber die stalinistische Paranoia wirkte schon, als Bernstein, Chintschin und Kolmogoroff ihre Theorien entwickelten. Paul Lévy musste bereits 1937 jeden Briefkontakt mit Chintschin einstellen; er hatte dessen Andeutung verstanden, dass die Tatsache, von einem ausländischen Kollegen Post zu bekommen, den Empfänger in Gefahr bringen konnte.[11] Sogar der rote Aristokrat Kolmogoroff bekommt den Wind der Kanonenkugel zu spüren. Kurz vor dem Krieg steht er im Streit um die Mendelschen Vererbungsgesetze Lyssenko und anderen Vertretern der »proletarischen Wissenschaft« kontrovers gegenüber. Erschwerender Umstand: Er zitiert Richard von Mises, den Schüler des Wiener Philosophen und Wissenschaftlers Ernst Mach, den Lenin dreißig Jahre zuvor in seinem Pamphlet *Materialismus und Empiriokritizismus* angegriffen hatte.[12] Nach dieser Art von Syllogismus oder eher Sophismus konnte man ohne weitere Gerichtsverhandlung sofort in ein Straflager des Gulag geschickt werden. Wenigstens bei den Markowschen Ketten, die kein Gedächtnis besitzen, fielen solche fantastischen und polizeilichen Ahnenforschungen flach. Ein Glück für unsere beiden »Freiluftmathematiker«[13] Andrej Nikolajewitsch und Wolfgang, die sich im Leben nie begegnet sind und dennoch die Liebe zu den Bergwanderungen und der »Unschuld des Werdens«* teilten – ganz zu schweigen von *Boris Godunow*.

Eine grüne, mit einer karminroten Marke versehene Karte bewahrt die Erinnerung an Wolfs Reisen fernab des Lärms der Welt und der »Fliegen des Marktes«**. Oben steht »Jugendherbergsausweis Nr. 306 des französischen Jugendherbergsverbands (Jahrgang 1935)«; auf der Innenseite beweist eine Reihe von Stempeln, dass Wolf in den Herbergen von Straßburg, Basel, Genf und Chaumont und noch ein unleserlicher Name (*Le B. ciel ?*) gewesen ist.

Marc Sangnier, der Gründer der Zeitschrift *Sillon*, ein militanter linker, bei der Kirchenhierarchie schlecht angesehener Christ rief im Jahre 1929 die Jugendherbergsbewegung ins Leben. Sie sollte jungen Menschen aus allen sozialen Schichten die Möglichkeit geben, sich auszutauschen und die Welt zu entdecken, und erlebte in den Vorkriegsjahren und besonders in der Zeit der Volksfront großen Zulauf, nicht nur wegen ihres linken politischen Hintergrunds, sondern ganz sicher auch wegen ihres viel versprechenden gemischten Charakters zu einer Zeit, in der Jungen und Mädchen sich nur von weitem sehen durften.

* Begriff, den Nietzsche prägte, der ebenfalls begeisterter Bergsteiger, ein Freund Frankreichs und Brillenträger war.

** Ein weiterer Begriff Nietzsches

Wolfgang scheint einen Großteil seiner enttäuschten kämpferischen Sehnsüchte auf den »AJisme«* zu übertragen, wie man die Jugendherbergsbewegung in Frankreich nannte. In einem Brief, den er aus Givet an einen unbekannten Wandervogel schreibt, beklagt er sich wie ein echter Preuße über den Dilettantismus derer, die solidarische Aktivität mit Tourismus verwechseln: »Solange sich der Club fast nur mit Wochenendausflügen beschäftigt, an denen endlos diskutiert wird [...], kann man unmöglich irgend etwas anderes aus dem Club machen [...] Meinst Du nicht auch, daß man die Unerwünschten am besten dadurch los wird, indem man alle Mitglieder dazu verpflichtet, jedes Jahr zwei Sonntage zu opfern, um Jugendherbergen zu errichten oder bei Schönheitsreparaturen mitzumachen, Mauern zu streichen, eine Herberge auszufegen, Tische zu schleifen und zu wachsen (wie man es hier samstags macht)?«[14] Der zweimal gefaltete Brief ist angesengt und schmutzig. Wolf muss ihn während seiner Grundausbildung zwischen zwei Übungen geschrieben haben.

Seit 1935 wanderte er in allen Sommerferien im Hochgebirge, erst mit seinem Bruder Claude, und nachdem dieser eingezogen wird, ganz allein. In den ersten beiden Jahren erobern die Brüder die französischen und die Schweizer Alpen und ernähren sich von Käse und Brombeermarmelade. Claude erinnert sich, wie erschlagen er von Wolfgangs Leistung als Spitzenwanderer war. Wolf beteuert in einem Brief – wahrscheinlich aus dem Sommer 1936 – an einen gewissen Emil, ganz allein ohne seinen Bruder auf den Gipfel des Titlis und den Eismeer-Gletscher oberhalb von Chamonix gestiegen zu sein. Der Anfang dieses (deutschen) Briefes ist in Sütterlin geschrieben, der Rest in lateinischer Schrift. In den meisten Manuskripten deutscher Schriftsteller geschieht dieser Wechsel, wenn er denn stattfindet, in umgekehrter Richtung, von der im Exil gelernten Schrift zu der ihrer Kindheit. In dieser Berichtigung oder diesem Sich-Zusammenreißen kann man ein Zeichen für Wolfs Entschlossenheit sehen, die Vergangenheit hinter

* AJismus, von A-uberge de J-eunesse = Jugendherberge

sich zu lassen und deutlich zu machen, dass er in Zukunft ganz Franzose sein wollte.

Wann hatte Wolf oder Vincent die Gelegenheit, zu Fuß durch die Vogesen zu streifen? Schon 1935, wie der Stempel »Straßburg« in seinem Jugendherbergsausweis zu bescheinigen scheint, oder erst im August 1937?[15] Vielleicht entdeckte er auf dieser Wanderung, ohne sich dessen bewusst zu sein, auch die Orte, an denen einige Jahre später sein Weg zu Ende sein wird: Housseras ist eines der abgelegensten Dörfer in den Vogesen, ein »Ende der Welt«. Wird er sich beim Lesen der Generalstabskarte daran erinnern, schon einmal dort gewesen zu sein? Wird er die Lage der Orte wiedererkennen – mögliche Fluchtwege in die Richtung der Gebiete, die noch nicht von der deutschen Armee durchgekämmt worden waren, vielleicht in Richtung Bruyères und Gérardmer?

Es ist schwierig, mit absoluter Genauigkeit zu bestimmen, wann die Kolmogoroffsche Gleichung in Wolfgangs Leben trat. Und warum Wolf die Gleichung in dem versiegelten Umschlag überhaupt so genannt hat, die ihren Namen so oft wechselte wie andere das Hemd, wenn ich so sagen darf, je nachdem, wie relevant die Unterschiede zwischen den Mathematikern waren. Wie ein Federball flog sie von Smoluchowski zu Chapman und von Chapman zu Kolmogoroff (der im Doppel spielt, weil beide Namen mit einem Bindestrich verknüpft werden). Ich fürchte, dass nur Bernard Bru diese Dinge einigermaßen klar sieht[16], und er gibt selbst zu, dass sie so komplex sind, dass ich mich nicht darauf einlassen sollte, so zu tun, als hätte ich sie verstanden oder sei gar in der Lage, sie leichtgläubigen Lesern zu erklären. Darum entscheide ich mich für die offensichtlich unwahrscheinlichste aller Erklärungen, mit anderen Worten für die literarischste. Sie hat den Vorteil, eine der gewagtesten Brücken zwischen Alfred und Wolf zu schlagen, eine fixe Idee, mit der ich schon früher den Leser unterhalten habe: Ich möchte die Toten miteinander versöhnen

Versetzen wir uns also in das Jahr 1905 zurück, in die Zeit, zu der Alfred in Freiburg promoviert. Welches Thema hat seine Doktorarbeit? *Gedächtnisstörungen bei der Korsakoffschen Psychose.* Die

Ähnlichkeit der beiden Namen *Kolmogoroff* und *Korsakoff* springt ins Auge. Was genau aber ist dieses mysteriöse Syndrom? Es ist eine Art Amnesie, bei der der Erkrankte sich an nichts erinnert, was länger als einige Sekunden zurückliegt. »Er ist ein Mann ohne Vergangenheit (oder Zukunft), der in einer sich fortwährend wandelnden, bedeutungslosen Gegenwart gefangen ist«[17], schreibt Oliver Sacks, der den an einem Korsakoff-Syndrom leidenden Menschen in einer Welt isolierter Eindrücke beschreibt. »Bei all diesen Geistesverfassungen [...] wird die Welt in ihre Bestandteile zerlegt, unterminiert und auf Anarchie und Chaos reduziert. Obwohl die formalen intellektuellen Fähigkeiten vollständig erhalten sein können, verfügt der Geist über kein ›Zentrum‹ mehr. [...] Lurija sprach einmal davon, dass die Geistestätigkeit in diesem Zustand auf eine bloße Brownsche Molekularbewegung reduziert sei.«[18]

Halten wir also fest, dass es eine enge Verbindung zwischen dem Thema von Alfred Döblins Doktorarbeit und der Form seiner damaligen schriftstellerischen Arbeit gibt. »[Er] ist ein Mann«, schreibt Oliver Sacks über einen Korsakoff-Patienten, »der gewissermaßen in einer wahnsinnigen Verzweiflung gefangen ist. Seine Welt löst sich unablässig in ihre Bestandteile auf, verliert ihren Sinn und verschwindet – und er muss verzweifelt versuchen, ihr einen Sinn zu geben, indem er immerfort einen erfindet, indem er Brücken des Sinns über die Abgründe der Sinnlosigkeit schlägt, über das Chaos, das sich ständig unter ihm auftut.«[19]

Das Bindeglied, das ich in einem anderen Kapitel zwischen der erzählerischen Flugbahn von *Berlin Alexanderplatz* und Wolfgangs Arbeit zu den Ketten und den Streuungen herzustellen versuchte, bekommt jetzt vielleicht eine unvorhergesehene Bestätigung. Von einer Brownschen Bewegung zur nächsten, von Korsakoff zu Kolmogoroff besteht zwischen Alfreds und Wolfgangs Arbeiten eine seltsame Analogie. Die Verlagerung des Tätigkeitsfelds von der Medizin und der Literatur zu den Naturwissenschaften gab dem Sohn die Möglichkeit, sich auf ganz subtile Weise mit seinem Vater zu messen, seinen »Platz einzunehmen«, ohne seinen Verdacht zu erregen, sozusagen im Verborgenen. Dass es für Wolf in dieser Rivalität darum ging, seinen Vater in Ernas Liebe auszustechen, scheint völlig normal und fast sicher. Wir können darauf wetten, dass Alfred, der seinen Freud in- und auswendig kannte, sich darüber im Klaren war. Ein Brief an Peter vom Dezember 1937 zeugt von diesem Vater-Sohn-Verhältnis, das einer Übertragung der Befugnisse ähnelt: »Wolf schreibt und treibt es wie immer so weiter; hat ja schon allerhand Mathematisches publiziert. So wächst alles heran, und wir ›Alten‹ wachsen herab; das ist das Gesetz.«[20]

Was er auch dazu meint, es steht nicht schlecht um Alfred in diesen Jahren 1937 bis 1938. Dank Robert Minder und Henri Lichtenberger war *Berlin Alexanderplatz* in die Zulassungsprüfung für das Fach Deutsch aufgenommen worden (das ist eine besondere französische Regelung, nach der alle Kandidaten, die sich von Dünkirchen bis Perpignan und von Tahiti bis zu den antarktischen Kerguelen-Inseln um ein Lehramt bewerben, in ihren Prüfungen zu denselben Themen und Autoren befragt werden). Damit bekam Alfred die Gelegenheit, mehrere Vorträge zu halten, einen davon an der Sorbonne, und seinen Leserkreis zu vergrößern.

»[...] ich bin noch eine Säule zeugend von versunkener Pracht (sonst natürlich nicht mehr zeugend)«[21], schrieb er einige Monate zuvor nicht ohne Wehmut an seine Freunde Sigmund und Edith Pollag (und wie das Bild der Säule ist das Wortspiel mit *zeugen* in dem zuvor angeschnittenen Zusammenhang nicht ohne Bedeutung). In einem Alter, in dem Schriftsteller besonders an den runden Geburtstagen den Eindruck haben, mit Festessen und vorgezogenen Grabreden an ihrer eigenen Beerdigung teilzunehmen, konnte der Autor von *Berlin Alexanderplatz* und einem paar Dutzend anderer durch Vergessen, Zensur oder Gleichgültigkeit vernichteter Werke ermessen, wie hoch er bei seinen Kollegen trotz seines sprichwörtlich schwierigen Charakters und seines unheilbaren Donquichottismus geschätzt war. Die Feier zu seinem sechzigsten Geburtstag im Oktober 1938 war Anlass für eine Reihe von Huldigungen, an denen Schriftsteller aus allen Lagern, einschließlich des kommunistischen, teilnahmen. Die Worte von Hermann Kesten gingen ihm besonders zu Herzen: »Döblin, der Stettiner Jude, der Berliner Arzt, [...] dessen Romandichtungen in China und Peru, im Himmel über Babylon wie in Berlin und im amerikanischen Urwald, in Zürich, Krakau und Paris schweifend leben, Alfred Döblin ist eine eminent deutsche Figur. [...] Was für eine klassische Ironie, daß dieser vertriebene Jude in Berlin zu Hause war, wie kaum einer von zurückgebliebenen Millionen Berlinern, [...] wie kaum einer der in vielfachem Sinn zurückgebliebenen zensurdeutschen Dichtern liefern kann!«[22]

Doch von Lobreden kann man keine Familie ernähren. Die Döblins sind zwar in keiner gänzlich auswegslosen Lage, müssen aber rechnen. Von den Gipfeln der hohen Mathematik herabsteigend, kalkulierte Wolfgang schlicht arithmetisch. Alfred verfügte über ein Einkommen von 12.000 Francs, die Reserven würden noch vor dem Ablauf von drei Jahren aufgebraucht sein. Der Unterhalt der Familie würde also bald auf den Schultern der beiden Söhne im arbeitsfähigen Alter und ganz besonders auf seinen ruhen. Das ihm bewilligte Stipendium Arconati-Visconti würde nicht reichen. Selbst wenn er im besten Falle ein höher dotiertes Forschungsstipendium im Rahmen des zukünftigen Nationalen Forschungszentrums bekäme, würde er noch unterrichten, also auf »Tapirjagd« gehen müssen. »Wenn ich als Eingebürgerter nicht doppelt so viel arbeite wie meine Kollegen, habe ich keine Zukunftsaussichten«[23], schreibt er an Alfreds und Ernas Schweizer Freund Sigmund Pollag. Unter diesen Bedingungen ist es den Döblins unmöglich, Onkel Hugo aufzunehmen, der sein Leben mühsam in Zürich fristet, wohin er geflohen war, nachdem ihn die Nazis entlassen hatten (vor 1933 leitete er in Berlin eine Filmschule). Da eingebürgerte Franzosen sich erst nach zehn Jahren zur Zulassungsprüfung für ein Lehramt bewerben dürfen, kann Wolf nur hoffen, an einer Provinzuniversität oder an einer privaten Schule zu unterrichten, wie sein Kommilitone Michel Loève, den seine Arbeitgeber in Notre-Dame de Boulogne mutig gegen die antijüdischen Verfolgungen des Vichy-Regimes verteidigen werden. Wahrscheinlich mit der Absicht, denselben Weg einzuschlagen, bereitet er sich im Frühjahr 1938 in Windeseile auf seine Prüfung in allgemeiner Physik vor, ein

Fach, von dem er nichts weiß, das er sich aber in nur wenigen Monaten erfolgreich aneignet.

Nur die Forschung interessiert ihn wirklich. Im Anschluss an seine Dissertation arbeitete er bis zum Frühjahr 1937 an einer allgemeinen Lehre der Ketten: Er überträgt die Analyse eines »bestimmten Falls« (das Kartenmischen) auf den »allgemeinen Fall«, bei dem der Zufall rein mathematisch ist und der Wahrscheinlichkeitsmaßstab auf eine abstrakte Menge angewandt wird. Gleichzeitig untersucht er gemeinsam mit Robert Fortet Ketten mit vielfachen Bindungen, eine Spezialität der rumänischen Schule von Mihoc und Onicescu. Im Sommer desselben Jahres beginnt er sich für »Prozesse« zu interessieren (das heißt für stetige Zufallsbewegungen*). Hostinský und sein Schüler Pospíšil, Bernstein, Slutsky, Chintschin, Paul Lévy, Kolmogoroff und Feller sind nur einige Autoren, die Wolf auf seine kritische, ja höhnische Art unter die Lupe nimmt, womit er sich nicht nur Freunde macht.

Im Oktober 1937 findet in Genf der einzige Mathematikerkongress statt, an dem Wolf teilgenommen hat. Er ist der Wahrscheinlichkeitsrechnung gewidmet. Da die Russen nicht erscheinen, bittet Fréchet Wolfgang, deren Vorträge vorzulesen und zu kommentieren, womit er in den Kulissen des Kongresses die Rolle der grauen Eminenz spielt, die ihm nicht zu missfallen scheint. Es gibt eine hübsche Illustration dieser marginalen und doch zentralen Position, die Wolfgang Dœblin im Universum der Mathematik des 20. Jahrhunderts einnimmt: Auf dem Gruppenfoto, das von allen Teilnehmern gemacht wurde – siebenundvierzig horizontal und diagonal aufgereihte Köpfe, wenn ich richtig zähle, die Hälfte der Teilnehmer sitzen auf den Stufen einer Treppe –, ist keine Spur von Wolf! Er war aber da, das steht fest! Seine Körpergröße wird es ihm ermöglicht haben, hinter irgendeinem Kollegen zu verschwinden, der besser im Blickfeld stand. Oder Wolf hat sich wie der Hase in den Rätselbildern unserer Kindheit in den blühenden Büschen versteckt, die zwischen den beiden Reihen stehen, oder

* Siehe Kapitel XX (S. 210)

vielleicht hinter der großen Schale, die oben auf der Außentreppe die ganze Szene dominiert: eine Traumsituation für einen Troll oder einen Kobold oder einen kleinen Prinzen, denn so etwas Ähnliches war Wolf in der Mathematikerlandschaft jener Zeit, inmitten all dieser würdigen Bartträger mit dem Gebaren von Heldenvätern.

Im Borel-Seminar, das er mit Jean Ville angeregt hatte, beteiligt er sich an den Überlegungen zur Theorie der zeitlich kontinuierlichen Prozesse. Danach kommt er auf die von Kolmogoroff entwickelte Kettenlehre und bemüht sich, zwei Probleme[24] zu lösen, die der Moskauer offen gelassen hatte. Das zeigt, dass er vor keinem Wahrscheinlichkeitstheoretiker Angst hatte, auch wenn er bereit ist, die Überlegenheit des Älteren auf dem Gebiet der Analysis anzuerkennen. Offen gestanden hält Wolf nicht viel von der analytischen Methode, die er für übertrieben abstrakt und zu indirekt hält. Dabei darf man Abstraktion und Allgemeingültigkeit nicht verwechseln, denn er versucht mit spezifischen Methoden letztere zu beweisen. Aber er ist sich bewusst, dass gerade im Fall der Prozesse die Axiomatik von Kolmogoroff nicht anwendbar ist. Mit und gegen Kolmogoroff, dessen Ideen er ernster nimmt als dieser selbst, bemüht sich Wolf, eine neue Methode zu finden, um das Problem zu lösen, das ihm keine Ruhe lässt. Die »Chapman-Kolmogoroff-Gleichung«, die ihn bis an das Ende seines kurzen Lebens ständig beschäftigt, birgt in sich den Kern der Schwierigkeit.

Wann hat Wolfgang die entscheidende Eingebung? In Genf, als er über die Grenzen der Lösung von Hostinský nachdenkt? Er teilt es der Welt mit wenigen Worten in dem Exposé mit, das er am 11. März 1938 um fünfzehn Uhr im Hadamard-Seminar[25] vorstellt. Wenn man bedenkt, wie hoch der Einsatz und wie bedeutungsvoll der Ort – das Collège de France – ist, in dem er das Glück hat, sich äußern zu dürfen, kann man davon ausgehen, dass Wolf kaum ein Geheimnis aus seinen Entdeckungen gemacht hätte, wenn seine Forschung weiter fortgeschritten gewesen wäre. Wenn er sich also entschließt, von der Chapman-Gleichung zu reden, fasst er den jetzigen Zustand der Problematik zusammen, ohne seine eigene Lösung zu verraten (die es eigentlich noch nicht gibt), tritt aus dem

Schatten heraus und steckt sein Terrain ab. Der Sherpa* hat lange genug das Gepäck der anderen getragen; es ist Zeit, sich selbstständig zu machen, sich auf eigenes Risiko auf den Weg zu machen, die Gipfel zu erreichen.

In den Alpen wandernd, zehntausend Fuß über der Sorbonne und dem Hügel von Sainte-Geneviève, hat Wolfgang im Licht eines Augustmorgens *gesehen*, wie sich der Weg vor ihm auftat. Natürlich liegt zwischen der Vision und dem Beschreiten des Weges eine ganze Welt, ein Universum voll von Nägeln und Seilen, das man nur Stück für Stück mit dem Eispickel bezwingen kann. »Ich habe etwas gesehen«, sagt er in summa in seiner ersten Anmerkung »Über die Kolmogoroffsche Gleichung«.[26] Eine andere Notiz[27] und vor allem eine äußerst wichtige Arbeit »Über bestimmte diskontinuierliche Zufallsprozesse«[28] bilden die Grundlage für einen neuen »trajektoriellen« Ansatz, Prozesse zu betrachten. Diese und gut zwanzig weitere erfasste Publikationen hätten ausgereicht, Wolfgang einen erstklassigen Platz in der Geschichte der stochastischen Mathematik des 20. Jahrhunderts zu sichern. Aber *was* sollte aus der Vision werden, aus dem *Dœblinschen Weg*, der dem Wanderer weiter Wege erschienen war, einen Monat vor dem Zusammenbruch des Münchner Abkommens und mit der Aussicht, seinen Rucksack bald gegen den Krempel eines Infanteristen und den Bleistift gegen das Maschinengewehr tauschen zu müssen?

Diese Frage sollte erst am 18. Mai 2000 beantwortet werden, als in den Räumen der Akademie der Wissenschaften, Quai de Conti 23, der versiegelte Umschlag Nr. 11.668 feierlich geöffnet wird.

* Träger und Bergführer bei Expeditionen im Himalajagebiet

| KAPITEL 23 |

Schon am 25. Juli 1938, bevor Wolfgang in der von Furcht getrübten Euphorie der letzten Wochen der Freiheit in die Ferien fuhr, die seine letzten sein sollten, hat er zwei Umschläge an der Akademie der Wissenschaften hinterlegt. Was diese beiden Umschläge enthielten, ist unbekannt und auch nicht wichtig: Wolf holte sie am Vorabend des Münchner Abkommens, am 28. September, wieder ab. Warum diese Hinterlegung, die man natürlich gern mit dem versiegelten Umschlag vom Februar 1940 in Verbindung bringen möchte?

Vielleicht hatte Wolf von René Gateaux gehört, einem jungen, sehr talentierten Mathematiker, der 1914 im Alter von fünfundzwanzig Jahren an der Front gefallen war und dessen bei der Akademie hinterlegte, unveröffentlichte Unterlagen (von denen sich einige mit der Brownschen Bewegung beschäftigten und Wieners Arbeiten vorgriffen) Paul Lévy 1919 im *Bulletin de la Société mathématique de France* veröffentlicht hatte. Die garantierte Geheimhaltung wird viele nicht der unbedeutendsten Forscher angeregt haben, in den Jahren 1938 bis 1940 diese Möglichkeit zu nutzen: So verbargen Joliot, Halban und Kowarski für die Dauer des Krieges die Ergebnisse ihrer Arbeiten über die Kernspaltung vor den Augen der Besatzer. Wie dem auch sei, an Wolfs Gemütsverfassung in den Monaten vor seiner für den 15. Oktober geplanten, wegen der Krise in der Tschechoslowakei jedoch auf den 3. November verschobenen Einberufung besteht kein Zweifel: Da er sich der Unvermeidbarkeit des Krieges sicher ist, macht Wolf sich keine Illusionen darüber, wie ernst der Führer seine Beteuerung meint,

Frieden zu schließen, wenn er dafür die Gebiete der Sudetendeutschen bekommt. Was Wolf nicht voraussieht, ist, wie schwach die Hitler-Gegner sind und wie wenig Wert sie auf die Einhaltung ihrer Versprechen legen. Er rechnet also nicht mit dem Schlimmsten, mit »Unehre und Krieg«, sondern nur mit dem Schlimmen: mit der Bombardierung von Paris in einem Blitzangriff der deutschen Luftwaffe. Sein eigenes Schicksal ist ihm gleichgültig, doch scheut er keine Mühe, seine Familie zu überreden, sich in Sicherheit zu bringen. Alfred, Erna und Étienne (die französisierte Fassung von Stefan) fahren also für einige Tage zurück nach Dinard an die bretonische Küste, wo sie gerade einen Teil ihrer Ferien verbracht hatten. Alfreds Zorn verraucht nicht. Die Art seines Sohnes, Unruhe zu stiften, ist in seinen Augen eine »schreckliche Dummheit«; die Ergebnisse des Münchner Abkommens betrachtet er mit gemischten Gefühlen, in denen Scham und Abscheu mit der Erleichterung kämpfen. »Hitler blufft so lange, bis er losschlägt«[1], schrieb er am 1. September an Hans Siemsen, und einen Monat später: »Bequem, Frieden aus den Knochen eines anderen zu machen, eines Kleinen, der sich nicht wehren kann.«[2] »Was denken Sie über den großartigen Friedensschluß? Alle französischen Ostbündnisse hin, Mussolini triumphiert, Frankreich wird wieder klein, wie mehrfach in seiner Geschichte. Wenn es nur nicht hier nach rechts bis zum Präfaschismus geht.«[3] Peter gegenüber beteuert er (und glaubte er es wirklich?) am 16. Oktober: »[...] ich bin überzeugt, daß der Friede für den Westen jetzt auf längere Zeit gesichert ist (aber unter welchen Opfern! [...])«[4], fügt er bitter hinzu.

Wolfgang sieht die Dinge anders. Angesichts von Resignation und Defätismus bekräftigt er seinen Entschluss mit Worten, die Paul Lévy beeindrucken: Im Oktober 1938 erklärt er in einer Diskussion über das Münchner Abkommen: »Ich habe das Recht, meine Meinung zu äußern, denn ich gehöre zu denen, die für ihre Ideen sterben können.«[5]

Die Aufgabe der Tschechoslowakei wurde in Mathematikerkreisen mit besonderem Entsetzen aufgenommen, vor allem bei den Wahrscheinlichkeitstheoretikern der Pariser Schule. Für Borel und vor allem für Fréchet waren Prag und Brno neben Bukarest die Brückenköpfe für den französischen Einfluss in Osteuropa. Wie früher die Elsass-Lothringer, hätten sich Tschechen und Mähren im Namen von Jan Hus – ein Verweis auf unsere beiden Hugenotten! – und sogar im Namen von Descartes heroisch gegen die germanische Finsternis erhoben (erzählten sie in der Nachkriegszeit). Getragen von den Wellen der Markowschen Ketten und der sie umgebenden Tschechophilie war der bescheidene Bohuslav Hostinský in nur wenigen Jahren ein Stern am europäischen Mathematikerhimmel geworden, der wie mit seinesgleichen mit Hadamard, Kolmogoroff und *last but not least* Wolfgang Dœblin korrespondierte, dessen erste Arbeit »Über den diskontinuierlichen Fall der Ketten-Wahrscheinlichkeit«[6] er in der Fachzeitschrift der Universität Masaryk in Brno veröffentlicht.

Der Münchner Verrat läutet die Totenglocke für diese französisch-hussitische Utopie. Während sein bester Schüler Bedřich Pospíšil im Konzentrationslager stirbt, wird Bohuslav Hostinský, der wie die meisten nichtjüdischen tschechischen Wissenschaftler von den Nazis relativ verschont bleibt, wenn man das Schicksal seiner polnischen Kollegen bedenkt, die Bühne der internationalen Mathematik auf Zehenspitzen verlassen. Bei den Kommunisten verpönt und obendrein Einsteins Theorien gegenüber feindlich gesinnt, beendet der große alte Mann der Universität Masaryk, der zwischen den Kriegen eine so wichtige Rolle in der Galaxie der Wahrscheinlichkeitstheorie spielte, seine Tage, von allen außer von Maurice Fréchet vergessen, im Jahre 1951. Alt und krank kann er nicht mehr nach Frankreich kommen, um seine postromantische Schrulle, die »neue Theorie über die schwarze Strahlung«, darzulegen, die auf der Annahme eines diskontinuierlichen Äthers beruht.

Man kann sich vorstellen, welche Turbulenzen sich in diesen September- und Oktobertagen des Jahres 1938 in Wolfgangs Kopf abspielen, als alles ins Wanken gerät, davongetragen in den Strudeln eines unsichtbaren Malstroms, von dem er in seinem tiefsten Inneren weiß, dass er wenig Aussichten hat, ihm lebend zu entkommen. In wenigen Jahren, Monaten, Wochen, Tagen, Augenblicken erschien ihm blitzartig die Vision, die nur noch in eine Form gebracht und erklärt werden musste und nicht mehr und nicht weniger umfasste als die Theorie der modernen Wahrscheinlichkeitsrechnung. Auf gewisse Weise sind in seinen Augen, auch wenn nichts oder fast nichts davon aufs Papier gebracht war, die Würfel gefallen. Wie die Mystiker die »lebendige Flamme der Liebe« oder den »Berg Karmel« sehen, hat Wolf den lebendigsten und interessantesten Teil des Abenteuers hinter sich.

Bleibt nur noch zu erzählen, was man gesehen hat, man muss einen Bericht davon machen und den Kommentar dazu schreiben; und wenn man schon einmal dabei ist, kann man auch die umfangreichen Lehrbücher mit ihren Auslegungen überarbeiten, wie es der heilige Johannes vom Kreuz getan hat, aber das Eigentliche liegt woanders, wurde mit auf den Weg gegeben, vom Himmel empfangen wie ein Geschenk oder mit der Degenspitze erobert. Äußerstenfalls könnte der, der gesehen hat, darauf verzichten, es an die Öffentlichkeit zu bringen. Die Wahrheit seiner Kunst ist stromaufwärts zu finden, in der Inspiration oder der Intuition oder wie immer man diesen Kurzschluss nennen möchte.

Gleichzeitig ist eine solche Vision insofern gefährlich, als sie das Krankenbett für Werthers Leiden vorzubereiten vermag: wenn das Gefühl das Werk überflügelt, die Leidenschaft die Tat, wenn dem Schöpfer, dem Künstler, dem Dichter oder Wissenschaftler der egoistische Rückzug wichtiger ist als die Uneigennützigkeit. Was heißt denken, wenn es nicht dazu führt, die Gedanken zu teilen, es sei denn, man behält sie lieber für sich, also für niemanden? Die mühsame Arbeit ist unrein, verglichen mit der Reinheit der Intuition. Die Motive, die den inspirierten Visionär zur Feder greifen lassen, sind sehr verschieden und in mancher Hinsicht sogar widersprüchlich. Da ist der Wunsch, das Erlebte festzuhalten, es bekannt zu machen, das erworbene Wissen zum Wohle der Allgemeinheit zu teilen, das Bedürfnis, der natürlichen Entwicklung des Gedankens folgend, die geistigen Vorstellungen zu organisieren und zu spezifizieren. Aber da ist auch die Lust, von einer Entdeckung zu profitieren, Kapital zu schlagen, im eigentlichen Sinne oder über die berufliche Laufbahn, die Berühmtheit. Zumindest ist es immer eine zusätzliche Zeile im Lebenslauf unter der Rubrik »wissenschaftliche Publikationen«, wenn man in der Zwischenzeit nicht überholt wird und jemand anderes den Einsatz kassiert. Die Zeit der Vision reißt den Geist aus dem Lauf der Geschichte heraus, die Zeit der Niederschrift bringt ihn wieder zurück. Es besteht keine Hoffnung, dem zu entrinnen. Wolf hat nie versucht, sich davon zu befreien. Wenn er gewollt hätte, wäre es vielleicht einfacher gewesen, sich mit Algebra, Topologie oder »Zahlentheorie« zu beschäftigen. Die Wahrscheinlichkeitsrechnung ist von allen mathematischen Zweigen der zeitabhängigste, in gewissem Sinn ist es ein Stück Physik, die in die Geschichte mündet. Man kann sich unmöglich richtig mit ihr beschäftigen, ohne sich die Hände schmutzig zu machen, als betrachte man die n-Dezimalstellen von π oder die Reihe der Primzahlen. Frage: Kann man mit Hilfe der Stochastik (oder notfalls des gesunden Menschenverstands) ein Modell der Geschichte konstruieren – vorhersehen zum Beispiel, dass man mit größter Wahrscheinlichkeit die deutschen Panzer nicht mit den Kasematten an der Maginot-Linie wird aufhalten können? Und dass man mit 75er Kanonen von 1916 die viel zu hoch fliegenden feindlichen Bomber nicht erreichen wird?

Seit Beginn dieser Untersuchung beschäftigt mich eine andere Frage: Hätte Wolf seine Wahrscheinlichkeitsrechnung nicht nutzen können, um sich im Leben besser zurechtzufinden, statt immer die schlechteste (die unwahrscheinlichste) aller Lösungen zu wählen, wenn er eine wichtige Entscheidung treffen musste? Zum Beispiel die, nicht auf die Reserveoffiziersschule zu gehen, nachdem er (nach seiner Doktorarbeit im März 1938) zum Wehrdienst einberufen wurde. Es sieht nach einem einmaligen Fall aus, dass ein Doktor der Naturwissenschaften, Freund und Mitarbeiter eines Professors am Polytechnikum (wo er selbst unterrichtet hätte, wie es heißt), es vorzieht, trotz des drohenden Krieges als einfacher Soldat und nicht als Offiziersanwärter eingezogen zu werden. Nach Aussage seines Bruders Claude wollte der zu Vincent gewordene Wolfgang keine ungerechtfertigte Bevorzugung. Da er Begünstigungen abgrundtief verabscheute, lehnte er jede Form von Privilegien im Verhältnis zu einfachen Bürgern ab: Das war seine Art, Dankbarkeit gegenüber Frankreich zu zeigen, das ihn in der reinsten republikanischen Tradition aufgenommen, integriert und ausgebildet hatte. Dass ein Borel, ein Fréchet ihm ermöglicht hatten, sich zu bewähren, ohne sich an seinem Immigrantenstatus, der zudem *boche* und *youpin* war, zu stören, war in Wolfs Augen eines Berliner Abiturienten des Jahrgangs 33 schon viel zu viel, als dass er gewagt hätte, sie obendrein zu bitten, sich für ihn bei den Militärbehörden zu verwenden. Das hätte übrigens auch seine Mutter getan, die in der Rolle des Außenministers des Döblin-Clans (Alfreds »Fremdsprachenblindheit«, die ihn in seiner Berliner Seifenblase wie ein Ungeborenes gefangen hielt, ausgleichend) mit hochgestellten Persönlichkeiten, also mit Leuten, denen man nachsagte, »einen langen Arm« zu haben, mehr oder weniger anhaltende Verbindungen zu knüpfen suchte; aber Wolfgang blieb seinen Prinzipien treu und war auf diesem Ohr taub. Etwas passt nicht in diese Interpretation. Für einen Doktor rerum naturae war die Teilnahme an einem Offiziersanwärterlehrgang keine Bevorzugung. Es war die allgemeine Regel; viele von Wolfgangs Kameraden aus dem Borel-Seminar, ob sie nun Studenten einer Elitehochschule waren oder nicht, wurden 1939 im Allgemeinen als Unterleutnant zur Luftverteidigung abkommandiert. Claude, der selbst eine vormilitärische Ausbildung mitgemacht hatte und sich im Anschluss daran die Waffengattung und auch den Einsatzort aussuchen durfte, hatte vergeblich versucht, seinen Bruder zu überreden, dasselbe zu tun: Wolf beharrte auf seiner Weigerung, die Offiziersschule zu besuchen. Diese rational nur schwer verständliche Einstellung lässt sich vielleicht mit Wolfgangs politischer Überzeugung erklären. Die brillantesten jungen intellektuellen Kommunisten jener Jahre wie zum Beispiel Jacques Decour, Absolvent der École normale, Germanist und späterer Held in der französischen Widerstandsbewegung, hatten von der Partei die Weisung erhalten, keine in der Hierarchie der bürgerlichen Gesellschaft herausgehobene Stellung anzunehmen. Sie durften an den Gymnasien unterrichten, aber nicht an den Universitäten (jedenfalls nicht an den geisteswissenschaftlichen Fakultäten), die als Grundpfeiler der bestehenden Ordnung angesehen wurden. Man kann sich denken, dass Wolf, der seinen kommunistischen Ansichten treu war, ohne sie öffentlich zu machen, die Vorstellung verabscheute, zum Offizier ernannt zu werden. Er wollte lieber die Grundausbildung als einfacher Soldat inmitten der Proletarier absolvieren und eventuell dann die Ausbildung zum Unteroffizier, d. h. zum Gefreiten folgen lassen. Zur selben Zeit schlief die Philosophin und katholische Mystikerin Simone Weil in ihrem Zimmer auf dem Fußboden, um in dieser asketischen Lebensweise mit den Verdammten dieser Erde verbunden zu sein. Wäre die unwahrscheinliche Entscheidung das Gegenteil von Pascals Wette: credo quia absurdum, eine Art metaphysischer Selbstmord, ein Salto mortale? Das Herz von tiefem Schmerz zerrissen, weil Monette einem anderen versprochen war, unruhig bis angsterfüllt und jedes Mal verzweifelter, wenn Hitler auf seinem Eroberungsfeldzug durch Europa neue Erfolge verzeichnete, kannte Wolf ganz sicher seit Anfang September jene Wirkung, die der Abstieg ins Tal haben kann, dieses Gefühl der Leere und des Schwankens, das sich nach Augenblicken höchster physischer und geistiger Anstrengung einstellt.

Diese Momente konnte er nicht noch einmal durchleben, aber wann sollte er die notwendige Muße finden, die geahnten Beweise zu Papier zu bringen? Ihm fehlte die Zeit dazu. In weniger als einem Monat würde er in Givet, nahe der belgischen Grenze in den Ardennen sein. Zwei Jahre, ohne arbeiten zu können, zwei verlorene Jahre, ein Albtraum für jedes denkende und sensible Wesen, besonders in seinem Alter. Mit dreiundzwanzig Jahren vergeht die Zeit noch fast so langsam wie in der Kindheit, die Tage sind endlos, jede Minute ist voller Augenblicke: Wenn man sich langweilt, entsteht eine siderische Leere. Zwei Jahre lang vor allem nicht denken. Das sind siebenhundertdreißig Tage. In einem ebenso langen Zeitraum hatte er seit 1936 acht Arbeiten herausgebracht und fast noch einmal so viele Artikel geschrieben. Nicht mitgezählt sind die Entwürfe und jene Beiträge, die er an ferne Zeitschriften geschickt hatte, damit sie irgendwann einmal auf Türkisch, Bulgarisch, Moldawisch-Walachisch und nicht zu vergessen in der serbischen Sprache von Novi Pazar herausgegeben würden, was auch so eine Idee von Fréchet war, damit Frankreich überall eine Rolle spielen würde. Zur damaligen Zeit gab es die Worte »deprimiert« oder »Depression« noch nicht. Man kannte nur den »Trübsinn«, Kafkas schwarzen Käfer, der auf dem Rücken liegt und mit den Beinen strampelt: Das kleine Tier hat die Wolfshöhle erobert, hat sich dort eingenistet und ist offensichtlich nicht bereit, den Platz wieder zu räumen; was immer noch besser ist als eine Wanze.

»Sehr geehrter Herr Pollag«, schreibt Wolf am 23. September an seinen Züricher Briefpartner. »Ich möchte Sie, wenn Sie es gestatten, um einen Dienst bitten, nämlich um die Aufbewahrung eines Manuskriptes. Ich werde im Oktober oder früher zum Regiment einrücken. Ich gestehe, daß ich für meine Person keine große Angst habe, Mangel an Vorstellungsvermögen sehr wohl aber für meine wissenschaftlichen Arbeiten. Im Falle eines Krieges würden selbstverständlich meine im Laufe befindlichen oder noch nicht redigierten Arbeiten verloren gehen, damit habe ich mich abgefunden, mehr ärgert mich, daß bisher nur meine 1936 gefundenen Resultate veröffentlicht sind und daß von meinen 6 augenblicklich im Druck befindlichen oder auf Druck wartenden Memoiren 3 in Frankreich sind, in der Tschechoslowakei gedruckt werden und zum Teil Mitte 1939 erscheinen werden. Darunter befindet sich meine beste Arbeit, von der nur ein sehr kurzes Resümee in den *Comptes Rendus de l'Académie des sciences* erschienen ist und die wahrscheinlich noch bis Ende dieses Jahres in einem Bureau de l'Institut de France warten wird. Während ich glaube, die meisten meiner anderen Sachen im Falle einer Vernichtung der Manuskripte wiederherstellen zu können, weiß ich nicht, ob es mir bei dieser Arbeit so leicht gelingen würde […] Wenn es Ihnen nichts ausmacht und Sie es gestatten, würde es mich sehr beruhigen, wenn ich Ihnen eine Enveloppe schicken könnte, die etwa 30 jedem anderen als mir völlig unverständliche Manuskriptseiten enthält […].«[7]

Seinem Professor und Freund Paul Lévy schreibt er zur selben

Zeit einen (nie abgeschickten) Brief, in dem es ihm nicht gelingt, mit seinen Untertreibungen die Unruhe und Traurigkeit zu vertuschen, die er in sich trägt: »Ich habe die beiden Aufgaben[8], die Sie mir gestellt haben, in mein Forschungsheft geschrieben, damit ich von Zeit zu Zeit daran denke [...] Dennoch glaube ich nicht, daß ich vorläufig die Gelegenheit haben werde, mich damit zu beschäftigen, ich werde am 19. oder 20. Oktober eingezogen und habe noch einige Dinge zu überarbeiten. Vor allem beschäftigt mich meine Arbeit mit der Chapman-Gleichung, die ich vorher noch wenigstens provisorisch zu Ende bringen möchte (sie wird mich vielleicht noch mein ganzes Leben lang beschäftigen). Ich weiß auch nicht, ob ich während meiner Wehrdienstzeit die Möglichkeit haben werde, meine Forschung weiter zu betreiben. [...] Die politische Lage ist natürlich nicht sehr beruhigend [...] Es hilft nicht, wenn ich mich aufrege, ich mache mich nicht verrückt und beschränke mich darauf, Zeitung zu lesen, die Nachrichten im Radio zu hören (meine Gespräche sind nicht erwähnenswert, meine Eltern sind nicht da und so hatte ich seit einem Monat nur ein einziges) [...]«[9]

Hatte Wolf vor seiner Abfahrt noch Gelegenheit, den polnischen Mathematiker Józef Marcinkiewicz zu treffen, der auf der Durchreise im Institut Henri Poincaré war? Sie hätten ihre Gedanken zur Brownschen Bewegung austauschen können, statt sich die Zukunft vorzustellen: Zwei Jahre später werden beide gestorben sein, Marcinkiewicz im Alter von dreißig Jahren in der Offiziersuniform der polnischen Armee. Aus einer Frage, die Marcinkiewicz ihm gestellt hatte, leitete Paul Lévy im darauf folgenden Jahr das »Gesetz des Sinusbogens« ab, eines der paradoxesten Gesetze der Wahrscheinlichkeitsrechnung überhaupt. Im Gegensatz zur Annahme des gesunden Menschenverstands beweist es, dass in einem langen Spiel, in dem sich zwei Gegner mit gleichen Waffen bekämpfen, wahrscheinlich nur der eine immer gewinnt, was viel über die Ungerechtigkeit des Schicksals aussagt.

Am 3. November wird Wolfgang schließlich in die 11. Kompanie des 91. Infanterieregiments einberufen, das in Givet an der Maas stationiert ist, im Norden der Ardennen am äußersten Ende, das wie eine Landzunge oder eine Halbinsel in der Form des Horns eines Rhinozerosses in belgisches Gebiet Richtung Namur hineinragt.

»Die Umgebung von Givet ist sehr schön«[10], wird Wolf in seiner gewohnt lakonischen Art im Februar des darauf folgenden Jahres an denselben unbekannten »Wandervogel« schreiben, dem er den Rat gab, Ordnung zu schaffen. In der Tat ist die Landschaft an der sich dahinschlängelnden Maas eine der schönsten in den Ardennen, die seit den Kelten und Germanen fast unberührt geblieben ist. Dichter Wald mit reichem Wildbestand, Durchbrüche an den Biegungen des Flusses mit immer neuen Ausblicken auf ein Gewirr von Hügeln, die sich im dunklen Wasser spiegeln, formen ein Gemälde, das sich je nach Tageszeit und Farbe des Himmels verändert. Im Herbst spielen Nebel und feiner, sanfter Regen mit den Sonnenstrahlen Versteck, heben die verschiedenen Tiefen der Ebenen hervor, verhängen die Hügel mit einem perlgrauen, zuweilen schillernden Schleier. Aber in den ersten Novembertagen des Jahres 1938 ist Wolf nicht in der Stimmung, solche Betrachtungen anzustellen. Die Kaserne ist verseucht, die Vorgesetzten der unteren Dienstgrade, die nur wegen ihres Alters befördert wurden, sind dumm und brutal, das Essen ist schlecht, menschliche Beziehungen gibt es nicht oder sie sind unangenehm, das Leben ist auf das Animalische reduziert. Das glaubt man jedenfalls zu verstehen, wenn man die auf ein Minimum reduzierten vertraulichen Mitteilungen, zu denen Wolf sich in seiner typisch pommerschen Reserviertheit im selben Brief an seinen anonymen Briefpartner hinreißen lässt, in die Sprache des einfachen Bürgers übersetzt: »Sachlich gesehen, geht es uns nicht gut hier, vor allem im Vergleich zu den anderen Kompanien, die in Givet stationiert sind. Was die Disziplin anbetrifft, kann ich keine Vergleiche anstellen, jedenfalls haben wir, seit wir hier sind [der Brief ist vom 22. Februar], noch keinen Ausgang gehabt, noch nicht mal zu Weihnachten, es sieht so aus, als wird man die Tage des Ausgangs an den Fingern der linken Hand ablesen können [...].«[11]

Der stoische Gleichmut, mit dem Wolfgang die Grundausbildung erträgt, erklärt sich nicht nur mit seinem Charakter, seiner Erziehung und seinen Überzeugungen, sondern auch mit den Ereignissen in Deutschland, deren Schrecken die Kränkungen im Garnisonsleben belanglos erscheinen lassen. Am 9. November werden in der von Goebbels inszenierten »Reichskristallnacht« in einem Pogrom, das die zukünftige Vernichtungspolitik ankündigt, mehrere Dutzend Juden ermordet und zahlreiche Synagogen zerstört. Zufällig beendet dieses Ereignis die Deutsche Kulturwoche, eine Veranstaltung der politischen und literarischen Emigranten, die in Paris auf traurige Weise den dreißigsten Geburtstag des SDS (Schutzverband deutscher Schriftsteller) feiern. Alfred Döblin nimmt an der Seite von Rudolf Leonhard, Lion Feuchtwanger und Friedrich Wolf an einer Diskussion am runden Tisch über die Geschichte als Instrument des Widerstands teil. Alfred versucht vergeblich über England Mittel und Wege zu finden, seinem in Berlin gebliebenen Bruder Kurt und dessen Frau zu helfen, der zuschnappenden Falle zu entkommen. Beide werden 1940 deportiert und finden in Auschwitz den Tod. Trübsinn befällt Wolfgang, der nicht in der Lage ist, auch nur wenige Stunden pro Woche an seinen mathematischen Forschungen zu arbeiten. Im Februar verbessert sich jedoch seine Stimmung, trotz der hirntötenden Routine des Soldatenlebens und der geringen Hoffnung, jemals Urlaub zu bekommen (auf den die Älteren schon zehn Monate lang warten mussten). »In den ersten Monaten habe ich sehr gelitten«, gibt er zu, »doch jetzt habe ich eine perfekte Form von Nichtstun erreicht. Ich warte geduldig auf meine erste Bestrafung. Jedenfalls werde ich gut marschieren können, wenn ich hier rauskomme, es sieht so aus, als sei für Juni ein vierundfünfzig Kilometer langer Probemarsch mit voller Ausrüstung geplant [...] Ich habe eine Spirituslampe mitgebracht, also bereite ich mir oft zusätzliche Mahlzeiten zu. Es ist Nacht, diesen Brief schreibe ich während der Wachestunden im Schein einer Petroleumlampe zu Ende. Im Sommer wird die Wache angenehmer sein. Heute bin ich relativ ruhig, ich bin diensthabender Gefreiter. Ich brauche nur jede Stunde die Wachen aufzustellen, da komme ich natürlich nicht auf die Idee zu schlafen (von neun bis ein Uhr hat man sowieso Pause) [...].«[12]

Um sich die Langeweile zu vertreiben, beginnt Wolf wieder zu arbeiten. Statt jedoch an der Chapman-Gleichung weiterzuforschen, nimmt er lieber seine im Februar 1938 nicht zum Abschluss gebrachte Arbeit an den Summen von nichtidentisch verteilten zufälligen Variablen wieder auf. Dieser »Zentrale Grenzverteilungssatz«, ein Klassiker der Wahrscheinlichkeitstheorie, war eigentlich Paul Lévys Gebiet. Der Briefwechsel zwischen Wolfgang und Maurice Fréchet zu diesem Thema versiegt (und wird erst im Oktober 1939 wieder aufgenommen); Paul Lévys Archiv wird der Plünderung durch die Gestapo zum Opfer fallen, und die Briefe, die Wolf während seines Militärdienstes und während des »komischen Krieges« bekommt, werden wahrscheinlich mit seinen persönlichen Papieren und vielleicht auch seinen letzten mathematischen Entwürfen im Küchenherd auf dem Hof der Triboulots in Housseras verbrannt. Es bleiben also nur sehr wenige Zeugnisse über den Fortschritt seiner in Givet geleisteten Arbeiten, was den geheimnisvollen Charakter dieser Papiere nur betont. Die Probleme, mit denen sich Wolf im Rahmen dieser Arbeiten beschäftigt, sind schwierig zusammenzufassen und für Nichtspezialisten nicht nachzuvollziehen: Sie stehen im Zusammenhang mit dem Gebiet partieller Anziehungskraft. Der Artikel, der den ersten Teil seiner Ergebnisse zusammenfasst und den Wolf im Juli 1939 an Steinhaus und Banach schickt, damit er in Lwow in der Zeitschrift *Studia Mathematica* mit dem Titel »Über die Gesamtheit der Potenzen eines Gesetzes der Wahrscheinlichkeitsrechnung« veröffentlicht wird, enthält das vielleicht erstaunlichste Ergebnis der gesamten Wahrscheinlichkeitstheorie, was man »allgemeingültige Gesetze« nennt: Es geht um (rein mathematische) Methoden der beliebig oft wiederholten Zufallsziehung von Zahlen. Wenn man sie als Summe betrachtet, ergeben sich »Grenzwertgesetze«, zu denen das »Gesetz der Normalverteilung« – die berühmte Glockenkurve –, aber auch all jene gehören, die Lévy, Kolmogoroff, Chintschin und andere die »Gesetze der unbegrenzt teilbaren Verteilung« nennen. Das ist aber, wie gesagt, nur der erste Teil der in Givet entwickelten Arbeiten. Gleich im Anschluss bemüht sich Wolf, auf die allgemeingültigste Weise die »Bereiche partieller Anziehung« zu beschreiben. Er ist bestrebt ein Theorem zu entwickeln, das in gewisser Weise die Theorie zu Ende führt. Man muss sich vorstellen, in welcher Atmosphäre, unter welchen für gedankliche Arbeit widrigsten Umständen Wolf seine Forschungen betreibt und so erstaunliche Ergebnisse erzielt, die bis heute nicht in ihrem ganzen Ausmaß zu fassen sind. Ein Brief vom März/April 1939 an Michel Loève zeugt davon:

»Mein lieber Freund, jetzt bin ich schon drei Monate lang nicht mehr in Paris gewesen und ich weiß nicht, wann ich kommen kann. Vielleicht werde ich Sie zu Pfingsten sehen können. Viele bekommen sechsunddreißig Stunden Ausgang, nur ich habe Pech und noch keinen bekommen [...] Diese Woche ist es mir geglückt, Urlaub zu bekommen [...], aber ich habe zwei Tage Ausgehverbot, die ich übrigens verdient habe, weil meine Waffe Rostspuren hatte [...] Körperlich geht es mir gut, ich nehme weiter zu. Auch seelisch bin ich nicht mehr so unglücklich wie am Anfang, ich habe manchmal Anfälle von Trübsinn, zum ersten Mal seit ich beim Militär bin, und sogar zum ersten Mal in meinem Leben [...].«[13]

Zur selben Zeit befindet sich Alfred auf Einladung des PEN-Clubs, der in New York einen Kongress abhält, in den Vereinigten Staaten. Er trifft seinen Sohn Peter und mehrere alte Bekannte aus den Jahren der Weimarer Republik. Ernst Toller, ein Überlebender der Räterepublik, Dramaturg und ein alter Weggefährte Döblins, teilt ihm mit, dass er nach Europa zurückkehren möchte, vielleicht gibt es noch einen Platz an Bord der Champlain? Zwei Tage später erhängt er sich im Bad seines Hotelzimmers im New Yorker Mayflower.

Im Frühjahr 1939, das genaue Datum kennen wir nicht, ungefähr Ende April oder Anfang Mai, wird Vincent Doblin zum 21. Ausbildungsbataillon des 91. Infanterieregiments abkommandiert, um an einem dreimonatigen Lehrgang für Gefreitenanwärter teilzunehmen. Ein wertvoller Augenzeugenbericht wirft ein wenig Licht auf das tägliche Leben in der Kaserne von Charbonnier; zugleich einer der seltenen Berichte, die es uns ermöglichen, jenseits aller wissenschaftlichen Betrachtungen ein unvoreingenommenes

Bild von Wolf zu erhalten – gesehen mit den Augen eines Mannes aus dem Volk, der mit Güte und gesundem Menschenverstand begabt und in seinem Urteil zweifellos scharfsinniger ist als viele vornehme Leute.

Paul Beaujot stammt aus Fromelennes, einem Dorf in der Nähe von Givet, und war achtzehn Jahre alt, als er denselben Lehrgang besuchte wie Wolf. Er erinnert sich[14] an Vincent Doblin als einen verschlossenen und schweigsamen, aber netten jungen Mann, der sich immer abseits der Gruppe aufhielt und nicht an den gemeinsamen Festen teilnahm. Er trank nicht, ging nicht tanzen, vertraute sich niemandem an, sprach weder von seiner Familie noch von seinem Zivilleben, weder von seinen Liebschaften, noch von Politik, er sagte einfach nichts, wonach man ihn hätte einordnen können. Auf einem zerknitterten Schwarzweißfoto sieht man etwa zwanzig junge Soldaten in Ausbildungsuniform mit verkehrt herum aufgesetzten Käppis bei einer für das Garnisonsleben typischen Tätigkeit: beim Küchendienst. Links im Hintergrund, etwas abseits von den anderen, mager und abwesend, steht Wolf und sieht aus wie ein Seminarist, der sich ins Rekrutenmilieu verirrt hat. Wie die geheimnisvolle Figur von Giacomettis Statue »Der unsichtbare Gegenstand« hält er die Hände in Höhe des Oberkörpers aneinander gelegt, als trügen sie eine heilige Hostie, etwas, das bei näherem Hinsehen nur eine Kartoffel sein kann; unter dem Arm klemmt ein Heft, von dem sich Vincent, der »immer mit seinen Zahlen beschäftigt« war, nie getrennt hat, wie sich Beaujot erinnert.

»Ich brüte ein Theorem aus«, sagte er ohne weitere Erklärungen. Obwohl ein Obergefreiter nach Dienstalter ihn regelmäßig wie einen Blödmann behandelte und ihm ständige Zerstreutheit vorwarf (sodass man oft »Doblin, wiederholen Sie, was ich gerade gesagt habe!« hörte), bestand Vincent die theoretischen Prüfungen als Bester, Paul Beaujot als Zweitbester; und die beiden Freunde waren dafür bei ihren Vorgesetzten nur noch schlechter angesehen! ... Der Jüngere hätte nie vermutet, dass Vincent Deutscher war. Paul Beaujots Aussage ist umso glaubwürdiger, als er sich später in deutscher Kriegsgefangenschaft in ein deutsches Mädchen verliebte, die seine Frau

Küchendienst, Givet, 1939 (links, stehend, Wolfgang).

wurde: Er spricht Goethes Sprache fließend und zweifelte nie daran, dass Vincent mit seinem schwachen Akzent Elsässer war, wie er immer behauptete. Übrigens hat sein alter Zimmerkamerad erst vor wenigen Jahren erfahren, wer Wolfgang war, woher er kam und welchen Namen er sich in der Geschichte der Naturwissenschaften gemacht hat. Vincent war kein Angeber, er hat nie von seinem Doktortitel gesprochen, er wollte lieber unbemerkt bleiben. »Ich bin vom Wehrdienst zurückgestellt worden«, war alles, womit er den Altersunterschied zu den anderen Einberufenen erklärte.

Was ist nun mit diesem berühmten Theorem? Hat Wolf es tatsächlich bewiesen? Ja, zumindest steht es so in dem Brief, den er am 28. Oktober 1939 an Maurice Fréchet schreibt; wenn man ihm glauben kann, fehlte ihm nur die Zeit, diesen Beweis in die richtige Form zu bringen, was er hoffte, später tun zu können, nicht ohne sich über diesen Aufschub zu ärgern:

»Mir ist es endlich Ende Juli gelungen, folgende Aufgabe zu lösen, in die ich mich im Frühjahr 38 vergeblich verbissen hatte, und die sicherlich nach der allgemeinen Kettentheorie die schwierigste Aufgabe ist, die ich lösen konnte: Mit L für ein Wahrscheinlichkeitsgesetz, $X_1, \dots, X_n$ für unabhängige zufällige Variablen, die von L, n_p einer Reihe von Ganzen abhängen, und mit zwei Folgen von Konstanten a_p und b_p, kann es sein, dass die Gesetze von $(a_p^2 \sum_{i=1}^{np} X_i - b_p)$ in einem Grenzverteilungssatz I zusammenlaufen, ohne der ganzen Wahrscheinlichkeit einen eigenen Wert zuzuschreiben. Gegeben ist $F [L]$ die Gesamtheit aller Gesetze I, die man dadurch erhält, daß man n_p, a_p und b_p variiert (im einfachsten Fall beinhaltet $F [L]$ alle Gesetze vom Typ Gauß). Welche Bedingungen sind notwendig und hinreichend, damit eine gegebene Gesamtheit von Gesetzen G zu $F [L]$ wird?

Ende Juli war der ganze Beweis überarbeitet, ich brauchte nur noch zwei bis drei Tage Arbeit und hoffte, im August fertig zu sein. Das Schicksal hat es nicht gewollt. Ich mußte Givet verlassen, das Manuskript ist also genauso weit wie im Juli. Ich habe es zusammen mit einer Kopie des Manuskripts, das ich an Steinhaus geschickt hatte, einem Bruder nach Philadelphia geschickt.

Ich weiß nicht, ob er es bekommen hat, und ich fürchte sehr, daß er es nicht bekommen hat. Ich habe eine große Dummheit begangen, alle meine Konzepte und Kopien aus der Hand zu geben. Nach dem Krieg werde ich gut zwei Monate brauchen, um alles aufzuschreiben […].«[15]

Die an Peter nach Philadelphia geschickten Aufzeichnungen werden heute zusammen mit dem versiegelten Umschlag im Archiv der Akademie der Wissenschaften in Paris aufbewahrt. Ein an Paul Lévy adressierter Brief gehört dazu. In ihm zeigt Wolf sich genauso kategorisch wie in seinem Brief an Fréchet: »Ich habe endlich folgendes Theorem bewiesen: $X_1, \dots, X_n$ sind die zufälligen unabhängigen Variablen […]« usw. Dennoch hat keiner der Spezialisten, die diese Seiten studiert haben, weder Robert Fortet noch Kai Lai Chung, noch Felix Pollaczek, noch Paul Lévy selbst erkennen können, was Wolfgang Dœblin bewiesen hat. »Im Anschluss daran«, schreibt Lévy, »folgt eine Reihe von Formeln, deren Zusammenhang nicht ersichtlich ist, und ich habe mich schnell davon überzeugen können, daß es nur eine Rohfassung des Autors war, die er gehofft hatte, später selbst überarbeiten zu können […]

Er kann nicht gewollt haben, daß dieses Manuskript veröffentlicht wird, und es ist nicht einmal sicher, daß er wirklich das angekündigte Theorem bewiesen hat.«[16] Und er lässt den Zweifel über die Art der Unleserlichkeit bestehen, wenn er anfügt: »Ich hätte mir wenigstens einen Hinweis auf die Beschaffenheit von L gewünscht, worum es auf den Seiten zwei bis vier des Manuskripts geht. Aber mir ist nicht gelungen, ihn zu verstehen.«[17]

Der Brief an Sigmund Pollag vom 23. September 1938, aus dem ich bereits zitiert habe, enthält eine »klärende« Formulierung, angesichts Wolfs sonstiger Gewohnheit, seine Bemerkungen so zu verschlüsseln, dass sie unbrauchbar werden: »[Es] würde […] mich sehr beruhigen, wenn ich Ihnen eine Enveloppe schicken könnte, die etwa 30 jedem anderen als mir völlig unverständliche Manuskriptseiten enthält.«[18]

So wie Gauß seine Spuren in der Art eines Fuchses verwischte[19], kann man fast darauf wetten, dass Wolf seine Beweise zum

»letzten Theorem von Givet« absichtlich verschlüsselte. Marc Yor fragt sich demzufolge, ob dieses Manuskript, wenn man es wie den versiegelten Umschlag lesen könnte, sich bei einer Prüfung als genauso erstaunlich offenbaren würde. Schade, dass »die großen Russen« die Bühne der Mathematik verlassen haben, meint Bernard Bru. Nur sie wären in der Lage gewesen, die Geheimnisse dieser Hieroglyphen zu entschlüsseln.[20] Wie dem auch sei, das Phantomtheorem von Givet vergrößert nur das Geheimnis, das Wolfgangs Person umgibt. Dabei hätte die Geschichte des versiegelten Umschlags gereicht, ihn im Reich der Mythen neben Évariste Galois zu setzen, in dessen Nähe Paul Lévy ihn, wenn auch eher aus poetischen als rein mathematischen Gründen, in seiner posthumen Hommage rückt.[21] Vergessen wir nicht, dass im Gegensatz zu den Arbeiten in der Nachfolge von Markow, zu denen Wolfgangs *»Über die Kolmogoroffsche Gleichung«* gehört, die Theoreme von 1939 über die Gesamtheit der Potenzen eines Gesetzes nicht in das bevorzugte Gebiet der moderne Wahrscheinlichkeitsrechnung fallen. Die in Givet redigierte und zur schlimmsten Zeit, wenige Wochen vor der Invasion Polens, an Steinhaus geschickte Abhandlung (ohne das letzte Theorem) wird 1940 in Lwow, als die Stadt bereits von der Roten Armee besetzt ist, mit einem ukrainischen Nachwort erscheinen. Nur die russischen Mathematiker werden sie lesen. Als der Artikel 1947 erneut in den *Annales de l'École normale supérieure* erscheint, liest ihn in Paris niemand. Fréchet und Lévy wussten übrigens nicht, dass derselbe, inzwischen als verloren geltende Text in der Zeitschrift der polnischen Mathematiker veröffentlicht worden war. Diese waren jedoch, abgesehen von den wenigen, die das Glück hatten, in die USA auswandern zu können, (außer Steinhaus) inzwischen alle tot, von den Nazis ermordet oder auf Stalins Befehl liquidiert. Lwow hat inzwischen mehrmals den Namen geändert. Hundertfünfzigtausend Juden, die einst hier lebten, sind verbrannt worden. Die polnische Mathematiker-Schule existiert nur noch in der Erinnerung. Wolf hatte allen Grund, sich in seinem Brief vom 28. Oktober Sorgen um seine polnischen Kollegen[22] zu machen. Er konnte sich nicht vorstellen, dass die fünfundzwanzig Seiten, die er ans andere Ende Europas geschickt hatte, seine Kollegen genauso überleben würden wie ihren Verfasser. Wie gebrannter Ton sind Werke des Geistes zwar zerbrechlich, aber auch außerordentlich widerstandsfähig. Selbst in tausend Stücke zersprungen, kann man sie wieder zusammensetzen, das ist nur eine Frage der Geduld. Von den Menschen, die sie geschaffen haben, kann man das nicht behaupten. In diesem Weiterbestehen einiger Zeichen auf dem Papier, für dessen Zerstörung ein Streichholz reichen würde, liegt etwas Geheimnisvolles. Unter welchen Umständen diese Seiten geschrieben wurden, kann man erraten, wenn man auf der Rückseite eines der Blätter vom Phantomtheorem diese Zeilen entdeckt, die mit blauschwarzer Tinte in derselben feinen Schrift hingekritzelt wurden wie die Notizen des geheimnisvollen Kryptogramms:

Auflockerungsübungen (9 Min)

Tretet aus der Reihe, sammelt euch zu Dreierreihen, schreitet im Takt, 2 Min, dann bildet Achterreihen. Langsames Marschieren mit Atemübungen, Dreierreihe Zug halt, links um 3 Zwischenschritte und Abstand, macht auf Lockerungen Armhebung die Arme horizontal in verschiedene Stufen. Beinhebung die Beine horizontal in verschiedene Höhen. Schultern, gebeugte horizontale Arme schnell zurücknehmen nach vorn und nach hinten. Rumpf gespreizte Beine Circumdiction [sic] des Rumpfes mit Ausfall nach vorn.

Von Combloux im Département Haute-Savoie, wo er mit Erna und Étienne seine letzten Ferien auf französischem Boden verbringt, schreibt Alfred an Bodo (einen Brief an eine englische Adresse zum Weiterleiten, der seinen Empfänger erst nach dem Krieg, sechs Jahre später, erreicht): »Wir anderen sind froh zu wissen, daß Deutschland (und besonders unter dem heutigen Regime) nicht die Welt ist. Und was das heutige Regime anlangt, so glaube ich, Du irrst, wenn Du glaubst, daß in fünfzig Jahren sich kaum etwas ändert. Du hast nicht vor 1914 bewußt gelebt; wir haben auch ähnlich gedacht, und das Deutschland der Hohenzollern war enorm viel stärker, gesünder, reicher als das von heute – und dann kam 1918. Lieber Bodo, man muß nicht in den Fatalismus von Sklaven oder Haustieren verfallen. Ich war auch in Amerika. Es würde

Dir gut tun, reisen zu können. Du würdest einen Blick für das faule, krötige Deutschland von heute bekommen. [...] Du meinst, der Krieg ist wohl unvermeidlich; ich bin nicht überzeugt, daß die Nazis den Tanz wagen werden (aber vielleicht bleibt ihnen auf die Dauer nichts anderes übrig, wenn nicht ihr Prestige wackeln soll); es täte mir leid, wenn es Krieg gäbe, es würden wieder Millionen liegen bleiben. Die Zeit von 1918–33 aber hat bewiesen, dass Deutschland von sich aus sich nicht demokratisch regieren kann; und zu allem Malheur fiele nach dem Krieg Deutschland noch unter Zwangsverwaltung oder Aufteilung (falls nicht der Bolschewismus kommt).«[23]

Im August macht der Gefreitenlehrgang des 21. Ausbildungsbataillons seine letzten Übungen. Keine Aussicht mehr für Wolfgang, seine Arbeit fortzuführen, das Manuskript von Givet bleibt, wie es ist. Die Prüfung findet am 10. statt; Wolf besteht sie als Zweitbester, wird aber nie zum Gefreiten befördert: Sein Bataillon wird am 22. August aufgelöst. Am nächsten Tag unterzeichnen Hitler und Stalin ihren Nichtangriffspakt. Zwei Tage später findet die Generalmobilmachung statt. Am 1. September fällt die Armee des Deutschen Reichs in Polen ein. Um den Angriff zu rechfertigen, ließ Hitler einige Gefangene aus einem Lager holen, ihnen polnische Uniformen anziehen und sie exekutieren: Die Bilder zeigen besiegte Angreifer – wie in der Sudetenkrise spielt Nazideutschland das Opfer, das sich nur verteidigt. Am 3. September erklärt England und danach auch Frankreich Deutschland den Krieg. Obwohl er wegen seines Vaters jüdisches Blut besitzt und dadurch Bürger zweiter Klasse ist, wird Bodo zur Wehrmacht des Deutschen Reichs eingezogen. Er wird Wolf überleben, dem er nie begegnet ist und der wahrscheinlich bis zum Schluss nichts von seiner Existenz wusste. Was wäre aus ihm geworden, wenn Alfred Frieda nicht verlassen hätte? Das miese Verhalten seines Vaters hat ihm wahrscheinlich das Leben gerettet. Das Schicksal besteht aus solchen Fügungen. Darum soll man Geschichten immer bis zum letzten Wort anhören und, wenn man liest, keine Seite überspringen, sondern sie lieber zweimal anschauen.

| KAPITEL 24 |

Nach der Erschütterung durch den deutsch-sowjetischen Pakt riefen die seit Beginn des Krieges von der Regierung Daladier gegenüber den antifaschistischen Exilanten ergriffenen Maßnahmen in Emigrantenkreisen größte Bestürzung hervor. Bereits im Mai 1938 hatte Léon Blums Nachfolger, kaum an die Macht gekommen, im Gegensatz zur Ausländerpolitik der Volksfront durch eine Reihe von Dekreten die Lage der ausländischen Flüchtlinge in Frankreich verschlechtert, indem er sie allen möglichen Zwängen und Verboten unterwarf, die einer Zuweisung des Aufenthaltsorts gleichkamen. Die Antifaschisten der ersten Stunde wurden von den Behörden eines Landes, das Hitler-Deutschland soeben den Krieg erklärt hatte, plötzlich wie echte Feinde behandelt. Dummheit, Chauvinismus, psychotische Angst vor der »fünften Kolonne«, aber auch das durch die Kommunisten nach dem Hitler-Stalin-Pakt erregte Misstrauen erklären in gewisser Weise diese unglaubliche Entgleisung, die den Verrat von München und die ängstliche Strategie der französischen Führungsspitze von Maginot bis Gamelin weitertreibt. Verbarg der Hass auf die Deutschen – das Erbe zweier vorangegangener Kriege – nicht sehr zweckmäßig die moralische Immunschwäche eines guten Teils des französischen Bürgertums (und seiner Salon-Intellektuellen) gegenüber den »neuen Barbaren«, die als Einzige – vielleicht zusammen mit den Bolschewiken – dazu fähig gewesen wären, die Sinne des schläfrigen Westens zu wecken? Die Überraschung, sich plötzlich aus der französischen Gemeinschaft ausgeschlossen zu sehen, war für die antifaschistischen Emigranten umso bitterer, als sie bislang bei allen materiellen Schwierigkeiten die Sympathie eines großen Teils der französischen Intelligenz genossen hatten, insbesondere Presse und Verlage hatten ihnen recht großzügig ihre Türen geöffnet. Zwischen 1933 und 1939 wurden dreihundert Bücher und tausenddreihundert Artikel deutscher und österreichischer Exilautoren auf Französisch veröffentlicht, ein Rekord aller Gastländer. Zu den meistverkauften Spitzentiteln zählten das *Braunbuch* über den Reichstagsbrand, das unter der Ägide des Kommunisten Willi Münzenberg veröffentlicht wurde, und die Memoiren des konservativen Überläufers Hermann Rauschning, *Gespräche mit Hitler*. Siebzehn Bücher von Stefan Zweig, fünfzehn von Emil Ludwig, vierzehn von Vicky Baum (genauso viele wie von den Brüdern Thomas und Heinrich Mann zusammen), sieben von Ernst Erich Noth, sechs von Jakob Wassermann[1] waren ins Französische übersetzt worden. Dagegen wurden die offiziellen Schriftsteller des Reichs ignoriert, und die einzigen mit der extremen Rechten sympathisierenden übersetzten Autoren waren Ernst Jünger (der später wie Gottfried Benn als Dissident gilt) und Friedrich Sieburg. Die Zahl der deutschsprachigen antifaschistischen Emigranten, die nach Frankreich geflüchtet waren, unter ihnen überwiegend Juden, lag nie über 25 000 und war im Vergleich zu den 800 000 Italienern, 500 000 Polen und ebenso viel Spaniern, die sich im französischen Mutterland niedergelassen hatten, verschwindend gering. Zum Vergleich: Zwischen 1830 und 1848[2] hatten 170 000 Deutsche Zuflucht in Frankreich gefunden, und obwohl solch imposante Persönlichkeiten wie Ludwig Börne, Heinrich Heine, Karl Marx und Friedrich Engels in Paris lebten, war die Regierung Louis-Philippe nicht über Gebühr beunruhigt.

Doch zwischen dem 1. und 8. September wurden auf Anordnung der Regierung der Republik 20 000 plötzlich als unerwünscht angesehene Emigranten inhaftiert. Man brachte sie im Stadion von Colombes vor den Toren von Paris, in Milles in der Nähe von Marseille, in Saint-Cyprien, in Gurs unter, wo sie mit den republikanischen Flüchtlingen aus Spanien und den ehemaligen Kämpfern der Internationalen Brigaden zusammengelegt wurden. Die Hauptverdächtigen wurden in Vernet (Ariège) inhaftiert, die Frauen im

Lager von Rieucros. Den Aussagen mehrerer Zeugen zufolge, darunter Alfred Kantorowicz und der Fotograf Erwin Blumenfeld, unterschieden sich diese beiden letztgenannten Lager kaum von Dachau und Buchenwald; andere Zeugen hielten die Bedingungen für relativ erträglich. Fest steht, dass es eine geografische und verwaltungsmäßige Kontinuität zwischen dem Netz der Internierungslager der Republik und dem der Vichy-Regierung gab. Unter den in Gurs inhaftierten Flüchtlingen, die der Gestapo ausgeliefert wurden, befand sich der Berliner Mathematiker Kurt Grelling. Als militanter Sozialist hatte er kein Einreisevisum für die USA bekommen, obwohl ihm ein Lehrstuhl an der New School for Social Research in New York angeboten worden war. Am Ende wird er mit seiner »arischen« Frau Greta, die sich weigerte, ihn zu verlassen, nach Auschwitz deportiert und 1942 dort vergast.[3]

Während des »komischen Kriegs« werden viele Internierte freigelassen und 1940, bei Beginn der deutschen Offensive, in einer für die kommenden Zeiten symbolischen Razzia erneut festgenommen. Viele Internierte werden als Hilfskräfte in die passive Verteidigung eingegliedert; die mutigsten treten in die Fremdenlegion ein, in der sie letztlich ein erträglicheres Los haben als ihre Leidensgenossen, die der Willkür der politischen Macht ausgeliefert sind, die ihnen das Gefühl vermittelt, den Kampf gegen den Faschismus fortzusetzen, auch wenn für Disziplin und Kader andere Bedingungen gelten als bei den Internationalen Brigaden, bei denen sie sich häufig ihre ersten Sporen verdient hatten.

Die Döblins befanden sich dank ihrer Einbürgerung in einer anderen Lage als die meisten ihrer emigrierten Landsleute. Erna, Alfred und ihr jüngster Sohn hatten aus Furcht vor einer neuen Bombardierung der Hauptstadt in Avallon, Burgund, Zuflucht gesucht, kehrten jedoch bald wieder zurück. Während der Zeit des »komischen Kriegs« lebten sie in der Umgebung von Paris, in Marly-le-Roi, später in Saint-Germain-en-Laye, nachdem sie am 25. November endgültig ihre Wohnung am Square Henri Delormel aufgegeben hatten. Alfred war zu alt, um zum Militärdienst eingezogen zu werden, und meldete sich freiwillig als Stabsarzt. Dank seines Freundes Robert Minder, der beim Informationsministerium im Hôtel Continental gegenüber den Tuilerien dem Schriftsteller und Minister Jean Giraudoux unterstellt war, fand Alfred schließlich dort eine Anstellung.

Diese Episode in Alfreds Leben besitzt eine komische Note, die im Kontrast zum dunklen Bildhintergrund steht, dessen Farben niemals heller werden. Zur Zelle der Gegenpropaganda, in der Minder und Döblin ihre Talente entfalteten, gehörten mehrere angesehene Hochschullehrer, darunter Edmond Vermeil, Albert Fuchs und Ernest Tonnelat (Monettes Schwiegervater), denen sich bald ein junger Absolvent der École normale anschloss, ein Germanist und Hölderlin-Experte, den eine glänzende Zukunft erwartete: Pierre Bertaux (der 1944 Kommissar der Republik in Toulouse sein wird und Leiter der Sicherheitspolizei, als der Schmuck der Begum gestohlen wird). Unter den Mitarbeitern von außen, die manchmal beschäftigt wurden, befanden sich ebenfalls viele Emigranten – der Verleger und Kafka-Herausgeber Kurt Wolff und der personalistische Philosoph Paul Landsberg. Jean Giraudoux schien keine große Sympathie für Alfred empfunden zu haben. Als geborener Diplomat wand er sich wie ein Aal, sein künstlerischer Geschmack war im selben Maße klassisch und »apollinisch« wie Alfreds barock und entschieden antiakademisch. Alles an ihm stand im Gegensatz zu Wolfgangs Vater, der häufig ungerechte Grobheit zeigte, sich Feinde zu machen oder zu erfinden verstand. Giraudoux liebte den blumigen Stil, verwendete gern Adjektive – Alfred dagegen hasste diese unnötigen Schnörkel, die im historischen Kontext obszön erschienen. Es war dringend erforderlich zu handeln, aber was konnten ein paar Dichter und eine Hand voll brillanter Hochschullehrer ausrichten, um Säure ins Gesicht des Führers zu schütten und die fehlgeleiteten Deutschen wieder zur Vernunft zu bringen? Man beschloss, über den Frontlinien der Wehrmacht scharf formulierte Flugblätter aus dem Flugzeug abzuwerfen. Im Mai 1940, kurz vor der deutschen Offensive, illustrierte der Zeichner Masereel die »Ballade der drei Schurken« (Hitler, Göring und Goebbels), die Alfred nach dem satirischen Vorbild von Heine verfasst hatte, doch bevor sie überhaupt gedruckt war, waren die Schurken bereits in Paris einmarschiert und teilten sich die Beute.

Im Hôtel Continental machte Paul Claudel alle betroffen, als er einen verwirrenden Text voller biblischer Flüche vorlegte. Minder berichtet[4], dass man eine kleine Sonderauflage auf Glanzpapier anfertigte und einige Exemplare an die Freunde des Autors versandte. Vom Alten Testament ging man zu Homer über: Die Gegenpropaganda erfand die Beschimpfungen der Kriegsgegner aus den Zeiten von Achill und Hektor neu – denn trotz Giraudoux' gegenteiliger Auffassung war der Trojanische Krieg bereits im vollen Gange, selbst wenn man noch nicht kämpfte. Man wollte die untertänigen Deutschen über Lautsprecher die Stimme der Anhänger der Freiheit direkt hören lassen. Döblin frohlockte. Die ganze Gruppe begann zu schreiben, erfand satirische Anspielungen für die Texte der Volkslieder, die den Ohren und Lippen deutscher Soldaten vertraut waren, angefangen bei der »Loreley«, die die Nazis etwas voreilig arisiert hatten, weil sie auf das goldene Haar vertrauten und dabei vergaßen, dass sie die Tochter eines emigrierten demokratischen Juden* war. Die Sängerin Germaine Hoerner nahm diesen Liederabend auf, von dem nichts blieb wie von den meisten Flugblättern in Prosa und in Versen, die das Kampfgas in der kommenden Schlacht der Giganten ersetzen sollten. Da Platten und Flugblätter nichts genutzt hatten, landeten sie im Juni 1940, in Moulins, in der Allier. Vielleicht liegen sie immer noch auf dem Grunde des Flusses und warten wie gallische Münzen darauf, dass ein glücklicher Zufall sie ans Tageslicht befördert. Die offiziellen Dokumente des Ministeriums werden dieses Glück nie haben. Sie wurden zu Johanni auf dem Schulhof des Mädchengymnasiums verbrannt.

Doch während Alfred in der Freizeit, die ihm seine Tätigkeit als Gegenpropagandist im Hôtel Continental gewährte, die Gedanken von Konfuzius für amerikanische Leser sammelte (die Anthologie

* Heinrich Heine.

erschien im Herbst 1940 bei Longmans, Green & Co in der Reihe *»The Living Thoughts Library«*), langweilte sich Wolf, der seit der Kriegserklärung dem 291. Infanterieregiment im »Verteidigungsabschnitt der Ardennen« in Sécheval einverleibt war, und wurde erneut von Wehmut erfüllt, da er seine mathematischen Forschungen nicht weiterverfolgen konnte.

»Ich bin hier Funker«, schreibt er an Fréchet, der, beunruhigt darüber, von seinem ehemaligen Studenten keine Post mehr zu erhalten, über Erna Wolfs neue Adresse erfuhr – 291ᵉ RI, 3ᵉ bataillon EM, Secteur postal 29 […] »Praktisch lese ich zur Zeit den Ton, ich sende Morsezeichen, und manchmal helfe ich auf dem Feld. Ich arbeite nicht, habe nicht die Kraft dazu, im Übrigen habe ich keinen Ort, an dem ich relativ ungestört wäre. Doch an dem Tag, an dem Sie sich an mich wenden würden, stünde ich Ihnen voll zur Verfügung, selbst wenn es hier lebhafter zugehen sollte, hätte ich Zeit zum Nachdenken, zum Beispiel nachts, während der Wache am Funk […].«[5]

Surreale Einzelheit: ein geheimnisvolles Päckchen, das von einem nicht weniger rätselhaften »kleinen Japaner« – vermutlich Kiyosi Iseki, ein Kommilitone von Wolf am Institut Henri Poincaré[6] – geschickt wird, das Fréchet an Erna weiterreicht, die es mit Verspätung ihrem Sohn zukommen lässt. »Das Päckchen […] enthielt zwei zarte Taschentücher«, stellt Wolf mit seiner gewohnten Einsilbigkeit fest und lässt uns nicht erkennen, was er bei der Entdeckung dieses absurden und rührenden Geschenks empfunden hat, dessen Symbolik uns entgeht und dessen Zartheit so wenig mit dem Kriegsgeschehen zu tun hat.

Die Wehmut, an der Wolfgang leidet, hat zweifellos vielfache Gründe; und es ist bestimmt nicht der geringste, dass er Givet hatte verlassen müssen, ohne die Zeit gehabt zu haben, die Beweisführungen des »Phantomlehrsatzes« zu beenden und die erwartete Beförderung zu erhalten. Paul Beaujot, der wie Wolf in ein anderes Regiment versetzt wurde, gelang es, befördert zu werden. Wenn er gewollt hätte, sagt er, hätte Dœblin dasselbe tun können. Es ist unbegreiflich, weshalb er Grenadier blieb, statt sich zum Korporal ernennen zu lassen. Wieder einmal finde ich Wolfgangs Haltung reichlich seltsam: Er tut nichts, um den Lauf der Dinge in eine für ihn günstige Richtung zu lenken. Man gewinnt den Eindruck, dass er in bestimmten Augenblicken seines Lebens – nicht in allen, aber in entscheidenden – statt jede Chance zu nutzen, die Dinge lieber laufen lässt, als hätte er resigniert oder sich auf bestimmte Weise seinem Schicksal ergeben. Kann man von Pech oder reinem Zufall sprechen, dass Wolf viermal die Gelegenheit verpasst, befördert zu werden? Im Frühjahr 1938 lehnt er es ab, sich für die Offiziersschule anzumelden. Im September 1939 versucht er gar nicht erst, seinen Erfolg bei der Prüfung zum Korporal – er ist unter den Besten – zu nutzen, wie wir gesehen haben. Im November kommt er auf seinen ersten Entschluss zurück und beabsichtigt, doch eine Offiziersausbildung zu machen, die er, wie er schreibt, »vermutlich nicht als Reserveoffizier abschließen wird, zumindest aber als Unteroffizier«.[7]

Doch der Zug wird im Dezember 1939 genau in dem Augenblick zusammengestellt, da Wolf Urlaub bekommt. Und als im Juni 1940 ein weiterer Zug (für den er sich im März eingeschrieben hat) zusammengestellt werden soll, ist es zu spät: Die Truppen des Reichs sind in die Offensive gegangen, »Vincent« wird bis zuletzt einfacher Soldat bleiben.

Wolfs Art, einen Pakt mit dem Schicksal zu schließen, erinnert weniger an eine Figur von Kafka, sondern eher an einen Kleistschen Helden. Da er das Schicksal nicht zwingen kann, bietet er ihm auf die einzig mögliche Art die Stirn: Er nimmt es an. Er besitzt Züge der tragischen Mondsüchtigkeit eines Prinzen von Homburg, eines Käthchens von Heilbronn und eines Heinrich von Kleist selbst, denselben puritanischen Legalismus, starrsinnig bis zum Heldentum und am Ende selbstmörderisch. In den letzten beiden Jahren seines Lebens häufen sich die verpassten Gelegenheiten derart, dass man von reinem Zufall nicht mehr sprechen kann. Die Tragödie, in der er den Helden spielt, besitzt komplexere und intimere Quellen, als derjenige sich vorstellen kann, der zum ersten Mal von Wolfgang Dœblin hört. Wolf erweist sich eher als Gegner denn als Opfer des Naziregimes, doch kann man ihn auch als eine

Faustische Persönlichkeit sehen, als einen »Feuerdieb«, den die Vorstellung vom Nichts eher ansport als erschreckt.

Dieses Porträt ist anziehend, doch könnte sein, dass es nicht mit allen biografischen Daten übereinstimmt. Vielleicht geht man zu weit, wenn man Wolfs Person und sein Leben dramatisiert. Möglich ist auch, dass die psychologischen Gründe für sein Verhalten trotz allem viel einfacher sind. Als Wolf dem 291. RI zugewiesen wird, bedeutet dies eine Trennung von vielen seiner Kameraden, die er wie ein neues Exil empfindet. Er ist hilflos und denkt nicht daran, seine Rechte geltend zu machen. Und als er ab November – auf Drängen seiner Mutter (sagt Claude) – die Schule für Reserveoffiziere besuchen will, zeigt er nicht gerade den größten Eifer, dies zu erreichen. Seine mathematischen Forschungen nehmen wieder seine ganze Aufmerksamkeit in Anspruch. Er möchte die Erfahrung von Givet nicht wiederholen – wegen eines Schattens seine Beute fallen zu lassen und wegen eines zweifelhaften Vorteils darauf zu verzichten, die erzielten Ergebnisse zu nutzen. Erst nachdem er den Umschlag im März 1940 an die Akademie gesandt hat, beschließt er, seinen Aufnahmeantrag an die Reserveoffiziersschule zu richten. Inzwischen ist seine Wehmut verflogen. Eine gewisse Euphorie erfasst ihn. »Der Krieg kann vor Ende 1941 aufhören«, schreibt er am 21. April in seinem letzten Brief an Fréchet[8] (sechs Monate zuvor sah er ihn noch vier oder fünf Jahre dauern).[9] Allein die Geschichte wird ihn über seinen Irrtum aufklären können. Am 10. Mai greift die deutsche Armee an – ein äußeres, objektives Ereignis, das nichts mit Psychologie zu tun hat und das Wolfgang überrumpelt und ihm den optimistischen Schwung wieder nimmt, den er im Frühjahr noch besaß. »Da mir der Alkohol nichts bedeutet, habe ich nicht wie die anderen die Möglichkeit, mich zu betrinken«, vertraute er am 19. November Fréchet an, wie wir bereits erwähnt haben. Die Mathematik ist die einzige Droge, die Wolf helfen kann und zu der er greift, um seine Langeweile zu vertreiben. Er beginnt mit einer geringen Dosis, indem er die Fahnen zweier Abhandlungen korrigiert, die er vor seiner Einberufung verfasst hatte.[10]

Die Fragen, über die er auf Fréchets Empfehlung ein Referat im Statistiklabor des CNRS, das dem Verteidigungsministerium unterstellt wurde und wo unter anderen Paul Lévy und Robert Fortet arbeiten, halten soll, versetzen ihn kaum in Begeisterung. Er möchte lieber seine Recherchen über die Chapman-Gleichung und das Kolmogoroff-Problem wieder aufnehmen, die er im Herbst des vergangenen Jahres begonnen hatte. Hierfür kauft er im Lebensmittelladen der Ardenner Docks zwei oder drei Schulhefte von etwa hundert Seiten und beginnt, ohne sich um Präzision oder Eleganz zu bemühen, mehr aus Ordnungssinn als aus Überzeugung, die Prämissen für seine Beweisführung einzutragen.

Mir gefällt der Gedanke, dass Wolfgang das zu Beginn dieses Buches beschriebene Heft nicht zufällig gewählt hat, jenes Heft, in das er seine ins Reine geschriebenen Beweisführungen eintrug und das er am 19. Februar 1940 im versiegelten Umschlag an die Akademie der Wissenschaften sandte, wo dieser am 26. desselben Monats eingetragen und bis heute in einem der berühmten grünen Kartons mit Messinggriff aufbewahrt wird. Das Foto auf dem Umschlag zeigt den Felsen von Bonnevie (gutes Leben). Ich stelle mir vor, dass dieser Name Wolf gefiel, ihm ein gutes Omen schien, wie die Form dieses Felsens an eine Mutterbrust erinnerte. Auf dem Felsen steht eine Muttergottesstatue; die Farbe violett gilt als ein Gleichgewichtsfaktor, ein Symbol der Vereinigung von Himmel und Erde, der Sinne und des Geistes. Jedes Mal, wenn Wolf das Heft aus seinem Rucksack holte, hatte er die Vision vom Berg Ararat vor Augen, der als einziger nach der Sintflut aus dem Wasser ragte, die letzte Zuflucht für Noah und die Seinen, das utopische Bild einer Erde, die frei von Gewalt war und Hoffnung auf ein gutes Leben bot.

Wolfgangs Tage verliefen einer so monoton wie der andere in dieser seltsamen, ein wenig irrealen Atmosphäre in der Zeit des »komischen Krieges«, die Dino Buzzati in *Die Tatarenwüste* und Julien Gracq in seinem Roman *Ein Balkon im Wald*, der im gleichen Abschnitt der Ardennen spielte, so plastisch beschrieben haben: Die Zeit schien stehen zu bleiben, beinahe unbeweglich, als ob nie mehr etwas geschehen würde, während man dunkel ahnt, dass die Katastrophe bevorsteht und der Feind jeden Augenblick angreifen kann. Ich kann mir vorstellen, dass sich der Felsen von Bonnevie in solchen Momenten in Wolfgangs Augen veränderte. Er ähnelte plötzlich einer Abraumhalde, aus der Brust wurde ein Bär, der riesige Berg drohte über den winzigen baufälligen Häusern, die im Tal die Landstraße säumten, einzustürzen. Unter dem Eindruck dieser diffusen Angst hatte die Vorstellung, ein Maschinengewehr zu bedienen, etwas Beruhigendes. Wolf hatte sich mit diesem schwärzlichen Ungeheuer angefreundet und konnte geschickt mit ihm umgehen. Seine Heldentat in Béning, wo er am 16. Juni allein mit einem Maschinengewehr bewaffnet den Rückzug seiner Kameraden deckt, brachte ihm eine lobende Erwähnung in den Annalen der Armee und posthum das Kriegsverdienstkreuz ein.

In Sécheval wurde Wolf an der Stabsstelle des 3. Bataillons einquartiert, wo er nachts die Funkzentrale bewachte. Wie alle Männer der Truppe schlief er in der ehemaligen Küche eines leer stehenden Bauernhofs, die für etwa fünfzehn Soldaten in einen Schlafsaal verwandelt wurde. Die Verdunkelung tauchte den Raum in ständige Nacht, aber immerhin konnte man im Küchenherd Feuer machen, was im Hinblick auf einen nahenden Winter, der ungewöhnlich hart werden sollte, von großem Vorteil war. Jeden Abend gegen acht Uhr begab sich Wolf zu den Bauern, um einen Becher noch warmer Milch von der am Abend gemolkenen Kuh zu trinken. Obwohl er gewöhnlich sehr schweigsam war, hatte er mit diesem Ritual aus der Zeit der Patriarchen Vertrauen gefasst und gab ein paar Bruchstücke seines Geheimnisses preis. Émile Canot, der Sohn des Hauses, der damals vierzehn Jahre alt war, erinnert sich an Vincent Doblin, an seinen fahlen Teint, an seine kleinen runden Brillengläser. Er sprach langsam, ein wenig wie man schreibt, sein fehlerloses Französisch verriet einen leicht deutschen Akzent. Er unterschied sich von den anderen, erzählt Émiles jüngere Schwester Jeanine Canot, weil er immer sehr ruhig war. Die anderen Soldaten waren fröhlich, er nicht. Man wusste nie genau, was er tat. Eines Abends jedoch, woran sich Émile sehr genau erinnert, weil es ihn erschreckte, erklärte Vincent seinen Eltern, dass er Jude sei. Niemals, fuhr er fort, würde er sich von den Deutschen inhaftieren lassen; er trug immer eine Kugel mit sich, um sich zu töten, falls das Unglück geschehen sollte, dass er gefangen genommen werde.[11]

»Ich bin immer noch im Quartier«, schreibt Wolf an Fréchet ganz am Anfang der Abfassung jenes Textes, der als »versiegelter Umschlag« bekannt werden wird, »[...] hier verlaufen die Tage gemächlich, selbst die täglichen Alarme durchbrechen die Eintönigkeit nicht. Man nimmt den Krieg kaum wahr. Natürlich kann sich das von heute auf morgen ändern. Inzwischen habe ich meine Arbeit wieder aufgenommen, nicht sehr intensiv, ungefähr eine Stunde pro Tag. Ich schreibe meine Notizen für die Beweisführungen der Kolmogoroff-Gleichung auf. Wir können nicht mehr auf Urlaub hoffen, aber trotzdem ist meine Stimmung gut.«[12]

Nachts, wenn alle schlafen und Stille herrscht, weil die wenig wahrscheinliche Ankunft der »Tartaren« erwartet wird, hat Wolfgang auf seinem Wachposten Muße, die seit Sommer 1938 in einem Winkel seines Gedächtnisses gespeicherten Zusammenhänge aufzuschreiben. In dem Maße, in dem er seine Intuitionen schriftlich festlegt und vertieft, wird der Stil seiner Beweisführungen leichter und präziser. Die ersten Seiten, die noch recht vage klingen, zeigen die für ihn typische spöttische Unverständlichkeit. Die »wohlbekannten Überlegungen«, auf die er anspielt, werden nicht ausdrücklich erwähnt, nicht korrigierte Fehler[13] zeigen, dass Wolf sich nicht die Mühe gemacht hat, das Geschriebene noch mal zu lesen. Drei durchgestrichene Seiten bezeugen, dass er noch zögert, welchen Weg er einschlagen soll. Auf Seite 10 kommt das »intuitive Substrat«[14] seiner Theorie ans Tageslicht: »das bewegliche Teilchen beschreibt eine Kurve«[15], schreibt Dœblin und verlässt mit dieser Sichtweise den analytischen Ansatz seiner Vorgänger Kolmogoroff und Feller, für die die (trajektorielle) Wahrscheinlichkeitstheorie nicht auf allgemeine fortlaufende Bewegungen angewandt werden kann. Im März 1938 schrieb er bereits auf eines seiner im Marbacher Archiv aufbewahrten Notizblätter: »Die örtlichen Bedingungen, die wir vorschreiben, müssen einen stochastischen Sinn, einen Sinn für die Bewegung haben und die ideale Lösung ist eine Lösung, die es ermöglicht, in gewisser Weise die Bewegung, die sie beschreibt, zu lesen.«[16] Was darauf folgt, bildet den wesentlichen Inhalt des versiegelten Umschlags, der leider nur den Mathematikern zugänglich und so fachlich ist, dass er kaum in die Normalsprache übertragen werden kann. Im 15. Absatz mit der Überschrift »Änderung von Variablen« kommt Dœblins originelles Vorgehen zum Vorschein, wie wir später sehen werden. Aber Wolfgang Dœblins Abhandlung enthält noch weitere Ergebnisse, die den Arbeiten seiner Kollegen bereits einige Jahrzehnte voraus sind. »Dœblins Manuskript«, schreibt sein Kommentator, »[...] zieht mit den Methoden der Wahrscheinlichkeitsrechnung Schlussfolgerungen aus sehr wichtigen Eigenschaften der Bewegung, von denen einige, ausgehend von allgemein viel stärkeren Hypothesen, erst fünfzehn oder zwanzig Jahre später entdeckt wurden [...] In diesem Manuskript sowie in seinen früheren Arbeiten beweist Dœblin eine erstaunliche Fähigkeit, direkte schwierige Überlegungen zu Ende zu führen, er kontrolliert von der Wahrscheinlichkeit her, ausgehend von Hypothesen über die Luft und gleichzeitig die Zeit, die kleinen und großen Werte seiner Bewegungen und seine Epsilons, ausgeschmückt mit Prämien und verschiedenen Indizes, sind schwindelerregend.«[17]

Es schneit und herrscht Eiseskälte. Der Winter 1939/1940 ist einer der kältesten des Jahrhunderts. Beengtes Zusammenleben, Unbehagen und Ungewissheit über die Zukunft bilden die ungünstigsten Bedingungen für geistiges Arbeiten, aber Wolf hat Gefallen daran gefunden und sieht nichts von alledem. Selten hat er eine solche Erregung verspürt, eine derartige Betriebsamkeit. Um seinen Weg zu markieren, braucht er noch einen Absteckpfahl, und so verfasst er nachts auf seinem Wachposten als Funker eine zweite Notiz über die Gleichung von Kolmogoroff[18], die am 4. März 1940 der Akademie vorgelegt wird. Zu diesem Zeitpunkt erregen die Deutschen, die aus ihrer offensichtlichen Lethargie erwachen, erneut Aufsehen und sorgen in den Kasematten der Maginot-Linie für Aufregung. Am 10. Januar gerät ein Verbindungsflugzeug des deutschen Generalstabs in einen Schneesturm und muss in Belgien notlanden; in der Tasche des Piloten entdeckt man Angriffspläne für Belgien und die Niederlande, aber nicht für die Ardennen. Die Franzosen vermuten eine Falle. In Wahrheit handelt es sich um eine Panne, und im Übrigen hat der deutsche Generalstab zu diesem Zeitpunkt seine Strategie noch nicht festgelegt (Hitler legt sie erst Anfang März fest, als er sich auf Anraten von Manstein für einen Täuschungsangriff auf Belgien entschied).

Der Alarm ist nur von kurzer Dauer, hat aber die Wirkung eines Fußtritts in einen Ameisenhaufen. Ohne je zu begreifen, welcher Logik die Truppenbewegungen folgen, verlässt die gesamte 52. Infanteriedivision, zu der das 291. Regiment gehört, die Front in den Ardennen und marschiert Richtung Lothringen. »Seit Januar waren wir unterwegs«, wird Wolf am 12. März 1940 an seinen Lehrer schreiben, der offensichtlich seit zwei Monaten keine Nachricht von seinem Ex-Doktoranden erhalten hat. »Wir waren nicht immer gut untergebracht, haben mehrere Wochen nach dem Alarm in Belgien [...] auf einem Dachboden ohne Ofen gehaust, in den es hereinschneite [und wo man] jämmerlich fror.«[19] Der Bericht von Hauptmann Camus, der Wolfs Kompanie befehligt, bestätigt, dass sie bis zum 25. Januar nicht weit von Sécheval, in Mazures, einquartiert waren. An diesem Tag steigen die Soldaten am Bahnhof von Revin in den Zug und fahren nach Rosières-aux-Salines, im Osten von Nancy. Es ist sehr kalt. Bei jedem Halt wird Feuer gemacht, damit die Männer ihre Stiefel auftauen können. Von Rosières aus marschiert Wolfs Kompanie nach Grand-Vezin, dann nach Athienville, in der Nähe von Arracourt, einen Hauptort des Kantons, in dem die Stabsstelle des Regiments eingerichtet wird. »Wir befinden uns in einem kleinen Nest mit etwa 150 Einwohnern, irgendwo in Lothringen«, schreibt Wolfgang im selben Brief an Maurice Fréchet. »Hier gibt es genauso viele, sogar noch mehr Misthaufen wie in dem Dorf in den Ardennen, in dem wir die ersten Kriegsmonate verbracht haben.« Die ersten Tage der Einquartierung waren für die siebenhundert Mann des Bataillons, die in ungemütlichen Scheunen untergebracht waren, bevor man sie in eigens für die Truppe gebaute Barackenlager einquartierte, sicherlich schwierig. Doch Wolfs Stimmung, der wieder angefangen hatte zu arbeiten, ist gut, wie ein Brief Alfreds an seinen älteren Sohn Peter, den Amerikaner, bestätigt: »Lieber Petrus, da du englisch, die Mama französisch schreibt, schreibe ich zur Abwechslung deutsch. [...] Jetzt mache ich ja, wie ich dir schon schrieb [...] einen Confuciusband [...]; ich sende die Sache Anfang nächster Woche ab, war viel Arbeit, nicht meine Einleitung, aber die Durcharbeitung der Texte. – Die beiden Brüder schreiben, Wolf lebt meist in e[iner] Scheune, aber er ist immer bei guter Laune, ja schickt sogar gelegentlich mathemat[ische] Entwürfe [...].«[20]

In Athienville, und im Übrigen eher in seiner Funkkabine als in einer schlecht beleuchteten Scheune oder irgendeiner lauten Baracke, vollendet Wolf die Abfassung des im versiegelten Umschlag enthaltenen Briefes. Am 19. Februar sendet er das »Heft von Bonnevie« – unter dem Namen Wolfgang Dœblin und nicht unter Vincent Doblin, wie er im Allgemeinen zu jener Zeit heißt – an die Akademie der Wissenschaften und legt einen Brief an die Adresse des Sekretärs bei. »Das beigefügte Manuskript, schreibt er auf ein loses Blatt, »wurde während der Einquartierung von November 1939 bis Februar 1940 verfaßt. Es ist keineswegs vollständig und seine äußere Aufmachung zeugt von den äußeren Bedingungen, unter denen es geschrieben wurde.«[21] Wolfgang, der von den Gedanken an das ungewisse Schicksal seiner nichtveröffentlichten Arbeiten immer beunruhigt, ja sogar etwas besessen war, sandte am 10. März des folgenden Monats eine Abschrift des Hefts an dieselbe Akademie der Wissenschaften. Vermutlich ist diese nicht aufbewahrt worden, da ein derartiges Verfahren in der Vorschrift nicht vorgesehen ist. »Ich habe meine Abhandlung über die Gleichung von Kolmogoroff beendet«, bestätigt Wolfgang Dœblin in seinem Brief vom 12. März. »Vor fast einem Monat oder vielmehr zu einem bestimmten Zeitpunkt hatte ich von der Kolmogoroffschen Gleichung genug und meine Abhandlung beendet. Ich habe eine Rohfassung nach Hause gesandt, wo sie angekommen ist, und das Manuskript an die Akademie der Wissenschaften als versiegelten

Umschlag verschickt, aber ich fürchte, er ist dort nicht angekommen [...].«[22]

Obwohl Wolf keine Lust mehr hat, sich mit Kolmogoroff zu beschäftigen, führt er seine Forschungen über die Chapman-Gleichung weiter. »Ich habe«, schreibt er, »eine bestimmte Anzahl von Formeln erhalten, die im Allgemeinfall gültig sind, und ich habe vor allem bestimmte Fälle untersucht, in denen die Lösungen in der von Hostinský angegebenen Form allgemeinen Wert haben. Wenn ich auf Urlaub komme, bitte ich Sie, mir für acht Tage jene Abzüge von Hostinský zu leihen, die die Chapman-Gleichung betreffen und sich nicht im IHP befinden [...]«[23]

Während dieses Urlaubs um den 14. März – der letzte vor seinem Tod – wird Wolfgang Dœblins Regiment erneut versetzt. In vier Tagen erreichen die Soldaten zu Fuß den Verteidigungssektor an der Saar, der übrigens bis 1935 das schwache Glied in der Maginot-Linie war. Danach wurde er in aller Eile mit einem Netz von Kasematten verstärkt. Das 3. Bataillon wird in Oermingen einquartiert, an der nordwestlichen Grenze des Départements du Bas-Rhin, nicht weit von Saargemünd, wo Alfred während des Ersten Weltkriegs Stabsarzt gewesen war und Erna im Mai 1917 ihren Sohn Klaus zur Welt gebracht hatte. Eine teilweise Truppenablösung bringt jüngere Soldaten an den Standort. Wolf, der sowieso schon isoliert war, ist noch einsamer, da er keine Bezugspersonen mehr hat und niemanden in der Stubengemeinschaft kennt. Sein neuer Vorgesetzter, Hauptmann François Renard, Priester der Diözese von Soissons, ein warmherziger, aufgeschlossener Mann, erinnert sich 1945 nur daran, dass er ein gutes Verhältnis zu Vincent Doblin hatte, den er als einen ungewöhnlich mutigen Mann, der immer die schwierigsten Aufgaben erledigte, als »ein stetes Beispiel für Tapferkeit und Tatkraft« beschreibt. Er erinnert sich jedoch nicht daran, jemals die Gelegenheit gehabt zu haben, sich mit ihm zu unterhalten. »Er schien im Übrigen nicht das Bedürfnis danach zu haben, und ich achtete die Persönlichkeit und Unabhängigkeit der mir unterstellten Männer viel zu sehr, um von mir aus diese Art von Unterhaltung zu provozieren«[24], fügt Pater Renard hinzu, den es betrübte, weil er Erna nicht mehr Einzelheiten über die geistige Verfassung und die Gefühle ihres Sohns in der Zeit vor seinem Tod berichten konnte. Was hätte Vincent Doblin in Wirklichkeit über Wolfgang sagen sollen, ohne Gefahr zu laufen, beide zu gefährden – in einer Zeit, da die hysterische Besessenheit von der »fünften Kolonne« alles, was im Geringsten mit Deutschland zu tun hatte, des Verrats verdächtigte und nicht nur Ausländer, sondern auch Langzeitflüchtlinge und sogar ordnungsgemäß eingebürgerte Personen bedrohte. Die Notverordnung vom 9. September 1939, die bereits die Amtsvergehen von Vichy ankündigte, sollte es der »Sondierungskommission« ermöglichen, den Verdächtigen nach Gutdünken die französische Staatsbürgerschaft zu entziehen. Vincent besaß wenig Begabung für die Fiktion und dachte sich keine Ersatzidentität aus, erfand keine Erinnerungen an eine Kindheit in der Nähe von Colmar, eine Elsässer Großmutter mit einer Haube mit Bändern, die als Einzige das echte Rezept für einen Zwetschgenkuchen besitzt. Wieder einmal zog er es vor zu schweigen – ein immer tieferes undurchdringliches Schweigen, das weder die Spöttelei eines Stubenkameraden noch der klare Blick eines Landkindes, das ihm eine Schale warmer Milch bringt, durchbrechen konnten.

Wolfs letzte mathematische Arbeiten handeln, wie ich bereits erwähnte, von der Chapman-Gleichung. Eine dieser Aufzeichnungen »Über die vermischten Bewegungen«, die Borel persönlich am 29. April 1940 vorlegt, wird noch im selben Jahr in den *Comptes Rendus de l'Académie des sciences* veröffentlicht. Die beiden anderen Entwürfe, die sich unter Fréchets Papieren befanden, kommen erst 1991 beim Kolloquium von Blaubeuren wieder ans Tageslicht. Eine Arbeit über die »Kontrolle der kleinen Sprünge«, von der in einem Brief an Fréchet[25] die Rede ist und die als verloren oder nicht vorhanden galt, wurde vor kurzem zumindest teilweise in einem Schrank der Fakultät für Naturwissenschaften wiedergefunden. Diese Arbeiten sind ziemlich obskur, weil die Beweisführungen fehlen oder nicht explizit erfolgen. Wie so oft wollte Wolf sein Terrain abstecken, ohne allzu viel darüber zu reden, und sparte sich die Einzelheiten seiner Argumentation für später auf. Befanden sich die fehlenden Texte unter den Papieren, die Wolf im Herd auf dem Hof der Triboulots verbrannte? Ein Hauch des Unvollendeten, der das Geheimnis vertieft, lastet über Oermingen wie über den Arbeiten aus Givet. »Die letzten Lehrsätze der Maginot-Linie leisten nach wie vor Widerstand«, schreibt Bernard Bru, dem wir es verdanken, diese Hieroglyphen lesen (oder vielmehr mit Verblüffung betrachten) zu können.

In jenen Tagen im April 1940 ist Wolfgang keineswegs pessimistisch. Sein letzter Brief an Fréchet, den er am 21. schreibt, ist voller Hoffnung. Er rechnet mit einem baldigen Ende des Krieges und macht Pläne für die Zeit danach. Glaubt er wirklich daran? Oder leidet er wie die gesamte französische Bevölkerung, angefangen bei den Soldaten, unter den euphorisierenden Wirkungen der »propagandistischen Gehirnwäsche«? Vielleicht bemüht er sich lediglich, Heiterkeit vorzutäuschen, seine Stimmung zu heben, indem er sich selbst einredet, dass nicht alles verloren ist, dass eine echte Chance besteht, den Krieg zu gewinnen – wird nicht die von Émile Coué erfundene Methode seit langem auf nationaler Ebene, bei politischen Programmen und in der militärischen Lehre angewandt, wenn eine ausreichende Anzahl von Staffeln und Panzerdivisionen fehlt?

Am 17. April wird das Regiment von Vincent Doblin an der deutschen Grenze aufgestellt – zwischen Saargemünd und Bliesbruck, einer Ortschaft, die die beiden Länder trennt, am Bogen der Blies, einem Nebenfluss der Saar. Da die ganze Gegend als Militärzone galt, war sie seit Monaten unbewohnt; die Truppen hatten – wie fast immer unter solchen Umständen – die Dörfer geplündert. Die Zivilisten flohen in die Nähe von Limoges oder in die Charente. Menschenleere, öde Dörfer und Weiler unterstreichen den Eindruck der Unwirklichkeit, der Ruhe vor dem Sturm, in der die Zeit still zu stehen scheint und das geringste visuelle Detail, jeder Ton in dieser Wartestellung eine ungewöhnliche Schärfe gewinnen.

Wolfgang hat von Saargemünd aus den Artikel von Feller an Fréchet zurückgeschickt, den ihm sein Doktorvater auf seine Bitte hin vor dem Einrücken hatte zukommen lassen. Die Blätter, die gefaltet waren, um sie in die Tasche stecken zu können, tragen die Spuren häufigen unbequemen Lesens. Auf Seite 138 entdeckt man mitten in einer Beweisführung einen rostroten Blutfleck auf dem vergilbten Papier.

| KAPITEL 25 |

Am 9. Mai 1940 erteilt die deutsche oberste Heeresleitung den Befehl zum Angriff. Am nächsten Tag, um fünf Uhr fünfundvierzig, starten alle Kampfflugzeuge, um die holländischen, belgischen und französischen Flugplätze bis vierhundert Kilometer hinter der Frontlinie zu bombardieren. Die Generaloffensive der Luftlandetruppen und der Panzereinheiten der Wehrmacht erfolgt blitzschnell. Am 12. Mai überschreitet von Kleists Panzereinheit die Grenze zu den Ardennen. Am nächsten Tag überquert Rommels 7. Panzerdivision die Maas im Norden von Dinant. Man hört das schrille Geheul der Stukas, die im Sturzflug bombardieren. Die Unterlegenheit der Franzosen (und ihrer englischen Verbündeten, die ihre Streitkräfte schonen, da sie den Krieg zu Lande für verloren halten) in allen Bereichen – Qualität des Materials, Geschwindigkeit des Vorrückens, Menge der Flugzeuge und der eingesetzten Panzer – ist offensichtlich. Während ein Teil der deutschen Divisionen nach Norden zieht und die verbündeten Armeen in Flandern von hinten angreifen, setzen tausendachthundert Panzer von Guderian, Schmidt und Reinhardt ihren Weg zur Maas-Front fort und durchbrechen damit die französische Verteidigungslinie auf fünfzig Kilometer.

Am 14. und 15. Mai werden alle noch freien Emigranten festgenommen. Die Frauen werden im Vél d'Hiv gesammelt, wo sie darauf warten müssen, ins Lager von Gurs geschickt zu werden. Die Radrennbahn, die bis dahin für das Sechs-Tage-Rennen von Paris berühmt war, erwies sich als passender Aufnahmeort für Verdächtige. Sie gibt der großen Razzia vom 16. Juli 1942 ihren Namen, als der »État Français« sie wieder benutzt und mehr als zwölftausend französische und ausländische Juden festnimmt, die von den Nazis in Vernichtungslager deportiert werden.

Mitte Mai überarbeitet Alfred zum letzten Mal den zweiten Teil von *November 1918,* der zwischen 1948 und 1949 in zwei Bänden *Verratenes Volk* und *Heimkehr der Fronttruppen* erscheint.[1] Zur gleichen Zeit erlebt der Soldat Vincent Doblin, Funker der Begleitkompanie des 3. Bataillons, seine Feuerprobe. Zum ersten Mal kommen deutsche und französische Truppen an der Front an der Blieskrümmung in Berührung und können einander hören. Es herrscht eine seltsame Atmosphäre. Die Lautsprecher strahlen Propaganda in arabischer Sprache aus, um die nordafrikanischen Einheiten (Zuaven) zu erreichen, die dem 291. Regiment vorausgegangen sind. Wir wissen nicht, in welcher Gemütsverfassung Wolfgang sich bei den ersten Kämpfen befand, doch die Militärarchive haben den Beweis für sein mutiges Verhalten beim feindlichen Angriff aufbewahrt:

> *291. Regiment*
> *Regimentsorder Nr. 20 vom 19. Mai 1940*
> *Ehrenvolle Erwähnung des Regiments Nr. 25*
> *Der Soldat Doblin Wolfgang, Funker der C.A. B3, tapferer und ergebener Soldat, immer bereit, die gefährlichsten Posten zu besetzen, hat innerhalb des Bataillons bei Tag und bei Nacht die Verbindung gesichert, indem er unter feindlichem Artilleriefeuer die Verbindungen repariert hat.*[2]

Diese ehrenvolle Erwähnung bedeutet für Wolfgang (der bei seinem echten Vornamen genannt wird, wie auf dem versiegelten Umschlag), dass er als einer der Ersten seines Regiments das Kriegsverdienstkreuz bekommt. Dennoch hat er, wie er auf die Karte an seine Eltern schreibt, auf der er ihnen die Neuigkeit mitteilt, im Unterschied zu den meisten seiner Kameraden, die mit dieser Ehrung ausgezeichnet wurden, nicht einmal eine Verwundung erlitten, »keinen Kratzer« davongetragen, fühlt sich aber aufgrund »dieser verdammten Koliken«[3], an denen er seit einiger Zeit leidet, erschöpft. Soll man in Wolfgangs kühnem Verhalten, mit dem er »dem Tod ein Schnippchen schlagen« könnte, das sich auch in den heftigsten Kämpfen im Juni 1940 nicht ändert, einen Ausdruck für die Kraft der Verzweiflung sehen? Das Gefühl, »sein Werk vollbracht zu haben«, das der geniale Mathematiker bereits sehr früh empfand, seit er in einem Geistesblitz die ganze zukünftige Entwicklung seiner Disziplin vorausgeahnt hatte, ein klarer Pessimismus angesichts der sichtbaren Überlegenheit der gegnerischen Armee, aber auch die Trauer darüber, dass die Frau, die er liebte, sich von ihm abwandte, all das kann in verschiedenen Abstufungen die Todesverachtung erklären, die Wolfgang an der Front zeigt. Doch mit derselben Post äußert er auch seine Freude darüber, bald dreizehn Tage Urlaub zu erhalten, die jedem Soldaten mit einem Kriegsverdienstkreuz zustehen. Seine Stimmung schwankt im selben Rhythmus wie die der anderen Soldaten. Nach dem Schock vom September kehrt der Optimismus zurück und erlebt im Dezember 1939 – als er den Inhalt des versiegelten Umschlags verfasst – einen Höhepunkt. Dann sinkt die Stimmung erneut, steigt aber wieder zwischen März und Mai, bis zur deutschen Offensive.[4] In dem Abschnitt, in dem sich das 291. Regiment befindet, wird unter Artilleriebeschuss verbissen gekämpft. Wolfgang bezeugt viel Mut, während ungefähr hundert Mann seines Regiments getötet werden. Man ist weit entfernt von jenem selbstgefällig verbreiteten Image einer Armee von Feiglingen, die geflohen sei und zwischen der Loire und der spanischen Grenze keinen einzigen Schuss abgegeben habe. Im Verhältnis zur Zahl der eingesetzten Soldaten und zur Dauer der Kämpfe sind im Mai und Juni 1940 auf französischer Seite mehr Männer gefallen als während des gesamten Ersten Weltkriegs. Und die Hochebene von Lothringen, wo Wolfgangs Regiment kämpfte, war eines der Schlachtfelder im Norden und im Osten, auf dem die französische Armee mit größter Tapferkeit und am längsten Widerstand leistete.

Inzwischen wird das 291. Regiment abgelöst, und nachdem es in die Kaserne nach Oermingen zurückgekehrt ist, nimmt es ungefähr fünfzehn Kilometer südlich der Maginot-Linie, auf der so genannten »Zwischenlinie«, eine neue Verteidigungsposition ein. Am selben Tag (28. Mai) kapituliert Belgien: Bald wird Dünkirchen, der letzte Stützpunkt der Verbündeten an der Nordsee, eingeschlossen. Von nun an ist die Einnahme von Paris eine Frage von Tagen. Am 3. Juni wird die Hauptstadt bombardiert. Der Durchbruch der Deutschen in den Tagen darauf löst einen Exodus der Pariser Bevölkerung aus: Ab 10. Juni bildet sich auf den Straßen eine regelrechte Flutwelle, was tausendmal beschrieben wurde, im Gegensatz zu den Kämpfen an der Lothringer Front, deren Ablauf[5] der Historiker Roger Bruge bis ins Detail rekonstruiert, wobei er sogar den Namen Wolfgang Dœblin erwähnt, der damals, als er seine Untersuchungen durchführte, nur einem engen Kreis von Mathematikern und einigen Bewohnern eines kleinen Dorfes in den Vogesen bekannt war.

Alfred folgte wie alle Angestellten des Ministeriums dem Strom. Erna ist vor ihm mit dem jüngsten Sohn in Richtung Le Puy aufgebrochen. Diese Geschichte, eine Folge verfehlter Treffen, habe ich bereits erzählt. Vater und Mutter kommen erst einen Monat später, am 10. Juli in Toulouse, wieder zusammen. Zu diesem Zeitpunkt ruht Wolfgang bereits auf dem Friedhof hinter der Kirche von Housseras, was Alfred und Erna erst sehr viel später erfahren werden.

Im Augenblick hat Wolfgang keine Ahnung vom Aufenthaltsort der Eltern, und er wird bis zuletzt nicht erfahren, was aus ihnen und seinen beiden Brüdern geworden ist. Bis zu seinem Ende begleitet ihn die Ungewissheit – über das Schicksal seiner Familie, den Kampf gegen das Naziregime, das Weiterbestehen seines Werks in einer unvorhersehbaren Zukunft. Es ist eine grausame Ironie des Schicksals (vielleicht? fast sicher?) sterben zu müssen, ohne die geringste Garantie, eine Spur seiner Gedanken in einer chaotischen Welt zu hinterlassen, in der rückwärts gewandte Mächte im Begriff sind, den Sieg über Menschlichkeit und Vernunft davonzutragen. Mehr darüber zu sagen, wäre zu viel. Wolf hasste das Pathos, hasste es, über sich selbst zu sprechen: Das hindert am Denken. Er hasste auch den Tod, und zwar aus denselben Gründen, wie man sich vorstellen kann. Sterben als physische Prüfung zu betrachten, ist nicht so schwierig; unerträglich ist die Vorstellung, nicht mehr denken zu können.«[6]

Angesichts der Finsternis ist Wolf entschlossen, seine Haut teuer zu verkaufen. Abgesehen vom Leben hat er nicht viel zu verlieren, jetzt, da Hitlers Truppen vor Paris stehen – am 14. Juni nehmen sie die Stadt ein. Die Chronik hat die Erinnerung von Doktor Thierry de Martel, Chefchirurg des amerikanischen Hospitals, aufbewahrt, der es wie fünfzehn andere Personen dort vorzog, an jenem Tag seinem Leben ein Ende zu bereiten als die rote Fahne mit dem Hakenkreuz über dem Eiffelturm flattern zu sehen. Ein paar Tage später begehen die Schwester des Forschungsreisenden Charcot und ihr Mann in ihrer Villa in Antibes Selbstmord. Die Geschichte hat die Namen Dutzender, eher Hunderter Franzosen nicht festgehalten, die ihrem Beispiel folgten, ohne dass die Furcht vor rassistischer oder politischer Verfolgung diese Tat a priori erklären könnte. Wenn sich schon einfache Bürger für den Selbstmord entscheiden, wie mochte da erst Franzosen jüdischer Religion oder Herkunft und, mehr noch, ausländischen Juden oder antifaschistischen Emigranten zumute sein? Ein gebürtiger Deutscher und Jude, der nach Frankreich geflüchtet und zudem politisch engagiert war, besaß alle erdenklichen Gründe, um sein Leben zu fürchten. Die Republik, die die Festnahme von Emigranten befahl und sie in Lager deportieren ließ, bereitete der Gestapo und ihren künftigen Helfershelfern den Weg. Viele von den am stärksten Gefährdeten kamen dem Schicksal zuvor, da sie ihre Lage als hoffnungslos einschätzten. Der Schriftsteller Ernst Weiß beging am 14. Juni Selbstmord; Walter Hasenclever, Carl Einstein und Walter Benjamin in den folgenden Wochen und Monaten. Aber das sind nur einige Namen unter vielen unbekannten. Man darf nicht vergessen, dass die meisten Emigranten weder der Oberschicht noch den avantgardistischen intellektuellen Kreisen angehörten. Nur wenige, die im Jahrbuch der berühmten Persönlichkeiten aufgeführt werden, mit Ausnahme der Gebrüder Mann, Lion Feuchtwanger oder Stefan Zweig, der nach Brasilien geflüchtet war, den aber die Entfernung vor der Versuchung, Selbstmord zu begehen, nicht rettete, ebenso wenig wie Ernst Toller in seinem New Yorker Exil. Die französische Staatsbürgerschaft war seit dem 14. Juni, die Verfügungen des Waffenstillstandsabkommens vom 22. Juni vorwegnehmend, nach dem Bürger deutscher Herkunft ans Reich ausgeliefert wurden – im Grunde genommen aber seit den ruchlosen Erlassen vom Herbst 1939 –, kein Schutz mehr vor der Willkür der Polizei.

»Der und jener hatte seinen Revolver bei sich, um mit sich ein Ende zu machen, wenn er den ›Boches‹ in die Hände fiele«[7], berichtet Alfred in seinem autobiografischen Bericht *Schicksalsreise.* Und er fügt hinzu (allerdings streicht er später diese Sätze aus dem Manuskript): »Ich selbst hatte mir in den kritischen Tagen des Junianfangs Schlafmitteltabletten besorgt, eine ausreichende Menge. Ich trug sie sorgfältig in meiner Brieftasche bei mir. Wenn ich im Gebirge anlange und es stellt sich heraus, wir sind verloren, so werden wir das Kind in der Nähe in Sicherheit bringen. Wir selbst aber werden zu der ›lieblichen Phiole‹* in meiner Tasche greifen.«[8]

Mitte Juni ist an der Lothringer Front fast alles verloren. Am 9. gehen die Streitkräfte von Rundstedts mit Guderians Panzer an der Spitze in Argonne zum Angriff über und durchbrechen die von der 2. und 4. französischen Armee unter dem Befehl von Freydenberg und Réquin gehaltene Front. Das ist der Auftakt für ein großes Einschließungsmanöver, das am 18. Juni beendet ist, als Guderian die Schweizer Grenze erreicht. Die Ostarmeen sind umzingelt und haben keine Zeit, sich zu befreien.

Am 14. Juni greifen von Leebs Streitkräfte an der Saar-Front an. Der Angriff wird ein erstes Mal zwischen Saargemünd und Saint-Avold abgewehrt, doch am nächsten Tag dringt von Witzlebens I. Armee in Lothringen ein, während die Truppen der VII. Armee den Rhein überqueren und das Elsass besetzen.

Es ist ein ungleicher Kampf. Obwohl mehrere hochkarätige Mathematiker (darunter Jean Ville, der Erfinder des Martingals) in

* Döblin spielt hier auf die von Faust begrüßte »einzige Phiole« an, die das Gift enthält, mit dem er Selbstmord begehen könnte; aber Faust lehnt, wie vor ihm Hamlet, diesen Ausweg sofort ab (vgl. Goethe, Faust I, HA, Bd. 3, S. 29).

den Flugabwehr-Batterien kämpfen, ist die deutsche Luftwaffe überlegen. Die französischen Stützpunkte werden systematisch bombardiert. Bereits zu Beginn der Kamphandlungen wird der Oberkommandant des 291. Regiments, Oberstleutnant Modot, getötet. Auch das 3. Bataillon wird stark bombardiert; bald ist trotz der heroischen Bemühungen und der »ungeheueren Hingabe der Fernmeldetruppen« (zu der Wolfgang bestimmt beigetragen hat), die Kommandant Berck in seinem Bericht[9] erwähnt, die Verbindung abgeschnitten. Von nun an gibt Wolf seine Tätigkeit als Funker auf, um mit der Waffe in der Hand mit den verbliebenen etwa dreißig Soldaten seiner Kompanie weiterzukämpfen.

Anfangs war das 291. Regiment am Morhange-Grostenquin-Abschnitt im Süden von Saint-Avold, zwischen dem Bischwald-Teich und dem Léning-Bahnhof aufgestellt. Die Kompanie Renard, die im Süden dieser Linie bei Virming, wo sich die Stabsstelle des Bataillons befindet, stationiert ist, kämpft unter extremen Bedingungen ohne jeglichen Nachschub und versucht das Vorrücken der deutschen Truppen aufzuhalten. Am 16. nimmt die Gruppe, zu der Wolfgang gehört, nachdem sie den Rückzug des restlichen Bataillons (etwa vierzig Soldaten, vier Unteroffiziere und vier Offiziere) gesichert hatte, eine Stellung im Süden von Bénestroff ein; die übrigen Männer ziehen sich auf die Höhen im Westen des Dorfes zurück. Vermutlich hat Wolf – nach wie vor bereit, die gefährlichsten Posten einzunehmen – im Laufe dieses Rückzugs jene Tat vollbracht, die ihm seine zweite lobende Erwähnung und posthum das Kriegsverdienstkreuz mit Palme eingebracht hat. Allein mit einem Maschinengewehr bewaffnet gelang es ihm, den Rückzug seiner Kameraden zu sichern, indem er die deutschen Motorradfahrer in Schach hielt, die sie verfolgten. Der Text der lobenden Erwähnung[10], der zweifellos von Pater Renard verfasst wurde, bezieht sich auf Ereignisse in »Beneng«, einem Ort, der im Flurnamenverzeichnis nicht aufgeführt ist. In der Gegend gibt es zwar zwei Weiler mit Namen Béning, einen im Norden von Morhange, der tatsächlich am 16. Juni eingenommen wurde, und einen anderen im Nordwesten von Virming. Nach den Berichten der Kommandanten

Malgorn und Charles, denen Wolfs Gruppe theoretisch unterstellt war, ist es aber ziemlich unwahrscheinlich, dass sich die Ereignisse in der Nähe des einen oder anderen dieser beiden Weiler abgespielt haben, da diese zu weit nördlich liegen. Pater Renard wird Béning und Bénestroff verwechselt haben: Am Abend des 16. erreicht seine Gruppe tatsächlich das Forsthaus in Saint-Médard, südlich von Wuisse, zwischen Dieuze und Château-Salins, wo sich die Stabsstelle des Regiments befindet, die sich in der Nacht in das Tal der Seille zurückzieht. Wolfs Kompanie besitzt immer noch zwei 25er-Kanonen, die es ihr ermöglichen, den Fluss zu überqueren, um das Dorf Juvelize zu halten. Am Morgen des 17. greifen die Deutschen mit Panzern und Artillerie diesen Posten an. Es wird mehrere Stunden lang gekämpft. Das Dorf steht in Flammen. Hatten die Einwohner Zeit, das Dorf zu verlassen? Je weiter die Front nach Süden zurückweicht, desto stärker ist die Bevölkerung bedroht. Lediglich die Menschen in den so genannten »Militärzonen« in der Nähe der Maginot-Linie sind vorsorglich evakuiert worden; in den Vogesen, wo die Geschichte des französischen Feldzugs und die des Lebens von Wolfgang endet, werden Abordnungen verängstigter Frauen die letzten Soldaten unaufhörlich beschwören, ihre Waffen niederzulegen. Im Augenblick kämpft der Rest des 291. Regiments von Rückzug zu Rückzug weiterhin mutig gegen einen Feind, der zahlen- und ausrüstungsmäßig weit überlegen ist. Wolfgang befindet sich einige Kilometer von Athienville entfernt, wo er das Winterende damit verbracht hatte, den Inhalt seines versiegelten Umschlags abzufassen.

Am 17. verkündet Marschall Pétain, der am Tag zuvor zum Ratspräsidenten ernannt wurde, mittags in einer Rundfundansprache, dass Frankreich Waffenstillstand wolle. »Mit wehem Herzen«, murmelt er mit seiner zitterigen Stimme, »sage ich Ihnen heute, daß der Kampf beendet werden muß [...] Alle Franzosen mögen sich um die Regierung scharen, der ich während dieser schweren Prüfungen vorstehe, und ihre Angst besiegen und nur noch auf ihren Glauben an die Zukunft des Vaterlands hören.«

Wolf weiß, was er von diesen salbungsvollen Worten zu halten hat. Seit langem steht sein Entschluss fest. Sicher empfinden die meisten Soldaten bei der Ankündigung des Endes der Feindseligkeiten ein gemischtes Gefühl aus Erleichterung, Trauer und Bitterkeit. Aber ein deutscher jüdischer Emigrant, der in französischer Uniform kämpfte, wird dieses Gefühl nicht teilen. Wolf ahnt, was ihn am Ende eines eventuellen Waffenstillstandsabkommens erwarten würde. Er ist sich der tödlichen Gefahr bewusst, der er ausgesetzt ist, und verbarrikadiert sich tiefer in seiner Einsamkeit. Pater Renard, der daran gewöhnt ist, die Beichte zu hören, respektiert dieses Schweigen. Aber wem mag in dieser kleinen Gruppe von Soldaten auf der Flucht noch danach sein, über sich zu reden? Ist nicht aus jedem von ihnen nach einer Woche grauenhafter hoffnungsloser Kämpfe ein anderer Mensch geworden?

Am Abend des 17. löffeln die Überlebenden ihre erste Suppe seit Beginn der Kampfhandlungen. In der gleichen Nacht marschieren sie noch 20 Kilometer nach Thiébauménil. Trotz ihrer Erschöpfung sollen die Männer des 291. Regiments nach der heiligen, an schwarzen Humor erinnernden Formel »ohne Rückzugsgedanken« Stützpunkte errichten und halten. Während dieser Zeit wüten am Marne-Rhein-Kanal die Kämpfe. Die 52. Infanteriedivision rückt nach, unterstützt durch die 1. polnische Division von General Duch, die ebenfalls nichts zu verlieren hat. Sie ist mit vier deutschen Infanteriedivisionen konfrontiert, die den Angriff führen. Am Nachmittag des 18. Juni überschreiten sie den Kanal. Gegen 21:30 Uhr erfolgt der Angriff auf Thiébauménil. Die ganze Nacht, bis fünf Uhr morgens wird gekämpft. Es ist der letzte Kampf der Gruppe von Hauptmann Renard. Wolf gehört zu dieser letzten Hand voll Unbeugsamer, zu den restlichen Männern der 3. Kompanie und letztlich des 291. Infanterieregiments, das erschreckend dezimiert wurde.

Im Morgengrauen des 19. Juni ziehen sich die Überlebenden in den Wald von Mondon zurück, wo sich die Stabsstelle des Regiments befindet, die kurz darauf den Deutschen in die Hände fällt. Kommandant Malgorn wird gefangen genommen. Noch einmal gelingt es Wolf, mit den Soldaten der Gruppe Renard zu entkommen. Die letzten Kämpfenden sammeln sich in Ménil-Flin, auf dem

Weg von Lunéville nach Baccarat. Unter der Leitung von Kommandant Berck, der die Regimentsfahne im Wald von Glonville vergräbt, wo sich seine Leute für die Nacht niedergelassen hatten, erreicht die kleine Kolonne am Donnerstag, dem 20. Juni gegen vierzehn Uhr den Pass von Chipotte, zwischen Rambervillers und Raon-l'Étape.

Das Schauspiel, das Wolf und seine Kameraden inmitten des gewöhnlich verlassenen Waldes in den Vogesen erleben, ist unbeschreiblich. In der Umgebung des Passes hat sich in einem unwahrscheinlichen Durcheinander alles versammelt, was an Männern und Material aus verschiedenen zerschlagenen Einheiten der Lothringer Front übrig geblieben war. Völlig ermattet nach einer Woche harter Kämpfe schlafen die verstörten Männer, wo immer sie können. Weiter im Westen dauern die Kämpfe an, aber wozu? Das Waffenstillstandsabkommen, das Hitler und General Keitel den französischen Abgesandten in Rethondes, in dem Waggon, in dem Foch den Waffenstillstand von 1918 unterzeichnet hatte, übergeben, wird am Tag darauf ohne bemerkenswerte Änderung abgeschlossen. Um fünfzehn Uhr desselben Tages wird die Übergabe der Osttruppen stattfinden. Alle Soldaten der Ostarmeen, die eingekeilt sind, werden gefangen genommen.

Wolf und seine Kameraden lagern am Chipotte-Pass in der Nähe des Friedhofs. Es ist eine mondlose Nacht, der Himmel ist bewölkt, und es beginnt zu regnen. Übermannt von Müdigkeit schlafen die Überlebenden der 3. Kompanie ein. Am frühen Morgen ist Wolf verschwunden. Niemand hat gesehen oder gehört, dass er aufgebrochen ist.

»Am Vorabend vor unserer Gefangennahme [...] ist er verschwunden«, schreibt François Renard am 5. Juni 1945 an Marie-Antoinette Tonnelat (denn erst, als er aus der Gefangenschaft zurückkehrt, entdeckt er den Brief, den sie ihm vier Jahre zuvor, am 8. Juni 1941, schrieb und in dem sie sich als »Vincent Doblins« Schwester ausgab und um Nachricht von ihrem Bruder bat) »[...] Wir dachten damals, daß er, da er die Ereignisse kommen sah, der Gefangennahme entgehen wollte und versucht hatte, irgendwohin zu gehen, wo man ihn nicht gefangen nehmen würde. Seither hatte ich nichts mehr von ihm gehört [...].«[11]

Am 27. November desselben Jahres kommt Pater Renard in einem Brief an Erna Döblin auf die Umstände des geheimnisvollen Verschwindens von Wolf zurück: »Im Laufe des 20. haben wir unsere Lage erkannt: Wir waren eingekreist, geschlagen. Uns erwartete die Gefangenschaft. Am Morgen des 21. war Vincent verschwunden. So viel ich weiß, hatte er mit keinem der Männer, die bei mir waren, darüber gesprochen. Auch mir hatte er sich nicht anvertraut. Meine Männer und ich waren sehr erstaunt über sein Verschwinden (wir hatten uns geschworen zusammenzubleiben, und als wir am 22. gefangen genommen wurden, flüchteten wir am Abend des 23. alle zusammen – leider wurden wir verraten und am 30. in den Süden des Elsaß zurückgebracht) und vermuteten, daß Vincent, der um jeden Preis der Gefangennahme entgehen wollte, sein Glück auf eigene Faust versucht hatte. Vermutlich wollte er die Linien überschreiten, um in Frankreich oder außerhalb Frankreichs weiterkämpfen zu können – oder vielleicht hatte er sogar den Tod gesucht, weil er lieber sterben wollte, als gefangen genommen zu werden [...].«[12]

Beide Hypothesen von Pater Renard erscheinen einleuchtend und schließen sich im Übrigen nicht aus. Man kann annehmen, dass Wolfgang das Lager mit der Absicht verlässt, dem Schicksal seiner Kameraden zu entgehen. Als Gefangener der Nazis wäre er im Prinzip nicht unter die Vorschriften von Artikel 19 des Waffenstillstandsabkommens gefallen (»die französische Regierung ist gehalten, alle von der Regierung des Reichs bezeichneten deutschen Staatsangehörigen, die sich in Frankreich aufhalten, auf Verlangen auszuliefern«). Doch abgesehen vom Wortlaut dieses Artikels, der es dem Gutdünken der Besatzer überlässt, welches Individuum als »deutscher Staatsangehöriger« zu bezeichnen ist, stellte die Tatsache, dass ein in Berlin geborener Mann nicht nur die französische Staatsangehörigkeit angenommen, sondern auch die Waffen gegen seine ehemaligen Landsleute erhoben hatte, in den Augen der Nazis auf jeden Fall einen erschwerenden Umstand dar. In seiner Eigenschaft als Jude war er sowieso ein erklärter Feind. Auch wenn die künftigen Autoritäten des französischen Staates die Juden, ehemalige Kämpfer im Ersten Weltkrieg und jene, die (wie Wolf) 1940 in die Armee eingegliedert wurden, anfangs[13] schonten, hätte die Schaffung der Sonderkommission (22. Juli), die damit beauftragt war, Einbürgerungen nach 1927 zu überprüfen, und spätestens das Gesetz vom 4. Oktober »über die ausländischen Staatsangehörigen jüdischer Rasse« zweifellos sein Leben ernsthaft bedroht. Sicher war niemand außer den Bevollmächtigten in Compiègne und den Ministern, die sich nach Bordeaux zurückgezogen hatten, am Abend des 20. Juni über den Inhalt des Waffenstillstandsabkommens genau informiert. Es gereicht François Charles-Roux, Staatssekretär im Ministerium für auswärtige Angelegenheiten, zur Ehre, dass er gegen den besonders skandalösen Charakter der Verfügungen von Artikel 19 protestiert hatte. Aber Wolfs üblicher Scharfblick genügte, die Lage genau einzuschätzen und den Ereignissen vorzugreifen. Es ist also wahrscheinlich, dass Wolfgang, als er mitten in der Nacht ohne Abschied und ohne eine Nachricht zu hinterlassen, verschwindet, nicht vorhat, sich das Leben zu nehmen (was er ohne weiteres vor Ort oder in der Umgebung des Chipotte-Passes hätte erledigen können, wo ihn die Bäume relativ gut verbargen), sondern sich so lange zu verstecken trachtet, bis er aus der Klemme herauskäme – natürlich nicht durch den engen Eingang, der jetzt geschlossen war, sondern durch irgendeinen kleinen Spalt an der Seite. Hofft er, wie sich Bernard Bru[14] vorstellt, dass es ihm gelingen könnte, die deutschen Linien zu überschreiten und eine Jugendherberge zu erreichen, wo er vielleicht die Solidarität anderer Kommilitonen der JH-Bewegung genießen könnte? Will er den Kampf anderswo weiterführen, weiter entfernt, der Himmel weiß, wo, wie ein gewisser »General de Gaulle, derzeit in London« in einem am 18. Juni von der BBC ausgestrahlten Appell verlangt, den wenige Franzosen und vermutlich noch weniger Soldaten der Ostarmeen, die am Chipotte-Pass gescheitert waren, vernommen hatten?

Vielleicht hat Wolf Orte wiedererkannt, die er bei einigen Wanderungen in den Vogesen in vorangegangenen Jahren kennen gelernt hatte. Sicher hat er seinen Kompass dabei. Housseras liegt nicht weit im Südwesten, aus der Vogelperspektive weniger als zehn Kilometer vom Chipotte-Pass entfernt. Hat er beschlossen, sich an einen Ort zu begeben, den er bereits kannte, oder führt ihn der Zufall zum Hof von Joseph Triboulot in der Rue des Hauts-Prés? Von der Höhe des Passes erkennt man drei sich gabelnde Straßen. Alle sind gleich gefährlich, wenn die feindlichen Konvois weiter vorrücken: Eine führt im Westen nach Rambervillers, die zweite im Norden nach Raon-l'Étape, die dritte im Osten nach Etival und Senones. Auf der Südseite ist der Wald am dichtesten, an der Stelle, wo der Weg zum Haut-du-Bois-Pass und zu den Basses-Pierres führt. Wolf wird den Wald bis zum Weg von Saint-Benoît nach Saint-Rémy durchquert und dann den Weg zur viel befahrenen Landstraße von Saint-Dié eingeschlagen haben. Auf der anderen Seite der Landstraße beginnen mehrere Wege, die den südlichen Teil des Walds von Rambervillers durchlaufen. Wolf bog unterhalb der Hügel von Eaux nach rechts ab, bis er schließlich völlig erschöpft und durchnässt in Housseras anlangte.

Wenn man über Hauts-Prés nach Housseras kommt, ist Triboulots Bauernhof eines der ersten Häuser, auf die man im Südosten des Dorfes stößt. Es handelt sich um ein großes Gebäude mit zwei Wohnetagen sowie einem Erdgeschoss. Der rechte Teil des Gebäudes ist eine Scheune, die man durch einen gewölbten Portalvorbau aus Holztüren betritt. Damals besaßen in Lothringen alle Bauernhöfe direkt vor dem Eingang einen riesigen Misthaufen, der dem Vermögen des Eigentümers entsprach und aus dem man schließen konnte, wie hoch die angebotene oder erwartete Mitgift ausfiel, wenn die Kinder heiraten wollten.

An allen Häusern des Dorfes sind vor den Fenstern weiße Fahnen gehisst. Housseras ist von den Männern zweier Artillerieregimenter besetzt, des 58. RA und des 403. RADCA. Das Letztere ist, wie die Abkürzung (DCA – défense contre avions – Flugabwehr) sagt, ein Regiment der Luftabwehr. In dieser Einheit haben mehrere Kollegen von Wolfgang gekämpft, darunter: Jean Leray, Christian Pauc, Charles Pisot und der bereits erwähnte Jean Ville, der in der 35. Batterie diente.

Alle sind bereit, sich zu ergeben. Die Zünder der Kanonen wurden vergraben, um die Absicht der Artilleristen zu bekunden, den Kampf zu beenden. Tausend Mann aus dem 82. Regiment, die wie das 291. Regiment in Oermingen einquartiert waren und sich am 14. Juni in der Schneise an der Saar tapfer geschlagen hatten, bevor sie Tag und Nacht nach Süden marschierten, um der Einkesselung zu entgehen, kommen um halb sieben in das Dorf. Unter ihnen sowie unter den Artilleristen des 403. Regiments sind bestimmt welche, die Wolfgang kennt, aber er lässt sich nicht blicken. Doch wie lange kann er sich verkriechen, ohne Aufmerksamkeit zu erregen?

Als er über Hauts-Prés ins Dorf kommt, braucht er nicht lange nach einem Versteck zu suchen. Die Türen zur Scheune auf dem Hof der Triboulots standen offen. Im Innern bot ein Heuhaufen dem erschöpften Vagabunden ein wenig Komfort, der nach all den Beschwernissen der letzten Tage fast ein Luxus scheint.

Als am Morgen des 21. Juni gegen acht oder neun Uhr die Deutschen in Housseras einmarschierten, versuchte der Oberstleutnant des 82. Infanterieregiments gerade im Bürgermeisteramt zu diskutieren, um ein paar Einwohner zu finden, die ihn und seine Männer in die Berge geleiteten. Die Festungseinheiten, zu denen sein Regiment gehörte, besaßen – was kaum zu glauben ist, aber Aufschluss darüber gibt, wie schlecht die französische Armee ausgerüstet war – keine Generalstabskarte und nicht einmal eine persönliche Waffe.

Todmüde wie sie waren, nutzten die Männer jeden nur möglichen Schlafplatz im Dorf. Man hörte ab und an Schüsse, aber es waren eher Warnschüsse als echte Salven, denn es wurde nicht mehr gekämpft. Die Ergebung ging ordnungs- und reibungslos vor sich.

Wolf konnte von der Scheune aus das Dröhnen der Motorräder hören, die die Straße von Rambervillers heraufkamen und bis zum anderen Ende des Dorfes fuhren. Seelenruhig verließ er sein Versteck und betrat durch die Tür neben der Scheunentür die Küche der Familie Triboulot. Im Herd war Feuer angezündet. Schweigend verbrannte er alle seine Papiere – Ausweis, Wehrpass, vielleicht ein oder zwei Briefe seiner Familie, alle Dokumente, die seinen Feinden geholfen hätten, seine Spur zu finden. Man weiß nicht, ob sich unter den Blättern, die er ins Feuer warf, auch die Entwürfe seiner letzten mathematischen Arbeiten befunden haben.[15]

Hier auf der Schwelle der Scheune müssen wir Wolf verlassen. Was er in den folgenden Augenblicken gedacht und empfunden hat, weiß nur er allein. Wir werden ihn keinen Schritt weiter begleiten. Es gibt nichts zu sehen. Was zu sagen bleibt, ist Sache der Überlebenden. Sie müssen mit ihrer Erinnerung fertig werden.

Eine Nachbarin äußerte Folgendes: »Ich stand mit meiner zwölfjährigen Tochter vor der Scheune, als wir erfuhren, daß die Deutschen in Housseras einmarschiert seien. Plötzlich hörten wir hinter uns eine Detonation. Das Dorf war voller französischer Soldaten, die bereit waren, sich zu ergeben; einer von ihnen berichtete mir, beim Nachbarn habe ein Soldat Selbstmord begangen, weil er Angst vor der Gefangennahme hatte. Ich bin zu ihm gegangen; er lag auf einem Heuhaufen hinten in der Scheune. Er war auf der Stelle tot gewesen.«[16]

Eine weitere Zeugenaussage: »Ein junger deutscher Soldat auf einem Motorrad hat eine Kurve verfehlt, ist gegen eine kleine Mauer geprallt und war sofort tot. Kurz danach hörte man aus der Scheune einen Schuss.«[17]

Dritte Zeugenaussage (von Irène Hisler geborene Triboulot, Josephs Tochter): »Später habe ich den toten Soldaten in der Scheune gesehen. Er war ganz fahl. Neben ihm lagen zwei Flaschen. Sicherlich hat er sie vor seinem Tod ausgetrunken, um sich Mut zu machen.«[18]

Das französische Kommuniqué Nr. 582 (21. Juni abends) lautet: »In den Vogesen kämpfen unsere Truppen, in einem großen Quadrat aufgestellt, unermüdlich. Sie haben mehrere Male die Angriffe des Feindes abgewehrt und mit Erfolg den Gegenangriff durchgeführt.«[19]

| KAPITEL 26 |

Campe [sic] de la Vernède, Mende, Lozère, 29. Juni 1940

Lieber Minder, und Sie hüllen sich in tiefstes Schweigen! Ich habe Sie in einem Telegramm um Hilfe gebeten; als ich in Puy ankam, war meine Frau schon fort. Und wohin? In Richtung Rodez-Bordeaux. Kehrtmachen? Ich war ohne Hoffnung, müde, ich blieb in Mende, in einem Flüchtlingslager. Ich bin vom Schicksal gehetzt, das ist eine Prüfung für mich, eine sehr harte, sehr schwere Prüfung. Ich weiß nicht, was ich tun soll. […] Ach wie dumm, Cahors zu verlassen. Ich bin in einem schlimmen Zustand, in völligem Schweigen, ohne Hilfe, in völliger Verwirrung. Das kann nicht lange dauern. Jeder Schritt, den ich mache, schlägt fehl. Ich schleppe mich hier durch die kleinen Straßen, morgens, nachmittags, gedankenlos, in schwarzer Einsamkeit, innerlich gelähmt, wie ich es nicht kannte. Helfen Sie mir, lieber Mr. Minder. Wenn meine Frau bei mir wäre, wäre alles besser. Wenn sie für mich lange verloren bleibt, könnte ich irgendwo in Ihrer Nähe sein? Nur um mit jemandem zu reden? Sagen Sie nicht Nein. Antworten Sie mir bald per Telegramm. Ich unterschreibe wie ein Mann, der sich früher so nannte:
A. Döblin[1]

Mit diesen bewegenden Worten in seinem unbeholfenen Französisch – man hört den Tonfall seiner Stimme hier besser als bei irgendeiner geschriebenen Seite – sendet Alfred in tiefster Verzweiflung und Einsamkeit ein herzzerreißendes SOS. Am Tag nach Wolfgangs Tod (von dem er nichts weiß), an diesem 22. Juni, dem Tag des Waffenstillstands, ist er beinahe zufällig einem Reisenden gefolgt, den er auf dem Bahnsteig von Séverac-le-Château traf und der seine Mutter in Mende treffen wollte. Als Hauptort des Départements Lozère, einer der abgelegensten und am dünnsten besiedelten Gegenden Frankreichs, ist Mende ein altes Städtchen mit provinziellem Charme am Ufer der Lot, überragt von den beiden Türmen einer gotischen Kathedrale, die der Jungfrau Maria und dem heiligen Privat, dem Bischof von Gévaudan, der (nach Grégoire de Tours) im dritten Jahrhundert an den Folgen der Folter durch die Alemannen starb, geweiht sind. Darüber hinaus ist Gédauvan vor allem für seine »Bestie« bekannt, ein Wolfsungeheuer, das in der zweiten Hälfte des 18. Jahrhunderts in den Bergen der Umgebung Angst und Schrecken verbreitete. Weiter südlich erheben sich die Cevennen, das Land der Kamisarden, die nach der Aufhebung des Edikts von Nantes die Truppen von Ludwig XIV. angriffen. Während der Résistance bildeten mehrere Dutzend deutscher und österreichischer antifaschistischer Emigranten in derselben Region eine der aktivsten Widerstandsgruppen. Diese von Martin Kalb befehligten Kämpfer rücken in der Nacht des 23. August 1944 als Erste in Nîmes ein. Am nächsten Tag marschieren sie an der Spitze des Zugs mit der Trikolore durch die befreite Stadt.

Im Lager von Vernède erlebt Alfred die »schwärzesten Tage seines Lebens«[2]. In *Schicksalsreise*, jenem Buch, das von seiner Odyssee durch das zusammenbrechende Frankreich berichtet, nennt er das Kapitel, in dem er sich an diese schmerzliche Episode erinnert, »Das ist die Zeit der Beraubung«[3]. Seit dem 19. Juni, an dem er sein Amt im Kabinett des Informationsministeriums aufgeben musste und sich entschloss, auf eigene Faust die Seinen wiederzufinden, verlor er nach und nach all seine Orientierungspunkte. Seine Irrfahrt begann bereits am 10., als das Personal den Befehl bekam, die Hauptstadt zu räumen. »Menschen: 40. Pferde der Länge nach: 8« – so groß war der Viehwaggon, in dem er mit den Minders und hundertfünfzig anderen Verlorengegangenen die kurze und langsame Reise von Moulins nach Cahors beendet. »Man klammert sich an die Masse und zugleich zerreißt das ganze gesellschaftliche Netz«, notiert Alfred, »[...] Urzustand, die Niederlage.«[4] Hunger und Zusammengepferchtsein werfen zivilisierte Menschen auf archaische

Lebensbedingungen zurück, doch das ist nichts im Vergleich zu der Angst, die sich des Entwurzelten bemächtigt, der in seine Staatenlosigkeit zurückversetzt wird. »In Stettin geboren, in Pommern, das sind ja schöne Sachen!«, wiederholen die subalternen Bediensteten ständig, wenn Alfred ihnen seinen Pass reicht, um einen Stempel zu bekommen.[5] »Ich lebe in diesem Lande in einem merkwürdigen Zwischenzustand. Ich bin kein richtiger Bürger, der Recht auf die Rechte seines Landes hat, und kein richtiger Ausländer, der eben weiß, woran er ist. Ich bin nur ein unglaubwürdiger Ausländer.«[6]

Erst in Rodez und dann in Mende, in den Flüchtlingslagern, die abgesehen von der Bezeichnung nichts mit den Internierungslagern gemein haben, spürt Alfred jeden Tag stärker das Gefühl, verlassen zu sein, ausgeliefert allen Zufällen des Teilchenwirbels, der seit dem 10. Juni die Bewegung der langen, auf die Straßen geworfenen Kolonnen menschlicher Ameisen zu bestimmen scheint. Am Ufer des Lot, während er schaut, »wie die Strömung um den Brückenpfeiler strudelt, [fühlt er] eine Verwirrung, einen Schwindel und ein eigentümliches Bangen«[7] sich seiner bemächtigen. Weiß er, dass das Bild von Wasserstrudeln im Fluss, ein Klassiker der Turbulenztheorie, Wolfgangs allererste Arbeit (»Über den diskontinuierlichen Fall der Kettenwahrscheinlichkeit«) bestimmt, die er 1937 in Brno, in den Annalen der untergegangenen Masaryk-Universität veröffentlichte? »Das Stück Holz«, schrieb Wolf, um die Art der untersuchten Bewegung zu beschreiben, wie wir uns erinnern, »wird schließlich in einen Wirbel gezogen, dann von einem anderen mitgerissen, dann wieder ausgestoßen. Aber die durchschnittliche Verweildauer in einem Wirbel geht nach unendlich [...].«[8]

In der Nähe der Brücke stirbt ein Mann, von einem Autobus überfahren. Nicht hinsehen, böse Omen nicht wahrnehmen, denn alles ist Zeichen in den Augen dessen, der von Tag zu Tag seinen Verstand immer weniger gebraucht, weil das Unvorhergesehene ihm übel mitgespielt hat. Alfred, »der gestrandete Robinson«[9], der halb blind ist und zu allem Übel mit der Leichtigkeit eines in Pommern geborenen Berliners Französisch spricht, verliert in irgendeinem Geschäft auf einem unbekannten Platz die letzte Verbindung mit der Gesellschaft: seinen Koffer. Er ist »das Treibgut«, er gräbt sich »in dem Lager ein«[10] und erwartet nichts mehr. In diesem Moment, wird er später erzählen, gibt Christus ihm ein Zeichen.

Gott spricht wie der Teufel mit jedem Menschen in seiner Sprache. An den Autor von *Tête d'or**, den Schöngeist, der Notre-Dame betritt, um den Duft von Weihrauch einzuatmen, wendet er sich in der Sprache Arthur Rimbauds, der *Une saison en enfer* deklamiert. Alfred, dem vergessenen halb *youpin*, halb *boche* Ex-Berliner Schriftsteller – der obendrein sein Gepäck verloren hat, bevor er morgen vielleicht sogar die französische Staatsangehörigkeit verliert –, erscheint er in der gewöhnlichsten aller Formen: als Jesus am Kreuz, befestigt an der Mauer einer zweitklassigen Kathedrale in einer kleinen Provinzstadt. Alfred fällt nicht darauf rein, stellt sich neben sich, und Doktor Döblin analysiert die Situation: »Der Mann befindet sich in einem physiologisch und psychisch unnormalen Zustand. [...] Zwei Wochen in ruhiger Umgebung, bei ausreichender Nahrung würden genügen, den Mann von seiner Theologie zu befreien.«[11] Auf dieses Argument entgegnet er scharfsinnig: »Die Unterernährung, die Abschnürung von äußeren Dingen, der Wegfall der gewöhnlichen Zusammenhänge bilden aber nur den Rahmen des Bildes. [...] Aus dem Alltagstrott muß man herausgeworfen werden, darum gingen Asketen in die Wüste, und Mönche schließen sich in Klosterzellen ein und fasten. [...] Bequemlichkeit und Alltagsroutine ersticken in uns, was lebendig ist und leben will.«[12]

Die Bekehrungen sind selten »wunderbar«. Ein Tropfen Wasser bringt den Krug zum Überlaufen; im Herbst 1924 hatte Alfred auf seiner Reise durch Polen in der Marienkirche von Krakau schon einmal ein mystisches Erlebnis gehabt, als er gleichzeitig das lebendige Judentum in den askenasischen Gemeinden von »Jiddischland« entdeckte. Und das Schuldgefühl, das ihn nie wieder verlassen hat, findet in dem vom Kruzifix erhaltenen Befehl, »dem alten Mann sein Hab und Gut zu nehmen« objektive Bestätigung und zeigt ihm

* Paul Claudel kehrte am 25. Dezember 1886 wieder in den Schoß der katholischen Kirche zurück.

zudem die Wege einer möglichen Erlösung durch Gebet und Entsagung.

Ein kleines Wunder (aber kein Zeichen könnte er unbeachtet lassen): Alfred findet durch eine plötzliche Wendung des Schicksals besagten Koffer wieder. »Man darf sich den geheimen Kräften nicht widersetzen, die unser Schicksal leiten«[13], schreibt er in sein Notizbuch. Auf den Grabstein für den Friedhof in Housseras, wo er mit Erna neben Wolfgang ruht, wird er später in goldenen Buchstaben »FIAT VOLUNTAS TUA« * gravieren lassen.

Durch ein Telegramm erfährt er, dass seine Frau und sein jüngster Sohn sich in Toulouse in Sicherheit gebracht haben. Während er auf einen Zug wartet, um ihnen nachzufahren, liest Alfred mit großem Genuss *Merlin l'Enchanteur.* Dann findet das große Wiedersehen statt. Die Vision der Hoffnungslosigkeit, von der die in Toulouse versammelten unglücklichen Emigranten erdrückt werden, die durch den Artikel 19 des Waffenstillstandsabkommens in einer Falle sitzen, aber vor allem Erna, die – fest entschlossen, Frankreich in Richtung Amerika, wo ihr ältester Sohn Peter lebt, zu verlassen – starken Realitätssinn beweist und voller Elan die Dinge in die Hände nimmt, während Alfred sich resigniert und unentschlossen zeigt, all das überzeugt ihn schließlich, nicht dem Fatalismus zu verfallen. In einer »dramatische[n] Szene«[14] stehen einander in der Kommandantur von Toulouse Gesetz und Ordnung achtende französische Offiziere und das von der Anwendung der Klauseln des niederträchtigen Artikels bedrohte Ehepaar Döblin einander gegenüber. Erna ist grandios. Sie führt ins Feld, dass zwei ihrer Söhne in der französischen Armee dienen und Wolfgang das Kriegsverdienstkreuz bekommen hat. Der General (der es verdient, dass sein Name genannt wird: Théodore Marcel Sciard[15]) übernimmt die Verantwortung für seine Entscheidung, entgegen den eben in Kraft getretenen Bestimmungen der Familie zu erlauben, nach Amerika auszureisen.

In Marseille beginnt die nächste Episode des feuilletonistischen Romans: die Jagd nach Visa. Eine Mischung aus Kafka und einer

* Dein Wille geschehe

Burleske à la René Clair (die Verfolgung des Gewinnloses, in *Die Million*). Drei Visa sind für die Reise ins Land der Träume erforderlich: ein spanisches, ein portugiesisches und natürlich das Visum für die Vereinigten Staaten. Und die Reise musste auch noch bezahlt werden. Peter setzt Himmel und Hölle in Bewegung, um die nötigen Mittel aufzutreiben. Zu den Spendern gehören unter anderen Erika Mann, die älteste Tochter von Thomas, und der Orchesterdirigent Bruno Walter.

Hermann Kesten, der Freund aus *La Coupole*, der sich eine Stunde vor Ausbruch der Kampfhandlungen in einem aufgewühlten Meer nach New York eingeschifft hatte, aber auch mehrere Menschen, die anonym geblieben sind, ein Gymnasialdirektor, ein Verwaltungsbeamter und nicht zu vergessen die Verantwortlichen des Notfallkomitees, dessen treibende Kraft in Frankreich Varian Fry war, sowie die Mitglieder mehrerer jüdischer Unterstützungsorganisationen in Lissabon und New York spielten eine Rolle in der finanziell und verwaltungsmäßig komplizierten Maschinerie, die es ermöglichte, Alfred, Erna und Stefan wie viele andere Emigranten in der zweiten Potenz für die Vereinigten Staaten auszufiltern. Manche hatten dieses Glück nicht, wie zum Beispiel Walter Benjamin, der sich von den Prahlereien einer Grenzwache bedroht glaubte und am 26. September 1940 in Port-Bou Selbstmord beging. Alfred und Erna haben seit Mai keine Nachricht von Wolf. Klaus diente seit Oktober 1937, wurde in Orléans einberufen, im Mai 1940 nach Rivesaltes versetzt und am 3. August in Sainte-Foy-la-Grande, nicht weit von Libourne an der Dordogne, demobilisiert. Doch er kann Frankreich nicht mit den Seinen verlassen, auch später nicht, obwohl Alfred bei den amerikanischen Behörden alle möglichen Anstrengungen unternimmt. Klaus wird während der gesamten Besatzungszeit in der jüdischen Hilfsorganisation ORT, erst in Marseille und dann in Voiron, in der Nähe von Grenoble arbeiten, bevor er in die Schweiz flieht.

Am selben Tag, an dem Klaus ins zivile Leben zurückkehrt, treffen Alfred, Erna und Stefan in Lissabon ein, wo sie einen Monat später mit Ziel New York an Bord der »Nea Hellas« gehen, eines griechischen Schiffs, das zum Bersten voll mit jüdischen Emigranten aus Deutschland und Mitteleuropa ist. Später, im Oktober, setzen sie die Reise nach Los Angeles, genauer gesagt nach Beverly Hills fort, wo durch die Vermittlung von Liesl Frank und dem European Film Fund bereits ein Vertrag mit der MGM auf Alfred wartete, nach dem der zum *writer* mutierte Schriftsteller monatlich vierhundert Dollar für seine Leistungen als Drehbuchautor bekommen soll. Alfreds Mitwirkung an den Aktivitäten des berühmtesten *major* von Hollywood wird sich als wenig fruchtbringend erweisen. Nur der zweite der beiden Filme, an deren Entstehen er beteiligt ist, verdient wegen seines einzigartigen Titels erwähnt zu werden: *Random Harvest* (Zufallsernte). Hinter diesem rätselhaften Begriff steckt eine düstere Geschichte über wiederholten Gedächtnisschwund. Der Film erlebt nach dem Krieg in Deutschland unter dem Titel *Die verlorenen Jahre* einigen Erfolg.

Während dieser Zeit versuchen Wolfs ehemalige Kommilitonen und Kollegen in dem von Adolf Hitler umgestalteten Europa zu überleben. Sein Lehrer und Freund Paul Lévy, Professor am Polytechnikum, will nicht glauben, dass die Niederlage von 1940 eine wirkliche Gefahr für ihn darstellt. Wie viele französische Juden aus dem gehobenen Mittelstand, die seit Generationen vollständig in die Gesellschaft integriert und den Werten der Republik eng verbunden waren, wehrt er sich nicht, sondern wundert sich eher wie jemand, in dessen Person man sich geirrt hat, als er am 20. Dezember 1940 wegen seines von der Vichy-Regierung verkündeten »Judenstatus« seiner öffentlichen Ämter enthoben wird. Tatsächlich unterschreibt »Philippe Pétain, Maréchal de France« am 14. März 1941 einen Erlass, mit dem das Berufsverbot für »Monsieur Paul Lévy«, das aufgrund des Gesetzes vom 3. Oktober 1940 ausgesprochen wurde, aufgehoben wird. Obwohl er sich mit dem Polytechnikum nach Lyon zurückgezogen hat, muss er dennoch bald im Untergrund verschwinden. Im November 1942 überschreiten die Deut schen die Demarkationslinie. Der »Jude Lévy«, der sich jetzt »Paul Lengé« nennt (sein Schwiegersohn Laurent Schwartz wird »Sélimartin«), flieht in die italienische Zone, in die Nähe von Grenoble.

Doch im Herbst 1943 schließen die Nazis das Gebiet ein, in dem bereits einer der schlimmsten Kollaborateure, Präfekt Raoul Didowsky, ein strenges Regiment führt. Mit einem Jahr Vorsprung vor dem japanischen Mathematiker Shizuo Kakutani, dem es für gewöhnlich zugeschrieben wird, stellt Lévy unter diesen Umständen eines seiner schönsten Theoreme auf (das etwas mit dem harmonischen Maß der Brownschen Bewegung zu tun[16] hat und ein einschneidendes Ereignis in der Geschichte des Zusammentreffens von Wahrscheinlichkeits- und Potenzialtheorie darstellt). Paradoxerweise sollte der schmerzlichste und bedrohteste Lebensabschnitt dieses großen französischen Wahrscheinlichkeitstheoretikers zugleich einer der fruchtbarsten und an Innovationen reichsten werden; hier sei vor allem sein der Brownschen Bewegung entsprechender Invarianzsatz genannt, der zur Grundlage zahlreicher Forschungen in der Nachkriegszeit wird.

Es ist kein Zufall, dass Paul Lévy im selben Jahr 1943 auf das Prozedere des versiegelten Umschlags zurückgreift, um bestimmte Ergebnisse seiner Arbeit zu schützen.[17] 1941 konnte er noch einen Artikel in den *Comptes Rendus de l'Académie des sciences*[18] veröffentlichen, inzwischen verbot ihm die Vorsicht, öffentlich – und sei es über den Umweg einer Unterschrift in einer wissenschaftlichen Fachzeitschrift – aufzutreten. Das zeigt, wie sicher das Prozedere des versiegelten Umschlags, auf das Wolfgang zurückgriff, tatsächlich war, bei dem sich die garantierte Vertraulichkeit nicht nur auf den Inhalt und den Titel des Umschlags bezog, sondern auch auf die Tatsache, dass überhaupt etwas unter dem Siegel der Verschwiegenheit hinterlegt wurde. Es mag erstaunen und kaum zu glauben sein, doch die Ergebnisse der Forschungen über den Bau eines Kernreaktors, die im Labor des Collège de France unter Leitung von Frédéric Joliot erzielt wurden, konnten während der fünf schrecklichen Jahre Krieg und Besatzung in einer der im Archiv der Akademie der Wissenschaften gestapelten Schachteln ruhen. Das ist aber die Wahrheit. Joliot, ein Schüler von Marie Curie, der ihre Tochter Irène geheiratet hatte, leitete ein kosmopolitisches Dreiergespann, zu dem der österreichische Aristokrat und Spezialist für

Neutronenmessung Hans von Halban und Lew Kowarski gehörten, ein gebürtiger Petersburger mit der Statur eines Riesen, der essen konnte wie ein Scheunendrescher und den Beinamen »Joliots kleine Tippse« trug (diese beiden Wissenschaftler waren teils jüdischer Abstammung, doch nichtsdestoweniger verdächtig in den Argusaugen des Innenministers der Republik, der ihnen im Februar 1940 – zu einer Zeit, in der das schwere Wasser von der Norsk Hydro von Oslo nach Paris befördert wurde – die zauberhaften Inseln Belle-Île und Porquerolles als Aufenthaltsorte zuwies). Die drei Forscher hatten im Wettstreit mit ihren deutschen Kollegen Otto Hahn und Fritz Straßmann, die ihnen in der Theorie voraus waren, die Bedeutung der praktischen Anwendungen der Kernspaltung eher erkannt. Im Frühjahr 1939 hinterlegten sie in mehreren versiegelten Umschlägen die Hauptergebnisse ihrer Arbeiten über die Herstellung eines neuen, in einem Reaktor spaltbaren Elements, über verschobene Neutronen, über die Isotopentrennung und verschiedene Einrichtungen, die den Bau des berühmten Reaktors ermöglichen würden. Francis Perrin, Joliot und Halban hinterlegten ihrerseits im Einverständnis mit dem CNRS die (natürlich auch geheim gehaltenen) Patente für den Grundreaktor, die Mittel, ihn zu kontrollieren und vor allem für eine Atombombe, deren Rohstoff die Bergbauunion von Katanga in Belgisch-Kongo liefern sollte: Uranoxid.

Glücklicherweise zeigten weder Hahn noch Straßmann (im Unterschied zu den Amerikanern) besonders viel Interesse für die militärische Nutzung ihrer Forschung. Als die Deutschen am 16. Mai 1940 angriffen, wurden das schwere Wasser, das Uran und Joliots gesamte Laborausrüstung zunächst nach Clermont-Ferrand und dann nach Bordeaux evakuiert, um schließlich auf der »Broompark« zu landen, einem englischen Kohlenschiff, das unter dem Kommando eines tätowierten Piraten, des zwanzigsten Earl of Suffolk, fuhr. Auf ihm schifften sich auch Hans von Halban und Lew Kowarski ein, die ihre Forschungsarbeit in Großbritannien fortsetzen wollten, während Joliot es vorzog, in Frankreich zu bleiben. Er leitete wieder sein Labor im besetzten Paris und agierte äußerst vorsichtig, indem er den neuen Machthabern Arbeitsnachweise übergab, ohne ihnen jedoch wesentliche Ergebnisse zu liefern. Der Leiter der deutschen Wissenschaftler Wolfgang Gentner, der im Labor des Collège de France arbeitete, war einst Praktikant bei Joliot und wurde jetzt sein Freund; als überzeugter Nazigegner machte er beide Augen zu, wenn an den Tagen der Inspektion durch unauffällige Sabotageakte das Zyklotron lahm gelegt wurde, und bis zu seiner Abkommandierung Ende 1943 nach Deutschland schützte er seine französischen Kollegen so gut er konnte vor der Gestapo.

Bei Kriegsende bekleidete Joliot, der in die Kommunistische Partei eintrat, nachdem sein Schwiegersohn Jacques Solomon von den Nazis gefoltert und dann erschossen worden war, hohe Ämter in der französischen Widerstandsbewegung. In all diesen Jahren machte sich niemand Gedanken darum, was wohl die grünen Schachteln enthielten, die in den Regalen der Bibliothek der Akademie der Wissenschaften lagerten. Ein oder zwei – sogar unbewaffnete – Männer hätten genügt, um sich ihrer zu bemächtigen. Aber nichts verriet ihr Geheimnis, und kein Deutscher kam auf die Idee nachzuschauen.[19]

Die bekanntesten französischen Mathematiker standen zumeist politisch links und waren aktive Antifaschisten, weshalb sie weniger als Schriftsteller und Künstler in die Versuchung gerieten, den Sirenengesängen der Kollaboration zu erliegen. Am Institut Henri Poincaré war das Borel-Seminar, das Maurice Fréchet seit 1941 leitete, während der gesamten Besatzungszeit ein Ort des intellektuellen Widerstands. Émile Borel wurde im Herbst des Jahres 1941 von den Deutschen gefangen genommen und floh später ins Aveyron, wo er eine gewisse Rolle in der Résistance spielte. Wolfgangs Freund, der ägyptische Jude Michel Loève, und seine Frau Line sind eine Zeit lang in Drancy interniert, entrinnen um Haaresbreite dem Tod und erhalten in ihrer Not Hilfe und Unterstützung von Marie-Antoinette Tonnelat. Zwei der acht naturwissenschaftlichen Pariser Hochschullehrer, die infolge des Gesetzes vom 3. Oktober 1940 über den Judenstatus ihrer Ämter enthoben worden waren – Eugène Bloch und Armand Lambert –, wurden deportiert und von den Nazis ermordet. Zwei ihrer bedeutenden Kollegen, Georges Bruhat und Henri Abraham, traf dasselbe Los. Ein ehemaliger Mitarbeiter von Marie Curie und Paul Langevin, der Physiker Fernand Holweck, der eine Gruppe von Widerstandskämpfern anführte, starb im Dezember 1941 an den Qualen der Folter (durch Verbrühen). Das sind nur wenige der vielen Namen aus dem Martyrologium des Widerstandes und der Deportation; man muss unter anderen die von Ayzyk Gorny und Jacques Feldbau hinzufügen, Kollegen von Laurent Schwartz an der Universität von Strasbourg-Clermont-Ferrand, sowie den bereits erwähnten Berliner Logistiker Kurt Grelling[20], der im Mai 1940 in Gurs interniert und später nach Auschwitz deportiert wurde, weil die amerikanischen Behörden ihm – zweifellos wegen seiner Vergangenheit als politisch aktiver Sozialist – das Visum verweigert hatten, das sein Leben hätte retten können. Dasselbe zögerliche Verhalten hätte für die bei der Rockefeller-Stiftung nicht so gut angesehenen André Weil und Emil Julius Gumbel (der sich später freiwillig bei den Freien Französischen Streitkräften melden wird) tödlich sein können. Ältere Wissenschaftler und vor allem solche, die sich hauptsächlich der reinen Forschung widmeten und sicher als weniger nützlich eingestuft wurden als ihre Kollegen Atomwissenschaftler oder Flugzeugingenieure, hatten Schwierigkeiten, das kostbare Affidavit zu bekommen, das ihnen die Ausreise in die Vereinigten Staaten erlaubte. Als »Väterchen« Hadamard die Schalter auf Ellis Island passiert hatte und endlich aus seiner legendären Zerstreutheit erwachte, zeigte er mit dem Finger auf sein eigenes Foto, das an der Wand des Rektorats einer Universität hing, und wunderte sich, dass man für ihn keine Anstellung im Lehrkörper finden konnte. Sein werter amerikanischer Kollege bat um einige Tage Bedenkzeit, und bei ihrem nächsten Treffen stellte Hadamard fest, dass sein Porträt abgehängt worden war.[21] Wie dem auch sei, seit den letzten Vorkriegsjahren und bis zum Beginn der »Endlösung« fanden in den Vereinigten Staaten (und in zweiter Linie in England, Australien, Kanada und Palästina) die meisten französischen und europäischen Wissenschaftler und Mathematiker Zuflucht vor der Verfolgung und Bedrohung durch die Nazis. Das Prozedere der Einwanderung und Integration organisierten neben der Rockefeller-Stiftung und der jüdisch-amerikanischen Organisation Joint hauptsächlich der britische Academic Assistance Council (die spätere Gesellschaft zum Schutz von Wissenschaft und Lehre), das Emergency Committee in Aid of Displaced German (und später European) Scholars, geleitet von Stephen Duggan – der sich in der McCarthy-Ära das Leben nehmen wird –, sowie mehrere von Wissenschaftlern und Universitäten gegründete Gesellschaften wie die Amerikanische Mathematische Gesellschaft, das Institute for Advanced Study in Princeton, die »Exiluniversität« der New School for Social Research und die Brown Summer School for Applied Mechanics. Mehrere große Mathematiker – der Däne Harald Bohr, der Engländer Godfrey Harold Hardy, der Topologe aus Princeton Oswald Veblen und nicht zu vergessen Richard Courant und Hermann Weyl, selbst deutsche Emigranten, sparten keine Mühe, ihren in Not geratenen Kollegen auch finanziell zu helfen.[22] In Frankreich verdanken viele (etwa vierzig) Exilkandidaten ihre Rettung Louis Rapkine, einem jungen Biochemiker weißrussischer Abstammung und seiner vorbildlich effektiven, 1940 in London etablierten Organisation, der sich bald nicht nur Halban und Kowarski, sondern auch Jean und Francis Perrin anschließen, während Henri Laugier, der mit Letzterem im Exekutivkomitee von France Forever kämpfte, die Verbindung zwischen den Wissenschaftlerkreisen und den von der amerikanischen Regierung lange Zeit beargwöhnten freien Franzosen General de Gaulles aufrechterhielt.

Hält man sich an offizielle Statistiken, kann man sagen, dass die Emigrationswege für französische und deutsche Mathematiker alles in allem relativ gut funktionierten. Insgesamt gelang es hundertneunundsiebzig deutschen Mathematikern (einschließlich der Österreicher und der deutschsprachigen Juden aus Prag) dem Zugriff der Nazis zu entkommen. Neun starben in Konzentrationslagern: Ludwig Berwald, Otto Blumenthal, Walther Fröhlich, Kurt Grelling, Margarete Kahn, Nelli Neumann, Georg Pick, Robert Remak, Alfred Tauber. Fünf begingen Selbstmord: Ludwig Eckart,

Paul Epstein, Gerhard Haenzel, Fritz Hartogs und Felix Hausdorff. Von den nichtjüdischen, in Deutschland gebliebenen Mathematikern leisteten einige mutigen Widerstand, darunter Helmut Grunsky, Eduard Rembs und Josef Naas, der 1942 wegen Sabotage in Mauthausen inhaftiert wurde.[23]

Das Schicksal der jüdischen Mathematiker im besetzten Mittel- und Osteuropa verlief fast immer tragisch. Bedřich Pospíšil, Hostinskýs bester Schüler an der Universität Masaryk in Brno, starb nach drei Jahren Konzentrationslager 1944 mit zweiunddreißig Jahren. Im selben Alter wurde der Ungar Ervin Feldheim, mit dem Wolfgang am Institut Henri Poincaré befreundet gewesen war, im Mai 1944 zusammen mit dreitausendvierhundert anderen Gefangenen beim großen Massaker von Cervenka, in der Wojwodina im Norden Serbiens, getötet. Ein anderer Freund, der Mathematiker russischer Abstammung Marc Krasner, dessen kindliche Naivität ihn für die Opferrolle prädestinierte, überlebte dank der freundschaftlichen und lustigen Komplizenschaft der Bewohner des Dorfes, in dem er 1940 als Soldat der französischen Armee (in der Kavallerie!) stationiert war und die Liebe aller Katzen der Umgebung gewann, denen er Unterkunft und Verpflegung bot.[24] Doch die beste Spieltaktik gegenüber der Gestapo setzte zweifellos Enrique Freymann ein, der in der Rue de la Sorbonne 6 den wissenschaftlichen Verlag Hermann leitete. Als Kulturattaché der mexikanischen Botschaft genoss er diplomatische Immunität und empfing gelassen die Handlanger des Naziregimes, die ihn zum Schweigen bringen wollten: »Es halten sich zur Zeit *vier* mexikanische Juden in Frankreich auf«, gab er ihnen zu bedenken, »während in Mexiko *mehrere tausend* Deutsche leben. Rechnen Sie sich die Konsequenzen aus!«[25]

Den höchsten Tribut zahlten die polnischen Mathematiker an Hitler für seine Umgestaltung Europas. Glück hatten nur Mark Kac, Stanislaw Ulam, Jerzy Neyman, Leopold Infeld, Alfred Tarski u. A., die noch vor der Kriegserklärung in die Vereinigten Staaten, nach England oder Kanada auswanderten; die übrigen saßen auf der einen oder anderen Seite der deutsch-sowjetischen Demarkationslinie in der Falle. Nur wenige Juden wie Stanisław Hartmann[26], der sich erst in Warschau und dann in Milanowek versteckte, entgingen den Nazis. In Lwow, das in jenem Landesteil liegt, den anfangs die Sowjets annektierten und dann an die Ukraine anschlossen, waren die Bedingungen, vor allem für die Mathematiker, spürbar besser.[27] Die von Hugo Steinhaus und Stefan Banach herausgegebene Fachzeitschrift *Studia Mathematica*, an die Wolf seinen Artikel »Über die Gesamtheit der Potenzen eines Wahrscheinlichkeitsgesetzes« geschickt hatte, erschien weiterhin – mit einer zusätzlichen ukrainischen Zusammenfassung. Alles änderte sich, als die Deutschen am 30. Juni 1941 die Stadt besetzten. In der polnischen Elite sahen sich Christen und Juden, die noch kurz zuvor an der Universität auf verschiedenen Bänken sitzen mussten, gleichermaßen und (beinahe) geschlossen mit der Barbarei konfrontiert. Auerbach, Sternbach, Schreier, Stozek, Lomnicki, Schauder, Saks, Rajchmann, Kaczmarz, Ruziewicz ...: Die Liste der polnischen Mathematiker, die von den Nazis ermordet wurden oder sich selbst töteten, um den Folterknechten zu entkommen, ist lang. Der nach Cambridge emigrierte Alexandre Wundheiler beging an einem hoffnungslosen Tag Selbstmord. Andere wie Banach und Mazurkiewicz, dessen Arbeit über die Wahrscheinlichkeitsrechnung in den Warschauer Ruinen verschwand, starben an den Folgen der Misshandlungen während ihrer Gefangenschaft oder an den erlittenen Entbehrungen. Man muss noch die Gefallenen des Feldzugs von 1939 wie Marcinkiewicz und die in sowjetischen Lagern verschwundenen Gefangenen (deren Los ein deutscher Mathematiker teilte: Fritz Noether, der Bruder der großen Algebra-Spezialistin Emmy Noether, der 1934 nach Moskau geflohen war) wie Wladek Hetper auf die Liste setzen.

Stefan Banach (ein »reiner Goi«, wie Ulam ihn scherzhaft nannte[28]), den die Sowjets zum Dekan der Fakultät von Lwow – alias Lwiw, ehemals Lwów, ehemals Lemberg, um in der neueren Geschichtsschreibung zu bleiben – gemacht hatten, fand sich als Flohernährer im bakteriologischen Institut von Professor Weigl wieder, der sich mit dem Typhus beschäftigte. Monate verbrachte Banach mit umwickelten Unterarmen und Beinen, denn unter den Bandagen gedieh das fleißige kleine Volk der *Pediculorum humanorum vestimenti* und wurde von den Vertretern der »deutschen Wissenschaft« besser behandelt als manche Menschen. Hugo Steinhaus (übrigens aus der Göttinger Schule), Banachs ältester Freund und Mitarbeiter, der Jude war, überlebte mit Hilfe der polnischen Widerstandsbewegung. In den Wäldern versteckt ging er als Förster durch und begann – wie Banach in seiner zeitweiligen Gefangenschaft – ohne auch nur irgendein Fachbuch bei sich zu haben, mathematische Werke zu schreiben. Ein anderer Mathematiker aus Lwow, Marceli Stark, verbrachte den Krieg in einem Arbeitslager für die deutsche Flugzeugindustrie. Es sei ihm gelungen, sagt man, unversehrt davonzukommen, ohne dass der Besatzer die Fehler gesehen hätte, die er heimlich in seine Berechnungen einbaute.

Das »Schottische Buch«, in dem sich die polnischen Mathematiker – und ihre russischen Kollegen – austauschten, indem sie sich gegenseitig Fragen stellten und beantworteten, existierte noch immer, aber vor langer Zeit schon wurde die als Belohnung für die richtige Lösung versprochene lebende Gans durch eine Tasse Kaffee ersetzt (wahrscheinlich durch eine Tasse Muckefuck). Der letzte, am 31. März 1941 unter der Nummer 193 gemachte Eintrag in das Register stammt von Steinhaus: eine Reihe von (»ziemlich esoterischen«, schreibt Ulam) Ergebnissen über die Verteilung der Anzahl von Streichhölzern in einer Schachtel. Die Seiten 194 und 195 und alle folgenden sind leer. Im Sommer 1939 hatte Ulam während seines letzten Besuchs in Lwow mit seinem Kollegen Mazur über den Verbleib des Hefts gesprochen. »Der Krieg wird bald ausbrechen. Was machen wir dann damit?«, hatte Mazur ihn gefragt ... »Wenn die Stadt bombardiert wird, werde ich das Buch mit meinen Manuskripten in einen Koffer tun und alles zusammen irgendwo vergraben.«[29]

Die Freunde entschieden sich für eine Stelle in der Nähe des Tors auf einem Fußballplatz in der Umgebung. Man weiß nicht genau, was in der Folge aus dem »Schottischen Buch« geworden ist, doch seine Geschichte ist nicht zu Ende, und wir werden diese tapfere Seeschlange eines baldigen Tages wiederfinden. Und weil es nicht das Schlechteste ist, dieses Kapitel wie die Griechen ihre Tragödien mit einer humorvollen Bemerkung zu schließen, soll Hugo Steinhaus, Autor des Aphorismus »Am Anfang war das bon mot«, der verdiente, berühmt zu werden, uns das Schlusswort liefern. Als man ihn im hohen Alter fragte, welcher Tag der glücklichste seines Lebens gewesen war, antwortete er in Gedanken an die Eroberer, die sich auf diesem entlegenen Stückchen Erde ablösten: »Irgendein Tag im Jahr 1945 (ich weiß nicht mehr genau, welcher), *sie* waren fort und *sie* waren noch nicht da.«[30] Kann man die Geschichte dieses Jahrhunderts, mal ganz abgesehen von Polen, besser auf einen Punkt bringen?

| KAPITEL 27 |

Wolf hatte sich monatelang bei niemandem gemeldet. Die Demobilisierung im August 1940 gab Anlass zur Hoffnung, ein Lebenszeichen von ihm zu bekommen, doch Alfred und Erna warten um diese Zeit bereits in Lissabon auf ein unsicheres Schiff nach Amerika.

Am 1. Februar 1941, am Tag nach ihrem Rigorosum (Thema unter der Leitung von Louis de Broglie: »Photonentheorie in einem Riemann-Raum«; zweites Thema bei Francis Perrin: »Die künstliche Radioaktivität«) startete Marie-Antoinette Tonnelat ihre Suchaktion, indem sie im *Paris-Soir* eine Annonce aufgab. Diese Zeitung mit hoher Auflage, die seit dem Jahr zuvor in Lyon erschien (und 1943 von der Vichy-Regierung verboten wird), wurde nicht von Leuten gelesen, die mit den Deutschen sympathisierten.

Bei dieser ersten Sondierung verhielt sich Marie-Antoinette sehr vorsichtig. Sie hatte bei der Zeitung weder ihren Namen noch ihre Adresse angegeben, sondern versteckte sich hinter einer falschen Identität (»Monsieur Demeilliers«), hinter dem Namen einer Freundin, mit der sie vor ihrer Ehe ein Zimmer im Studentenwohnheim geteilt hatte. Auch Wolf erwähnte sie in dieser Annonce nicht, in der sie lediglich um Auskunft bat, was aus dem 3. Bataillon des 291. Infanterieregiments geworden war. Kurz darauf bekam Monette aus Bourg-la-Reine folgenden, am 20. März datierten Brief[1]: »Ich habe durch die Zeitung Paris-Soir erfahren, dass Sie Auskünfte über das 3. Bataillon des 291. IR. suchen. Ich hatte einen Bruder im 3. Bataillon, aber der 10. Kompanie. Wir haben im Oktober 1940 erfahren, daß er Gefangener in Deutschland ist, ich glaube sie sind in Lothringen alle gefangen genommen worden, denn ich habe ihn selbst am 2. Juni in Grostenquin in Lothringen getroffen. Ich hoffe, Ihnen hiermit gedient zu haben.

Hochachtungsvoll

M. L. R.[...]«

Ein am 6. Mai von der Witwe eines Soldaten des 291. IR., Madame Roger M., geschriebener Brief lieferte einige Einzelheiten: »Mein Mann, der Soldat Roger M., war im 291. IR. Jetzt ruht er auf einem kleinen Friedhof im Osten, in Laronxe, in der Nähe von Thiébaumesnil (etwa zwölf km von Lunéville). Ich habe die schreckliche Nachricht am 9. August 1940 vom Bürgermeister von Laronxe bekommen [...] Nachdem es Ende Mai auf die Vorposten vorgerückt war, soll das Regiment für eine Ruhepause runter in die Gegend von Morhange gerückt sein, wo es bis zum Abend des 15. Juni war; von dort aus soll es den Rückzug angetreten sein. Der Stab des Regiments war in Vallerange und hat es am 15. Juni verlassen. Nachdem es den Kanal von der Marne zum Rhein überquert hat, hat sich das Regiment in Thiébaumesnil und in Manonviller gesammelt, wo die Kämpfe am 18. und 19. Juni waren [...] Mein Mann ist am 19. Juni in einem Wald gefallen. Er war Funker im Stab des 1. Bataillons [...] Auf demselben Friedhof sind ein Korse, B., und ein Unbekannter begraben. Diesen Unglücklichen fand man ohne alle Ausweispapiere [...].« Nach diesem letzten Detail lässt Marie-Antoinette die Maske fallen. Jedenfalls beinahe: Von jetzt an wird sie sich als Schwester des Funkers Vincent Doblin ausgeben, den sie nun auch mit seinem vollen (natürlich französischen) Namen nennt. Sie konnte die Identität dessen, den sie suchte, nicht länger geheim halten. Die Enthüllung barg ein gewisses Risiko – zum Beispiel, wenn Alfred Döblin auf der Liste der von der Gestapo meistgesuchten Juden, politischen Gegner und anderen Emigranten gestanden hätte. Auf alle Fälle hat man gesehen, dass der Elsässer, den Wolfgang wie ein Aushängeschild trug, um während seiner militärischen Ausbildung und des Krieges seinen Akzent zu erklären, nie irgendein Misstrauen hat aufkommen lassen. Man kann sich dagegen nach den Gründen fragen, die Marie-Antoinette bewogen, den von ihr gesuchten Mann als ihren Bruder auszugeben. Diese Art Familienbande machte ihre Anstrengungen, die Spur ihres Freundes zu finden, sicher glaubhafter. Schickte es sich denn für eine verheiratete Frau, so viel Energie und Zeit für eine solche Suche aufzuwenden? Wolf als ihren Freund auszugeben, wäre heikel gewesen; ihn als einfachen Studienfreund zu beschreiben, hätte manche Witwe, Mutter oder Schwester in Erstaunen versetzen können, die den Tod des Geliebten beweinte. Claude Doblin erinnerte sich im Gespräch mit mir an die wenigen Tage, die er 1941 mit Monette in Charolles, im Geburtshaus der jungen Frau verbrachte. Er half ihr, die Fensterläden des Hauses grün zu streichen und las auf ihren Rat *Vom Winde verweht.* Das fröhliche Bellen des Hundes Ouarzazate passte so gar nicht zur herrschenden Traurigkeit im Hause und vor allem seiner Herrin. Monette versuchte Wolf zu finden und weinte sehr viel. »Verstehen Sie mich richtig«, sagte Claude, »sie weinte um Wolf nicht wie um einen Kameraden oder Freund, sondern wie eine Frau um den Mann, den sie liebt.« Mehr werden wir kaum erfahren. Manche, die vielleicht etwas sagen könnten, schweigen und lehnen jede Antwort ab, wenn ich versuche, danach zu fragen. Ulam und Denjoy haben vielleicht Recht[2]: Der Umgang mit Zahlen wird bei manchen ein »emotionales Defizit« erzeugen, mit dem es ihnen unmöglich ist, sich bei einem Mathematiker oder gar einer (obendrein verheirateten) Mathematikerin andere Gefühle als Pflichtbewusstsein und Liebe zur Wissenschaft vorzustellen. Die bürgerlichen Vorurteile und das Kastendenken spielen natürlich auch eine Rolle. Wolf muss in diesen Kreisen ein ungeliebter Außenseiter gewesen sein (noch etwas, was er mit seinem Vater gemein hatte). *Werther* bringt vielleicht noch einmal Licht in die Angelegenheit – oder eher dessen »Folge«, die Geschichte von Charlottes Rückkehr als Romanheldin in dem melancholischen und ironischen Meisterwerk von Thomas Mann: *Lotte in Weimar.*

Charlotte ist ihrem Mann treu geblieben. Zweifellos hat sie ihn geliebt. Aber jetzt, da die Werther-Episode der Vergangenheit angehört und sie zu den Nicht-Schauplätzen des nicht stattgefundenen Verbrechens (zu ihren Erinnerungen) zurückkehrt, bemächtigt sich ihrer plötzlich eine seltsame Unruhe wie ein Rausch. Hat sie nicht das Recht – weil es zu spät ist – sich nachträglich zu verlieben, nicht in den wirklichen Mann, sondern in den Helden, der seinen Platz eingenommen hat, unter der Bedingung, niemandem davon zu erzählen? Die Wirklichkeit (das »Goethe-Bild«, zu dem der Mensch Goethe geworden war) sorgt dafür, dass sie wieder Vernunft annimmt. Wäre er tot gewesen, hätte sie sich dann nicht in ihn verliebt, um sich seines Opfers, auf sie verzichtet zu haben, würdig zu erweisen – ohne das sie eine ganz reale Frau wie alle anderen geblieben wäre?

Ich glaube nicht, dass Monette geglaubt hat, Wolfgang jemals lebend wiederzufinden. Sie suchte den toten Soldaten, den zweifach geopferten Helden – gestorben für Frankreich (oder die Wissenschaft oder so etwas), aber indirekt auch für sie und sicher ein wenig durch ihre Schuld: Wodurch auch immer, da sie in ihrem Innern wusste, dass er verloren war, konnte sie, ohne darüber sprechen zu müssen, um ihn weinen wie eine Frau um den Mann, den sie liebt: Und vielleicht liebte sie ihn jetzt wirklich ... »Ich erinnere mich noch an eine Einzelheit bezüglich des unbekannten Soldaten«, schrieb dieselbe Absenderin (Madame Roger M.) eine Woche später am 13. Mai an Marie-Antoinette. »Er trug keine Jacke und keine Mütze, nur Beinkleider. Er hatte auch einen Ehering ohne Gravur [Es konnte sich also offensichtlich nicht um Wolf handeln.] [...] Geben Sie sich nicht mit diesen wenigen Auskünften zufrieden. Schreiben Sie, wenn Sie wollen nach Laronxe und an einige Nachbargemeinden: Thiébaumesnil, Fraimbois, Manonviller, Marainviller. Wenn unbekannte Soldaten auf den Friedhöfen liegen, liegt ihre Beschreibung in jedem Rathaus [...] Durch einen Brief habe ich auch erfahren, dass achtzehn Unbekannte auf dem kleinen Friedhof von Moyenvic liegen [...].«

Eine andere Kriegswitwe, Madame F., Grundschullehrerin in Thiébaumesnil, schreibt in einem Brief vom 20. Mai: »Seit zehn Monaten korrespondiere ich regelmäßig mit den Familien derer, die in unserem Gebiet begraben sind; drei werden am Samstag exhumiert und in Särgen wieder begraben, mit zwei anderen wurde das vor zwei Monaten gemacht. Diese beiden gehörten zur Funkereinheit. P. (aus Le Havre – 26 Jahre alt) und D. (aus Sotteville – 25 Jahre alt) [...] In unserer Gegend gab es keine Unbekannten. Im nahe gelegenen Wald jedoch einen, der einen Ehering trug. Im Nachbardorf wurden sechs Soldaten des 291. begraben, aber alle identifiziert. Von den anderen Dörfern weiß ich nichts, aber ich könnte, wenn Sie wollen, in unserer Lokalzeitung eine Annonce für Sie aufgeben [...].« Die Suchanzeige erscheint am 12. Juni 1941 im *Écho de Nancy*. Doch die eingehenden Antworten geben keinen genauen Aufschluss über das Schicksal des Soldaten Vincent Doblin, Funker der 3. Kompanie. »Die letzten Briefe Ihres Bruders stammen sicher von Mitte Juni«, schrieb Madame R. einige Tage zuvor an Monette, »mein Mann hat mir das letzte Mal am Morgen des 14. Juni geschrieben. Die Verluste des Regiments waren schwer, sehr schwer sogar: 990 an der Front von Moyenvic, 18 in Moyenvic, zu denen noch die Opfer von Thiébaumesnil, Manonviller, Laronxe usw. kommen. Wie viele Familien sind nicht benachrichtigt worden! Der Rückzug war dermaßen schnell, dass die Nachrichten über die Gefallenen nicht mehr weitergegeben werden konnten [...].« »Der Name Ihres Bruders [...] steht nicht auf meiner Liste«, bestätigt ihr Madame Boissel, Präsidentin der französischen Frauenunion. »Die Exhumierungen sind in unserer Gegend jedoch noch nicht abgeschlossen [...] Es ist uns leider nicht möglich, nach Moyenvic zu gehen, da das Land annektiert ist, und es gibt noch viele verstreut liegende Gräber in diesem Teil Lothringens! [...].« Man müsste auf Deutsch an die Bürgermeister der besetzten Städte schreiben, aber würde das nicht bedeuten, sich den Löwen zum Fraß vorzuwerfen – als Schwester eines gewissen Doblin, dessen Name nur eine leichte Abwandlung des Namens eines emigrierten Berliner Schriftstellers ist, der am 10. Mai 1933 Opfer der öffentlichen Bücherverbrennung war? Monette lässt nicht locker. Mit der Verbissenheit einer Antigone, die entschlossen ist, ihrem Bruder Polyneikes die letzte Ehre zu erweisen – obwohl der Tyrann Kreon ihr dessen Bestattung verbietet, weil er die Waffen gegen sein Vaterland erhoben hatte –, schreibt sie weiter an all die Adressen, die sie bekommen kann, ohne jemals entscheidende Hinweise zu erhalten. Die meisten ehemaligen Waffengefährten von Wolfgang sind tot oder gefangen genommen. Sie schreibt an Pater Renard, bekommt aber die Antwort erst vier Jahre später, als Letzterer aus der Gefangenschaft heimkehrt. Am 15. Juni schreibt ihr André Lebon aus Charleville: »Ich erinnere mich sehr gut an Ihren Bruder, aber genau wie Sie weiß auch ich nicht, was aus ihm geworden ist. Da er im 3. Bataillon war, könnten Sie an den Arzt des Bataillons schreiben; als Funker war Ihr Bruder in der Stabsstelle und kannte deshalb den Arzt [...] Schreiben Sie also schnell an Doktor G., in Beauquesne – im Département Aisne oder Somme. Dieser Arzt ist seit Oktober wieder frei und kann Ihnen bestimmt Auskunft geben [...] Übrigens können Sie auch Madame R. um Auskunft über ihren Mann bitten; durch ihn oder einen seiner Kameraden können Sie vielleicht weitere Angaben bekommen [...].« Diese Madame R. ist keine andere als die, die schon am 3. Juni an Monette geschrieben hatte, um ihr zu sagen, dass sie nichts wisse. Monette dreht sich im Kreis. Ein Labyrinth ohne Ausgang. Im Übrigen orientiert sich die Suche viel zu weit nach Norden, Moyenvic liegt fünfzig Kilometer Luftlinie von Housseras entfernt, die am Marne-Rhein-Kanal gelegenen Dörfer sind fünfunddreißig Kilometer weit weg. Wie lange wird Antigone ihre Suche fortsetzen? Das Marbacher Archiv besitzt kein Dokument aus der Zeit nach dem 28. September 1941, was nicht heißen muss, dass Monette nicht lange danach noch weitergesucht hat, vielleicht sogar bis zum Ende des Krieges. Man kann es sich gut vorstellen, denn schließlich hat sie Wolfs Spur gefunden, mehrere Monate nachdem sein Körper exhumiert und offiziell am 19. April 1944 identifiziert wurde.

Übrig bleiben diese herzzerreißenden Briefe von jungen Frauen, von Kriegswitwen, die beim Schreiben an ihre verschwundenen Ehemänner erinnert wurden, an die Wallfahrten, die sie an die Orte der letzten Schlachten unternommen hatten, um meist in abgelegenen Wäldern das Grab ihrer Gefährten zu suchen. »Der Gedanke, so gar nichts tun zu können!«, schrieb eine von ihnen. »Meine Ohnmacht zermürbt mich. Doch als ich an dem gesegneten Grab stand, in dem der lag, der mein Leben war, konnte ich an mein

Unglück nicht glauben; es war mir unmöglich, mir vorzustellen, dass er nie wiederkommen würde [...].« Vielleicht fand Monette beim Lesen dieser Zeilen die Gefühle in Worte gekleidet, die sie selbst bewegten, wenn sie an jenen dachte, der wie ein verlorenes Kind hinter einer Dorfkirche, drei Fuß unter der Erde darauf wartete, dass ein Lebender seinen Namen aussprach.

Mit dem zweiten Exil beginnt für das Ehepaar Döblin eine lange Zeit der Entfremdung vom Leben und der Bitterkeit. Nie wieder werden Alfred und Erna diese Leichtigkeit, diese unschuldige Freude erleben, die jene im Überfluss vorhandene literarische Schöpferkraft selbst unter schwierigsten Umständen dem Leben und dem Werk des Autors von *Berlin Alexanderplatz* verlieh. Die ersten Monate des Züricher Exils im Jahr 1933 im Takt der barocken Phrasierung der *Babylonischen Wandrung* hatten paradoxerweise zu den glücklichsten Momenten in Alfreds Leben gehört. Obwohl er sich in Paris langsamer akklimatisierte, was vor allem an seiner berühmten »Fremdsprachenblindheit« lag, hatten ihm die letzten Jahre (ab 1937) zwar weder Glanz noch Reichtum, aber immerhin die Gunst der gebildeten Leser und einen gewissen Bekanntheitsgrad beschert, zu denen die Zufriedenheit kam, zuzusehen, wie Wolfgang sich im Tempel der Mathematik einen Namen machte. Und nun musste er wieder von vorn anfangen, wieder ein anderes Leben führen, wieder eine neue Sprache lernen, eine andere Kultur begreifen. Das alte Europa war unter die Herrschaft der Barbaren gefallen, und Goethes Erben mussten ihre Zelte bei den Huronen und den Algonkin aufschlagen. »Bei Metro Goldw[yn] May[er] habe ich schon begonnen, gemeinsam mit Herr Kurt Götz (Lessingth[eater] Berlin) und Wilhelm Thiele (von der ›Tankstelle‹); es gilt einen ›lustigen‹ Unsinn auszuhecken. Von diesen Autorenfabriken schreibe ich nächstens mehr; es hocken da viele Dutzende, jeder hat sein Büro, worin er brütet; der Schrecken ergreift Sie, wenn Sie solchen Corridor langgehen und hören: drin sitzen lauter Dichter auf Wochenlohn.«[3]

Wieder ist es Stefan, alias Étienne, der sich am schnellsten integriert. Er nennt sich Stephan (mit ph), spricht sich »Stiewen«, abgekürzt Steve, während »Alfred« (wie »Bruno«, der zweite Vorname des Romanciers) das Glück hat, sich in Stettin, Berlin, Paris und Beverly Hills immer gleich zu schreiben und auszusprechen. Das Schlimmste ist jedoch nicht, dass er in einem Alter, in dem andere in Rente gehen, noch einmal bei null anfangen muss. Die Ungewissheit über das Schicksal ihrer in Frankreich zurückgebliebenen Söhne zerrt an Ernas und Alfreds seelischer Verfassung, quält sie mit Schuldgefühlen. Sie geben sich zwar alle Mühe, Claude aus der Falle zu retten, die ihn einzuschließen droht, doch die komplizierten nötigen Verwaltungsschritte und die immer schlechteren Beziehungen zwischen Pétains Frankreich und den Vereinigten Staaten vereitelten ihre Pläne. Alle Versuche, durch das Rote Kreuz in Genf etwas über Wolfgangs Schicksal zu erfahren, bleiben vergeblich. Sein Name taucht auf keiner Liste auf. »Vor etwa einem Jahr«, bestätigt Paul Halmos, Professor in Princeton, der die Suchanfrage in einem notariell beglaubigten Brief vom 24. November 1941 gestellt hatte, »habe ich eine Karte vom für Kriegsgefangene eingerichteten Informationsdienst des Internationalen Roten Kreuzes bekommen, an das ich meine Anfrage bezüglich meines Kollegen, des französischen Mathematikers Wolfgang Doblin [sic], gerichtet hatte. Mit dieser Post hat mich das Rote Kreuz darüber informiert, daß es ihnen nicht gelungen sei, auch nur die kleinste Spur von Wolfgang Doblin zu finden, und daß er demzufolge als vermißt [missing] gelte.«[4]

»Vermißt« oder »bei Kampfhandlungen vermißt« (»missing in action«) lauten die für gewöhnlich gebrauchten Formulierungen in Alfreds Korrespondenz.[5] Es scheint, als habe der Vater im Gegensatz zu Erna keine große Hoffnung gehabt, seinen Sohn lebend wiederzusehen. Der ständige Zweifel hielt beide in einer Beklemmung gefangen, die zerstörerischer war als Angst oder Unruhe. Hinzu kamen die Sorge um das tägliche Leben und die mit dem Emigrantenstatus verbundenen Frustrationen, die gewiss schwieriger zu ertragen waren als im Pariser Exil. Als MGM seinen Vertrag nicht erneuert, muss Alfred ab Oktober 1940 von achtzehn Dollar Arbeitslosenunterstützung plus Zuwendungen von Peter und Zuschüssen aus dem Writers Fund, den besser situierte Exilanten finanzierten, leben. Im November zieht die Familie nach Hollywood, in die North Citrus Avenue, Nr. 1347. Der Traum von Hollywood wird nicht lange dauern, wofür die bitteren Zitronen ein Symbol sind. Derselbe Mann, der 1929 mit Thomas Mann um den Nobelpreis für Literatur wetteiferte, ist gezwungen, von der Wohlfahrt zu leben und die Hilfe seines alten Gegners anzunehmen, der zu den Haupteinzahlern in den Writers Fund gehört. Ab Februar 1942 unterstützt Alfreds Berliner Freund Arthur Rosin, ehemaliger Bankdirektor in Darmstadt und seit 1936 in New York ansässig, die Familie Döblin sehr großzügig, nachdem sie ihn um Hilfe gebeten hatte. Doch Sorgen und Angst nagen weiter an Wolfgangs Eltern, deren Gesundheit sich verschlechtert. Im Dezember desselben Jahres hat Alfred einen Herzanfall, während Erna wegen Problemen mit der Gallenblase und Amöbenbefall ins Krankenhaus eingewiesen wird. Der fünfundsechzigste Geburtstag des Schriftstellers am 14. August 1943 ist Grund genug für ein großes Fest, zu dem einhundertachtzig Leute in ein kleines Theater in Santa Monica kommen. Heinrich Mann hält die Rede; Eisler und Schönberg sorgen für den musikalischen Teil des Abends, während der Regisseur Berthold Viertel die Gratulationskarten vorliest. Mehrere Schauspieler, darunter Fritz Kortner (Doktor Schön in *Die Büchse der Pandora*) und Peter Lorre (*Eine Stadt sucht einen Mörder*) leihen ihre Stimme der Prosa des Helden des Tages.

Unvermeidlich wird aus der Ehrung ein großes Missverständnis. Auf die Marxisten, die Alfred, dem arbeitslosen Arzt der Armen und antifaschistischen Emigranten dazu gratulierten, die zweitausendvierhundert Seiten seines Buches *November 1918* den Helden und Märtyrern der deutschen Revolution gewidmet zu haben[6], reagiert der unverbesserliche Spielverderber mit einer Rede über die verhängnisvollen Folgen des Relativismus und die Notwendigkeit, das Absolute als Horizont und Leuchtfeuer des Denkens anzuerkennen. »Die Zuhörer wussten mit diesem Glaubensbekenntnis nichts anzufangen und verließen den Saal in betretener, zwiespältiger Stimmung«, erzählt ein Zeuge. Brecht wird ein (eher grausames) Gedicht über diesen »peinlichen Zwischenfall« schreiben. Döblin bestätigt rückblickend: »Ich nahm mich und uns alle von dem großen Gericht nicht aus, das sich an der Welt entlud. Man lehnte mich schweigend ab. Es war keine Rede für eine Geburtstagsfeier.«[7] Der Übertritt der Familie Döblin zum Katholizismus ist ohne jeden Zweifel für alle Beteiligten das völlig unerwartete Ereignis in diesen vier schwierigen und schmerzlichen Jahren des amerikanischen Exils. Gelinde gesagt, verstanden Alfreds Freunde es überhaupt nicht. Sie waren zum größten Teil Freidenker und von mehr oder weniger langen Beteiligungen an der marxistischen Bewegung geprägt. Und viele waren Juden, und selbst wenn sie zumeist alle Verbindungen zu ihrer Religion abgebrochen hatten, stärkten die Solidarität mit ihren verfolgten Brüdern und ihre eigene Erfahrung als Opfer des Antisemitismus bei vielen das Gefühl, zu einer Gemeinschaft zu gehören, die allen Grund hatte, sich über die Haltung der Kirche ihr gegenüber zu beklagen. Zum Glück stießen Alfred und Erna bei ihrer Suche nach Fürsprechern auf zwei oder drei gut situierte amerikanische Jesuiten, die wie die meisten Mitglieder ihres Ordens neben großer Gewandtheit und nicht weniger bemerkenswertem psychologischem Einfühlungsvermögen solide intellektuelle Fähigkeiten besaßen. Da sie wohl verstanden, mit welcher Art Gemeindemitgliedern sie es zu tun haben, geleiteten Pater Cornelius J. MacCoy und Pater Harold E. Ring Alfred und seine Frau mit größter Diskretion zum Taufbecken – trotz des ganzen (im wahrsten Sinne des Wortes) »Hollywood-Rahmens«, denn die Szene spielte schließlich in Hollywood, um genau zu sein, am 30. November 1941 in der Kirche zum heiligen Sakrament (Blessed Sacrament Church). Man kann sich vorstellen, wie schwer es Alfred gefallen ist, mehrere Jahre darüber zu schweigen, dass er konvertiert hatte, wo er doch sonst immer sofort seinen Enthusiasmus und seinen Abscheu von den Dächern herab verkündete. Seine Verschwiegenheit war reine Vorsicht, denn die meisten Organisationen und Menschen, von denen der Unterhalt seiner Familie abhing, hatten direkt oder indirekt mit der jüdischen Gemeinde zu tun, die Konversionen äußerst ungern sah. Die meisten amerikanischen Katholiken gaben sich zudem betont antisemitisch. »Beurteilen Sie die heilige Lehre nicht nach Haltung der Katholiken«, sagte Pater MacCoy. Stephan bekam den Rat, nie auf seine Abstammung anzuspielen, aus Angst, man könne ihn aufgrund von Gerüchten in der Schule oder anderswo als Fremdling betrachten. Da er gleichzeitig Arbeit in einer »jüdischen« Firma gefunden hatte, kann man sich vorstellen, welche Identitätskrise das bei einem empfindsameren Menschen hätte auslösen können. Von Exil zu Exil spielte sich dieselbe finstere Komödie wie eine Art Fluch ab, sodass Erna, die ein bisschen empfänglicher für antisemitische Beschuldigungen war, sie im Zusammenhang mit den »Sünden [ihrer] Vorväter« betrachtete.[8] Als eingebürgerte Franzosen hatten die Döblins – außer Peter, der die amerikanische Staatsangehörigkeit angenommen hatte – wenigstens das Glück, nicht als »feindliche Fremde« (*enemy aliens*) angesehen zu werden wie die deutschen Flüchtlinge oder die japanischen Emigranten. In Kalifornien durften die Körfjuden (von *curfew* wie Ausgangssperre) abends nach einer bestimmten Uhrzeit nicht mehr ihr Haus verlassen. In New York durften sie sich ohne Genehmigung nicht weiter als fünf Meilen von ihrer Wohnung entfernen: in gewissem Sinn eine Variante der Sabbatlinie, die »Big Apple« in ein Riesenghetto verwandelte, das für ihre in Frankreich in den Konzentrationslagern von Vichy dahinvegetierenden Landsleute, die das Schlimmste erwarteten, das Paradies gewesen wäre.

Der Krieg veränderte sein Gesicht. Am 6. Juni 1944 landeten die Alliierten in der Normandie. Immer noch unberechenbar (aber in keiner Weise inkonsequent, wenn man weiß, dass es zu seinen Verhaltensregeln gehörte, nie dort aufzutauchen, wo man ihn erwartete), gehört Alfred neben Bertolt Brecht, Ernst Bloch und Heinrich Mann zu der Gruppe, die den von Wieland Herzfelde in New York gegründeten Aurora-Verlag unterstützte. Unter der Flagge des berühmten Panzerkreuzers von Petrograd erscheint zwei Jahre später mit dem Titel *Sieger und Besiegte* ein Fragment des Romans *November 1918*. Dabei weigert sich Döblin, seine Unterschrift für den marxistisch orientierten Council for a Democratic Germany zu geben. Schließlich gibt er keinem der beiden Systeme das Recht, die Welt zu leiten: »[...] und nun konstatieren Sie«, schreibt er am 18. März 1945 an Viktor Zuckerkandl, »was man auch von Europa kennt und was eben dem [kapitalistischen] Wirtschaftssystem anhaftet, absolute Unwürdigkeit, ›Lohnsklaverei‹ etc. [...] (Nehmen Sie aber theoretisch die Gegenseite, die das ›Profitsystem‹ nicht kennt, etwa die russische, – was sagt das freie Individuum da? Ich glaube, es klagt andersherum).«[9] Stephan entscheidet sich, bevor er seine Grundausbildung macht, seine französische Staatsbürgerschaft zu behalten, und Erna und Alfred sind mehr denn je entschlossen, nach Europa zurückzukehren, wo sie sich zu Hause fühlten, wenn dieser Ausdruck überhaupt noch einen Sinn haben konnte – nach zwölf Jahren Exil und dem Ende mehrerer Welten: der Welt ihrer Jugend und ihres reifen Alters, der Berliner Welt des Alexanderplatzes, der Welt des »Jiddischlands«, der Lichterstadt Paris und des fernen Pommern, das der Stettiner Schneider Max eines Tages im Jahr 1888 am Arm einer kleinen Näherin verließ, um das große Glück zu suchen und nach dem Wind zu jagen.

Am 20. März teilt Marie-Antoinette ihnen in einem Brief mit, dass Wolf am 21. Juni 1940, am Tag vor dem Waffenstillstand, in Housseras (in den Vogesen) gefallen sei.

| KAPITEL 28 |

»Wolfgang, du warst der zweite unter den Brüdern, der ernsteste, reifste, [k]lügste und tiefste, auch der verschlossenste. Deine Mutter brach in Hollywood auf dem Bett zusammen, als nach den langen Jahren des Wartens endlich ein Wort über dich kam. Der Brief war von einer Studienfreundin von dir. Nach einem einzigen Blick auf die Zeilen hatte deine Mutter das Wort ›tué‹* gesehen, und wie ein Schuß traf es sie selbst mitten ins Herz. Er war hin. Er hatte alles kommen sehen. Beim Heranrollen der Nazihorden befiel ihn wohl dasselbe Staunen, die dumpfe Beklemmung und die lähmende Beängstigung, die über mich von Zeit zu Zeit fiel, gemischt mit Ekel, in den Wochen der Flucht. Ein teuflisches, schon nicht bloß physisches Verhängnis. Der Teufel machte sich ungehindert an uns heran, schon war uns das Ich genommen. So ging es dir. Du sahst die Übermacht. Du fielst, du strecktest die Waffen nicht vor jenen. Was magst du erlebt und erlitten haben in diesen Tagen[?]«[1]

Marie-Antoinettes Brief ist in keinem Archiv aufbewahrt, und offensichtlich weiß niemand mehr, wie darin die Umstände von Wolfs Tod geschildert wurden. Sicher ist, dass keine Rede von Selbstmord war, weil Monette entweder nichts davon wusste oder es vorzog, aus Rücksicht gegenüber den Eltern ihres verstorbenen Freundes die Wahrheit zu verschleiern. Der Brief, den Alfred am nächsten Tag an Peter schreibt, um ihm die Neuigkeit mitzuteilen, enthält jedenfalls eine wenig wahrheitsgetreue Version von Wolfgangs Tod und den Umständen seiner Entdeckung: »[...] und dann

* Im Text auf Französisch: »getötet«.

haben wir [...] von Wolfs Freunden, die inzwischen nachgeforscht haben, die Nachricht erhalten, dass Wolf am 21. Juni 1940 in den Vogesen bei einem Patrouillengang gefallen ist. Wir haben mitgeteilt erhalten, wo sich da in einem Dorf in der Nähe sein Grab befindet. Der Kamerad, mit dem er Patrouille ging, blieb leben und meldete es.«[2]

Diese Version, nach der Wolf mit der Waffe in der Hand im Kampf starb, blieb zu Lebzeiten seiner Eltern die einzig offiziell anerkannte, obwohl der Schriftsteller und seine Frau im November 1945 von den tatsächlichen Umständen des Todes ihres Sohnes erfuhren. Ein Brief von Alfred an Erna, die aus dem Munde einer Einwohnerin von Housseras (von Madame Siram?) die Wahrheit vernommen hatte, bezeugt dies unmissverständlich (ein Auszug aus diesem Brief vom 28. November 1945 wurde zum ersten Mal – in einer zudem mit Lesefehlern behafteten Version – im Rahmen der Ausstellung zum hundertsten Geburtstag von Alfred Döblin in Marbach veröffentlicht; Alfred hat den Brief aus Baden-Baden geschrieben, wo er gerade sein neues Amt als Beauftragter im Dienst der französischen Behörden übernahm, sodass er Erna bei ihrer Pilgerreise nicht begleiten konnte):

Chère Erni, un jour a passé après cette lettre de ton voyage. Es geht dir gewiß wie mir: es erregt und verfolgt einen; es ist [unlesbares Wort] unsäglich qualvoll, daß unser Junge so weggegangen ist. Er hat so gearbeitet, war so ordentlich, aufmerksam, bemüht, er trieb seine mathem. Sachen noch im Feld und es ging vorwärts, aufwärts mit ihm; er hatte Kameraden, mit der jungen Tonnelat war er befreundet, und dann wird er in eine so grausige Situation getrieben – und weiß sich keinen Rat, muß mit allem ein Ende machen – es ist unvorstellbar, der Gedanke ist zerreißend und fürchterlich – und keiner da, der ihm hilft und beisteht. Der Gedanke, nicht den Nazis in die Hände zu fallen, war ja fest in ihm; wenn er doch nicht so fest gewesen wäre, – vielleicht hätte er noch die Möglichkeit zur Flucht gehabt. Warum diesem Jungen solch Ende, und er hat noch alles vor sich und steht in Blüte, und ich altes Geschöpf lebe, und das muß auf uns fallen. Man muß leben bleiben, um so geschlagen zu werden. – In den letzten Jahren näherte er sich mir langsam, er hing ja eigentlich nur an Dir, aber ging mir nicht mehr so wie früher aus dem Weg, und ich hoffte, wir werden noch ganz gut werden; und hoffte immer während des Krieges, er möchte noch am Leben sein, damit zwischen uns alles gut würde, – nein. Und du, Erni, ich weiß, was Du zu leiden hast; daß ihm solch Ende bereitet wurde. – Ich bete morgens und abends für ihn; obwohl ich, ich schrieb es Dir schon, zwischendurch mir denke: ich muß ihn bitten, daß er für mich bete. Und so ist es auch. Er ruht längst, wie es heißt: »Im Schoß des Vaters«. Die Schlakke ist von ihm abgefallen. Sein Ende hat mir einen fürchterlichen Schmerz bereitet; es ist viel schlimmer als das leichte »Fallen« im Feld; nicht einmal das fiel ihm zu. Ach, Erni, ich möchte Dich trösten; habe Geduld mit mir, ich will bald besser werden. – Ich umarme dich,

*Dein F.**[3]

Was genau hatte Erna während ihres Aufenthalts in Housseras über die Umstände des Todes ihres Sohnes erfahren? Niemand im Dorf wird die Version bestätigt haben können, nach der Wolf bei einer Aufklärungsmission ums Leben kam. Mehrere Zeugen – die Triboulots, Marguerite Cordonnier und andere Nachbarn und Nachbarinnen – hatten den Schuss vernommen und den leblosen Körper des Soldaten auf einem Heuhaufen im hinteren Teil der Scheune ausgestreckt liegen gesehen. Unfall oder Selbstmord, alles sprach für die zweite Hypothese, die niemand, angefangen beim Pfarrer von Housseras, Abbé Haensler und seinem Nachfolger, Abbé Thomas, je zu bezweifeln dachte. Das kann die Eile erklären, mit der Wolfgang am Nachmittag des 21. Juni ohne Sarg, in eine einfache Decke gehüllt, wobei sein Soldatenmantel sein Gesicht bedeckte[4], begraben wurde. Auf keinen Fall konnte ein katholischer Priester gemäß kanonischem Recht, wie Louis Huguet bestätigt, die kirchliche Bestattung eines nichtidentifizierten Soldaten unbekannter Religionszugehörigkeit vornehmen. Aber hatte man sich wirklich bemüht herauszufinden, wer dieser Soldat war? »Bei der Leiche fand man weder Papiere noch sonst einen Hinweis auf die Identität des

* Für »Fre«, Diminutiv von Alfred.

Verstorbenen«, stand in der am 30. Dezember 1940 ausgestellten Sterbeurkunde. Doch vier Jahre später, im April 1944, als sein Leichnam exhumiert wurde, fand man außer Wolfs Brille auch Teile eines Armreifs, die es ermöglichten, den Unbekannten zu identifizieren. Die Fortsetzung der Geschichte ist zum großen Teil Ernas Werk, die bis zu ihrem Tod im Jahr 1957 eine Art Kult um Wolfgangs Person betreibt. Ein zweites Mal lässt Pater Renard seinen ehemaligen Untergebenen im Armeebefehl ehrenvoll erwähnen. Für seine heldenhafte Verteidigung mit der Waffe am 16., 17. und 18. Juni in der Umgebung von Bénestroff erhält Wolfgang am 21. November 1946 posthum das Kriegsverdienstkreuz mit Palme. In dieser – nach der vom 19. Mai 1940 – zweiten lobenden Erwähnung heißt es ohne Angabe der näheren Umstände, dass »Vincent Doblin am 21. Juni in Housseras (Vogesen) den Tod fand«. Nach einem Erlass vom 11. Februar 1948 folgt die Verleihung der Tapferkeitsmedaille. Erna achtet darauf, dass die blau-weiß-rote Fahne auf Wolfgangs Grab daran erinnert, dass ihr Sohn für Frankreich gefallen ist (die Bemerkung als solche wird erst im Juli 1979 in die Sterbeurkunde eingetragen). Seit sie das erste Mal in Housseras war, konnte sie den Anblick der Kreuze, mit den darüber hängenden Stahlhelmen der Wehrmacht nicht ertragen, mit denen all die Gräber deutscher Soldaten gekennzeichnet waren, die Wolfgangs Ruhestätte umgaben. Mit der gleichen ängstlichen Sorgfalt wird sie darüber wachen, dass niemand (angefangen bei Wolfs eigenen Brüdern) die »fromme Legende« bezweifelt, nach der Wolfgang bei einer Aufklärungsmission den Tod fand. Alfred wird nie wagen (und hätte er es überhaupt gewollt?), das Verbot öffentlich zu übertreten. Wenn man Robert Minders Worten Glauben schenkt, litt Alfred innerlich darunter, seiner Frau und sicherlich auch seinen Kindern zuliebe wieder einmal die Wahrheit verzerren zu müssen. Von heute aus betrachtet, fällt es schwer, den Eifer zu verstehen, mit dem Wolfs Eltern bis zu ihrem Tod (und darüber hinaus, indem sie die »fromme Legende« an ihre Nachfahren weitergaben) die Verbreitung einer Wahrheit verhindert haben, die in unseren Augen keineswegs ehrenrührig und weder für den einen noch den anderen geheimnisvoll war. Damit lässt man jedoch die Atmosphäre der Nachkriegsjahre außer Acht, jene moralische Ordnung, die in den bürgerlichen und insbesondere den katholischen Kreisen unter dem Pontifikat Pius XII. vorherrschte. Lange Zeit hat die katholische Kirche Selbstmördern eine kirchliche Bestattung verweigert. Erna, deren Glaube an Bigotterie grenzte, fürchtete vielleicht sogar, dass ihrem Sohn mit der Verbreitung der tatsächlichen Umstände seines Todes die Erwähnung »Gefallen für Frankreich« und möglicherweise die posthumen Ehrungen aberkannt würden (zum letzten Punkt waren ihre Befürchtungen grundlos, denn Wolfs mutiges Verhalten in den Junitagen rechtfertigte ganz allein die Verleihung des Kriegsverdienstkreuzes am Bande beziehungsweise der Tapferkeitsmedaille). Doch jenseits dieser Erwägungen, die sich aus dem Bemühen um Ehrenhaftigkeit ergeben und dabei einen bedrückenden Konformismus verraten, schien Wolfs Tod in den Augen seiner Eltern mit großer Symbolkraft behaftet. Sein Opfer besiegelte nicht nur die endgültige Adoption der Familie durch die Gemeinschaft, die sie aufgenommen hatte; für Alfred, der von Schuldgefühlen gequält wurde, war es vor allem ein Instrument der Erlösung, die übernatürliche Kraft, die, wie er hoffte, aufgrund des Prinzips der »Gemeinschaft der Heiligen« die Macht besaß, seine eigenen Sünden zu tilgen, wenn Reue und Gebet nicht ausreichen sollten. Monette Tonnelat hatte in einem am 13. Juni 1945 an Erna gerichteten Brief die gleichen Gefühle ausgedrückt: »Manchmal scheint es mir, daß der Wert, den Wolf darstellte, sein Mut, seine Güte nicht völlig verloren sein können und daß all das bewahrt wird und uns irgendwohin vorausgeht.«[5] Indem Erna und Alfred die Tatsachen leugneten, gaben sie in einer Art magischem Vorgang dieser mystischen Vision Gestalt. Dagegen macht die Anerkennung und Verbreitung des Selbstmords Wolfgang wieder zum Menschen. Die Gestalt Christi wurde wieder zu einem Opfer, der Fürsprecher zum widerwilligen Helden, der wie viele andere in der Geschichte des Jahrhunderts verankert ist, halb eine Plutarchsche Gestalt, halb Ewiger Jude. Wolf wäre ohne die blau-weiß-rote Fahne ein vorweggenommenes Opfer von Auschwitz geworden, das die Neufranzosen und Neuchristen wieder an ihre verleugneten Ursprünge verweist: ein Stamm pommerscher Juden – in alle Winde verstreut, ohne finanzielle Mittel, ohne Beruf und festen Wohnsitz, lebende Luftmenschen, würdige Nachfahren von Max dem Luftikus – ein Schriftsteller ohne Leser, ein Ärzteehepaar ohne Patienten, dessen Sohn »immer in den Zahlen« schwebte und die Berechnung des Ungewissen beherrschte, für die es keine Neunerprobe gibt ...

In den enttäuschenden Nachkriegsjahren, in denen Westeuropa – das gerade erst die Gräuel der Konzentrationslager Hitlers entdeckt hatte, aber vor dem sowjetischen System und der Ausbeutung der Kolonien eisern die Augen verschloss – sich in einer Atmosphäre des Kalten Krieges, die wenig geeignet war, die alten Nazis, die immer noch ihr Unwesen trieben, auszurotten, wieder an die demokratische Normalität gewöhnte, war Alfreds Stimmung sehr gedrückt. »Beglückwünschen jemanden, daß er (wie auch ich) alt genug wurde, um diesen Jammer mitzuerleben«, schreibt er im April 1945 an Egon Erwin Kisch, »[...] kommen einem nicht die Worte des Jeremias, die schrecklichen Worte eines wahrhaft Frommen [...] [in den Sinn]: ›Verflucht sei der Tag, darin ich geboren bin [...]. Warum bin ich doch aus dem Mutterleib hervorgekommen, daß ich solchen Jammer und Herzeleid sehen muß?‹«[6] Einem Journalisten, der ihn in schönster Unwissenheit fragte, welchen Nutzen er aus der Erfahrung des Exils gezogen habe, antwortet der Schriftsteller: »[...] die Eindrücke und der Gewinn, den man zieht, der besteht darin, daß man zunächst einmal kurz und klein geschlagen wird. [...] wo ist der Gewinn? [...] ich war mehr gepanzert [als meine Frau], ich war gewappnet, ich hatte mein Eigentum, mein inneres Eigentum trug ich sehr mit mir herum [...] Aber zunehmend schlug die Emigration stärker auch durch diesen Panzer hindurch, [...] wenn Sie die Bücher sehen würden, die ja noch gar nicht gedruckt sind, die in der Zeit geschrieben sind, könnten Sie sehen, die Spuren oder die Raubzähne, die Reißzähne der Emigration, die diesen Panzer zerriß [...].«[7]

Im August 1945 schlug Monettes Schwiegervater Ernest Tonnelat, Germanist und Professor am Collège de France, Alfred vor, nach Baden-Baden zu kommen, um für die französische Besatzungsmacht zu arbeiten. Der Schriftsteller Otto Flake beschreibt in seinen Memoiren die ungewöhnliche Erscheinung des Heimkehrers: »Er trug Uniform und besaß Oberstenrang. [...] Man hatte ihn geholt, um, wie er sich ausdrückte, das Verlags- und Zeitschriftenwesen anzukurbeln. Praktisch war er Zensor, und die letzte Entscheidung lag nicht bei ihm [...] Wir rechneten es ihm hoch an, daß er sich jede Mühe gab, gerecht und wohlwollend zu sein. Döblin war in einer tragischen Lage; er dachte deutsch und mußte die Worte mühsam ins Französische übersetzen; er stand seinen Kollegen in der Uniform des Okkupanten gegenüber ...«[8]

Wie ich bereits sagte, war Döblin selbst das einzige Opfer des strengen Zensors Döblin, der sich verpflichtete, seinen *Wallenstein* nicht neu aufzulegen unter dem Vorwand, dass die Nazis ihm den Scheiterhaufen erspart hatten. Die französischen Behörden hinderten ihn ebenfalls daran, seine umfangreiche Trilogie (oder gar Tetralogie?) *November 1918* in ihrer ursprünglichen Fassung zu veröffentlichen, da der erste Band, *Verratenes Volk*, die Ereignisse von 1918 im Elsass in einer Weise schildert, die wenig mit der offiziellen Version übereinstimmt. Wieder einmal befand er sich zwischen Hammer und Amboss, zwischen seinem (sprachlichen und literarischen) Geburtsland und seinem Adoptivland, und trotz seines offensichtlich guten Willens gelang es ihm, bei den einen wie den anderen schlecht angesehen zu sein – ehrlich gesagt, vor allem bei den Deutschen, die während des Dritten Reichs im Lande geblieben waren und von denen einige den vorgesehenen Opfern nicht verziehen, die Ausrottung überlebt zu haben (wie der große Dichter Paul Celan bitter erfahren musste).

Das Wiedersehen mit Berlin war für Alfred ein Jammer. »Als ich 1933 diese Stadt verließ, stand sie reich und prächtig, geräuschvoll, quasi gemästet da, mit einem Übermaß an Leben.«[9] Vom Alexanderplatz aus dem Roman ist nichts mehr übrig geblieben. »Ich bin wie Diogenes mit der Laterne, ich suche und finde nichts.«[10] »Es gibt nicht den Wintergarten, das große Varieté mit seinem Sternenhimmel, – nicht das Zentralhotel. In der Ecke zu den Linden gab es das große Viktoria-Café. Du entdeckst Höhlen, Eisenschienen und Mauersteine. So überall. Wozu eigentlich darin stöbern?«[11] Im Schloss Charlottenburg spricht der ehemalige Unruhestifter vor einem mit dem Marxismus sympathisierenden Publikum, das genauso wenig bereit ist, seine Appelle zur moralischen Reform und zum Gebet anzuhören, wie die Gegenseite ihm dabei zusehen möchte, Rosa Luxemburg und Karl Liebknecht wieder auferstehen zu lassen. Doch in den düsteren Tagen, in denen er in seinem kleinen dunklen schlecht geheizten Zimmer in der Pension Bischof in Baden-Baden zwischen zwei Vorlesungen oder der Erledigung von Post im Büro des Kurhotels versucht, die verstreuten Teile seiner inneren Welt und seiner eigenen Geschichte zusammenzufügen, bewegt ein anderes Bild den Geist des alten Schriftstellers: »Immer der Gedanke an das schreckliche Unglück unseres Wolfgang«, schreibt er in sein Tagebuch. »Es ist unfaßbar. Ich bete 3x am Tage für ihn. Wie damit fertig werden [?] – Mein neues Buch wird ihm gewidmet werden, – natürlich –, ich rühre an seine (und meine) Geschichte.«[12]

Die Idee zu seinem letzten großen Roman *Hamlet oder Die lange Nacht nimmt ein Ende* kam Alfred Döblin im August 1945 in Hollywood, nachdem er einen Zeitungsartikel über den Angriff eines japanischen Kamikaze-Flugzeugs auf ein englisches Kriegsschiff, auf die ›Ole Miss‹, gelesen hatte. In den vorangegangenen Monaten hatte er mehrere Kurzgeschichten geschrieben oder entworfen, für die er ein geeignetes Bindeglied in der Art von Scheherazade in *Tausendundeine Nacht* suchte. Plötzlich sah der Autor seine Figur vor sich – den Helden des Buches, dem alle diese Erzählungen gewidmet sind. »Er lag krank da, er war verwirrt, zerrissen, – es war Edward, der vom Krieg heimkehrend sich nicht mehr in sich zurechtfand. Er wurde ein Hamlet, der seine Familie analysiert, um zu erfahren, was ihn krank und schlecht gemacht hat.«[13] Die Arbeit, notiert Alfred in seinem »Journal 1952/1953«, nahm allmählich das Ausmaß eines großen Werkes an. »Es wurde eine Art psychoanalytischer Roman […]. Woher die Kriege, wer war schuld an dem letzten Krieg, wer wird schuld an den neuen Kriegen sein? […] Ein unbeschreibbares schweres Schreckgefühl[,] das er nicht abschütteln kann, sitzt seit der Kindheit in der Brust des jungen Mannes, des Hamlet, der hier Edward heißt […]. Was steckt hinter diesem rätselhaften Schreckbild, das mit der Stärke einer Halluzination immer wieder über ihn fällt?«[14]

Wenn Alfred letzten Endes doch darauf verzichtete, dieses letzte große, weniger autobiografische als fantastische Werk Wolf zu widmen, dann weil er fürchtete, dass der Leser die Wahrheit der Fiktion allzu naiv mit der Wirklichkeit des Erlebten gleichsetzen könnte. Edward ist genauso wenig Wolfgang wie seine Mutter Alice Erna ist, und deren Gatte Gordon Allison alias Lord Crenshaw, der egoistische und tyrannische Schriftsteller mit dem Aussehen von Orson Welles, Alfred selbst (für den Fall, dass jemand daran zweifelte, würde der Unterschied der Konstitution zwischen dem Schriftsteller und seiner Person denen, die an der autobiografischen Deutung festhielten, ein ironisches Dementi bieten). In Alfreds Augen ist Edward nicht Wolfgang, sondern sein unbesänftigter Geist, der zurückgekehrt ist, um die Lebenden heimzusuchen. Wie in den Gespenstergeschichten, die den Hintergrund japanischer Dramen der Nô-Tradition bilden, mischt sich der Geist des Toten (hier in Gestalt des halb stummen und gelähmten Edward) unter die Lebenden und verlangt von ihnen Wiedergutmachung für das Böse, das sie ihm angetan haben. Mit ihm fordern alle Opfer des Krieges Gerechtigkeit und stellen die früheren Generationen, die für das Chaos verantwortlich sind, in Frage. Doch das kollektive Böse ist nur die aufgelaufene Summe der intimen Zerstörungen, der verborgenen Verbrechen, die in den Familien von Generation zu Generation insgeheim weiterbestehen und die Erbsünde neu aufleben lassen. All die Lügen, die Alfred seit seiner Jugend in sich und um sich herum gedeihen ließ, diese Summe von Feigheiten, der gegenüber seiner Meinung nach das Schreiben nur einen bescheidenen Versuch der Sühne darstellt – erwähnen wir lediglich der Tatsache wegen, dass er Frieda und sein Kind verließ, ein Doppelleben zwischen Ehefrau und Geliebter führte und beide belog. Aber noch gravierender als alles andere war seine Weigerung, sich selbst so zu sehen, wie er war, und seine Angst, wählen zu müssen – all das mit

Tausend und Millionen multipliziert beschwert das Gewicht des »Karma« der menschlichen Art, erschafft diese Welt, in der ein Mann wie Adolf Hitler als Retter auftritt und ein Junge namens Wolfgang Dœblin mit einem Schuss in den Kopf sein Leben beendet, um den Henkern zu entgehen. Saint-Exupérys Ausspruch vom »ermordeten Mozart« gewinnt plötzlich eine neue, erstaunliche und abscheuliche Bedeutung, wenn man begreift, dass wir, dass ich (sagt sich Alfred) diesen Sohn getötet habe, indem ich die Waffe lud. Wer würde sich mit halbherzigen Maßnahmen und falschem Schein begnügen, wenn er sich der Wurzeln des Übels bewusst geworden ist? In einer Welt der Lüge, sagte Kafka, ist das Gegenteil der Lüge nicht die Wahrheit, sondern eine *Welt der Wahrheit*. Besessen von der Schuld finden die Personen in Döblins *Hamlet* wie die von Dostojewski ihr Heil nur in einem Abstieg in die Hölle. Vater und Mutter trennen sich; jeder geht den Weg in den Abgrund, der zur Selbstzerstörung führt, bis zum Ende; erst im Angesicht des Todes werden sie wieder menschlich und finden Vergebung. Der Sohn Edward sollte nach Alfreds Entwurf Mönch werden, nachdem er endgültig den Lügen abgeschworen hatte. Da die Gefahr bestand, dass dieses Ende die Machthaber in der DDR verstimmen würde (im Osten nämlich fand sich ein Verleger für das Buch), ersetzte Döblin den letzten Satz »der Sohn trat ins Kloster ein« durch eine geniale diplomatische Formulierung, die ehrlich gesagt zu allem passte: »Ein neues Leben begann.« Dieses Happyend, das sich nach der Überwindung der Finsternis einstellt, ist für Alfred eine Art Untermauerung für die Macht der Fiktion – die er im Übrigen (was mich ehrlich gesagt betrübt) als Betrug anprangert, als eine Illusion, die uns von der Wirklichkeit entfernt und daran hindert, zu handeln. Und das ist nicht der unbedeutendste Widerspruch von allen, die unseren Mann beherrschen, seit er seine literarische Berufung erkannte. »Ich bin Arzt und habe eine große Abneigung gegen Literatur«[15], schrieb er 1921. Und sieben Jahre später in dem Curriculum Vitae, das er für die Berliner Akademie schreibt: »ich habe meine literarischen Werke nie als Kunstwerke im heutigen Fachsinn betrachtet [...], sondern als geistige Werke, die dem Leben dienen, welches geistiger Art ist.«[16]

Es ist ein gewagtes Unterfangen, sinnwidrig zum Motiv des Schreibens, in *Hamlet* nach Indizien zu suchen, die möglicherweise Wolfgangs Persönlichkeit und die Art der Beziehungen, die er zu seinen Eltern pflegte, erhellen. Doch nach der Lektüre einiger Seiten kann man nicht umhin, sich vorzustellen, dass Edward ihm in mehr als einer Hinsicht ähnelt. Sein Schweigen: »Du hast dich früher mit mir wenig unterhalten«, sagte sein Onkel, »auch mit anderen nicht. Ich hatte den Eindruck, du mochtest uns alle nicht. Es tat mir leid; denn du gefielst mir. [...] Aber du ließest keinen an dich heran.«[17] Sein Eifer fürs Studium: »Er findet keine Ruhe, er ist überwach. Man hat manchmal den Eindruck, daß er sich durch das Wachsein vor einem Rückfall in die Starre schützen will. Darum verschlingt er auch Bücher. Er sucht innerlich etwas, er weiß nicht was. Aber er muß suchen. Es ist ein Zwang.«[18] Und was wird über die intime, fast inzestuöse Zuneigung gesagt, die Edward und Alice verbindet? »Man ist zusammen, man ist eines. Und sowenig einem das Herz aus der Brust fallen kann, kann ein Kind von einer Mutter gerissen werden. [...] Ich ziehe dich an mich, wenn ich die Luft aufnehme. Und du, du drängst zu mir, du hängst dich an mich, weil du ja auch nicht ohne mich sein kannst.«[19]

Wir lesen diese Passagen natürlich nicht als Erinnerung daran, wie Wolf in Wirklichkeit war, sondern als das umgesetzte fragmentarische Bild, das Alfred sich von ihm macht und in das er seine eigenen Gespenster einbringt. Oder eher, wie ich bereits sagte, von seinem Geist, von seinem herumirrenden Doppelgänger, der dazu bestimmt ist, ewig in der vergifteten Erinnerung der Überlebenden die letzte schreckliche Szene seines vergangenen Lebens wiederzuerleben. Wie soll man dabei nicht an die Scheune in Housseras denken: »Ich fliege wie ein Geier über eine schwarze Schlucht und möchte herunterstoßen. Mein Hirn ist zersprengt, pulverisiert zu Atomen, ich muß es wieder zusammensuchen.«[20]

Was soll man solch schrecklichen Sätzen, für die es keine Antwort, keinen Trost auf menschlicher Ebene gibt, hinzufügen? Wenn es helfen könnte, dass Alfreds Seele Ruhe findet (denn wenn von den beiden eine vielleicht immer noch unversöhnt herumirrt, dann ist es die des Vaters; Wolfs Persönlichkeit besitzt keine solchen Grauzonen), möchte man ihm gern sagen, dass sein Teil der Verantwortung bei dem Unglück, das seinem Sohn zugestoßen ist, in Wirklichkeit – objektiv gesehen – nicht sehr groß ist. Vermutlich hätten die Döblins nicht so schnell ihre Einbürgerung erhalten, wenn Wolf und Klaus nicht in dem Alter gewesen wären, in dem sie zum Militärdienst eingezogen werden konnten. Ihr Status als ausländische Juden jedoch, die zudem aus Deutschland stammten, hätte die ganze Familie erst recht den Verfolgungen ausgesetzt, und zwar bereits vor dem Waffenstillstandsabkommen und dem darin enthaltenen Artikel 19. Bleibt noch die Flucht, die wie ein Verzicht erlebt werden könnte. Doch am 30. Juli, als Alfred, Erna und Stefan Marseille in Richtung spanische Grenze verlassen, lebt Wolf nicht mehr, sondern ruht seit über einem Monat auf einem Friedhof in einem Dorf in den Vogesen. Sucht man Gründe für Wolfs Tod, muss man als Erstes die Nazi-Invasion in Frankreich nennen, die aufgrund der schlechten Vorbereitung der französischen Armee und der Politik der Regierung der Republik möglich war; als zweiten Grund Wolfs Haltung, denn seine Überzeugungen und sein persönlicher Mut trieben ihn an die vorderste Front und setzten ihn dem Heldentod aus; und als letzten Grund die Sicherheit, infolge der Niederlage in Gefangenschaft zu geraten, denn in seiner Lage war der Selbstmord der einzige Ausweg, dem Erschießungskommando oder den Gestaposchergen zu entgehen.

Der Rest des Romanstoffs betrifft ausschließlich Alfred, der auf der Suche nach seiner eigenen Wahrheit gegen seine eigenen inneren Dämonen kämpft. Doch zu Beginn des zweiten Buchs erhebt sich der Roman mit der Erzählung »Die Mutter auf dem Montmartre« auf das Niveau bedeutender literarischer Texte der Weltliteratur. Es ist kein Zufall, dass Wolfs Person auf diesen Seiten erneut vorkommt, die das eiserne Warten einer Mutter beschreiben, die wider alle Vernunft hofft, ihren an der Front vermissten Sohn wiederzusehen. »Philippe Chardron – unter dem Namen findet sich keine Meldung in unserm Register. Er steht nicht bei den Lebenden und steht nicht bei den Toten. […] Ja, es waren schon manche aus der Gefangenschaft entwichen, die haben sich dann zum Maquis geschlagen [...]. Wer weiß, wie es vielen erging?«[21] An diesen Zeilen erkennt man, dass Erna im Grunde ihres Herzens während des ganzen Krieges nie akzeptiert hat, dass ihr Sohn, den die Figur der Mutter im Roman als ihren – im wahrsten Sinne des Wortes – »einzigen Sohn«[22] bezeichnet, bereits tot war. Die Hingabe, mit der sie die Erinnerung an ihn pflegte, ihr Entschluss, sich neben ihm auf dem Friedhof in Housseras beerdigen zu lassen[23], der seit dem März 1949 schriftlich niedergelegt war, zeugen nicht nur von ihrer tiefen Zuneigung, sondern auch von der Unheilbarkeit der Wunde, die sie an jenem 21. März 1945 erlitt, an dem sie von Wolfs Tod erfuhr.

Die letzten Lebensjahre von Alfred und Erna waren die düstersten. Seit dem Exil in Amerika hatte sich Alfreds Gesundheitszustand immer weiter verschlechtert. Er wurde erfolgreich am grauen Star operiert, aber sein Herz machte ihm Probleme, und die ersten Zeichen der Parkinsonschen Krankheit entgingen der Aufmerksamkeit des ehemaligen Neurologen und Spezialisten auf diesem Gebiet nicht. Die Depression, die ihn nach dem Scheitern seiner Hollywood-Hoffnungen latent bedrohte, verstärkte sich durch die Besorgnis um Wolfs Schicksal und die Enthüllungen über die Umstände seines Todes, setzte sich in den fünfziger Jahren endgültig in ihm fest und trieb ihn dazu, Deutschland erneut den Rücken zu kehren und sich wieder in Paris niederzulassen. Der Kalte Krieg, der allmähliche Zerfall der französischen Macht als Erbin der Aufklärung, die Rückkehr der konservativsten Elemente an die Spitze der Bundesrepublik, die fehlende Demokratie im Osten, das Scheitern seiner eigenen Versuche, eine Neugründung der deutschen Kultur auf politisch gesunder Grundlage (die Zeitschrift *Das Goldene Tor* wird 1951 eingestellt) zu unternehmen, all das sowie viele weitere Dinge verschwören sich, damit er sich selbst fremd fühlt in der Welt, die ihn umgibt. Aber vor allem interessiert sich niemand, außer ein paar Schriftstellerkollegen, für ihn. Die Verleger meiden ihn: »Auch müßte der Stil sehr sorgfältig überprüft werden«, schreibt ihm ein Papierhändler, dessen Namen wir verschweigen, »ob er nicht etwas einfacher und klassischer gestaltet werden könnte. Könnten Sie sich nicht vorstellen, daß Sie das Manuskript selbst noch einmal in eine andere Form brächten? Oder wüßten Sie jemand, der die Bearbeitung für Sie vorzunehmen imstande wäre?«[24]

»Ich bin hier nichts und überhaupt, was habe ich am Ende meines Lebens erreicht?«, schreibt der alte Schriftsteller. »Da reden und schreiben sie wesentlich über Kafka, und dann über Joyce, der ganz groß ist, – noch andere, – mein Name existiert nicht. [...] Meine Bücher sind zu schwer, zu dick, zu voll, und zu verschlossen. Ich bin nicht einfach, nicht eindeutig genug. Wo meine ›Zukunft‹ – [?] Ich habe mich schon überlebt, – ohne recht gemerkt zu haben, daß ich lebe. Ich erwarte nichts mehr. Ich bin ohne Hoffnung für mich.«[25]

Im September 1956 erlebt er als seine letzte Freude, wie *Hamlet* durch Vermittlung des Dichters Peter Huchel bei Rütten und Loening in Ostberlin verlegt wird. Kein Jahr später stirbt Alfred am 26. Juni im Krankenhaus von Emmendingen in der Nähe von Freiburg. Zwei Tage später wird er neben seinem Sohn begraben. Am 15. September desselben Jahres folgt Erna ihrerseits Wolfgang nach. Wie er hat sie beschlossen zu sterben. Der Grabstein aus Granit in Housseras hat die Form eines Triptychons. Alfred ruht zur Rechten von Wolf, Erna zur Linken. Sie halten ihn warm, wie die Toten warm halten können – im übertragenen Sinne.

Der Grabstein von Wolfgang Döblin in Housseras.

| KAPITEL 29 |

Die Nachricht von Wolfs Tod, die mit fünf Jahren Verspätung bekannt wird, erregt großes Aufsehen in der Gemeinschaft der Mathematiker. Auf dem Sieger-Kongress im Oktober 1945 in Paris erinnert Maurice Fréchet mit folgenden Worten an seinen ehemaligen Doktoranden: »[…] Wir wollen voller Rührung Wolfgang Dœblins gedenken, der aus Deutschland stammte, aber vor dem Krieg französischer Staatsbürger wurde. Als der Krieg ausbrach, wollte er aus tiefstem Herzen seinem Adoptivland gegenüber seine Dankbarkeit bezeugen, indem er voller Eifer auf dessen Seite kämpfte. Diesen Eindruck hinterließen meine Gespräche mit ihm; das beweist auch das Kriegsverdienstkreuz, das er verliehen bekam. Doch in diesem heftigen Kampf fand er am 22. [sic] Juni 1940 den Tod. Man kann nur hoffen, daß es möglich sein wird, die Unterlagen wiederzufinden, die er an seine Verwandten in Amerika gesandt hat, und auf jeden Fall eine zusammenfassende Darstellung der vielen Arbeiten anzufertigen, die er innerhalb weniger Jahre veröffentlicht hat.«[1]

Paul Lévy widmet sich als Erster dieser Aufgabe und veröffentlicht 1955 in der *Revue d'histoire des sciences* einen Artikel. Das Porträt, das er von Wolfgang zeichnet, ist weniger konventionell und scheint auf direkte Quellen, persönliche Erinnerungen oder Aussagen zu beruhen. Wir verdanken Lévy die Überlieferung jener bereits zitierten Worte, die Wolfgang in einer Diskussion zum Münchener Abkommen äußerte: »Ich habe das Recht, meine Meinung zu äußern, denn ich gehöre zu denen, die für ihre Ideen sterben können.«[2]

In der Würdigung, die der Meister der französischen Schule der Wahrscheinlichkeitsrechnung seinem jungen Mitarbeiter erweist, scheut er sich nicht, ihn mit zwei mythischen Figuren zu vergleichen, die in der Geschichte der Mathematik ungefähr die gleiche Rolle spielen wie Arthur Rimbaud in der Poesie: »Man ist immer erstaunt«, schreibt er, »über die Sicherheit und Genauigkeit seiner Überlegungen und über seine ungewöhnliche Fähigkeit, unterschiedlichste Schwierigkeiten zu lösen, die er entweder direkt anpackt oder für die er einen Umweg entdeckt. Um sich das Niveau vorzustellen, auf dem man ihn ansiedeln muß, glaube ich sagen zu können, daß man – seit Abel und Galois – die Mathematiker an den Fingern einer Hand abzählen kann, die so jung gestorben sind und ein derart umfangreiches Werk hinterlassen haben.«[3]

Ist das die Entstehung eines Mythos oder das Zugeständnis der Ohnmacht angesichts der schwierigen Aufgabe, ein teilweise unveröffentlichtes Werk zu lesen, zu verstehen und gegebenenfalls zu entziffern, das damals in Frankreich niemand wirklich begreifen kann und das niemand wirklich erforschen möchte?

Fréchet steht unter Schock, nachdem seine Frau von einem amerikanischen Militärlastwagen überfahren wird, und hat kaum die Zeit, sich effektiv um Dœblins Werk zu kümmern. Er vergisst die Existenz des versiegelten Umschlags und interessiert sich nicht mehr für Schriften und Notizen aus Wolfgangs letzter Zeit, die ihm Marie-Antoinette Tonnelat – der Wolfgang sie bei seinem letzten Urlaub anvertraut haben muss – zweifellos in den ersten Nachkriegsjahren übergibt. Trotz der ehrlichen Bewunderung, die Paul Lévy für seinen ehemaligen Mitarbeiter empfindet, ist er wie immer viel zu sehr mit seinen eigenen Forschungen beschäftigt, um sich für die Arbeiten anderer zu interessieren. Weder Robert Fortet noch Michel Loève geben sich große Mühe, die bereits bekannten oder kurz zuvor veröffentlichten Schriften ihres Kollegen intensiv zu studieren; und hätten sie es getan, hätten sie doch nichts kapiert, und darüber hinaus wussten sie genauso wenig wie Wolfgangs ganze Familie vom Vorhandensein des versiegelten Umschlags. Man muss sich vorstellen, in welchem Maße der Triumph der Bourbaki-Gruppe die Wahrscheinlichkeitsrechnung in Frankreich in den fünfziger Jahren zu einer beschädigten Disziplin degradierte. Auf geradezu bolschewistische Art hatten die unter dem Pseudonym »Nicolas Bourbaki« vereinten jungen Absolventen der *École normale* in der kleinen Welt der mathematischen Forschung in Frankreich ein einflussreiches Netz gewoben und zögerten nicht einmal, zu bestimmten Einschüchterungsmaßnahmen zu greifen, um ihre Macht zu festigen. Im Ergebnis, nachdem der Blendungseffekt vorbei war, blieb die mathematische Forschung in Frankreich für lange Zeit erfolglos, vergleichbar mit den Wirkungen, die in der Musik durch die Dominanz von Pierre Boulez und in der Literatur durch die Strömung des *Nouveau Roman* erzeugt wurden. Indem er das »abstrakte Maß« zugunsten des Radon-Maßes ausklammerte, trennte André Weil, der zweifellos einflussreichste Mathematiker der Bourbaki-Gruppe, die französische Forschung von der innovativsten Strömung auf dem Gebiet der Wahrscheinlichkeitsrechnung in dem Augenblick ab, in dem sie sich in der Nachfolge von Hadamard und Kolmogoroff (aber auch von Dœblin) im Ausland und vor allem in den Vereinigten Staaten durchsetzte. Nachdem Fréchet lächerlich gemacht, Fortet ins Abseits gedrängt worden war, Ville von der reinen Forschung zur angewandten Mathematik überging und Loève eine Dozentur in England und dann in den USA annahm, musste Doob, der Meister der amerikanischen Schule für Wahrscheinlichkeitsrechnung, der auf Initiative von Gustave Choquet nach Frankreich eingeladen wurde, den Spott und die Pfiffe des Empfangskomitees ertragen. Dieselben Herren behandelten einen Andrej Kolmogoroff, der zu einer Vortragsreihe nach Paris gekommen war, die bei den Zuhörern wenig Resonanz fand, von oben herab.

In der übrigen Welt hatten sich jedoch die Ideen des internationalen Fachverbands der Markowschen Ketten weiter verbreitet. Das Licht kommt aus dem Osten, zumindest in Bezug auf Wolf, der im Bereich der Wahrscheinlichkeitsrechnung zum Referenzautor bestimmt wird. Kai Lai Chung, geboren 1917, Student an der Universität von Kunming (Yunnan), entdeckt die Disziplin, als er die

Schriften von Borel und Fréchet liest. 1936 behandelt er in einem ersten Artikel (auf Chinesisch) ein Problem, dessen Titel die Meister des Zen-Buddhismus entzückt hätte: »Die Wahrscheinlichkeit, dass die Sonne aufgeht«. Der deutsche Statistiker und antifaschistische Emigrant Emil Julius Gumbel, der Chung geholfen hat, in die Vereinigten Staaten auszuwandern, gibt ihm 1945 Wolfgang Dœblins Dissertation und dessen Artikel »Éléments d'une théorie générale des chaînes simples constantes de Markoff«[4] (Elemente einer allgemeinen Theorie der einfachen konstanten Markowschen Ketten), der in den *Annales de l'École normale supérieure* erschien, zu lesen. Chung kannte den Namen Dœblin seit 1940. Nach dem Krieg wird auch der kroatische Mathematiker William Feller seine Aufmerksamkeit auf Wolfgangs Werk lenken, insbesondere auf seinen Artikel von 1938: »Sur deux problèmes de Kolmogoroff«[5] (Über zwei Probleme bei Kolmogoroff). Erst um 1950 befasst sich Chung, angespornt durch die Lektüre von J. L. Doob, der deren Bedeutung erkannt hat, intensiv mit diesen Abhandlungen. Von nun an wird er zum eifrigsten Verfechter von Dœblins Ideen. Bernard Bru erinnert sich, dass Chung beim Kolloquium in Blaubeuren mit tränenerstickter Stimme berichtete, wie erschüttert er bei der Lektüre von Wolfgangs Abhandlung über die allgemeine Theorie der Markowschen Ketten gewesen war. Das Gefühl, das er Erna gegenüber bekundet, als er sie in einem seiner Briefe[6] um ein Foto von Wolf bittet, hat etwas Rührendes. Dabei gilt Chung wie Doob nicht gerade als Mensch mit weichem Gemüt. Diese Zeichen, wenn man sie denn braucht, deuten darauf hin, dass Gelehrte auch nur Menschen sind und dass das Gehirn nicht (immer) der Feind, sondern (manchmal und häufiger, als man glaubt) der Verbündete des Herzens ist. Kai Lai Chung hat in seiner Jugend die von der japanischen Besatzungsmacht in China begangenen Gräueltaten erlebt, was durchaus erwähnenswert ist. Wolfs tragisches Schicksal ist dem Gefühl brüderlicher Bewunderung, das er ihm gegenüber empfindet, sicher nicht fremd. Und Emil Julius Gumbel, ein anderer emigrierter Jude, der sich eifrig für die Menschenrechte einsetzte, hat die Verbindung zwischen den beiden hergestellt. Ist das reiner Zufall?

Andernorts hatten sich Wolfgangs Schriften seit den vierziger Jahren verbreitet. Ein paar Wochen vor dem Einmarsch der Wehrmacht in Polen hatte Wolf das Manuskript seiner Abhandlung »Sur l'ensemble des puissances d'une loi de probabilité«[7] an die Zeitschrift *Studia Mathematica* in Lwow gesandt.

Nachdem jede Verbindung zwischen Frankreich und dem gequälten Polen abgebrochen war, wusste Fréchet, als er diese Abhandlung 1947 in den *Annales de l'École normale supérieure* veröffentlichte, sicher nicht, dass der Text nicht nur gedruckt, sondern in den Kreisen der sowjetischen Mathematiker seit Jahren auch diskutiert worden war. Es gab also eine russische Linie, die bei der Verbreitung von Wolfgang Dœblins Werken und Ideen eine gewisse Rolle gespielt hat. In einer 1954 auf Russisch veröffentlichten Arbeit legt der usbekische Mathematiker Tashmukhamed Alievitch Sarymsakov – in Begriffen, die an Chung[8] erinnern – die Wirkung der »Dœblin-Methode« ausführlich dar. In diesem exotischen Werk entdecken mindestens zwei Mitglieder der Freimaurerloge der Markowschen Ketten, der Rumäne I. Cuculescu und der Australier E. Seneta, nach eigenen Aussagen Dœblins wichtigen Beitrag zur allgemeinen Theorie der Ketten, der weit über die Ergebnisse von Kolmogoroff hinausgeht.[9]

Eine dritte Schule erregt die Aufmerksamkeit des Historikers, obwohl Wolfgangs Werk keinen direkten Einfluss auf sie ausgeübt hat. In den Nachkriegsjahren kommt die größte Neuerung auf dem Gebiet der Wahrscheinlichkeitstheorie aus Japan. Dank der von Kiyosi Itô aufgestellten Formel für das stochastische Integral können die Martingale der Prozesse dargestellt werden, mit denen Dœblin sich beschäftigt hat. Bernstein, Kolmogoroff, Feller und vor allem Lévy verfolgten diese Spur, aber Wolfgang hatte bereits im Sommer 1938 den Weg bereitet, der zur neuen Theorie führt. Um das zu begreifen, musste man allerdings das Jahr 2000 und die Öffnung des versiegelten Umschlags abwarten. Von da an war Wolf im Gegensatz zu Alfred in Japan bereits bestens bekannt. Inzwischen hat die Wahrscheinlichkeitsrechnung in der Mathematik ihren festen Platz gefunden. Die Einführung einer wirklich gültigen Theorie der stochastischen Prozesse, die eher unter der Ägide von J. L. Doob als von Itô erfolgte, kann auf 1953 datiert werden, als mit *Stochastic Processes* »die Bibel der neuen Wahrscheinlichkeitsrechnung« [10] erscheint.

Zwischen diesem Datum und der Veröffentlichung von Henry McKeans Buch *Stochastic Integrals* (1969) – eine Art mathematische Vulgata – hat sich erst im Bewusstsein der Mathematiker, dann in dem der Finanzexperten eine wahre Revolution abgespielt. »First, consider the sample path« (»Betrachten wir zuerst den Pfad«[11]) – dieser Ausdruck von Nassim Nicholas Taleb, einem Guru-artigen Trader, könnte seit den sechziger Jahren des letzten Jahrhunderts all jenen als Motto dienen, die mit Zahlen umgehen – und eher denen an der Wall Street als denen in Princeton. Eine schöne posthume Genugtuung für Louis Bachelier, den verkannten Propheten der Börsenmathematik, dem der allzu prosaische Charakter seines Studienobjekts noch zu Beginn des Jahrhunderts so viele Kränkungen während seiner Laufbahn eingebracht hat. Der Nobelpreis belohnt Black und Scholes, die 1973 in direkter Anlehnung an die stochastische Berechnung eine berühmte Formel finden, mit der die Spielregeln auf den neuen Finanzmärkten festgelegt werden. Auf allen Computerbildschirmen werden die potenziellen Kurven der Aktienkurse registriert. Die »Monte-Carlo-Methoden« sind hoch im Kurs und werden für sicherer gehalten als das gute alte russische Roulette, das sie im Übrigen inspiriert hat; überall wird tranchiert, angehängt, halbiert, wieder angehängt, herumgebastelt, und das ergibt Formeln (die manchmal im Gedenken an die großen Vorfahren Lehrsätze genannt werden), mit denen man die Optionen berechnen und – wie man hofft – »in Echtzeit« sehr schnell sehr viel Geld verdienen kann.

Was halten wohl die Manen von Borel, Hadamard, Fréchet, Lévy und Kolmogoroff von all dieser Brownschen Unruhe aufgeregter Mücken? Was würde Wolfgang davon halten, der von einer klassenlosen Gesellschaft Gleichgestellter träumte, in der das gemeinsame Interesse wichtiger ist als der Profit? Vielleicht sind die versiegelten Umschläge die Zukunft der Wissenschaft, die einzige

Art zu verhindern, dass die geistigen Werke zu früh auf dem Spieltisch landen.

Als Ende der achtziger Jahre auf Initiative von Kai Lai Chung und Joseph L. Doob Mathematiker verschiedener Nationalitäten die Idee verfolgten, Wolfgang Dœblin anlässlich seines fünfzigsten Todestages ein Kolloquium zu widmen, ahnte niemand, dass in den Archiven der Akademie der Wissenschaften, Quai de Conti, in einem grünen Karton ein Schatz ruhte. Logischerweise sollte das Kolloquium in Paris stattfinden. Robert Fortet, der sich inzwischen eher für den Kauf von Weinbergen als für die Mathematik interessierte, sagte das Projekt ab. Schließlich konnte das Kolloquium dank der Unterstützung von Volkswagen im November 1991 am Heinrich-Fabri-Institut in Blaubeuren in der Nähe von Ulm stattfinden. Sechzehn Nationalitäten waren vertreten – ein Widerhall auf Wolfs persönlichen und verlegerischen Weg, dessen erste Abhandlung in Brno und dessen Dissertation in Bukarest veröffentlicht worden war. Neben den Amerikanern – Doob fungierte als Ehrenpräsident – reiste eine starke, an sich schon kosmopolische, australische Delegation an (H. Cohn, E. Seneta und J. Gani). Bernard Bru, Professor für Statistik und Wissenschaftshistoriker, gehörte zu den wenigen Franzosen, die am Kolloquium teilnahmen, und sorgte für eine Sensation, als er den unveröffentlichten Briefwechsel zwischen Maurice Fréchet und Wolfgang präsentierte, der im Archiv des Instituts de France aufbewahrt wurde.

Fortet, der den Lehrstuhl (von Poincaré, Borel und Fréchet) für Wahrscheinlichkeitsrechnung an der Universität von Paris innehatte, sprach nie über die Vergangenheit, und Bernard Bru hatte im Laufe seiner eigenen Forschungen Dœblins Arbeiten entdeckt und die Tragweite seines Beitrags zur Theorie der Wahrscheinlichkeitsrechnung ermessen. Er bemühte sich seither, die ungewöhnliche, einem Puzzle ähnliche Bibliografie von Alfreds Sohn zu vervollständigen, indem er das Leben dieses Menschen zu rekonstruieren suchte, der so früh unter tragischen Umständen gestorben war. Als er den Briefwechsel zwischen Dœblin und Fréchet durchsah, entdeckte er das Vorhandensein des berühmten versiegelten Umschlags, der im

Brief XVIII vom 12. März 1940 erwähnt wird: »Das muß etwas Besonderes sein!«, rief Doob in seinem schönsten Ohio-Slang aus. Doch die Regel für die Lagerung versiegelter Umschläge im Institut ist unumstößlich: Nur der Autor oder im Notfall seine Erben können die Öffnung des Umschlags verlangen; andernfalls muss man ein Jahrhundert lang – also eine Ewigkeit – warten.

Claude Doblin zögert lange, bis er sich zu einem Entschluss durchringt. Wenn sein Bruder, überlegt er, das Verfahren des versiegelten Umschlags gewählt hat, statt die geheimnisvolle Abhandlung einem Familienmitglied oder einem Kollegen anzuvertrauen, wird er sicherlich seine Gründe gehabt haben. Vielleicht spielten auch andere Dinge – wie die Erinnerung an die Kontroversen wegen der Nachauflage von Alfreds Werken beim Walter Verlag – eine Rolle beim Hinauszögern der Entscheidung. Jedenfalls schreibt er erst im Frühjahr 2000 an die Akademie und bittet um das Öffnen des Umschlags.

Am 18. Mai versammelt sich die Kommission für die versiegelten Umschläge gemäß dem Brauch im Archivsaal am Quai de Conti 23, im zweiten Hof rechts, in der sechsten Etage, und der versiegelte Umschlag wird geöffnet.

Jean-Pierre Kahane, Mathematiker und Mitglied des Instituts, der zum Protokollanten ernannt wurde, übergibt Bernard Bru eine Kopie des Hefts der Ardenner Docks und beauftragt ihn, die 77 Seiten (plus zwei losen Blättern) des Manuskripts in einer feinen Katzenschrift mit krallenartigen Grundstrichen zu entziffern.

»Sur l'équation de Kolmogoroff« (Über die Kolmogoroffsche Gleichung) wird ans Tageslicht befördert. Anfangs versteht er keine Zeile, gesteht Bru, doch allmählich arbeitet er sich voran, und Anfang September 2000 ist die Arbeit beendet: Wolfgangs Manuskript ist jetzt in Reinschrift vorhanden, mit einem Kommentar versehen – und wir können es fast vollständig im Band der *Comptes Rendus de l'Académie des sciences* lesen. Marc Yor, der durch den Bericht (»Ein Winter auf dem Lande«), der diesem Kommentar beigefügt ist, auf den Geschmack kommt, ist bereit, den im Umschlag enthaltenen Text nochmals Wort für Wort und Buchstabe für Buchstabe

zu lesen. Als er eines Abends den Abschnitt XV (S. 34 f.) des Manuskripts erreicht, der mit »Veränderung der Variablen« überschrieben ist, bekommt er einen Schock: Dœblins Formel ist nichts anderes als eine im Rahmen der eindimensionalen Diffusionen rigorose Version der berühmten Formel von Itô, der sie um einige Jahre voraus ist. Mit dem übrigen Inhalt des Umschlags verhält es sich entsprechend: Manche Ergebnisse werden erst mehrere Jahrzehnte später, 1973 und 1981, von japanischen Mathematikern erneut gefunden.[12] Wolfgang Dœblin, der über kein stochastisches Integral verfügt, gelingt es trotzdem, mit den damals vorhandenen Mitteln (vor allem auf der Grundlage von Fellers Arbeiten) die analytische Berechnung seiner Vorgänger zu übertreffen und den Weg für die Kurvenkonstruktionen der Nachkriegszeit frei zu machen. Die Einzelheiten der vielen von Wolfgang erzielten Ergebnisse und die (wenn auch kurz gefasste) Analyse seiner Beweisführung, die unter anderem die Begriffe Martingal und Regulatorveränderung (Dœblins so genannte »reguläre« Bewegungen unterscheiden sich von den Brownschen Bewegungen und sind an zufallsbedingte, ihrerseits Brownsche Beschleunigungen gebunden) einführt, sind leider nur den Spezialisten zugänglich. Der unvollendete Charakter der Abfassung verschärft die Schwierigkeiten. Der Verfasser hatte sicher nicht die Absicht, diese Seiten so zu veröffentlichen, denn sie brauchen zweifellos noch gründliche Überarbeitung und Ausfeilung. Abgesehen von der Genialität bringen Eile und Improvisation Wolfgang in die Nähe von Évariste Galois, der kurz vor dem fatalen Duell seine letzten Gedanken aufs Papier kritzelte. Aus mathematischer Sicht haben ihre Werke nichts miteinander zu tun, doch Paul Lévys Intuition, der die beiden Namen in Zusammenhang brachte, bleibt richtig und erweist sich – ein halbes Jahrhundert vor der Öffnung des versiegelten Umschlags – als eine Art Vorahnung.

Nach Bernard Bru ist es Jean-Pierre Kahane und Marc Yor zu verdanken, dass dieser ebenso erleuchtende wie ungewöhnliche Text in den *Comptes Rendus de l'Académie des sciences* veröffentlicht wird. Dieses seit 1835 noch nie da gewesene Ereignis beweist den ungewöhnlichen Charakter der Entdeckung. Die Umstände, unter denen das Manuskript verfasst wurde, versetzen die Gemüter in Erstaunen. Wie van Goghs abgetrenntes Ohr oder Federico García Lorcas Hinrichtung bieten Wolfs Tod in der Scheune von Housseras und die romanhaften Umstände des Versands, des Verschwindens und Wiederauftauchens des versiegelten Umschlags genug Stoff für die Schaffung eines Mythos, der keine Lüge, sondern zugleich Legende und allen zugänglicher Ort der Erinnerung ist.

Während sich dieser Bericht seinem Ende nähert, holt die Gegenwart den Biografen plötzlich ein und zwingt ihn, seine Pläne zu ändern. Am 2. Dezember 2002 – vor kaum drei Wochen – sagte mir Marc Yor in einem Telefongespräch, dass man soeben an der naturwissenschaftlichen Fakultät Jussieu in Paris in einem Schrank Unterlagen von Wolfgang Dœblin gefunden habe, deren Existenz niemand vermutete. Es handelt sich, erklärt er mir, um Manuskripte von Wolf, die Marie-Antoinette Tonnelat an Maurice Fréchet übermitteln ließ. Zum Glück hatten die Verantwortlichen des Rektorats von der Entdeckung des versiegelten Umschlags gehört, und nach und nach war es ihnen gelungen, denjenigen – nämlich Yor – ausfindig zu machen, dem sie zutrauten, das Ganze am besten beurteilen zu können. Eine Kopie wurde angefertigt und zwei Tage später, in einer Ecke des Auvergner Bistros gegenüber der naturwissenschaftlichen Fakultät – in Anwesenheit eines indisch-amerikanischen Kollegen der Wahrscheinlichkeitsrechnung, falls es kein Japaner von der Universität Kioto war, mit dem wir zum Essen verabredet waren und mit dem wir uns nicht in dem von Maurice Fréchet so geschätzten Esperanto, sondern in unserem Flughafenenglisch unterhielten – übergibt mir Marc Yor den kostbaren Fund.

Wieder zu Hause, stürze ich mich eilig in die Lektüre der Dokumente. Ein Teil davon ist uninteressant: hauptsächlich Fahnen oder getippte Manuskripte von Artikeln, die längst veröffentlicht worden sind. Jemand – bestimmt nicht Marie-Antoinette, vermutlich Erna – hat mehrere Bescheinigungen und Fragmente eines bereits bekannten Briefwechsels hinzugefügt. Das von der Universität Zürich bescheinigte Berliner »Reifezeugnis«, das in Marbach fehlt

– es sei denn, es ist meiner Aufmerksamkeit entgangen –, trägt den Vermerk: »Döblin möchte wissenschaftliche Statistik studieren.« So findet sich meine Hypothese bestätigt, dass Wolf aus Berufung und nicht »in Ermangelung eines Besseren« in Paris Statistik und folglich Wahrscheinlichkeitsrechnung studiert hatte.

Ein Briefumschlag vom 11. April 1940, der den von Wolfgang Dœblin verfassten Lebenslauf zum Antrag auf ein Forschungsstipendium beim CNRS enthielt, war wohl von Maurice Fréchet persönlich den Unterlagen beigefügt worden. Übrig bleiben – außer dem Originalmanuskript der Abhandlung über die allgemeine Theorie der Markowschen Ketten (das 1940 in den *Annales de l'École normale supérieure* veröffentlicht und in den USA von Chung, Harris und Doob ausgewertet wurde) – drei bislang unbekannte Hefte: ein gelbes, ein oranges und ein blaues. Aus dem Vermerk, den die Damen des Rektorats auf das Deckblatt des Bündels geschrieben hatten, konnte man ohne allzu gewagte Spekulationen darauf schließen, dass es sich um die Unterlagen handelt, die Wolf Monette Tonnelat anvertraut hatte. Ein kurzer förmlicher Brief, den diese an Fréchet gerichtet hatte, enthielt weder genaue Angaben zum Datum noch zum Inhalt dieser Unterlagen.

Zufällig griff ich nach dem gelben Heft. Soviel ich lesen konnte, ging es um Forschungen zur Chapman-Gleichung; da auf einigen Seiten häufig der Begriff »Sprünge« vorkam, vermutete ich, dass es sich um die ganze – oder auch nur einen Teil der – Arbeit über die »Kontrolle der kleinen Sprünge« handelte, die bislang als verloren galt und auf die Wolf in seinem Brief an Fréchet vom 13. April 1940 anspielt.[13]

Das blaue Heft enthielt Wolfs Forschungsnotizen vom 11. August bis zum 2. Oktober 1938, einer Zeit also, in der er sich in den Alpen aufhielt und die wesentlichen Grundlagen seiner künftigen Abhandlung *Sur l'équation de Kolmogoroff* (1940) entwarf.

Das orange Heft schließlich, das aus der gleichen Reihe der Ardenner Docks stammte wie das im versiegelten Umschlag enthaltene, war entweder die Abschrift, die Wolf an die Akademie gesandt hatte, die am 13. März 1940 registriert wurde und seither als unauffindbar galt, oder das dritte Heft, dessen Existenz Bernard Bru vermutete und das Wolf in Sécheval und Athienville als Notizheft gedient hatte.[14]

Ich vermute, dass Wolf bei seinem letzten Urlaub Mitte März die Möglichkeit hatte festzustellen, dass seine erste Sendung im Archiv des Instituts registriert worden war. Da das zweite Heft jetzt überflüssig war, hätte Wolf es zurückholen können, um es mit seinen übrigen Arbeiten Marie-Antoinette anzuvertrauen. Vielleicht hat Wolf das dritte Heft im Herd auf dem Hof der Triboulots verbrannt, sofern ich nicht gerade die Kopie desselben in Händen hielt. Auf jeden Fall bewies die Tatsache, dass er diese drei kostbaren Manuskripte Monette übergab, die Gefühle, die ich ihm unterstellte – sofern noch irgendwelche Zweifel daran bestehen sollten. Was für ein schönes Zeugnis von Vertrauen und Liebe, jener Frau, der er insgeheim verbunden blieb, diese Hefte anzuvertrauen, mit all den Knicken, die sie bekamen, weil der Soldat sie in seiner Tasche oder in seinem Rucksack überallhin mitgenommen hatte.

Ich brachte Bernard Bru die Dokumente, deren Entdeckung Marc Yor ihm sofort mitgeteilt hatte, nachdem er selbst davon unterrichtet worden war. Wie kann dieser Teufelskerl nur so mühelos dieses unverständliche Gekritzel entziffern wie ein Musiker, der eine Partitur liest? Einige Tage später teilte er mir in einem Brief seine ersten Eindrücke mit. Das gelbe Heft ist wie die beiden anderen unveröffentlicht. Es besteht aus zwei Teilen; der erste enthält die Abfassung einer Abhandlung über die Eigenschaften allgemeiner Bewegungen, ausgehend von einer bestimmten Hypothese, die Sprünge, aber keine allzu großen, erlaubt. Dieser Text ist anscheinend unvollendet. Das blaue Heft ist faszinierend, denn es zeigt Tag für Tag Wolfs Forschungen zu der Zeit, da in seinem Kopf die Hauptgedanken für den Inhalt des versiegelten Umschlags entstehen. Am 27. August 1938 schreibt er wie in einem Tagebuch: »Habe zu meiner Zufriedenheit den Beweis erbracht [...]« – und der Lehrsatz, den er darlegt, wird erst Mitte der fünfziger Jahre in einem weniger allgemeinen Rahmen von Feller erneut entdeckt! Am 16. arbeitet er noch an seinen Notizen »Sur les sommes d'un grand nombre de vecteurs aléatoires«[15] (Über die Summen einer großen Zahl zufallsbedingter Vektoren); doch am 17. wendet er sich plötzlich wieder der Kolmogoroff-Gleichung zu und befasst sich ein paar Tage später mit dem Problem der »kleinen Sprünge«. Dann hat er unvermutet den Einfall mit den »regulären Bewegungen«, die seinen Namen tragen werden. Das Ganze ist ein Chaos, das sich in alle Richtungen ausbreitet, vergleichbar dem Entwurf einer Dichtung, doch wie dem auch sei: Fest steht, dass es sich um das Chaos eines Genies handelt. Bernard Bru fragt sich, weshalb Fréchet dies alles nicht ausgewertet hat. Oder Michel Loève, dessen Initialen immer mal wieder auf einem Blatt in mehreren Teilen der Unterlagen auftauchen? Offensichtlich war niemand in der Lage, diese Seiten zu verstehen. Oder niemand hat sie wirklich gelesen. Ich denke an Hölderlins Gedichte, die in Tübingen im Turm des Tischlers Zimmer auf dem Boden verstreut lagen. Der Besucher Wilhelm Waiblinger hob zufällig eines auf: »In lieblicher Bläue [...]« Dieses reine Meisterwerk wäre beinahe zum Feueranzünden verwendet worden …

Das orange Heft ist wohl eine Kopie des versiegelten Umschlags, ungeordnet – auf Seite 65, einem Extrablatt, hat Wolf eine Skizze seines Funkgeräts angefertigt; eine erste Version, noch nicht in einem Zug lesbar, aber schon stark redigiert und stellenweise mit dem Text vom »Bonnevie-Felsen« identisch. Auf Seite 33 findet man zum Beispiel die berühmte »Itô-Dœblin-Formel« voll ausgeschrieben, die viele Kommentare nach sich ziehen wird. Mit etwas Glück und viel Beharrlichkeit hätte man anhand dieser Version sicherlich den Inhalt des versiegelten Umschlags rekonstruieren können, wie man es eines Tages vielleicht mit den Entwürfen zum geheimnisvollen Lehrsatz von Givet machen wird.

Es heißt, Monsieur de Jussieu habe in seinem Hut einen Zederntrieb aus dem Orient mitgebracht, aus dem innerhalb von zwei Jahrhunderten eine riesige Zeder wurde, die bis vor kurzem dem Labyrinth im Pariser Botanischen Garten Schatten spendete. Niemand ahnte, dass in dem Gebäude der naturwissenschaftlichen Fakultät, die seinen Namen trägt, in einem lange wegen Asbestsanierungsarbeiten verschlossen gehaltenen Schrank ein Teil des Archivs des Instituts Henri Poincaré lagerte, zu dem die vergessenen Unterlagen von Wolfgang Dœblin gehörten, die wie Dornröschen darauf warteten, dass ein Zufall sie aus dem Schlaf aufweckt. Denkt man darüber nach, kann man sich schon wundern, wie lange man hätte suchen müssen, um in einer theoretisch ein Jahrhundert des Wartens entfernten Zukunft aus den Tiefen der geheimnisvollen und unverletzlichen grünen Kartons am Quai de Conti einen Schatz zu heben, der im Schutz eines schäbigen Aluminiumschranks in einer asbestverseuchten Fakultät ruhte. Das erinnert mich an ein jiddisches Volksmärchen, in dem Ayzyk sich aufmacht, um in der Ferne einen Schatz zu suchen, den er im Traum gesehen hatte, der jedoch bei ihm zu Hause vor dem Kamin vergraben war, wie sich am Ende herausstellt. Ja, aber hätte er ihn gefunden, wenn er nicht bis ans Ende der Welt gegangen wäre? Wenn es keinen versiegelten Umschlag, keinen grünen Karton und die Verheißung eines hundert Jahre währenden Wartens gegeben hätte, wäre dann jemand, frage ich Sie, auf die Idee gekommen, Wolfgangs Geschichte zu erzählen? Und hätte es überhaupt eine Geschichte gegeben?

| KAPITEL 30 |

Am Winterhimmel sehen die Vögel aus wie Asche, die der Wind verstreut. Die Stoppelfelder wirken wie Wurzelbürsten. Flache, düstere, fast schwarze Hügel heben sich vom Perlgrau des nebelverhangenen Himmels ab. Eine fahle Sonne, von der man nicht weiß, woher sie scheint, zaubert kupferfarbene Reflexe an die Ränder der Wolken. Die Bäume in der Ferne heben sich wie dürre Flechten vor dem helleren Hintergrund ab. Alles scheint hier grob, rau, gespickt mit Stacheln, Hecken und Büschen; alte bräunliche, mit Moos überwachsene und mit Sandstein abgedeckte Mauern erinnern an einen Eselsrücken. Eine Egge rostet in der Nähe eines verlassenen Waschplatzes. Abgesehen von ein paar unauffälligen Hügeln hinten in den Gärten keine Spuren mehr von Misthaufen. Wie überall in Frankreich sind auch in dieser Ecke der Vogesen nicht mehr viele Bauern übrig geblieben. Die Kirche mit Zwiebelturm erinnert ein wenig an eine Glucke. Sie wacht beständig über die Gräber des kleinen Friedhofs, der wie sie (und ihre weltliche Rivalin, die Gemeindeschule, die sich auf Zehenspitzen stellt, als wolle sie ihr den Vorrang nehmen) auf dem Gipfel einer Anhöhe errichtet wurde, auf der man sich auf Höhe der Hausdächer befindet und folglich dem Himmel spürbar näher, auch wenn er noch ziemlich weit entfernt ist.

Housseras, bekannt für seine Heidelbeeren und seine römische Befestigung, war lange Zeit ein Ort am Ende der Welt, wenn nicht gar eine Sackgasse am Fuße des Waldes von Rambervillers und weniger berühmt als dieser letztgenannte Marktflecken, der zur Welthauptstadt für den Kalbskopf geworden ist. Wenn man hinzufügt, dass die Einwohner von Housseras von ihren Nachbarn aus unerfindlichen Gründen, die niemand zu erklären vermag, »die großen Ohren« genannt werden, hat man fast alles und das heißt fast nichts gesagt über dieses Dorf, das wie Tausende andere an dem Punkt repräsentativ für das französische Hinterland ist, an dem es gern auf Wahlplakaten abgebildet wird, auf denen sich der Kandidat, um unsere Stimme zu gewinnen, als guter Hirte verkleidet. »Ein Dorf ohne Geschichte« würde man gern schreiben, was jedoch eine unverzeihliche Leichtfertigkeit wäre: Denn erstens gibt es kein solches Eden, da die Geschichte überall stattfindet, zweitens befinden wir uns in Lothringen, und seit den Kriegen der Gallier bis zu den schrecklichen Konfrontationen im 20. Jahrhundert gibt es kein Gebiet in Frankreich, das so viele Schlachten und so viele Machtwechsel erlebt hat. Doch all dies hat sich nicht in der Landschaft niedergeschlagen, die nicht so gelitten zu haben scheint wie die Wälder der Argonne und von Verdun. Seit den Kelten wird sich diese karge, etwas schwermütige Landschaft nicht viel verändert haben, die so aussieht, wie man sich als junger Mensch die Weisheit vorstellt. Umgeben von diesem Nimbus der Poesie, die den alten Bergmassiven aus Sandstein und Granit entströmt, wird sie in meiner Vorstellung für immer mit dem Namen des *Herzynischen Waldes* verbunden bleiben.

Die Rue des Hauts-Prés ist eher ein Weg als eine Straße, der von der Kirche aus nach Südosten in Richtung des Waldes von Rambervillers ansteigt. Der ehemalige Bauernhof Triboulot liegt ihr auf der linken Seite fast gegenüber, da der Weg um ihn herumführt und dann nach rechts abbiegt. Auf dem Hof steht ein großes massives Gebäude mit drei Stockwerken, elf Fenstern und mehreren kleinen Fenstern im rechten Teil, in dem sich die Scheune befindet. Sie ist genauso groß wie der bewohnte Teil des Hauses und zeigt lediglich eine große viereckige Mauer, die durch zwei horizontale Balken über die ganze Fassade hinweg dreigeteilt ist. Die Balken sind von dunklerer Farbe als der grau-beige Putz. Drei Rundfenster in der Form von Bullaugen sind heutzutage mit Säcken verhängt und dienten früher dem Dachboden im oberen Teil der Scheune als

Lichtquelle. Der untere Teil der Mauer lässt unter dem bröckelnden Putz die schönen vierkantig geschnittenen Blöcke aus rosa, grauem und ockerfarbenem Sandstein erkennen, aus denen einst alle Häuser des Dorfes gebaut wurden. Auf den ersten Blick überrascht das riesige, wie ein Korbbogen gewölbte Scheunentor für Pferdewagen, das in Höhe und Breite fast die halbe Wand einnimmt. Rechts von ihm befindet sich eine weitere Tür in derselben Form, die aber viel kleiner ist und vielleicht für Fußgänger diente, wie man vermuten könnte, ohne ihre tatsächliche Funktion zu kennen. Die Flügel der großen Tür bestehen aus senkrechten Latten aus Tannen- oder Fichtenholz mit augenförmigen Knorren. In das rostfarbene, durch die Witterung nachgedunkelte Holz mit seiner sepiafarbenen Maserung sind große Nägel mit runden Köpfen getrieben, die waagrecht angeordnet den Querbalken entsprechen, die von außen nicht sichtbar sind. Unterhalb des Korbbogens sind zwei Herzen ins Holz geschnitzt. Erst vor kurzem wurden diese Öffnungen mit Zeitungspapier verstopft. Hatte Wolf sie bemerkt? Bei Tagesanbruch muss man sie aus dem Innern der in Dunkelheit getauchten Scheune gesehen haben, zwei Lichtherzen, die auf halber Höhe in der dunklen Mauer leuchteten.

Ich klopfte an die Tür. Ich hatte mich nicht angemeldet, aber die Bewohner des Hauses empfingen mich sehr freundlich und nahmen keinen Anstoß am Besuch eines Neugierigen. Hier war es also, dachte ich oder dachte ich nicht – ich weiß es nicht mehr –, als ich die Scheune betrat, die durch das Rechteck einer (sichtlich modernen) Tür an der rechten Seite erhellt wurde. Tatsächlich habe ich an jenem Tag im Halbdunkel fast nichts gesehen, aber ich habe Fotos gemacht, und wenn ich sie betrachte, kann ich beschreiben, was ich gesehen habe. In Wahrheit war da nichts Ungewöhnliches, im Vordergrund ein ausgetretener Boden, der weiter hinten mit viereckigen Steinplatten ausgelegt war. Ein Möbelstück mit glänzender Oberfläche oder vielleicht ein Spiegel, eine Schaufel, eine Schubkarre, die auch ein Zementtrog oder ein Waschbecken gewesen sein konnte. Hinten links ein Holzstapel, von dem ein Teil eingestürzt war, falls es sich nicht um Windbruch handelte, der zum

Housseras (Vogesen). Der Bauernhof der Triboulots, rue des Hauts-Prés.

Die Scheune, in der Wolfgang Dœblin Selbstmord beging.

Feueranzünden bestimmt war. Das sind etwa die Dinge, die man erkennen kann. Ansonsten herrscht hier völlige Dunkelheit. Und wo war der Heuhaufen? Dort hinten, an der Stelle, wo sich jetzt das Holz befindet. Ist das alles? Ich glaube ja. Wir haben gesehen, was es zu sehen gibt.

Erna ist oft zur Scheune zurückgekehrt. Ich werde nie erfahren, was Wolf kurz vor seinem Tod gedacht hat. Ich werde auch nie erfahren, wie Erna gestorben ist und was sie kurz vor ihrem Tod gedacht hat. Ich sehe die Umrisse – wie in der Scheune –, erkenne einige Einzelheiten, aber nicht alles. Natürlich kann man sich den Rest denken, ich kann es mir denken, aber ich habe keine Lust, es aufzuschreiben. Es kommt auf den Tag an. Jedes Mal ist Wolfs Tod anders, seine Gedanken auch.

Wo ist der Geist beheimatet? Diese Frage stelle ich mir jedes Mal, wenn ich mir Wolf ausgestreckt auf seinem Heuhaufen vorstelle. Das Hirn, diese weiche, weißliche, etwas abstoßende Masse, dürfte nicht in der Lage sein, den Gedanken, den es hervorbringt, zu speichern. Kaum ist die Idee geboren, entschwindet sie ihm, gehört ihm nicht mehr, geht ihren Weg, hüpft wie ein Floh von einem Kopf zum nächsten, überwindet mit einem Sprung die Jahrhunderte. Es kommt vor, dass man sie in eine Schachtel einschließt, wo sie von allen vergessen wird. Doch eines Tages hebt eine Hand zufällig den Deckel, und die Idee springt einem wie ein Flaschenteufel ins Gesicht. Ist sie etwa unsterblich? Man könnte sie für unbesiegbar halten, sie ist es theoretisch, doch ihr Träger, das Gehirn, gehört zu den empfindlichsten Stellen und ist genauso zart wie das Blatt Papier, auf dem sie ihre Spuren hinterlässt. So wie der Körper Sauerstoff braucht, ist ein Minimum an Freiheit notwendig, damit sie ans Tageslicht kommt. Was wird aus ihr, wenn ihr dieser Lebensraum genommen wird, wenn die Falle über ihr zuschnappt?

Der Geist ist keine Taube, sondern eine flinke Echse, die schnell in den Ritzen zwischen den Steinen verschwindet. Häufig nimmt er auch das Aussehen eines Maulwurfs an, der unterirdische Gänge gräbt, um unter der Erde seine Archive anzulegen. Er weiß nicht, ob er je wieder hierher zurückkehren wird, er ist sogar vom Gegenteil überzeugt, aber es kann sein, dass irgendjemand ihn eines Tages findet, darauf baut er.

Neben dem »Schottischen Buch« ist Wolfgang Dœblins Abhandlung über die Kolmogoroffsche Gleichung einer der ersten verborgenen Texte (wie man von den »verborgenen Kindern«* spricht) aus der Zeit des Zweiten Weltkriegs. Kann man hier einen Zusammenhang herstellen, ohne allzu sehr an den Tatsachen herumzudeuteln? Wolf ist kein Opfer der Schoah, und dennoch hätte er ohne die Bedrohung durch das Schlimmste, das er ahnte und das sich tatsächlich ereignete, sich in der Scheune von Housseras nicht das Leben genommen. Zugleich ist die Versendung des versiegelten Umschlags objektiv in keiner Weise mit dem Verstecken der Berichte über die letzten Tage der Juden in Plotzk und des Warschauer Ghettos durch den einen oder anderen Zeugen wie Simha Guterman oder Emmanuel Ringelblum vergleichbar. Doch in unserem Gehirn entsteht ein Zusammenhang mit dem Schicksal dieser verloren gegangenen und dann wiedergefundenen Texte. Die Geschichte ist keine Wissenschaft, sondern der »Bericht über vergangene Ereignisse«, und dieser Bericht ist per definitionem rückblickend, da er von den Überlebenden erstellt wird. So glaube ich, dass es aus unserer Sicht legitim (wenn auch keineswegs objektiv) ist, diesen Zusammenhang herzustellen. Auch wenn es für ein Manuskript angenehmer ist, sechzig Jahre in einem grünen Karton in einem Gebäude Ludwigs XIV. zu verbringen als in einer Milchkanne oder einer Wodkaflasche, die in einer zerbombten Stadt unter einem Baum vergraben wurde.

Als mir beinahe unwillkürlich die Idee kam, das Schicksal des versiegelten Umschlags mit dem all dieser »Flaschenpost«[1], die seit 1944 nach und nach wieder aufgetaucht ist, zu vergleichen, hatte ich keine Ahnung von der Anzahl der Manuskripte, die das Los von

* So nennt man in Frankreich die jüdischen Kinder, die von 1940–1944 in fremden Familien versteckt wurden.

Ringelblums Chronik teilten. Vor langer Zeit hatte ich in der Anthologie jiddischer Poesie von Charles Dobzynski den Dichter Itzhak Katzenelson entdeckt, dessen »Lied vom ermordeten jüdischen Volk« in drei unter einem alten Baum vergrabenen Flaschen im Lager bei Vittel wiedergefunden wurde.[2] Die auf Initiative von Nicole Lapierre erfolgte Veröffentlichung von *Das gerettete Buch* von Simcha Guterman[3], das 1978 in Radom, Polen, unter einer Treppe entdeckt wurde, hat in Frankreich und der ganzen Welt so großes Aufsehen und so große Betroffenheit erregt wie die ältere, bereits zitierte *Chronik des Warschauer Ghettos*[4], die 1950 in einer Milchkanne mit versiegeltem Deckel gefunden worden war. Beim Lesen merke ich, dass von Mal zu Mal Dutzende, Hunderte von weiteren unter der Erde, im Allgemeinen in Flaschen oder Metallkisten versteckten Manuskripten zufällig oder infolge systematischen Suchens wiedergefunden werden.[5] Viele stammten aus dem »Oneg Sabbath«, dem Zentrum des Geheimarchivs des Warschauer Ghettos, das vom selben Ringelblum gegründet wurde, andere kamen von Einzelpersonen wie dem Philosophen Benzion Rapaport, der sein letztes Buch in einen Glasbehälter steckte und in Nowy Sacz in der Erde vergrub.

Auch in Deutschland wurden Manuskripte unterirdisch aufbewahrt. Jeden Abend vergrub Friedrich Percyval Reck-Malleczewen, preußischer Aristokrat und Nazigegner, sein *Tagebuch eines Verzweifelten* an einer jeweils anderen Stelle im Wald. Viele von Emigranten verfasste Bücher erlitten ein ähnliches, dramatisches und manchmal abenteuerliches Schicksal wie zum Beispiel *Ich – Der Augenzeuge* von Ernst Weiß, der an dem Tag Selbstmord beging, als die Wehrmacht in Paris einmarschierte, oder die Memoiren von Willi Bredel.[6] Aber wie viele Texte, die insgeheim in Deutschland, Polen und im ganzen besetzten Europa geschrieben wurden, hat man nie wiedergefunden, wie zum Beispiel das Hauptwerk des großen polnischen Erzählers Bruno Schulz, *Der Messias*, das 1942 zusammen mit seinem Autor in den Ruinen des Ghettos von Drohobycz verschwand? Lisa Fittko, die Walter Benjamin vergeblich über die spanische Grenze gebracht hat – er vergiftete sich ein paar Stunden später –, erinnert sich, dass er eine schwere Tasche aus schwarzem Leder bei sich trug, die, wie er ihr sagte, ein kostbares Gut enthielt: sein letztes Manuskript.[7] Was ist daraus geworden? Weit und breit hat man keine Spur dieser Tasche gefunden. Noch ein Geheimnis …

Im Laufe der Zeit und in dem Maße, in dem all diese Schatten so verworren wie die Gräber des alten jüdischen Friedhofs in Prag vor mir auftauchten, schien mir Wolf in der Scheune von Housseras nicht mehr allein zu sein. Oder vielmehr, wenn er allein war, dann mit all diesen Unbekannten, die von sich sagen konnten, was Chaim Kaplan am 2. Mai 1940 in sein Tagebuch im Warschauer Ghetto schrieb: »Vielleicht bin ich der Einzige, der eine solche Arbeit unternommen hatte, und das gibt mir Kraft und Mut.«[8]

In einem seiner Briefe an Fréchet fragte Wolf sich voller Besorgnis, was wohl aus seinen Mathematikerkollegen in Polen geworden sei. Da er ihr Schicksal teilte, hätte es ihn beruhigt zu erfahren, dass auch sie sich nicht geschlagen gaben. Der Widerstand des Geistes ist erstaunlich, er übertrifft jedes Maß und kann sogar eine absurde Dimension annehmen, die ans Sublime grenzt. Ayzyk Gorny, ein Kollege von Laurent Schwartz in Clermont-Ferrand schreibt im Januar 1942 aus dem Lager von Vernet an seine Freundin Fenia: »[…] Vielleicht gibt es in Bort ein Paar *Holzschuhe*, die ich hier wegen der herrschenden Feuchtigkeit dringend benötigte […] Sofern Sie mir diese Schuhe schicken können, fügen Sie bitte die drei Hefte über den Raum von Hilbert bei und legen Sie alles in den kleinen Koffer, der mir dazu dienen könnte, meine persönlichen Sachen zu verstauen, wenn (ich weiß nicht, wann ich damit rechnen kann) ich das Lager verlassen werde […].«[9]

Jacques Feldbau, ein weiterer Kollege von Schwartz (und Gorny), der wie Letzterer nach Auschwitz deportiert worden war, begann seinen Leidensgenossen Mathematik beizubringen; er besaß sogar die Kraft, im Lazarett, in das er beordert worden war, eine etwa fünfzig Seiten umfassende Abhandlung über die Topologie[10] zu schreiben, die für seine »Studenten« bestimmt war. Das »Schottische Buch« hatte mehr Glück als Stefan Banach, der Erfinder der Räume mit unendlichen Dimensionen, der zum Flohernährer verurteilt war. Banachs Sohn – der es vermutlich aus seinem Versteck vor dem Wärterhäuschen geholt hat, wo die Verschwörer des Cafés Szkockka, Ulam und Mazur, es verstecken wollten – ließ es nach dem Krieg Steinhaus zukommen, der sich in Wrocław aufhielt, wohin sich die Überlebenden der mathematischen Schule von Lwow zurückgezogen hatten. Steinhaus sandte eine Kopie an Ulam in die Vereinigten Staaten, der das Buch ins Englische[11] übersetzte. Und so begann das *Scottish Book* seine internationale Karriere, während in Warschau ein »neues schottisches Buch« eingerichtet wurde, um die Beiträge der Gelehrten aus der ganzen Welt aufzunehmen.

Monette machte als Physikerin Karriere. Sie wurde Nachfolgerin von Louis de Broglie, dessen Lieblingsschülerin sie war. Ohne darüber zu reden, schrieb sie Novellen voller Poesie, mit echtem Talent und einem sehr sicheren Sprachgefühl. 1984, nach ihrem Tode, erschien eine Sammlung unter dem Titel *Retour à Pasargada*, zu der der Romancier Jorge Amado das Vorwort schrieb. Die Novellen spielen in Brasilien, ihrem Lieblingsland, in dem sie lange gelebt hat. Vergeblich sucht man eine deutliche Anspielung auf Wolf, auf die Vorkriegsjahre und auf die Tragödie, die Europa während jener Zeit erlebt hat. Doch die Novelle »Le fleuve« in der Mitte der Sammlung scheint in traumhafter Verschwommenheit auf eine geheime Liebe zu deuten. Sie handelt von einem jungen Mann und einer Unbekannten, die sich in einem Hotel am Amazonas, irgendwo in der Nähe von Santarem treffen. Man weiß nicht, weshalb sie sich an diesem Ort aufhalten. Im Traum sieht der Mann die alte Synagoge und die dunklen Gässchen von Prag vor sich. Die Zuckungen der Fische auf dem Tisch eines Marktstands rufen seltsamerweise aus der Feder des Autors die Wörter »Holocaust« und »Erlösung« wach, die eine doppelte Weigerung hervorrufen. Es gibt auch einen Schmetterling mit zerrissenen Flügeln, die noch flattern. Um wen oder was trauert dieser Mann? »Er glaubte, sich an die Abwesenheit, vielleicht sogar an die Verzweiflung gewöhnt zu haben; nicht an diese künstlichen Verlängerungen, an diese Unterwerfung unter eine Rolle oder an die Einbuße, weniger zu lieben.«[12]

In dem Raum, der als »reine Illusion« bezeichnet wird, in einer Nacht, die der Heiligen Nacht gleicht, verwandeln die Leuchtkäfer die Brownsche Bewegung in ein reines Wunder, den flüchtigen Augenblick in die Verheißung ewiger Liebe:

»Von seinem Bett aus beobachtete er durch das Fenster den goldenen Staub, der in alle Richtungen wirbelte, winzige Fackeln, die spiralförmig aufstiegen und als Funkenregen wieder zur Erde fielen. Er dachte an die Eintagsfliegen, die durch die Scheinwerfer geblendet wurden [...] Aber nein, es waren Leuchtkäfer [...] Die leuchtenden Arabesken erfüllten den Garten und verloren sich in einem goldenen Lichtkreis über dem Fluß.

Außer diesem Leuchtregen war alles dunkel [...]. In diesem Augenblick nahm er sie wahr.

Als sie den Blick hob, wußte er, daß sie ihn trotz der tanzenden Staubkörnchen, die im Garten herumwirbelten, wiedererkannt hatte [...]

Nein, sie versuchte nicht, ihm einen Wink zu geben, akzeptierte lediglich, daß er sie gewählt hatte, daß er die Nichtigkeit der Entfernung und der Zeit ermessen konnte und daß er ihr entgegeneilte, durch diesen Goldstaub zu ihr hingetrieben wurde.«[13]

| DANKSAGUNG |

Dieses Werk hätte nicht ohne die Mitwirkung verschiedener Personen und Institutionen veröffentlicht werden können. Danken möchte ich vor allem:

Monsieur Claude Doblin, der dieses Projekt wohlwollend aufgenommen und mir erlaubt hat, in das in Marbach hinterlegte Archiv von Wolfgang Dœblin Einsicht zu nehmen;

Monsieur Stephan Doblin und seiner Gattin, Madame Nathalie Doblin, für ihren herzlichen Empfang und ihre Bereitschaft, ihre Erinnerungen zu durchforsten;

Herrn Jochen Meyer und Frau Ute Doster, die sich im Deutschen Literaturarchiv in Marbach (Neckar) um das Döblin-Archiv kümmern;

den Damen Florence Greffe und Marie-Josèphe Mine, Bibliothekarinnen am Institut, die mir Zugang zu den Unterlagen von Wolfgang Dœblin gewährten, die im Archiv der Akademie der Wissenschaften aufbewahrt werden.

Leider kann ich nicht alle Namen nennen, die mir in den Sinn kommen, möchte aber ebenfalls folgenden Personen danken: Monsieur Louis Huguet, Monsieur Paul Beaujot, Monsieur Gustave Choquet, Gaelle Guernalec, Michaela Enderle-Ristori, Jürgen Ellinghaus, Agnes Handwerk und Harrie Willems, Claude Cuillère, Jean-François Mangenot und Andrée Evrard sowie Monsieur und Madame Jean-Claude Demange aus Housseras.

Dank sage ich auch: Zéline Guéna, Jean-Claude Gawsewitch, Laurent Le Cam, Nathalie Cretin-Maitenaz und dem ganzen Team bei Ramsay, das dieses Abenteuer mit Begeisterung verfolgt und begleitet hat.

Bernard Bru und Marc Yor, die unvergleichlichen Dœblinologen, haben mich geduldig in das auf den ersten Blick undurchdringliche Gebiet der Wahrscheinlichkeitsrechnung eingeführt. Äußerst großzügig haben sie mir Zugang zu ihren Archiven gewährt und mich an ihrem Wissen teilhaben lassen. Es versteht sich von selbst, dass dieses Buch ihnen viel verdankt. Ich widme es ihnen in Dankbarkeit und Freundschaft.

| ANMERKUNGEN |

ANMERKUNGEN ZU KAPITEL 1

1 Döblin, Alfred, *Schicksalsreise, Bericht und Bekenntnis* (SR), München, 1996, S. 41.

ANMERKUNGEN ZU KAPITEL 3

1 Vgl. Bru, Bernard, *Un hiver en campagne*, Comptes rendus de l'Académie des sciences (CRAS), I, 331: *»Sur l'équation de Kolmogoroff«, par W Dœblin*, Paris, 2000, S. 1058.

2 Bru, Bernard, *op. cit.*, S. 1043.

3 Deheuvels, Paul, *La Probabilité, le Hasard et la Certitude*, PUF, 3. Aufl., 1996, S. 38.

4 Bru, Bernard, »*Notes de lecture du pli cacheté*«, CRAS, S. 1108 f.

ANMERKUNGEN ZU KAPITEL 4

1 Haffner, Sebastian, *Geschichte eines Deutschen*, Frankfurt a. M., 2001.

2 Klemperer, Victor, *Tagebücher*, 8. Bd., Berlin, 1999.

3 Schröter, Klaus, *Alfred Döblin*, Reinbek bei Hamburg, 1978.

4 *Brief an Fréchet*, XV, *Dœblin and Modern Probability* (DMP), ed. Harry Cohn, American Mathematical Society, Providence, 1993, S. 29.

5 Lévy, Paul, *W. Dœblin* (V. Doblin), 1915–1940, *Revue d'histoire des sciences*, 1955, S. 107.

ANMERKUNGEN ZU KAPITEL 5

[1] Döblin, Alfred, *Briefe II* (Br2), Düsseldorf und Zürich, 2001, Brief vom 28.11.1945, S. 203 f.

[2] Ruelle, David, *Hasard et Chaos*, Paris, 2000, S. 115 f.

ANMERKUNGEN ZU KAPITEL 6

[1] Zille, Heinrich, *Photographien – Berlin 1890–1910*, München, 1985.

[2] Benjamin, Walter, *Berliner Kindheit um Neunzehnhundert*, Frankfurt a. M., 1950.

[3] Zitiert nach: *Döblin, Alfred, 1878–1978* (Marb.), Schiller-Nationalmuseum, Marbach, 1978, S. 216.

[4] Zitiert nach: Marb., S. 217.

[5] Marb., S. 214; 216.

[6] Döblin, Alfred, *Briefe* (Br1), München 1988, S. 140.

[7] Br1, S. 213.

[8] Br1, S. 212.

ANMERKUNGEN ZU KAPITEL 7

[1] Laplace, Pierre, *Philosophischer Versuch über die Wahrscheinlichkeit,* Leipzig, 1932, S.1 f.

[2] Döblin, Alfred, *Schriften zu Leben und Werk* (SLW), Olten und Freiburg im Breisgau, 1986, S. 120 f.

[3] SLW, S. 114 f.

[4] Vgl. Huguet, Louis, *L'œuvre d'Alfred Döblin, ou la dialectique de l'exode, 1878–1918*, Diss., Paris-X, Lille 1978.

ANMERKUNGEN ZU KAPITEL 8

[1] Marb., S. 28.

[2] Br1, S. 66.

[3] Marb., S. 220.

[4] *Kolmogorov in Perspective*, Am. Math. Soc./London Math. Soc., 2001, S. 4.

5 SLW, S. 548.
6 Marb., S. 186.
7 Tagebuch, 13.12.1945, SLW, S. 260.
8 Br2, S. 203.
9 Br2, S. 117 f.

ANMERKUNGEN ZU KAPITEL 9

1 »Doktor Döblin« (1917–1918), SLW, S. 18.
2 Ibid.
3 Ibid., S. 19 f.
4 S. Gordon, M., *Voluptuous Panic, the Erotic World of Weimar Berlin*, Los Angeles, Feral House, 2000, S. 67 f.

ANMERKUNGEN ZU KAPITEL 10

1 Marb., S. 13 und 167.
2 Schröter, K., *op. cit.*, S. 52.
3 Marb., S. 21.
4 Schröter, K., *op. cit.*, S. 70.
5 SLW, S. 134 f.
6 »Doktor Döblin« (1917–1918), SLW, S. 16 f.
7 SLW, S. 17. Ibid., S. 17.
8 »Erster Rückblick«, SLW, S. 123.
9 Ibid.
10 SLW, S. 21.
11 »Altes Berlin«, SLW, S. 217 f.
12 SLW, S. 148.
13 SLW, S. 181.
14 »Wider die abgelebte Simultanschule«, 24.5.1927, Marb., S. 68 f.
15 Ibid.
16 SLW, S. 152.
17 SLW, S. 151 f.
18 SLW, S. 150.
19 Ibid.

[20] SLW, S. 156.
[21] Huguet, L., *op. cit.*, S. 11.
[22] SLW, S. 139.
[23] Br1, S. 43.
[24] SLW, S. 66. Vgl. S. 141 u. a.

ANMERKUNGEN ZU KAPITEL 11

[1] SLW, S. 167.
[2] SLW, S. 168.
[3] SLW, S. 151.
[4] SR, S. 128.
[5] SLW, S. 170.
[6] SLW, S. 92.
[7] Marb., S. 16.
[8] Marb., S. 163.
[9] Marb. S. 17.
[10] SLW, S. 195.
[11] »Erfolg«, 1932, SLW, S. 220.
[12] Marb., S. 110 f.
[13] »Autobiographische Skizze«, 1921, SLW, S. 36.
[14] SLW, S. 195.

ANMERKUNGEN ZU KAPITEL 12

[1] Br1 (9.10.1916), S. 91 f.
[2] Br1 (26.4.1917), S. 96.
[3] Br1 (17.7.1917), S. 99.
[4] Br1 (an Walden, 3.1.1915), S. 62.
[5] Marb., S. 148.
[6] Br1 (»Es ist Zeit!« In: *Die Neue Rundschau*, 1917), S. 668.
[7] Zitiert nach: Links, Robert, *Alfred Döblin*, München, 1981, S. 151.
[8] SLW, S. 128.
[9] Döblin, Alfred, *Schriften zur Politik und Gesellschaft* (1920), Freiburg, 1972, S. 126.

10 Marb., S. 301 (1930).
11 Marb., S. 314 (März 1932).
12 SLW, S. 294 (Text von 1948).
13 SLW, S. 295.
14 Gay, Peter, *Weimar Culture, the Outsiders as Insiders,* New York, 1968.
15 Marb., S. 458.
16 SLW, S. 169.
17 *Arzt und Dichter,* 1927, SLW, S. 95 f.
18 Br2, S. 39 f.
19 Marb., S. 447.

ANMERKUNGEN ZU KAPITEL 13

1 Zitiert nach: Prangel, Matthias (Hrsg.), *Materialien zu Alfred Döblin: »Berlin Alexanderplatz«*, Frankfurt a. M., 1975, S. 22.
2 Ibid., S. 20.
3 Ibid., S. 21.
4 Döblin, Alfred, *Berlin Alexanderplatz* (BA), München, 1998, S. 165.
5 BA, S. 81.
6 M. Prangel, *op. cit.*, S. 11.
7 Marb., S. 237.
8 Döblin, Alfred, *Aufsätze zur Literatur*, Olten und Freiburg i. Br., 1963, S. 124 f.
9 BA, S. 99 f.
10 Marb., S. 110.
11 BA, S. 44.
12 BA, S. 79.
13 BA, S. 262.
14 Zitiert nach: M. Prangel, *op. cit.*, S.50–52.
15 *Die fröhliche Wissenschaft*, Buch III, § 125; vgl. Kommentar von Marc Petit in »Siopologie de l'Enragé«, in: *Manies et Germanies*, Paris 1997, S. 117–128.
16 Vgl. Herbert Iherings Rezension in: M. Prangel, *op. cit.*, S. 241.

ANMERKUNGEN ZU KAPITEL 14

1 Brief an Fréchet, XIII, DMP, S. 27.

2 Benjamin, Walter, *»Über den Begriff der Geschichte«*, *Gesammelte Werke* I, Frankfurt, 1980, S. 698.

3 Bru, Bernard und Yor, Marc, La vie de Wolfgang Dœblin et le pli cacheté 11.668, *Lettre de l'Académie*, 2000, S. 16.

4 Marb., S. 220.

5 DMP, S. 4 f.

6 Richards, Lionel, *La vie quotidienne en Allemagne sons la république de Weimar,* Paris 1983, S. 156. Die Anekdote wird in der frz. Zeitschrift *Mercure de France*, 1.10.1921, S. 287 erzählt. Die eigentliche deutsche Quelle bei Otto Rühle, *Illustrierte Kultur- und Sittengeschichte des Proletariats*, Bd. 2, Berlin, 1977, S. 225.

7 Marbacher Archiv Wolfgang Dœblin, Karton Nr. 3.

8 Ibid.

ANMERKUNGEN ZU KAPITEL 15

1 BA, S. 136–139.

2 S. Nowak-Thaller, E., *Klemens Brosch*, Graz, 1991, S. 34.

3 Marb., S. 457.

4 Br1, S. 207.

5 Br1 (12.1.1934), S. 185.

6 Minder, Robert, »Alfred Döblin zwischen Osten und Westen«, in: *Dichter in der Gesellschaft*, Frankfurt a. M., 1966, S. 150.

7 Betz, Albrecht, *Exil und Engagement. Deutsche Schriftsteller im Frankreich der dreißiger Jahre,* München, 1986, S. 21 (darin aus Jüngers Aufsatz: »Die totale Mobilmachung«).

8 Richards, Lionel, *op. cit.* S. 132.

9 Brief von Wilhelm Bandelin (26.9.1931), Marb., S. 304.

10 Marb., S. 298.

11 Marb., S. 325 f.

12 Zitiert nach: M. Prangel, a.a.O., S. 258, Anm. 50.

13 Br1, S. 556.

14 Br2 (16.1.1932), S. 71.

15 *Abschied und Wiederkehr.* – Als ich Abschied nahm … (1946), SLW, S. 265 f.

ANMERKUNGEN ZU KAPITEL 16

1 »Abschied und Wiederkehr«, SLW, S. 265.
2 An Ludwig Binswanger (1.3.1933), Br2, S. 78.
3 Br1 (4.3.1933), S. 172.
4 An Heinz Gollong, Br1, S. 174.
5 Br1, S. 179.
6 SLW, S. 267.
7 An Hermann Kesten (6.7.1933), Br1, S. 181.
8 An Arnold Zweig (5.9.1933), Br2, S. 82.
9 Br1, S. 179.
10 »Ferien in Frankreich«, SLW, S. 67; 70.
11 SLW, S. 69.
12 »Mit dem Blick zur Latinität« (1930), SLW, S. 188.
13 »Trauer über Trauer«, SLW, S. 459.
14 Br1, S. 191.
15 An E. und A. Rosin (23.11.1933), Br1, S. 182.
16 An E. und A. Rosin (12.6.1934), Br1, S. 193.
17 Br1 (1.11.1937), S. 215.
18 Br1 (26.2.1934), S. 189.
19 Br1 (7.7.1934), S. 195.

ANMERKUNGEN ZU KAPITEL 17

1 An Walther Franke, Br1, S. 203 f.
2 An Bertolt Brecht (28.1.1935), Br1, S. 201.
3 »Der 27. September 1935«, SLW, S. 226–230.
4 »Selbstporträt«, ca. 1938, SLW, S. 243.
5 Minder, Robert, »Begegnungen mit Alfred Döblin in Frankreich«, in: *Alfred Döblin*, Text + Kritik, Nr. 13/14, 1972, S. 58.
6 Kesten, K., *Lauter Literaten*, zit. nach: Br1, S. 567.
7 Zit. nach: Links, R., *op. cit.*, S. 154.

[8] An Thomas Mann (23.5.1935), Br1, S. 205.
[9] Minder, R., *op. cit.*, S. 59.
[10] Marb., S. 35.
[11] Minder, R., *op. cit.*, S. 60.
[12] An Peter Döblin (18.9.1937), Br1, S. 216 f.
[13] An Nathan Birnbaum (18.10.1935), Br2, S. 106.
[14] Br2 (28.7.1934), S. 89.
[15] Br1 (23.5.1935), S. 207.
[16] An Bodo Kunke (7.7.1933), Br2, S. 79 f.

ANMERKUNGEN ZU KAPITEL 18

[1] Wir stützen uns bei den Studien und Forschungen über Wolfgang Döblin vor allem auf die Arbeiten von Bernard Bru, insbesondere: *Dœblin's life and work from his correspondance*, DMP, S. 1–64. (Vorveröffentlichung in Französisch: »La vie et l'œuvre de W. Dœblin ((1915–1940)) d'après les archives parisiennes«, *Revue de mathématiques, d'informatique et de sciences humaines,* N⁰ 119, 1992, S. 5–51; »Un hiver en campagne«, CRAS, S. 1037–1058 und *passim* sowie verschiedene Briefe und Privatgespräche.)
[2] Vgl. Siegmund-Schulze, Reinhard, *Rockefeller and the Internationalization of Mathematics between the two World Wars*, Bâle, 2001.
[3] Ibid., S. 63.
[4] Zitiert nach: T. Shaposhnikova und V. Maz'ya, *Life of J. Hadamard, a universal mathematician* (übers. von Basarab-Horwath, unveröffentlicht).
[5] Ibid.

ANMERKUNGEN ZU KAPITEL 19

[1] DMP, S. 40 f., Anmerkung 5.
[2] DMP, S. 5.
[3] Brief von A. Magnier an B. Bru (18.3.1995), Archiv B. Bru.
[4] DMP, S. 5.

5 Bru, B. und Yor, M., »Some Comments on the pli cacheté«, *Finance & Stochastics,* Bonn (FS), (Vorveröffentlichung Paris 2001), S. 15.
6 Denjoy, A., *Hommes, formes et le nombre*, Paris, 1964, S. 197.
7 Ibid., S. 158.
8 Ibid., S. 112, 113 und 145.

ANMERKUNGEN ZU KAPITEL 20

1 Deheuvels, P., *op. cit.*, S. 40 f.
2 Ranulac, Z., *Lichtenbergische Waffengänge*, Windhoek, 1947, S. 287. (Z. Ranulac ist ein Pseudonym für Mardochée Klein, Sohn des Göttinger Mathematikers Felix Klein.)
3 Le Gall, André, *Pascal*, Paris, 2001, S. 300 f.
4 Lévy, Paul, *Quelques aspects de la pensée d'un mathématicien*, Librairie scientifique et technique: Albert Blanchard, Paris, 1970, S. 207 und Deheuvels, P., *op. cit.*, S. 15.
5 *Pensées,* Paris, Hrsg. Le Guern, »Folio«, Fragment 397.
6 Zitiert nach der unveröffentlichten Monografie v. Bernard Bru, *A propos de la thèse de Robert Fortet.*
7 Ibid.

ANMERKUNGEN ZU KAPITEL 21

1 Genauer Wortlaut: »Sur les propriétés asymptotiques de mouvements régis par certains types de chaînes simples«.
2 Brief an Fréchet, VII, DMP, S. 17.
3 Brief VI, DMP, S. 16.
4 Brief XII, 8.9.1938, DMP, S. 26.
5 Brief III, DMP, S. 14 f.
6 Lévy, Paul, *Quelques aspects …, op. cit.*
7 Brief VI, DMP, S. 18.
8 Brief VII, DMP, S. 18.
9 »Pourquoi je fais des mathématiques«, *Revue de métaphysique et de morale*, Bd. 57, 4. Heft, 1952.

[10] Vgl. S. 34 des vorliegenden Werkes (CRAS, S. 1109).
[11] Abhandlung (1) (CRAS, S. 1155), Manuskript im Deutschen Literaturarchiv Marbach, Karton Nr. 9.
[12] Die Anekdote wurde von Denjoy, A. berichtet (*op. cit.*).
[13] Brief III, September 1936, DMP, S. 14.
[14] DMP, S. 37 f.
[15] Brief VIII, 10.9.1937, DMP, S. 19.
[16] FS (Vorveröffentlichung), S. 11 f.
[17] Brief VI, DMP, S. 17.

ANMERKUNGEN ZU KAPITEL 22

[1] Ulam, S., *Adventures of a Mathematician*, New York, 1976, S. 70.
[2] An Peter Döblin, Br1 (19.10.1936), S. 211.
[3] Bund Freie Presse und Literatur (BFPL) – Verband unabhängiger deutscher Schriftsteller und Journalisten im Exil.
[4] *Schutzverband deutscher Schriftsteller.*
[5] Betz, A., *Exil und Engagement*, *op. cit.*, S. 151.
[6] *Die Jugend des Königs Henri Quatre* wird 1935 bei Querido (Döblins Verleger) in Amsterdam herausgegeben, 1938 erscheint eine französische Übersetzung.
[7] Aussage von M. M. Schiffer, zitiert nach: Siegmund-Schulze, Reinhard, *Terror and Exile, Persecution and Expulsion of Mathematicians from Berlin between 1933 and 1945,* Berlin, Deutsche Mathematiker-Vereinigung, 1998, S. 27.
[8] Vgl. Bru, B., in: DMP, S. 49, Anmerkung 57.
[9] Über dieses Thema vgl. Siegmund-Schulze, Reinhard, besonders sein Artikel: »Zu den Entwicklungsbedingungen der Stochastik im faschistischen Deutschland«, 1990.
[10] Kac, Mark, *Enigmas of Chance*, New York 1985, S. 24.
[11] Lévy, *op. cit.*, S. 108 f.
[12] Kendall, D.G., »Kolmogorov: the man and his work«, *Bull. London Math. Soc.* Nr. 22, 1990, S. 36.
[13] Der Ausdruck stammt von K. R. Parthasarathy in seinem Nachruf auf A. N. Kolmogorov, Delhi, 1987.

14 Brief vom 22.2.1939, Deutsches Literaturarchiv Marbach, zitiert in DMP, S. 42 f.

15 Vgl. Brief VI an Fréchet, DMP, S. 17 und S. 48, Anmerkung 37.

16 Die Erklärung findet man in CRAS, S. 1104 f.

17 Sacks, Oliver, *Der Mann, der seine Frau mit einem Hut verwechselte*, Reinbek bei Hamburg, 2003, S. 50.

18 Ibid., S. 165.

19 Ibid., S. 155–156.

20 Br1, S. 219.

21 Br2 (20.4.1937), S. 118.

22 Marb., S. 354 f.

23 Brief an S. Pollag, Oktober 1938, DMP, S. 42.

24 »Sur deux problèmes de M. Kolmogoroff concernant les chaînes dénombrables«, *Bulletin de la Société mathématique de France*, 1938 (CRAS, S. 1155: Abhandlung [7]).

25 CRAS, S. 1129–1138.

26 *Comptes Rendus de l'Académie des sciences*, Paris, 1938 (CRAS, S. 1156: [CR9]).

27 CRAS, S. 1156: (CR10).

28 CRAS, S. 1155: Abhandlung (10) (Stockholm, 1939).

ANMERKUNGEN ZU KAPITEL 23

1 Br2, S. 129.

2 Br2 (1.10.1938), S. 131.

3 Br2 (3.10.1938), S. 132.

4 Br2 (16.10.1938), S. 132.

5 Lévy, P., »W. Dœblin ...«, in *Revue d'histoire des sciences*, 1955, S. 107.

6 Abhandlung (1), CRAS, S. 1155, vgl. Bru, B., »A propos de la thèse de R. Fortet ...«.

7 CRAS, S. 1150 f; Übers. Bru, B.

8 vgl. DMP, S. 57.

9 DMP, S. 38 f.

10 DMP, S. 43.

11 Ibid.

12 Ibid.

13 CRAS, S. 1047.

14 Persönliche Mitteilung, 2.3.2002. Vgl. auch Bru, B., S. 1045 und Agnes Handwerk, »Der versiegelte Brief. Über das Leben von W. D.« (Rundfunksendung), SWR, 2002.

15 DMP, S. 27.

16 Lévy, Paul, »Le dernier manuscrit inédit de Wolfgang Dœblin«, *Bulletin des sciences mathématiques*, n⁰ 80, 1956, S. 62.

17 Ibid., S. 63.

18 Vgl. Anm. 7.

19 Der Ausdruck stammt von Jacobi. Vgl. Stewart, Ian, *Les Mathématiques*, Paris, Berlin, 2000, S. 151.

20 Persönliche Mitteilungen, 24.1.2002 und 19.9.2002.

21 Lévy, P., »W. Dœblin ...«, *op. cit.*, S. 114.

22 »J'aimerais bien savoir ce qu'ils sont devenus, les mathématiciens polonais«, DMP, S. 27.

23 Br2 (19.8.1939), S. 140 f.

ANMERKUNGEN ZU KAPITEL 24

1 Vgl. Betz, A., *op. cit.*, S. 215.

2 Ibid., S. 70.

3 Vgl. Sigmund-Schulze, *Terror and Exile ...*, *op. cit.*, S. 32 f.

4 Vgl. Minder, R., *Begegnungen mit Alfred Döblin in Frankreich*, *op. cit.*, S. 62 f.

5 Brief XIII, 28.10.1939, DMP, S. 27 f.

6 DMP, S. 55.

7 Vgl. Brief an Fréchet, XV, 19.11.1939, DMP, S. 28.

8 Brief XXIII, 24.4.1940, DMP, S. 36.

9 Brief XV, 19.11.1939, S. 28.

10 Es handelt sich um Abhandlungen (10) und (11) (CRAS, S. 1155).

11 Aussagen, die von B. Bru gesammelt wurden, CRAS, S. 1039 und 1049 und A. Handwerk (vgl. Anm. 250).

12 Brief XIV, 12.11.1939, DMP, S. 28.

13 S. 2–3 des Umschlags (CRAS, S. 1060f.) und der Kommentar von Bru, B., ibid., S. 1108.
14 Der Ausdruck stammt von dem Mathematiker Elie Cartan.
15 CRAS, S. 1063, Kommentar S. 1113.
16 CRAS, S. 1040.
17 Bru, B., CRAS, S. 1107.
18 (CR 12), vgl. CRAS, S. 1156.
19 Brief XVIII, 12.3.1940, DMP, S. 30.
20 Br1 (14.2.1940), S. 238.
21 CRAS, S. 1059.
22 DMP, S. 30.
23 Ibid.
24 Renard, F. an Erna Döblin, 27.11.1945, Marbach-Archiv, vgl. DMP, S. 45.
25 Brief XXII, 13.4.1940, DMP, S. 36.

ANMERKUNGEN ZU KAPITEL 25

1 *Verratenes Volk, Heimkehr der Fronttruppen.* Der erste Band von *November 1918* erschien 1939, Mitherausgeber waren Bermann-Fischer (Stockholm) und Querido (Amsterdam).
2 DMP, S. 43 f.
3 Ibid., S. 44.
4 Vgl. Azéma, J.-P., *1940, l'année terrible*, 1990, S. 55.
5 Vgl. Bruge, R., *Les Combattants du 18 juin*, 5 Bde., 1982–1989.
6 J. von Neumann zugeschriebener Gedanke (s. Ulam, S., *op. cit.*, S. 112).
7 SR, S. 66.
8 Ibid., S. 414.
9 Vgl. Bru, B., CRAS, S. 1055, Militärarchive in Vincennes, Karton 34N174. Der Bericht über seinen militärischen Einsatz und die Tage vor seinem Tod (14. bis 21. Juni) stützt sich auf die Nachforschungen von Bru, B., CRAS, S. 1053 bis 1058.
10 DMP, S. 43 f.
11 Deutsches Literaturarchiv Marbach, unveröffentlicht.

12 Ibid.; der Text wird teilweise in DMP, S. 45, zitiert.
13 Vgl. »Statut des Juifs« vom 3. Oktober 1940.
14 CRAS, S. 1057.
15 DMP, S. 36.
16 Aussage von Marguerite Cordonnier, gesammelt von Bareth, Christian, *Bulletin de la Société philomathique vosgienne*, n⁰ 77, 1974; CRAS, S. 1058.
17 Aussage, die Agnes Handwerk sammelte.
18 Idem.
19 Varin, J., *Été 40, cent jours qui ébranlèrent la France,* Paris, 1980, S.107.

ANMERKUNGEN ZU KAPITEL 26

1 Br2, S. 143 f. (in französischer Sprache).
2 30.6.1940, an R. Minder, Br2, S. 145.
3 SR, *op. cit.*, S. 123.
4 SR, S. 54.
5 SR, S. 89 und 226.
6 SR, S. 417.
7 SR, S. 82.
8 Abhandlung (1) S. 9 (vgl. CRAS, S. 1155)
9 SR. S. 93.
10 SR, S. 97.
11 SR, S. 146.
12 SR, S. 146.
13 SR, S. 143.
14 SR, S. 213.
15 SR, S. 447 (Anmerkung von Anthony W. Riley, der sich auf einen Brief von Louis Huguet bezieht).
16 Über diesen Punkt und ganz allgemein über Paul Lévys Aktivität während des Kriegs siehe die Diss. von Bernard Locker, *L'intégrale stochastique de Paul Lévy, la vie et l'œuvre d'un mathématicien juif français sous l'Occupation*, Université de Paris-V, 2001.

17 »Une propriété d'invariance projective dans le mouvement brownien«; ein am 16. Juni 1943 hinterlegter versiegelter Umschlag, der am 23. Oktober 1944 geöffnet wurde (vgl. CRAS, S. 1172).

18 »Intégrales stochastiques«, *Comptes Rendus de l'Académie des sciences*, n⁰ 212, Paris, 1941.

19 Mehr Details in: Weart, Spencer, *Scientists in Power*, Harvard University Press, 1979; franz. Übers.: *La Grande Aventure des atomistes français*, Paris, 1980.

20 S. Kap. 24, Anmerkung 3.

21 Die Anekdote wird von Laurent Schwartz in *Pour la science*, n⁰ 233, März 1977, S. 92 berichtet.

22 Über die Emigrationswege in die Vereinigten Staaten, vgl. Siegmund-Schulze, R., *Rockefeller ..., op. cit.*, S. 190–215.

23 Vgl. Siegmund-Schulze, R., *Terror and Exile ..., op. cit.*

24 »Marc Krasner«, Artikel von Jean-Paul Pier und Jean Dieudonné, *Cahiers du Séminaire d'histoire des mathématiques*, Université Pierre et Marie Curie, 1986, S. 29 f. und 43 f.

25 Vgl. Schwartz, Laurent, *Un mathématicien aux prises avec le siècle*, Paris, 1997, S. 175.

26 Hartman, Stanislaw, »Ma biographie«, *Cahiers du Séminaire ..., op. cit.*, S. 45–58.

27 Die Unterdrückung der Sowjets richtete sich hauptsächlich gegen die Offiziere der polnischen Armee, die hingerichtet wurden (vgl. DMP, S. 54).

28 Ulam, S., *op. cit.*, S. 107.

29 Ibid., S. 50 f.

30 Vgl. Kac, Mark, *op. cit.*, S. 50.

ANMERKUNGEN ZU KAPITEL 27

1 Alle in diesem Kapitel zitierten Briefauszüge stammen aus dem Deutschen Literaturarchiv Marbach (Akte Wolfgang Dœblin). Dort ist auch die Akte mit den Briefen aufbewahrt, die M. A. Tonnelat als Reaktion auf ihre Annoncen in der Presse erhielt.

(Eigentum von Erna Döblin, das von ihrem Sohn Claude dem Archiv übergeben wurde.)

2 Vgl. S. 205.

3 Br1 (20.10.1940), S. 243.

4 Marbacher Archiv, vgl. auch CRAS, S. 1054.

5 Br2, S. 162, 173, 178.

6 Vgl. Viertel, B., »Alfred Döblin zum 65. Geburtstag«, in Br1, S. 600.

7 Ibid., S. 599.

8 Brief an Peter Döblin (31.8.1941), zitiert in Br1, S. 591.

9 Br1, S. 309. f.

ANMERKUNGEN ZU KAPITEL 28

1 Döblin, Alfred, »Journal 1952/1953«, SLW, S. 351.

2 Br1, S. 311 f.

3 Br2, S. 203 f.; Marb., S. 393 f.

4 S. Huguet, Louis (1984), S. 82–90; Simon, Gabriel, »Un soldat français inconnu …« (1975), maschinengeschriebenes Manuskript, unveröffentlicht.

5 Der Brief befindet sich im Deutschen Literaturarchiv Marbach (Akte Wolfgang Dœblin).

6 Br2, S. 189.

7 Marb., S. 339 (August 1948).

8 Zitiert in: Br1, S. 604.

9 SR, S. 334.

10 »Berlin Alexanderplatz – heute«, SLW, S. 279 (wieder aufgenommen in SR, S. 345).

11 SR, S. 341.

12 »Tagebuch 1945–1946« (es sind nur vier Seiten erhalten), SLW, S. 260.

13 »Epilog« (1947–1948), SLW, S. 301.

14 SLW, S. 402 f.

15 »Geist und Geld«, SLW, S. 24.

16 SLW, S. 102.

17 Döblin, Alfred, *Hamlet oder Die lange Nacht nimmt ein Ende,* München, 1987, S. 205.

18 Ibid., S. 24 f.

19 Ibid., S. 129; Alice legt diese Sätze einer erdachten Person in den Mund, »Die Mutter auf dem Montmartre« (s. weiter unten), deren Worte ihre eigenen Gefühle widerspiegeln – und indirekt jene von Erna, die von Alfred gedeutet werden.

20 Ibid., S. 131.

21 Ibid., S. 118 und 126.

22 Ibid., S. 126.

23 Deutsches Literaturarchiv Marbach: Brief des Pfarrers aus Housseras an Erna (15.3.1949).

24 Marb., S. 499.

25 SLW, S. 264.

ANMERKUNGEN ZU KAPITEL 29

1 Ergänzung zu Heft 9 (Januar 1947) von *l'Intermédiaire des recherches mathématiques*, Paris, S. 107.

2 *Revue d'histoire des sciences*, 1955, S. 107.

3 Ibid., S. 114.

4 *Annales scientifiques de l'École normale supérieure*, 1940; S. 61–111 (Mémoire [12]).

5 *Bulletin de la Société mathématique de France*, n⁰ 66, s. 210–220 (Mémoire [7]. S. K. L. Chung: »Reminiscences of one of Dœblin's papers«, DMP, S. 65 f., und »Dœblin's Big Limit Theorem«, *Journal of Theoretical Probability*, VI-3, 1993, S. 417 f. Deutsches Literaturarchiv Marbach: Briefe von K. L. Chung vom 21.2.1951 und 16.4.1952 an Erna Döblin, und Brief vom 13.11.1951 an Paul Lévy.

6 Vgl. oben, Briefe vom 21.2.1951 und vom 16.4.1952.

7 Mémoire (13).

8 Das Buch von Chung, *Markov Chains with Stationary Transition Probability*, erscheint 1960 bei Springer in Berlin, aber der erste Dœblin gewidmete Artikel datiert von 1953 (DMP, S. 71).

9 DMP, S. 197 und 201.

10 Der Ausdruck stammt von Paul-André Meyer, in seinem Artikel »Les processus stochastiques de 1950 à nos jours«, in Jean-Paul Pier, *Development of Mathematics*, 1950–2000, Basel, Birkhäuser, 2000, S. 815.

11 Taleb, Nassim Nicholas, *Fooled by Randomness, The Hidden role of Chance in the Markets and in Life*, New York, Texere, 2001, S. 41.

12 CRAS, S. 1034.

13 DMP, S. 36 und S. 56, Anmerkung 134; CRAS, S. 1043.

14 CRAS, S. 1103.

15 Vgl. CRAS, S. 1156 (Anmerkung [CR8], veröffentlicht in *Comptes Rendus* … [1938]).

ANMERKUNGEN ZU KAPITEL 30

1 Der Ausdruck stammt von Nicole Lapierre, den sie in ihrem Vorwort zu *Le Livre retrouvé* von Simha Guterman (1991) verwendet, Neuauflage 2001, 10-18, S. 23. Er dient auch einem meiner Gedichte als Überschrift, das Itzhak Katzenelson gewidmet ist und im Dezember 1976 in der Zeitschrift *Action poétique*, n⁰ 67-68 veröffentlicht wurde.

2 Vgl. Dobzynski, Charles, *Anthologie de la poésie yiddish (Le Miroir d'un peuple)*, Paris, Neuaufl. 2000, S. 120–126.

3 Vgl. oben, Anmerkung 1.

4 Ringelblum, Emmanuel: *Notes from the Warsau Ghetto*, New York, 1958; frz. Übers., *Chronique du ghetto de Varsovie,* 1959, 1995.

5 Vgl. Lapierre, Nicole, *op. cit.*, S. 22 und 270 und Guterman, Yakob, *ibid,* S. 237 f.; Ringelblum, E., *op. cit.*, Einleitung und Nachwort.

6 Vgl. Palmier, Jean-Michel, *Weimar en exil*, Paris, 1988, Bd. 1, S. 185 f, Bd. 2, S. 36 und 61.

7 Fittko, Lisa, *Le Chemin des Pyrénées. Souvenirs 1940–1941*, frz. Übers., Paris, Maren Sell, 1987.

8 Kaplan, Chaim A., *Chronique d'une agonie. Journal du ghetto de Varsovie*, Calmann-Lévy, 1966, zitiert nach Lapierre, N., *op. cit.,* S. 22.

[9] Klarsfeld, S., *Hommage à trois scientifiques juifs déportés de France*, FFDJF, 1999, S. 17 f.

[10] Vgl. Schwartz, Laurent, *op. cit.*, S. 156.

[11] *The Scottish Book. A collection of problems, translated from a notebook kept at the Scottish Coffee House for the use of the Lvov section*, Polish Mathematical Society, Los Alamos, New Mexico, USA, 1957.

[12] Tonnelat, Marie-Antoinette, *Retour à Pasargada*, Paris, Belfond, 1984, S. 115.

[13] Ibid., S. 117 f.